高 职 高 专 规 划 教 材

植物及植物生理

第二版

秦静远　主编

化学工业出版社

·北京·

本教材遵循认知规律和高职教育的特点，以粮、棉、油、蔬菜和果树等主要植物为代表，阐述了植物形态、结构、系统分类、生理、环境生理等知识，使学习者对当代植物学有广泛、全面的认识。本书共有十四章，每章配有学习目标、本章小结和复习思考题，并附有实训指导。

本教材可供高职高专园艺技术、园林技术、农业生物技术、植物保护与检疫技术等农业类、林业类、生物技术类相关专业使用，也可供农业技术人员以及中等专业学校、职业高中师生参考。

图书在版编目（CIP）数据

植物及植物生理/秦静远主编. —2版. —北京：化学工业出版社，2016.9（2023.5重印）
高职高专规划教材
ISBN 978-7-122-27629-2

Ⅰ.①植… Ⅱ.①秦… Ⅲ.①植物学-高等职业教育-教材②植物生理学-高等职业教育-教材 Ⅳ.①Q94

中国版本图书馆CIP数据核字（2016）第164621号

责任编辑：王文峡　　装帧设计：史利平
责任校对：宋　玮

出版发行：化学工业出版社（北京市东城区青年湖南街13号　邮政编码100011）
印　　装：北京建宏印刷有限公司
787mm×1092mm　1/16　印张20　字数488千字　2023年5月北京第2版第5次印刷

购书咨询：010-64518888　　售后服务：010-64518899
网　　址：http：//www.cip.com.cn
凡购买本书，如有缺损质量问题，本社销售中心负责调换。

定　　价：42.00元

前　言

本教材第一版由化学工业出版社组织农业类高职院校从事“植物及植物生理学”课程教学的骨干教师编写而成，于2006年7月出版，至今已有十多年。本教材在教学中发挥了很好的作用，得到师生们的认可。同时，我们在使用中也发现了一些问题和不足，结合其他高职院校教师等教材使用者提出的意见和建议，我们对教材进行了修订再版。在化学工业出版社的组织和4位教师共同努力下，本教材的第二版终于完稿。

本书是在第一版基础上进行修订编写的。编写中，我们注重高等职业教育的教学特点，融入了相关领域科学研究的新成果，使教材具有基础性、实用性、够用性，以期满足农业类高等职业教育的需求。与第一版相比较，第二版在植物的生殖器官、植物的矿质营养、植物的生长物质、植物的生长生理等章节内容做了内容的完善和修订。

参与本教材修订编写人员均为多年从事高职农业种植类专业植物及植物生理学教学的骨干教师。本教材第一、二、七、八、十章由秦静远编写；第三、四章由房师梅编写；第五、六章及实验实训由康利平编写；第九、十一、十二、十三、十四章由肖海峻编写。

本教材的编写得到了化学工业出版社的指导和关心，也得到了编写者所在院校杨凌职业技术学院、山东潍坊职业学院、北京农业职业学院、内蒙古呼和浩特职业学院的支持与帮助，在此一并表示感谢。

尽管本教材的编写人员在编写过程中尽了最大努力，但因编者水平有限，教材中的内容难免有不妥之处，敬请使用者批评指正。

编者

2016年4月

第一版前言

本教材为高职高专院校植物及植物生理课程教材，是根据《教育部关于加强高职高专教育人才培养工作的意见》及《关于加强高职高专教育教材建设的若干意见》的精神和要求进行编写的，供高职高专园艺、园林、农学、生物技术及应用、植物保护等相关专业教学使用。

近年来，由于研究技术的发展和分子生物学的渗透，植物学及其相关学科得到了迅速的发展，但植物及植物生理学作为高职高专相关专业的专业基础课程的性质不会改变。基于这种认识，在编写本教材时，广泛吸收国内外教材的优点，根据高职高专教学的特点，以必需、够用为度，力求做到基本概念正确、基本理论清楚，注重理论联系实践。

本教材的绪论和第1、3、9章，实验实训1、2、3、4、8由秦静远编写，第2章的第1节，综合实训由吕玉珍编写，第2章的第2、3节、第4章的第1、2、3节，实验实训5、6、7由张玉泉编写，第4章第4节由卞勇编写，第5、6、11、12、13、14章，实验实训9、10、11、12、13、14、15由胡普辉编写，第7、8、10章，实验实训16、17、18、19由周晓舟编写。全书由秦静远和胡普辉统稿。

本书编写过程中，得到了杨凌职业技术学院、黑龙江农业职业技术学院、广西农业职业技术学院许多同行的支持，为本教材提出了很多宝贵意见，在此谨表谢意。

本教材参阅了许多国内外文献，在此也向作者表示衷心的感谢。

由于时间仓促，编者的水平有限，书中不妥之处在所难免，敬请专家以及使用教材的教师、同学批评指正。

编者

2006年5月

第一版前言

本教材为高职高专院校植物及植物生理课程教材，是根据《教育部关于加强高职高专教育人才培养工作的意见》及《关于加强高职高专教育教材建设的若干意见》的精神和要求进行编写的，供高职高专园艺、园林、农学、生物技术及应用、植物保护等相关专业教学使用。

近年来，由于研究技术的发展和分子生物学的渗透，植物学及其相关学科得到了迅速的发展，但植物及植物生理学作为高职高专相关专业的专业基础课程的性质不会改变。基于这种认识，在编写本教材时，广泛吸收国内外教材的优点，根据高职高专教学的特点，以必需、够用为度，力求做到基本概念正确，基本理论清楚，注重理论联系实际。

本教材的绪论和第1、3、9章，实验实训1、2、3、4、8由[illegible]编写；第2章的第1节、综合实训由[illegible]编写；第2章的第2、3节，第4章的第1、2、3节，实验实训5、6由[illegible]编写；第[illegible]章、第4章的第4节由[illegible]编写；第[illegible]章，实验实训9、10、11、12、13、14、15由[illegible]编写；第7、8、10章，实验实训16、17、18、19由[illegible]编写。全书由[illegible]统稿。

本书编写过程中，得到了[illegible]职业技术学院、黑龙江农业职业技术学院、广西农业职业技术学院等院校的大力支持，为本书的编写提了很多宝贵意见，在此致表谢意。

本教材参阅了许多国内外文献，在此也向原著作者表示真诚的谢意。

由于时间仓促，编者的水平有限，书中不足之处在所难免，恳请专家同仁及使用教材的老师、同学批评指正。

编者

2006年5月

目　录

绪　论

一、植物的多样性和我国的植物资源

自地球上生命诞生至今，经历了近35亿年漫长的发展和进化过程，形成了约200万种的现存生物，其中属于植物界的约50万种。

植物在地球的分布极广，从热带到寒带以至地球的两极，从平原到高山，从海洋到陆地，都有植物的生长繁衍。植物的形态结构也表现出多种多样：有的植物体形微小，结构简单，仅由单细胞组成；有的由一定数量的细胞松散联系，聚成多细胞群体；有的植物细胞之间联系紧密，形成多细胞植物体，其中进化地位较高的已有维管系统的分化，形成根、茎、叶等器官；最高级的类型——种子植物，还能产生种子繁殖后代。从营养方式来看，绝大多数植物种类，其细胞中都具叶绿素，能够进行光合作用，自制养料，它们被称为绿色植物或自养植物。但也有部分植物其体内无叶绿素，不能自制养料，而是从其他植物上吸取现成的营养物质而生活，称为寄生植物。许多菌类，它们生长在腐朽的有机体上，通过对有机物的分解作用而摄取生活上所需的养料，称为腐生植物。非绿色植物中也有少数种类，如硫细菌、铁细菌，可以借氧化无机物获得能量而自行制造食物，属于化学自养植物。植物的生命周期在不同植物中也有差别，有的细菌仅生活20～30min，即可分裂而产生新个体。一年生和二年生的草本植物分别在一年中或跨越两个年份，经历两个生长季而完成生命周期，如水稻、大豆、油菜等。多年生的种子植物有草本（如甘薯、菊）和木本（如苹果、松）两种类型，其中木本植物的树龄，有的可长达数百年至数千年。

种子植物是植物界种类最多，形态结构最复杂的一类植物，它同人类一切活动关系密切，全部的农作物、树木和许多经济植物都是种子植物。我国是世界上植物种类最多的国家之一，仅种子植物就约有3万种，其中不少具有重要经济价值。我国幅员辽阔，跨越热带、亚热带、暖温带、温带、寒温带，地形错综多样，孕育出森林、灌丛、草原、草甸、沼泽、水生等多种植被类型。我国东北地区是重要的天然针叶林基地，分布着大面积的落叶松、红松。黄河中下游地区适于落叶、阔叶林的生长，形成以落叶栎类占优势的森林群落，该地区农作物以小麦、玉米、棉为主，重要果树有苹果、梨、柿、葡萄、枣、樱桃、栗、胡桃等。秦岭以南，川、贵、滇一带和长江中下游，植物资源最为丰富，是重要粮食作物——水稻的生产区，代表性植被类型为常绿阔叶林，经济林木有多种栎，以及香樟、油桐、毛竹、马尾松、杉木等，主要果树有柑橘、桃、李、杨梅、香榧、山核桃等。南岭山系以南，粤、桂、闽、台等地区多为热带雨林，树木种类极为丰富，经济价值高的有橡胶树、咖啡、可可、椰子、油棕等，果树品种类尤多，如菠萝、香蕉、龙眼、荔枝、芒果、番木瓜、蒲桃等。东北平原和内蒙古高原分布着辽阔的草原，生长许多营养价值高的禾本科和豆科牧草，是发展畜牧业的重要植物资源。青藏高原有世界屋脊之称，虽处于高寒环境，但仍有大面积的亚高山云杉林和冷杉林分布。

二、植物在自然界和国民经济中的作用

太阳光能是一切生命活动过程中用之不竭的能量来源，但必须依赖绿色植物的光合作用，将光能转变成化学能贮藏于光合产物之中，才能被利用。绿色植物是自然界中的第一生产力，光合产物的糖类，以及在植物体内进一步同化形成的脂类和蛋白质等物质，除了少部分消耗于本身生命活动之中，或转化为组成躯体的结构材料之外，大部分贮藏于细胞中。当人类、动物食用绿色植物时，或异养生物从绿色植物躯体上或死后残骸上摄取养料时，贮积物质被分解利用，能量再度释放出来，为生命活动提供能源。

非绿色植物如细菌、真菌、黏菌等具有矿化作用，把复杂的有机物分解成简单的无机物，再为绿色植物所利用。植物在自然界通过光合作用和矿化作用，即进行合成、分解的过程，促进自然界物质循环，维持生态平衡。

植物是人们赖以生存的物质基础，是发展国民经济的主要资源。粮、棉、油、菜、果等直接来源于植物，肉类、毛皮、蚕丝、橡胶、造纸等也多依赖于植物提供原料。存在于地下的煤炭、石油、天然气也主要由远古动植物遗体经地质矿化而形成，都是人类生活的重要能源物资。此外，对于保护水土、防风固沙、改善土壤、保护环境、减少污染，植物的作用也影响深远。

虽然植物能参与生物圈形成、推动生物界发展，贮存能量、提供生命活动能源，促进物质循环、维持生态平衡，是天然的基因库和发展国民经济的物质资源，但伴随着近代工业的兴起和发展，人类在索取自然资源时，忽视生态环境的发展规律，从而导致了自然环境严重恶化。如全球性的臭氧层破坏，温室效应、酸雨、沙尘暴、河流海洋毒化和水资源短缺，以致遭受全球性生态危机的威胁。因此人类面对生态环境恶化的严重挑战，应科学地正视环境，处理好人与自然、经济发展与生态之间的关系。而绿化造林、保护植物资源有助于改善人类的生存环境，保护自然界的生态平衡。

三、植物学的研究内容、分科及其发展

植物学是研究植物和植物界的生活和发展规律的生物科学。主要研究植物的形态结构和发育规律，生长发育的基本特性，类群进化与分类，以及植物生长、分布与环境的相互关系等内容。随着生产和科学的发展，植物科学已形成许多分支学科，通常分为植物分类学、植物形态学、植物生理学、植物遗传学、植物生态学等。

① 植物分类学　研究植物种类的鉴定、植物类群的分类、植物间的亲缘关系，以及植物界的自然系统。

② 植物形态学　研究植物的形态结构在个体发育和系统发育中的建成过程和形成规律。广义的概念还包括研究植物组织和器官的显微结构及其形成规律的植物解剖学，研究高等植物胚胎形成和发育规律的植物胚胎学，以及研究植物细胞的形态结构、代谢功能、遗传变异等内容的植物细胞学。

③ 植物生理学　研究植物生命活动及其规律性的学科，包括植物体内的物质和能量代谢、植物生长发育、植物对环境条件的反应等内容。

④ 植物遗传学　研究植物的遗传和变异规律以及人工选择的理论和实践的学科。已发展出植物细胞遗传学和分子遗传学。

⑤ 植物生态学　研究植物与其周围环境相互关系的学科。随着科学的发展，派生出植

物个体生态学、植物群落学和生态系统等学科。

四、植物学与农业科学的关系

植物学的发展过程始终与生产实践相联系，特别与农业科学的关系最为密切。在描述植物学时期，人们在对世界范围内的植物进行广泛收集和种植的过程中，相应地建成了重要栽培植物的农业格局，形成了粮食作物、药用植物、果树、蔬菜、花卉和各种经济作物的栽培、管理生产体系。在进入实验植物学时期后，植物学基础研究上的重大突破，往往引起农业生产技术发生巨大变革。19世纪植物矿质营养理论的阐明，导致化肥的应用和化肥工业的兴起。光合生产率理论的研究结果，促进了粮食生产技术中矮化密植措施的创建，以及与之相配合的品种改良、植物保护等措施的革新，使粮食在20世纪中叶大幅度增产，被誉为“绿色革命”。植物资源、植物区系和植被的调查，可为农业及植物原料工业发掘可供利用的野生植物；研究栽培植物野生近缘种的基因资源，可为农业育种提供更多的原始材料；同时又可为国土治理、大农业的宏观战略决策提供基本资料和科学依据。植物形态解剖特征的研究，有助于了解作物生长的环境条件与植物生长发育的关系，以改善肥水管理措施；植物有性生殖的传粉、受精、无融合生殖、雄性不育等内容的深入研究，对搞好作物、果蔬等经济植物的栽培和繁育，提高产量和质量具有重要意义。

近代由于分子生物学的发展，应用植物细胞的全能性，通过生物技术的离体培育、基因工程和常规育种相结合，人们可以在较短时间内获得较为理想的农业工程植物。

随着科学与技术的迅猛发展，学科之间互相渗透，综合研究的力度加大，植物科学必将在发展农业科学中更好地发挥其理论基础的作用，为农业生产的现代化做出更大贡献。

五、学习本课程的目的与方法

本课程是高职高专生物技术类、农业类、林业类专业的一门重要的基础课程，涉及专业面较广。它将为作物栽培技术、遗传育种技术、植物保护技术等课程打下一定的基础。通过本课程的学习不仅能掌握植物生理的理论知识，同时对如何进一步保护和利用植物资源，使其更好地为人类服务有一定的启发。对掌握从事农业生产管理、提高农作物产量和品质的知识和技能有所裨益。

植物种类繁多，类群复杂，它们是在自然界中经过长期演化而来的。在学习植物学过程中应贯穿由低级到高级的系统进化观念去理解植物的多样性；要善于运用观察、比较和实验的研究方法，尤其要重视理论联系实际，加强实验观察和技能的训练，以增加感性知识，加深理解。同时还要增强自学的意识，培养实事求是的科学态度，使植物学的学习能在掌握知识的广度和深度上，在分析、解决实际问题的能力上以及技能掌握上得到提高。

第一章　植物的细胞和组织

掌握植物细胞的形态和结构。
掌握植物细胞的繁殖方式，理解细胞不同分裂方式的意义。
掌握植物组织的类型及其功能。
掌握植物维管束的概念和类型。

第一节　植物细胞的形态和结构

一、植物细胞的概念

植物体是由细胞构成的。单细胞的植物个体由一个细胞构成，其所有的生命活动都在一个细胞内进行。多细胞个体由几个到几亿个形态和功能各异的细胞构成，其细胞在结构和功能上分工协作，密切联系，共同完成有机体的各种生命活动。植物的生长、发育和繁殖都是细胞不断地进行生命活动的结果。细胞是植物结构和功能的基本单位。

二、植物细胞的形态和大小

1. 形态

植物细胞由于所处的位置和生理功能的不同，因此在形态上表现出多种多样。有球形、卵圆形、圆柱形、长筒形、长方形、多面体形等。如单细胞的藻类为球形，种子植物的导管细胞呈长筒形（图 1-1）。

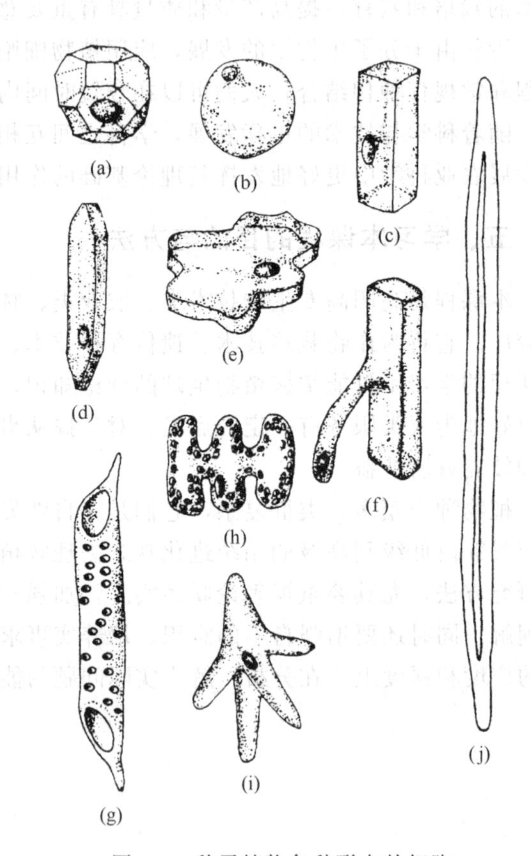

图 1-1　种子植物各种形态的细胞

(a) 十四面体状的细胞；(b) 球形的果肉细胞；(c) 长方体形的木薄壁细胞；(d) 纺锤形细胞；(e) 扁平的表皮细胞；(f) 根毛细胞；(g) 管状的导管分子；(h) 波形的小麦叶肉细胞；(i) 星状细胞；(j) 纤维细胞

2. 大小

植物细胞的大小相差很大，多数细胞都很小，直径平均为 10～100μm。有些细胞更小，如球状的细菌细胞，直径只有 0.5μm。也有少数细胞较大，肉眼直接可以看到。如成熟的番茄和西瓜果肉细胞，直径可达

1mm，棉花种子的表皮毛细胞长约 40～75mm，苎麻的纤维细胞长度可达 550mm。

三、植物细胞结构

植物细胞虽然大小不一，形态各异，但它们的基本结构相同，都是由细胞壁和原生质体构成（图 1-2）。细胞壁是包被在原生质体外面的一层结实的壁层，里面是原生质体。植物细胞中还含有一些贮藏物质或代谢产物，叫后含物。

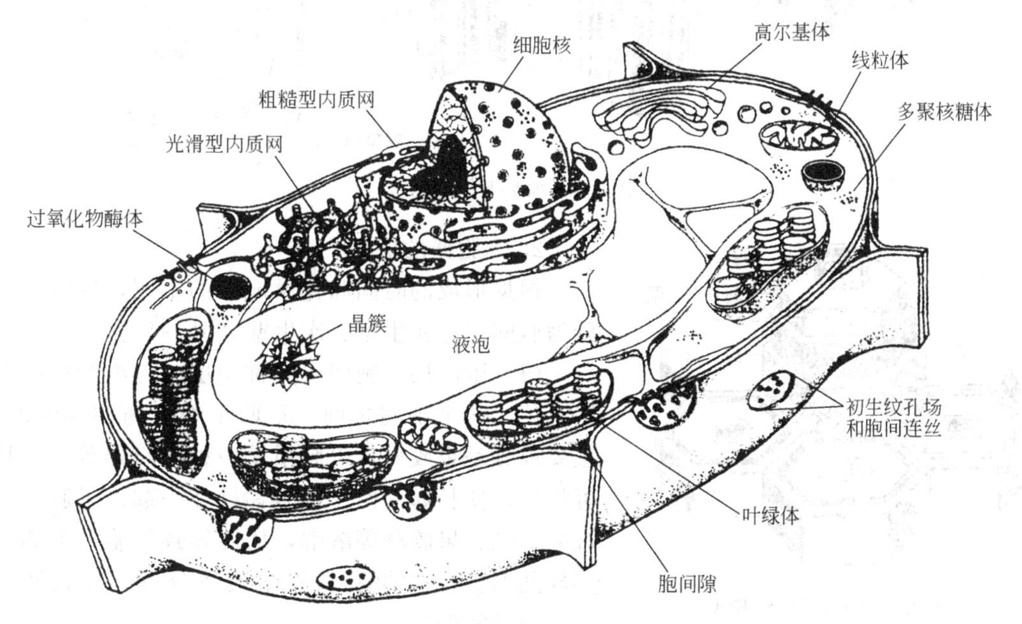

图 1-2　细胞的结构示意

用光学显微镜可以观察到植物的细胞壁、细胞质、细胞核、质体等结构，这些在光学显微镜下观察到的细胞结构叫显微结构。受可见光的波长限制，用光学显微镜无法观察到小于 0.2μm 的结构。电子显微镜的出现，大大提高了分辨率，使得细胞一些微细结构能够被观察到，这些在电子显微镜下呈现出的细胞内精细结构叫亚显微结构或超微结构。

（一）细胞壁

细胞壁是植物细胞最外的一层，也是植物细胞区别于动物细胞的特征之一。细胞壁由原生质体分泌的物质所构成，支持和保护着原生质体，并使细胞保持一定的形状，并与植物的吸收、蒸腾、运输和分泌等生理活动有很大的关系。

1. 细胞壁的化学组成

高等植物和绿藻的细胞壁主要成分是纤维素、果胶质和半纤维素。

纤维素是由多个葡萄糖分子脱水缩合形成的长链。长链分子之间形成的晶格结构为微团，多条这样的微团构成的细丝称微纤丝，微纤丝交织成网状，构成细胞壁的基本骨架。微纤丝互相缠绕，构成直径约 0.5μm 的大纤丝。所以，高等植物细胞壁的框架是由纤维素分子组成的纤丝系统（图 1-3）。其他组成细胞壁的物质，如果胶质和半纤维素等，充填在“框架”的空隙中，从而在纤维素、微纤丝之间形成一个非纤维素的间质。由于这些物质是亲水的，因此，细胞壁中一般含有较多的水分，溶于水的任何物质，都能随水透过细胞壁。

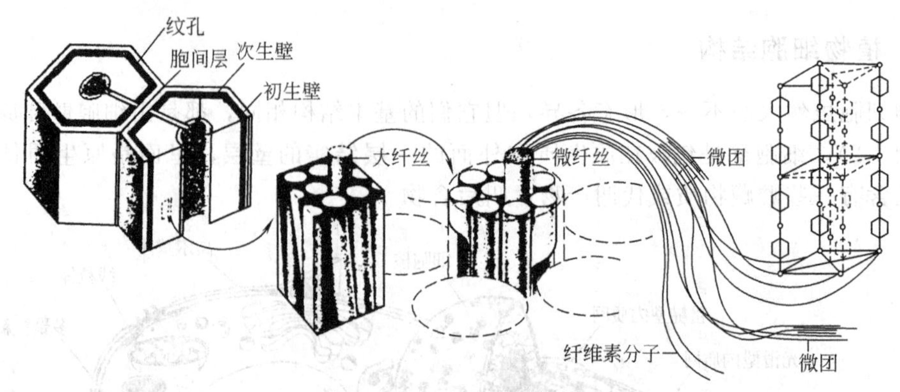

图 1-3　细胞壁构造图解

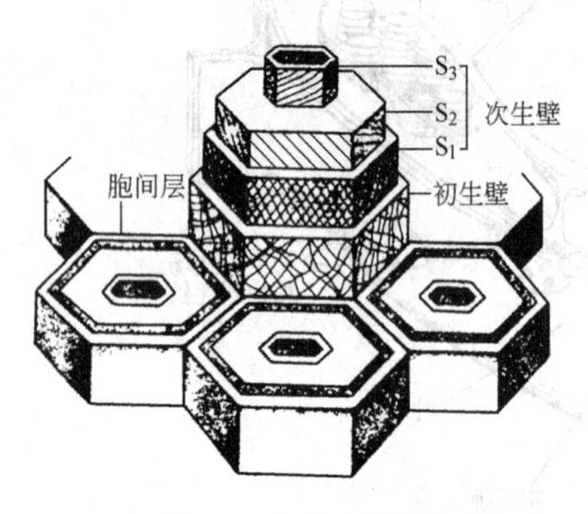

图 1-4　细胞壁结构模型

2. 细胞壁的层次

根据形成的时间和化学成分的不同，细胞壁可以分为胞间层、初生壁、次生壁（图 1-4）。

（1）胞间层　胞间层又称中层，是细胞壁的最外层，位于两个细胞之间，是两个细胞间共有的部分。主要成分是果胶质，果胶质是一种无定形胶质，具有可塑性，使相邻的两个细胞黏结在一起。果胶质可以被酸、碱、果胶酶等溶解，从而导致细胞的分离。果实成熟时产生的果胶酶将果胶质分解，细胞彼此分开，使果实变软。

（2）初生壁　初生壁是细胞在停止生长前，原生质体分泌形成的细胞壁层，位于胞间层的内侧。它的主要成分是纤维素、半纤维素和果胶质。初生壁一般较薄，约 1～3μm，有较大的可塑性，能随细胞生长而扩大。许多细胞在停止生长后，细胞壁不再加厚，初生壁成为它们永久的细胞壁。

（3）次生壁　次生壁是细胞停止生长后，一些细胞在初生壁的内侧继续沉积形成的细胞壁。它的主要成分是纤维素，含有少量半纤维素，另外，在次生壁中常含有木质素，木质具有较大的强度，木质的存在增加了细胞壁的硬度。次生壁较厚，一般为 5～10μm，没有延展性。

细胞壁的厚度是不均匀的，常有一些凹陷的区域，叫初生纹孔场（图 1-5）。次生壁形成时，往往在原有的初生纹孔场处不形成次生壁。这种只有中层和初生壁隔开，而无次生壁的较薄区域称作纹孔。纹孔也可在没有初生纹孔场的初生壁上出现。相邻细胞的纹孔常成对存在，称作纹孔对，纹孔对之间的中层和初生壁合称纹孔膜。

纹孔是细胞之间水分和物质交换的通道，分为单纹孔和具缘纹孔两种类型。单纹孔是次生壁在沉积时，于纹孔形成处终止而不延伸。具缘纹孔的次生壁在沉积时，四周加厚壁向中央隆起，形成纹孔的缘部。

初生纹孔场上有许多小孔，中间有原生质细丝通过。相邻细胞的原生质体通过这些原生质细丝相连，这些穿过细胞壁沟通相邻细胞的原生质细丝叫胞间连丝（图 1-6）。胞间连丝是细胞间物质和信息传递的桥梁，使多细胞植物体成为一个有机的整体。

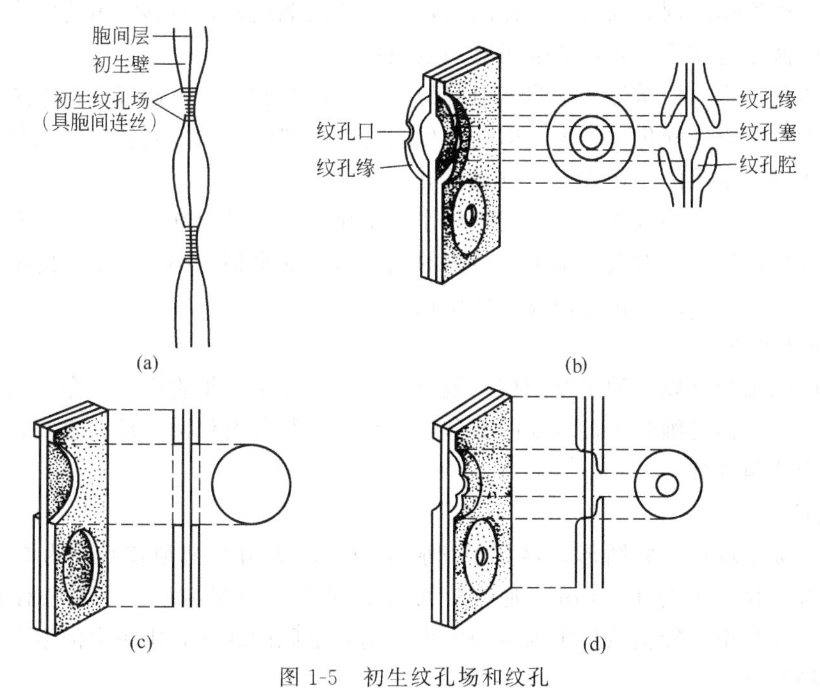

图 1-5　初生纹孔场和纹孔

（a）初生纹孔场；（b）具缘纹孔；（c）单纹孔；（d）半具缘纹孔

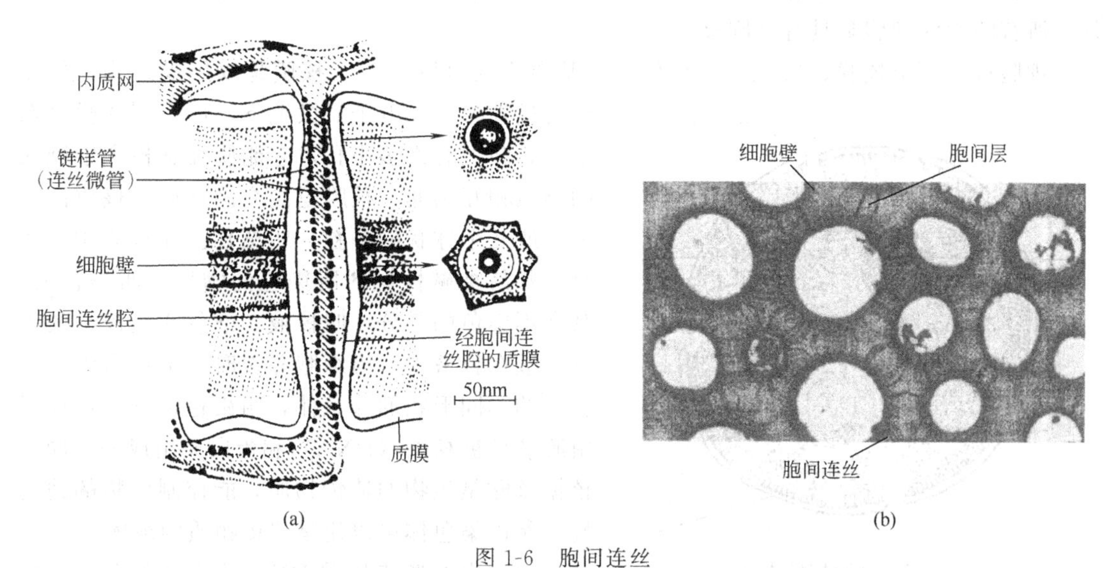

图 1-6　胞间连丝

（a）胞间连丝超微结构；（b）柿胚乳细胞所示的胞间连丝

3．细胞壁的特化

植物细胞由于生理上的分工，细胞壁也会有差异，从而使其具有特定的功能。

（1）木质化　是细胞代谢过程中产生的木质素，填充于纤维素的框架内，以增强细胞壁的硬度，增强细胞的支持力量。如导管、管胞、纤维细胞和石细胞均为细胞壁木质化的细胞。

（2）角质化　细胞壁常为角质（脂类化合物）所浸透，且常在细胞外壁形成角质层或膜。角质化的细胞壁透水性降低，因而有降低水分蒸腾的作用。油类和脂溶性的物质较易透过，因而使用以油作溶剂的农药，可提高药效。角质层能透光，不影响植物对光的吸收。另外，角质层的薄厚与作物抗病性的强弱有一定关系。

(3) 栓质化　是木栓质渗入细胞壁引起的变化，使细胞壁既不透气，也不透水，增加了保护作用。细胞壁一经栓化后，细胞即变为死细胞，仅留细胞壁。老根茎外表都有这类木栓细胞。作物体表细胞壁的栓化程度与抗病性有一定关系。

(4) 矿质化　矿质渗入细胞壁的过程称作矿质化。矿质是指钾、镁、钙、硅的不溶性化合物。细胞壁矿化后硬度增大，加强了植物的支持力。如水稻、小麦、玉米的茎和叶表皮细胞的细胞壁，由于渗入二氧化硅而发生硅质化。

(二) 原生质体

植物细胞除细胞壁以外的整个结构叫做原生质体，它是由细胞内有生命的物质——原生质所构成。原生质体是细胞中最重要的部分，是细胞进行各类代谢活动的主要场所，可分为细胞核和细胞质两部分。

1. 细胞核

细胞核一般呈球形或椭圆形，存在于细胞质内。高等植物细胞核直径为5～10μm，低等植物细胞核直径一般为1～4μm。通常一个细胞只有一个细胞核，少数也有两个或多个的。在年幼的细胞中，细胞核位于细胞的中央，随着细胞的成熟，中央大液泡形成，细胞核逐渐被挤向细胞壁。

细胞核常常是真核细胞最显著的结构特点。植物中除了最低等的类群——细菌和蓝藻外，所有的生活细胞都具有细胞核。

细胞核主要由核膜、染色质、核仁、核基质组成（图1-7）。核膜是双层膜结构，位于核的最外层，在电子显微镜下，可看到核膜是双层膜，膜上有许多小孔，它能使细胞核和细胞质的物质相互沟通。核膜里面充满核质。核质内有一个或几个球状的颗粒，叫核仁。在核质中，含有一些易被碱性燃料所染色的物质，叫染色质，其余不染色的部分，叫核液。染色质呈极细的细丝分散在核液中。当细胞分裂时，染色质浓缩成较大的不同形状的棒状体，叫染色体。染色体是由脱氧核糖核酸（DNA）和蛋白质组成的。脱氧核糖核酸是生物的遗传物质，能控制生物的遗传性，所以染色体可以说是遗传物质的载体。

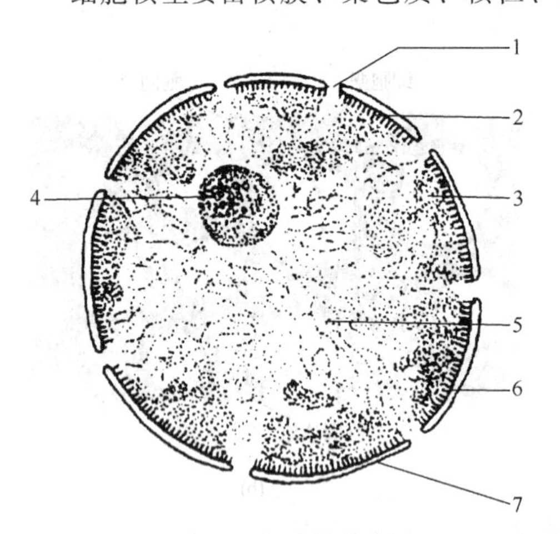

图1-7　细胞核模式图

1—核孔；2—核纤层；3—染色质；4—核仁；5—核基质；6—核周间隙；7—核膜

细胞内的遗传物质DNA几乎全部存在于细胞核内，它控制着蛋白质的合成，细胞的生长和发育，因此细胞核是细胞的遗传、控制中心。

2. 细胞质

细胞质充满在细胞核与细胞壁之间，包括质膜、细胞器和胞基质三部分。

(1) 质膜　也称原生质膜或细胞膜，是包围在细胞质表面的一层透明薄膜，与细胞壁接触。

在电子显微镜下观察，质膜呈现明显的暗-亮-暗的三层结构，两侧的两个暗带为蛋白质，厚度约2nm，中间的亮带为脂质双层分子，厚度约3.5nm。这种由三层结构组成为一个单位的膜，称作单位膜。根据近年来的研究，有人提出了“膜的流动镶嵌模型”。认为，脂类双层是质膜的骨架，由两层磷脂类分子组成（图 1-8）。两层磷脂分子以非极性的疏水尾部相对，具有极性的头部朝向脂质双层表面。脂质双层两侧的蛋白质的分布具有不对称性，有的结合在脂质双层分子的表面，有的嵌入脂质双层分子，有的横跨脂质双分子层。膜蛋白和脂质双层均存在一定的流动性，使膜的结构处于不断变化状态。

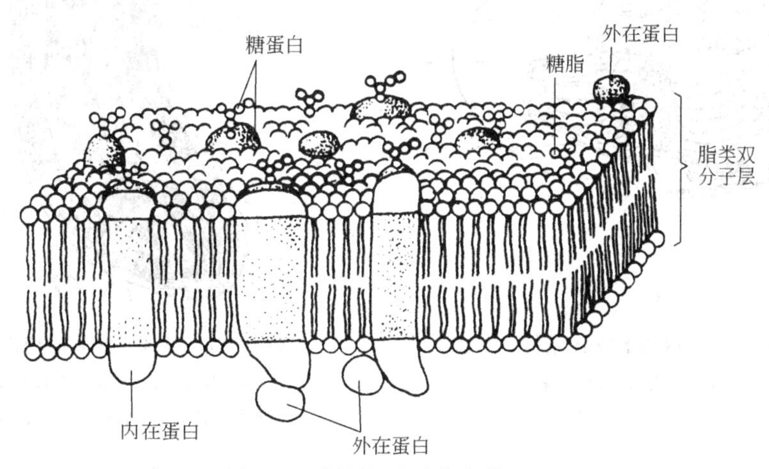

图 1-8　膜结构-流动镶嵌模型图

质膜的主要功能是控制细胞与外界环境物质交换。质膜具有“选择透性”，可以有选择地进行物质运输，能控制细胞与外界环境之间的物质交换，为细胞的生命活动提供相对稳定的内环境。脂膜在细胞识别、细胞内外信息传递等过程中具有重要作用。

（2）细胞器　细胞器是细胞中具有一定结构和功能的微结构，包括质体、线粒体、内质网、高尔基体、溶酶体、微体、细胞骨架等。

① 质体。质体是植物细胞特有的细胞器，根据所含色素的不同，可将其分为叶绿体、有色体和白色体三种类型，这些不同类型的质体都是由前质体发育而来。

叶绿体。叶绿体存在于植物所有绿色部分的细胞里。细胞内叶绿体的数目、大小和形状因植物种类不同而有很大差异。叶绿体大多呈扁椭圆形，高等植物叶肉细胞内含有 50～200 个叶绿体，叶绿体含叶绿素和类胡萝卜素两类色素。由于叶绿素的含量较高，叶绿体呈现绿色。在电子显微镜下可见到叶绿体由被膜、片层系统和基质组成。叶绿体被膜由双层单位膜组成，外膜通透性强，内膜具有较强的选择透性，是细胞质与叶绿体之间的功能屏障。叶绿体内部的片层系统是由膜围成的类囊体构成，类囊体在一定区域叠垛在一起，称作基粒。一个叶绿体内可含有 40～60 个基粒。组成基粒的类囊体，叫基粒类囊体。有些贯穿在两个或两个以上基粒之间，没有发生垛叠的类囊体叫基质类囊体（图 1-9）。叶绿体色素及许多与光合作用有关的酶，定位于基粒片层上。基质不含色素，但也有一些酶类。基粒和基质分别完成光合作用中不同的化学反应。图 1-10 为玉米叶绿体的切面图。

叶绿体的主要功能是进行光合作用，光合作用是自然界将光能转换成化学能的主要途径。

有色体。有色体只含有胡萝卜素和叶黄素，因二者比例不同，分别呈现出黄色、橘黄、红色等一系列颜色。有色体存在于植物的花瓣、果实或其他部位等（图 1-11）。有色体形状有多种，如针形、球形、不规则形等。一般认为它可吸引昆虫和其他动物，有利于传粉和果实的传播。

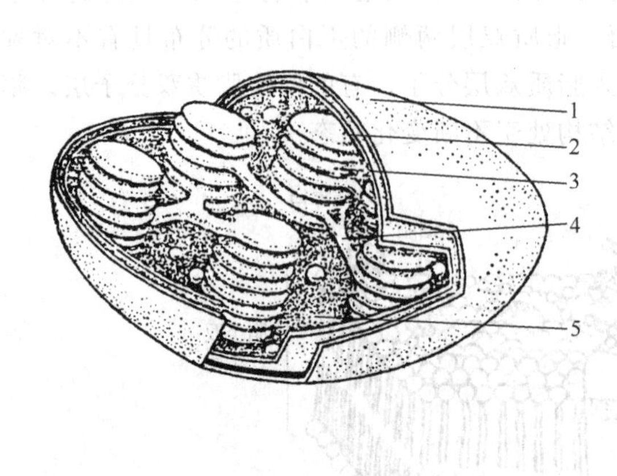

图 1-9　叶绿体的立体结构

1—外膜；2—内膜；3—基粒；4—基质片层；5—基质

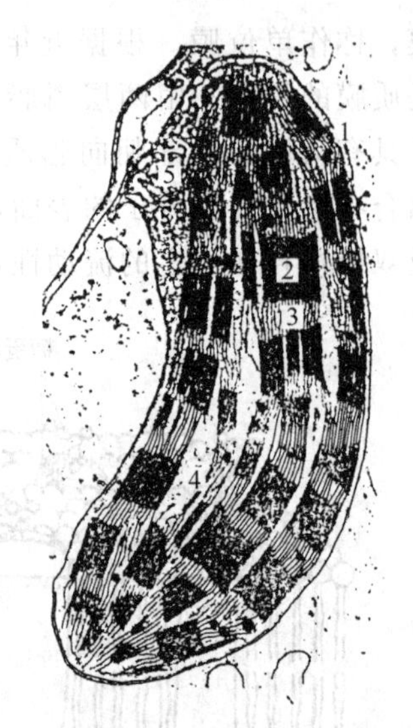

图 1-10　玉米叶绿体的切面图

1—叶绿体膜；2—基粒类囊体；3—基质类囊体；4—基质；5—周质网

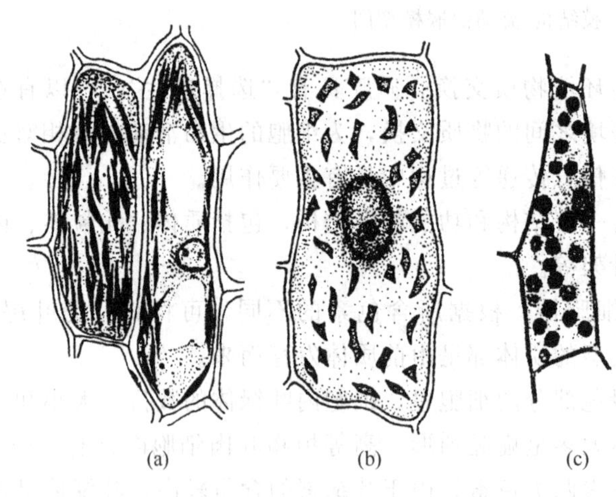

图 1-11　花被细胞中的有色体

(a) 鹤望兰属萼片细胞内的纺锤形有色体；(b) 旱金莲萼片细胞内的结晶体形有色体；(c) 金盏花属花瓣细胞内的圆球形有色体

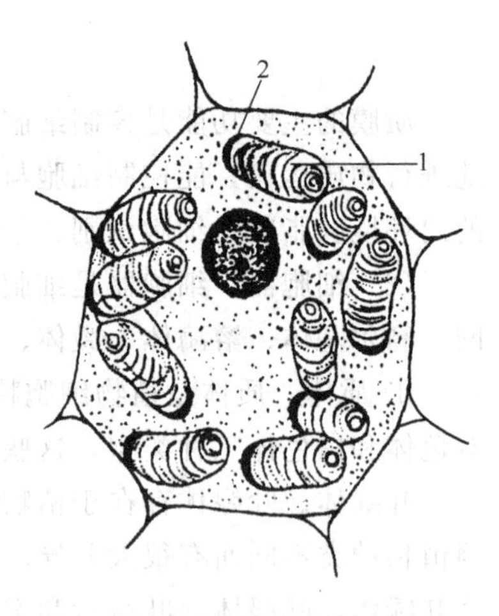

图 1-12　赤东属植物的淀粉贮藏细胞所示的造粉体

1—淀粉粒；2—造粉体

白色体。白色体不含色素，普遍存在于植物体的各部位细胞中，尤其是储藏细胞中较多。根据其储藏的物质不同可将白色体分为三类：储藏淀粉的称作造粉体或淀粉体（图 1-12），贮藏蛋白质的称作蛋白体（造蛋白体），贮存脂类物质的称作造油体（图 1-13）。

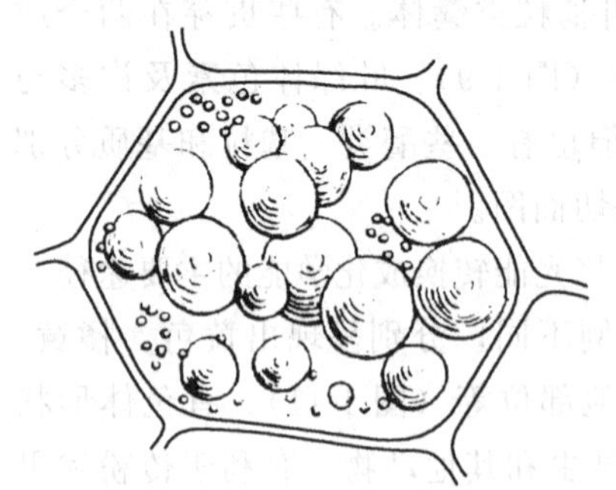

图 1-13　椰子胚乳细胞内的油滴

有色体和白色体与叶绿体一样为双层膜包被，但内部没有发达的膜系统，不形成基粒。随着细胞的发育和环境条件的变化，不同类型质体之间可以相互转化。

② 线粒体。线粒体多呈线状和颗粒状，直径为 0.5～1.0μm，长 1.5～3.0μm。线粒体的形态、大小和数量，因细胞不同而变化，代谢活跃的细胞，线粒体大

且数量多。在电子显微镜下，可以看到线粒体是由双层膜构成，外膜光滑无折叠，内膜向内折叠，形成许多管状或褶状结构，叫做嵴（见图 1-14 和图 1-15）。嵴的形成使内膜的表面积大大扩增。嵴表面有许多圆球形颗粒，称作基粒。基粒含有三磷酸腺苷（ATP）酶，能催化 ATP 的合成。嵴之间的腔内和内外膜之间的空隙，充满着液态的基质，基质中含有许多与呼吸作用有关的酶类、脂类、蛋白质、核糖体等。

线粒体的主要功能是进行呼吸作用。将储藏在糖、脂肪、蛋白质等营养物质中的能量在线粒体中分解转化成可利用形式的化学能，即 ATP，供细胞生命活动的需要。因此，线粒体是细胞内的“动力工厂”。

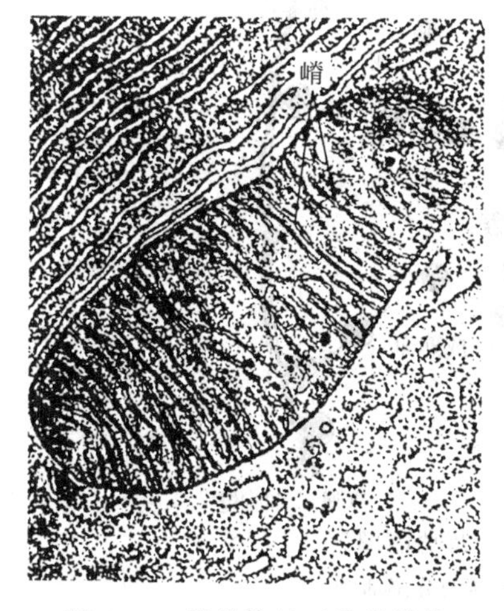

图 1-14　线粒体的亚显微结构

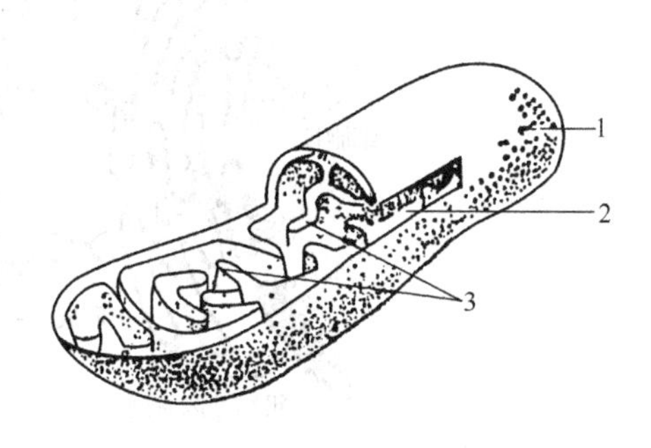

图 1-15　线粒体立体结构示意图

1—外膜；2—内膜；3—嵴

③ 内质网。内质网是由一层膜围成的小管、小囊或扁囊构成的网状系统。内质网的膜与细胞核的外膜相连，内腔与核膜间腔相通。内质网有两种类型：一种是在膜的外表面有核糖体附着，称粗糙型内质网；一种在膜的外表面没有核糖体附着，称光滑型内质网。细胞中两种类型的内质网的比例及它们的总量，随着细胞的种类、发育时期、细胞功能及外界条件的不同而异。

内质网的功能，一般认为粗糙型内质网主要功能是蛋白质的合成、修饰、加工和转移，光滑型内质网能合成和转移脂类和多糖。

④ 高尔基体。高尔基体由叠在一起的扁平囊和其周围大量的囊泡所组成（图 1-16）。扁平囊由单层膜围成，直径约 0.5～1.0μm，中央似盘底，边缘或多或少出现穿孔。分泌活动旺盛的细胞，富含高尔基体。

高尔基体的主要功能是加工与分泌从内质网运来的蛋白质、脂肪，也参与细胞中多糖的合成和分泌。高尔基体能合成纤维素、半纤维素等构成细胞壁的物质，在细胞进行有丝分裂时，参与新细胞壁的形成。

⑤ 溶酶体。溶酶体是由单层膜包裹的囊泡，它的形态和大小差异很大，一般为球形，直径为 0.2～0.8μm。溶酶体内含多种酸性水解酶，如蛋白酶、脂酶、核酸酶等。其主要功能就是降解生物大分子，分解细胞内受到损伤或失去功能的细胞结构碎片。在植物发育中，有一些细胞会正常死亡，这是在基因的控制下，溶酶体膜破裂，将酶释放到细胞内，引起的细胞自身溶解死亡。组成这些结构的物质将重新被细胞所利用。植物细胞分化出导管、筛管、纤维细胞的过程中，都有溶酶体的参与。

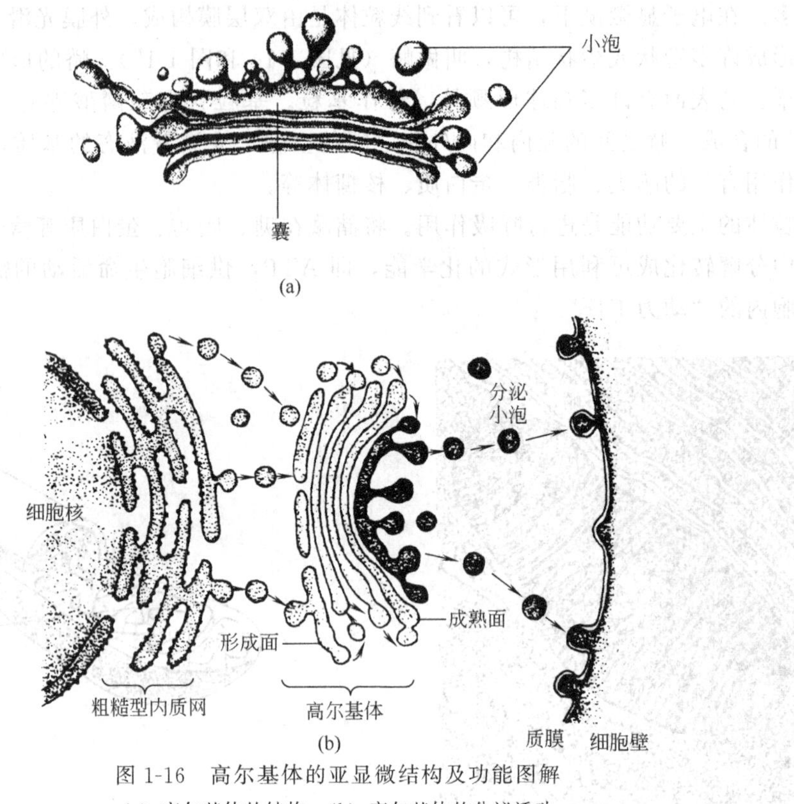

图 1-16 高尔基体的亚显微结构及功能图解

(a) 高尔基体的结构；(b) 高尔基体的分泌活动

⑥ 微体。是由单层膜包被的颗粒形细胞器，直径为 0.1～1.5μm。微体可分为过氧化体和乙醛酸循环体两种。过氧化体存在于高等植物叶的光合细胞中，与叶绿体、线粒体共同参与光呼吸过程。乙醛酸循环体存在于油料作物和大麦、小麦中的糊粉层及玉米的盾片中，与脂肪代谢有关，对脂肪转化为糖起着重要作用。

⑦ 核糖核蛋白体。核糖核蛋白体也称核糖体、核蛋白体，是颗粒状结构，无被膜包被，直径 15～25nm，主要成分是蛋白质与 RNA。核糖体在细胞内以两种状态存在：一种核糖体附着在内质网的表面，与之形成粗糙型内质网；另一种核糖体分散在细胞质中，呈游离状态。

核糖体的功能是合成蛋白质，按照 mRNA 的指令由氨基酸高效且精确地合成蛋白质。因此，蛋白质合成旺盛的细胞，尤其在快速增殖的细胞中，往往含有较多的核糖体颗粒。

⑧ 液泡。液泡由单层膜包被，膜内充满着液体，叫细胞液。年幼植物细胞内液泡小而多，随着细胞的生长，液泡逐渐长大，并相互合并发展成一个大液泡。成熟的植物细胞具有中央大液泡，是植物细胞区别于动物细胞的另一特征。中央大液泡形成后，细胞质被挤成一薄层（图 1-17）。

细胞液中含有多种有机物和无机物，其化学成分因植物种类不同而异。有的是代谢贮藏物质，如糖、有机酸、蛋白质、生物碱、单宁、色素等。如甜菜根和甘蔗茎的细胞液泡中含有大量蔗糖，许多果实含有大量有机酸，烟草的液泡中含有烟碱，咖啡中含有咖啡碱，茶叶和柿子中含有单宁而具涩味。有的细胞液中还含有多种色素，如花青素等，使植物的花、果实、茎、叶等具有红、蓝、紫等颜色。有的细胞液内含有盐类，其中有些盐类溶解在细胞液中，有些盐类形成结晶存在于细胞液中，如草酸钙结晶。

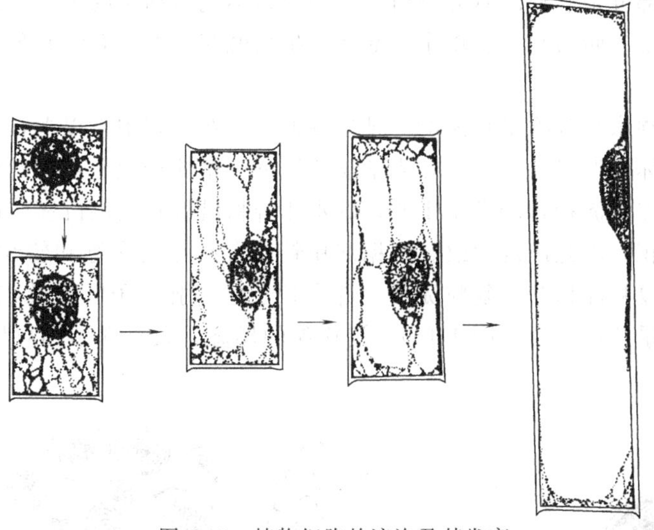

图 1-17　植物细胞的液泡及其发育

幼期细胞到成熟的细胞，随细胞的生长，细胞中的液泡变大，合并，最终形成一个大的中央液泡

液泡的主要功能是贮藏作用，而且在液泡中有许多水解酶，也参与多种代谢活动，同时具有调节细胞水分含量的作用，也具有隔离有害物质，避免细胞受害的作用，如草酸是代谢的副产品，对细胞有害，在液泡中形成草酸钙结晶，成为不溶于水的物质，免除了毒害作用。

⑨ 细胞骨架。细胞骨架普遍存在于植物细胞中，是由蛋白质、纤维素构成的骨架体系，分布在细胞基质中，细胞骨架由微管、微丝和中间纤维三者构成。

(a) 微管。由球状的微管蛋白构成的长度不定的长管状结构（图 1-18），平均直径 24nm。其主要功能是在细胞中起支架作用，使细胞维持在一定的形状，并且参与细胞纺锤丝的组成，与染色体、鞭毛、纤毛的运动有关，参与细胞壁的形成和发育。

(b) 微丝。由两条球形蛋白质连接成的细丝扭在一起构成的，直径 7nm，长度不定。其主要功能起到骨架作用，配合微管、控制细胞器的运动。

(c) 中间纤维。为一类直径介于微管和微丝之间的中空纤维。一般认为，中间纤维在细胞形态形成和维持、细胞内颗粒运动、细胞器和细胞核定位等方面有重要作用，但尚需进一步验证。

(3) 胞基质　胞基质又称基质，存在于细胞器的外围，是一具有弹性和黏滞性的透明溶液。其化学成分很复杂，含有水、无机盐和溶于水的气体，以及脂类、葡萄糖、蛋白质、氨基酸、酶、核酸等，是一个复杂的胶体系统。细胞中的许多代谢活动都在胞基质中进行。此外，细胞与环境以及细胞器之间的物质运输、能量交换、信息传递等都要通过胞基质来完成。

(三) 细胞后含物

后含物是细胞新陈代谢的产物，是细胞中无生命

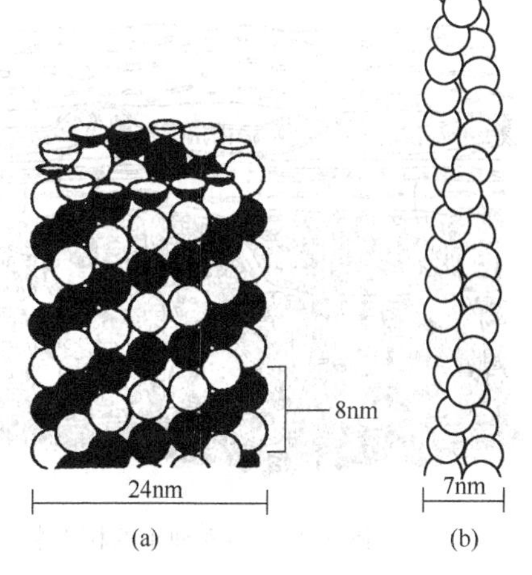

图 1-18　微管的模型

(a) 微管；(b) 微丝

的物质，后含物一部分是贮藏的营养物质，一部分是不能再利用的废物。细胞后含物种类很多，如淀粉、蛋白质、脂肪与油、单宁、晶体、生物碱等。下面介绍几种常见的后含物。

1. 淀粉

淀粉是细胞中碳水化合物最普遍的一种贮藏形式，在细胞中常以颗粒状态存在，叫淀粉粒，淀粉粒在造粉体内形成并贮藏。在光学显微镜下观察淀粉粒，可以看见有明暗相间的轮纹环绕着脐点。脐点是淀粉粒的发生中心，碳水化合物沿着它层层沉积。由于直链淀粉和支链淀粉交替分层沉积，因此出现轮纹。根据淀粉粒所含脐点的多寡和轮纹围绕脐点的方式，可分为单粒淀粉、复粒淀粉和半复粒淀粉。许多种子的胚乳、子叶以及植物的块根、块茎、根状茎中都含有大量的淀粉粒（图 1-19）。淀粉粒的形态、大小和结构可以作为鉴别植物种类的依据之一。

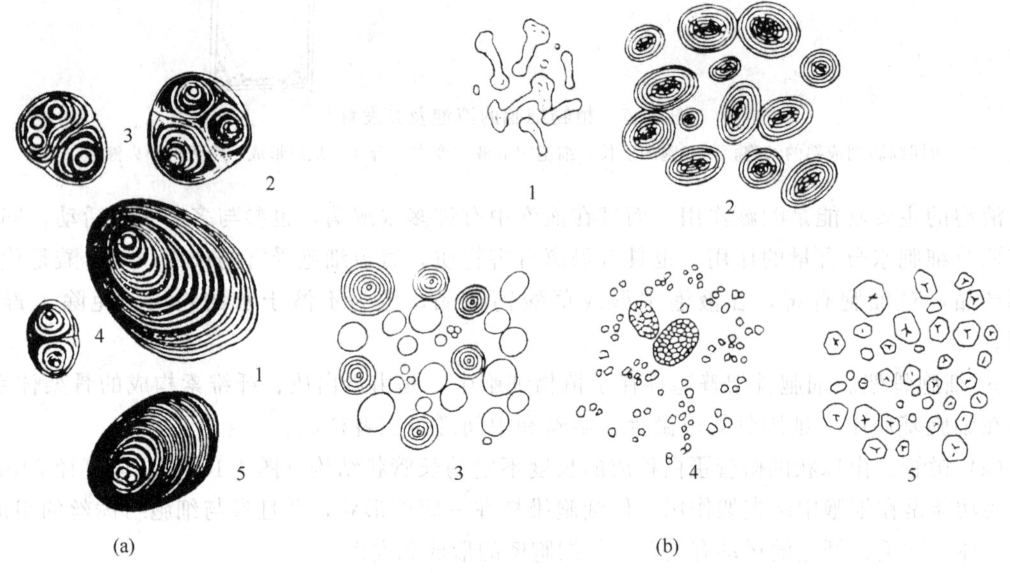

图 1-19　各种淀粉粒形态

(a) 马铃薯淀粉粒类型
1—单粒淀粉；2～4—复粒淀粉；5—半复粒淀粉

(b) 几种植物的淀粉粒
1—大戟；2—菜豆；3—小麦；4—水稻；5—玉米

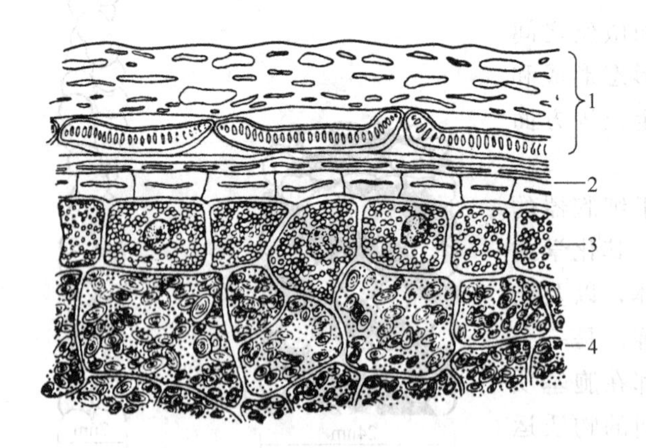

图 1-20　小麦种子的糊粉粒
1—果皮；2—种皮；3—糊粉层；
4—贮藏淀粉的薄壁组织

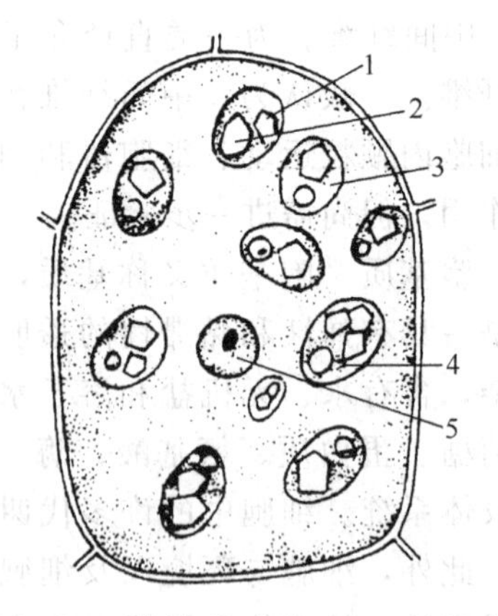

图 1-21　蓖麻种子的一个胚乳细胞
1—球晶体；2—拟晶体；3—无定形胶质；
4—糊粉粒；5—细胞核

2. 蛋白质

植物的贮藏蛋白质是结晶或无定形的固体，不表现出明显的生理活性。在禾本科植物种子的胚乳最外一层或几层细胞中含有大量糊粉粒，称作糊粉层，豆类种子的子叶中都含有大量糊粉粒（图 1-20、图 1-21）。

3. 脂肪与油

在植物细胞中脂肪和油常以固体状态或小油滴存在于一些油料植物的种子或果实中，是含能量高而体积最小的贮藏物质。在常温下为固体的称作脂肪，为液体的称作油类（图 1-13）。

4. 晶体

在一些细胞的液泡内常含有晶体（图 1-22）。这些晶体大多为原生质体代谢过程中的副产品，常对细胞有害，如草酸钙。

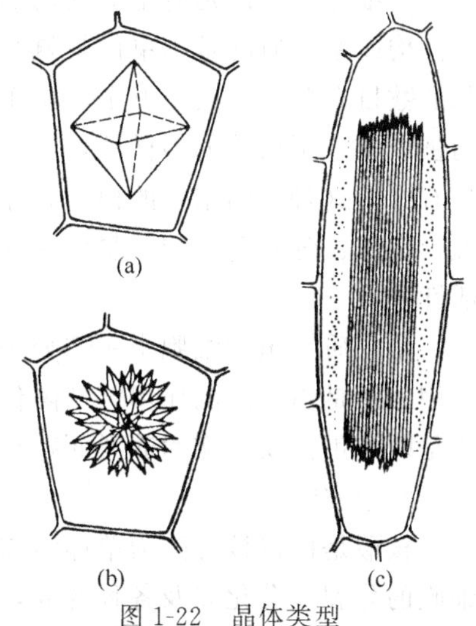

图 1-22　晶体类型

（a）单晶体；（b）复晶体；（c）针晶体

第二节　植物生命活动的物质基础——原生质

一、原生质的概念

细胞内具有生命活动的物质，称原生质。它是细胞结构和生命活动的物质基础。原生质具有极其复杂的化学成分、物理性质和特有的生物学特性，具有一系列生命活动的特征。

二、原生质的组成物质

原生质的化学组成十分复杂。研究表明，水分占 80%以上，其余为干物质，包括有机物和无机物。有机物可占干物质的 90%～95%，无机物占 5%～10%。

（一）水及无机物

水是构成原生质最丰富的物质，约占细胞全质量的 60%～90%。干燥种子中水的含量较低，约占 10%～14%。水在细胞内有两种状态存在，即自由水和结合水。两者在细胞中的数量和比例因组织、器官、组织及发育时期的不同以及环境变化而不同。自由水是参与代谢过程的有效水分，是细胞中矿物质离子和各种分子的溶剂，它的含量能够直接影响生理、生化的活性。结合水是由水与构成原生质的很多物质的分子或离子结合而成，参与细胞的构成。

细胞中的无机物，可以以离子状态存在，如 K^+、Na^+、Ca^{2+}、Mg^{2+}、PO_4^{3-}、Fe^{3+}、Cu^{2+}、Cl^- 等。这些离子也可以与其他大分子物质结合成具有特殊功能的物质，如铁和某些蛋白质结合构成了一种呼吸酶，磷酸根与糖结合后在物质转化和能量转化中起重要作用。

（二）有机物

组成原生质的有机物有蛋白质、核酸、脂类、糖类以及微量的生理活性物质等。

1. 蛋白质

蛋白质是原生质的主要成分，含量为 10%～20%，它是决定细胞结构及其功能的主要成分。细胞之所以是有生命活动的物质，主要原因就在于蛋白质。

构成蛋白质的基本单位是氨基酸，目前已知的氨基酸有20多种。一个蛋白质分子的氨基酸数目有几十个至上万个。由于氨基酸的种类、数目和排列次序的不同，就形成各种各样的蛋白质。蛋白质的多样性，正是生物界多样性的基础。每种蛋白质都有特有的空间结构，只有维持这种空间结构的稳定，才能表现出特有的生理功能。一旦由于某些不良因素，如高温、强酸、强碱等影响，蛋白质的空间结构就会被破坏，引起蛋白质变性，从而失去其生理活性。

蛋白质在植物细胞中一部分是构成细胞的结构物质，另一部分是起生物催化剂——酶的作用。正是由于酶的作用，新陈代谢才能沿着一定途径有条不紊地进行下去。还有一些蛋白质是贮藏蛋白质，作为养料而贮存。

2. 核酸

核酸是由以核苷酸为单体组成的生物大分子，起着贮存、复制和遗传信息的生物功能，细胞的分裂、分化以及各种变异，无不受到核酸分子的调节与控制。

构成核酸的基本单位是核苷酸。每种核苷酸由一个磷酸分子、一个戊糖分子和一个含氮碱基组成。碱基分为嘌呤碱和嘧啶碱两类，有五种，即腺嘌呤（A）、鸟嘌呤（G）、胞嘧啶（C）、胸腺嘧啶（T）和尿嘧啶（U）。由于所含的碱基不同，就有不同种类的核苷酸。许多不同种类的核苷酸按一定的顺序脱水而结合的长链，就称作多核苷酸。核酸就是一种多核苷酸。核酸依所含五碳糖的不同可分为两类：核糖核酸（RNA）和脱氧核糖核酸（DNA）。

RNA主要存在于细胞质中，核仁里也有少许存在。所含的五碳糖是核糖，所含的碱基种类为A、G、C、U四种，以单链形式存在。主要的生理功能是与细胞内的蛋白质合成有着极为密切的联系。

DNA主要存在于细胞核中，是染色体的主要成分。所含的五碳糖为脱氧核糖，所含的碱基为A、G、C、T四种。DNA是由两条多核苷酸链组成，两条多核苷酸链以相反的走向排列，并右旋成双螺旋结构（图1-23）。

3. 脂类

脂类是脂肪和类脂（磷脂、糖脂、硫脂等）的总称。脂类、核酸与蛋白质结合，构成了原生质的基本成分。脂类在原生质中可作为结构物质。例如，磷脂和蛋白质结合，参与构成细胞质膜和细胞内部的各种膜。角质、木栓质和蜡质参与细胞壁的构成，由于他们的疏水性造成了细胞壁的不透水性。

4. 糖类

糖是绿色植物光合作用的产物。植物体内的糖主要有单糖、双糖和多糖三类。单糖主要是五碳糖（戊糖）和六碳糖（已糖），以及三碳糖和四碳糖。戊糖如核糖和脱氧核糖，是核酸的成分。已糖如葡萄糖和果糖，是生命活动主要的能量来源。蔗糖是植物体内最重要的双糖，是碳水化合物运输的主要形式。植物体内主要的多糖是淀粉和纤维素。淀粉是植物的主要贮藏物质，纤维素则是细胞壁的主要成分。

三、原生质的胶体特性

组成原生质的蛋白质、核酸、磷脂等，都是大分子的颗粒，其颗粒直径一般在1～100nm之间，恰好与胶体颗粒的直径相当。这些颗粒具有极性基，如—NH_2、—OH、—COOH等，能吸附水分子，所以按物理性质来说，原生质是一种复杂的亲水胶体。原生质的胶体特性如下。

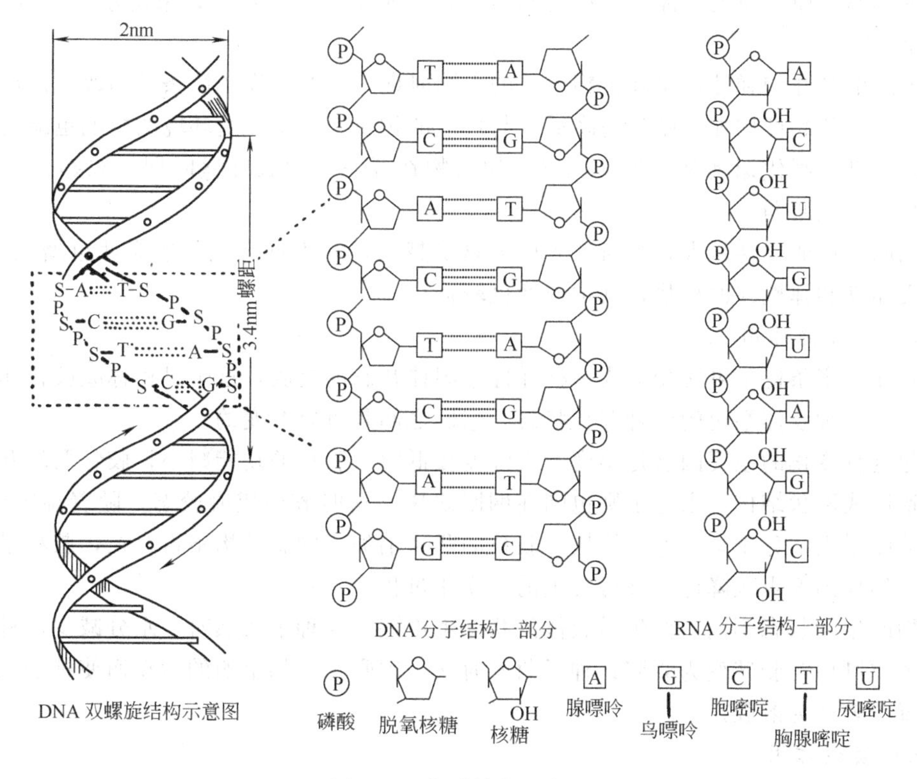

图 1-23　核酸结构示意图

（一）带电性

原生质胶体主要是由蛋白质组成，蛋白质的多肽链中，仍存在着游离的羧基和氨基，因此蛋白质和氨基酸一样，是一种两性物质，它既可以以两性离子存在，又可以以阳离子或阴离子状态存在，随着溶液 pH 的变化，它们之间可以相互转变。

$$\underset{\text{蛋白质阴离子}}{\mathrm{P}\begin{smallmatrix}COO^-\\NH_2\end{smallmatrix}} \underset{H^+}{\overset{OH^-}{\rightleftharpoons}} \underset{\text{蛋白质两性离子}}{\mathrm{P}\begin{smallmatrix}COO^-\\NH_3^+\end{smallmatrix}} \underset{OH^-}{\overset{H^+}{\rightleftharpoons}} \underset{\text{蛋白质阳离子}}{\mathrm{P}\begin{smallmatrix}COOH\\NH_3^+\end{smallmatrix}}$$

因此原生质在不同的环境中带有不同的电荷，这就使得它能更好地与环境进行物质交换和新陈代谢活动。

（二）吸附性

任何物质的分子间都具有吸引力，物质的表面均表现出对其他物质的吸附力。吸附现象都发生在物质的界面上，因此，物质的表面积越大，吸附力就越大。原生质体是一个分散度高的多相体系，它的总面积大，界面也大，因而能吸附多种物质。吸附水分子表现出亲水性，吸附酶、矿物质和生理上的活性物质以进行复杂的生命活动。

（三）黏性和弹性

由于原生质胶体能够吸附水分，胶粒外围的水分子所受的吸附力大小因其距胶粒的距离不同而不同，距离近的水分子所受吸附力大不易自由移动，这种水称束缚水；远离胶粒的水分子所受的吸附力较小或无吸附力的影响，水分子能自由移动，这种水称作自由水。这两层水的多少就影响原生质的黏滞性。束缚水多，自由水少，则黏性大；束缚水少，自由水多，则黏性小。

原生质的黏性和弹性，是随植物生长的不同时期，以及外界环境条件的改变而经常发生改变。原生质的黏性增加，则代谢降低，与环境的物质交换少，受环境的影响也减弱。若原生质黏性减低，则代谢增强，生长旺盛，如植物在开花和生长旺盛时期。成熟种子的原生质，黏性高，代谢弱。

细胞原生质的弹性越大，则对外界压力忍受越大，对不良环境的适应性也增强。因此，凡原生质黏性和弹性强的植物，其抗逆性也较强。

（四）凝胶化作用

溶胶在一定条件下可转变成为一种弹性半固体状态的凝胶，这个过程称凝胶化作用。凝胶和溶胶是一种胶体系统的两种存在状态，它们之间是可以互变的。

引起这种变化的主要因素是温度。当温度较低时，胶粒的动能减小，胶粒两端互相联结起来以致形成网状结构，水分子则包围在网眼之中，这时胶体成凝胶态。随着温度的升高，胶粒的动能增大，分子运动速度增快，胶粒的联系消失，网状结构不再存在，胶粒呈流动的溶胶态。如果温度再次降低，又可发生前一变化过程。

植物的生理状态不同，原生质胶体的状态也不同。如种子成熟时，水分减少，种子细胞内的原生质则由溶胶转变为凝胶；种子萌发时又可因吸水，加上酶的活动而使种子细胞的原生质由凝胶转变为溶胶。

（五）凝聚作用

原生质胶体的亲水性使胶粒有水层的保护，带电性使得具有相同电荷的胶粒彼此相斥，带相反电荷的胶粒也有水层的保护而彼此不能接触，而呈分散态。因此，原生质胶体的带电性和亲水性，是原生质胶体稳定的因素。当这些稳定因素受到破坏时，胶体粒子合并成大的颗粒而析出沉淀，这种现象称凝聚。

大量的电解质既能使胶粒失去水膜的保护，又可因相反电荷的作用而使胶粒的电荷中和。这样，胶粒就会凝聚而沉淀，若时间增长，原生质的胶体结构就会破坏，植物就会死亡。由于原生质胶体主要是由蛋白质组成，因此，凡能引起蛋白质变性的因素，也是原生质胶体产生凝聚以致死亡的因子。贮藏过久的种子，往往丧失萌发力，这也是与其中的蛋白质发生变性有关。

由此可知，原生质的胶体特性是与生命现象紧密相关的。

第三节　植物细胞的繁殖

细胞分裂是细胞的一个重要属性。单细胞有机体通过细胞分裂增加种群内个体的数量。多细胞个体通过细胞分裂构建自己的身体，保证生命的延续、遗传和进化。植物细胞的分裂方式有有丝分裂、减数分裂和无丝分裂三种。

一、细胞周期

细胞周期是指连续分裂的细胞从上一次有丝分裂结束到下一次有丝分裂完成所经历的整个过程。细胞周期可分为两个时期，即分裂间期和分裂期。

1. 分裂间期

间期是指从上一次分裂结束，到下一次分裂开始的一段时间。它是分裂前物质和能量的准备时期，细胞核内发生一系列生物化学反应，主要是RNA、蛋白质的合成、DNA的复制等，同时细胞也积累足够的能量，以提供分裂活动所需。间期又可分为G_1期（M期到S期之间的间隙）、S期（DNA合成期）、G_2期（S期到M期之间的间隙）（图1-24）。

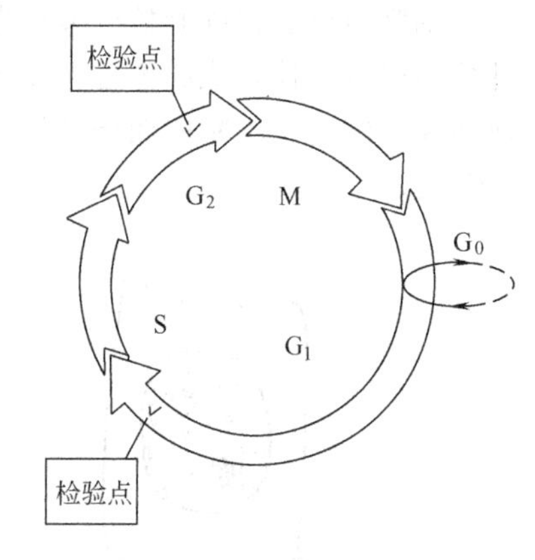

图1-24　细胞周期图解

检验点发现问题时，将阻断细胞周期前进

G_1期代谢活跃，细胞体积增大，RNA、蛋白质和酶的合成旺盛，一些蛋白质的磷酸化也活跃地进行，为S期DNA合成和分离做好准备，膜系统和细胞器也进行合成和复制。

S期内进行的主要生化反应是遗传物质的复制，即DNA复制和组蛋白、非组蛋白等染色体蛋白的合成。

G_2期主要合成纺锤体微管蛋白和RNA等。此期末两条染色单体已经形成。

2. 分裂期（M期）

细胞经过间期后进入分裂期，这时所进行的分裂方式在种子植物可以是有丝分裂、无丝分裂或是减数分裂，因发生的部位和发育时期而异。细胞分裂包括核分裂和胞质分裂两个过程。

二、有丝分裂

有丝分裂又称间接分裂，它是一种最常见的细胞分裂方式。细胞分裂是一个连续的过程。

（一）细胞核分裂

根据细胞核发生的变化将其分为前期、中期、后期、末期四个时期。

1. 前期

前期最主要的特征是细胞核出现染色体，核膜、核仁消失，同时出现纺锤丝。间期核内的染色体呈松散的细丝状，进入分裂前期染色丝开始螺旋化，逐渐缩短变粗，形成棒状结构，即染色体。这时的每一染色体都由经间期复制的两个染色单体组成，二者之间仅在着丝粒处相连。

2. 中期

由纺锤丝形成纺锤体处在细胞中部。染色体集中在纺锤体的中央，染色体的着丝粒排列在细胞中部的一个平面上（赤道面）。纺锤体是由许多纺锤丝组成。纺锤丝有两种类型，一种是从染色体着丝点起，分别连接到细胞两极的纺锤丝，称染色体牵丝，另一种是从细胞的一极一直延伸到另一极的纺锤丝，叫连续纺锤丝。染色体的移动是在染色体牵丝的牵引下移向赤道面。中期染色体较清晰，是观察和研究染色体的适宜时期。

3. 后期

每个染色体的两条染色单体从着丝粒处分开，成为两条染色体，细胞内两组染色体分别向细胞的两极移动。

4. 末期

两组染色体到达两极之后，去螺旋化成为染色质，核仁、核膜重新出现，形成了两个子核。至此，细胞核分裂结束。

（二）细胞质分裂

细胞质分裂在细胞核分裂后期已开始。当两组子染色体接近两极时，纺锤丝在细胞中央部位形成成膜体，成膜体进一步形成细胞板，将细胞质从中间开始隔开，并在细胞板两侧形成质膜。细胞板不断向四周扩展，最后与原来母细胞的壁连接起来，两个细胞完全被分隔开（图 1-25）。

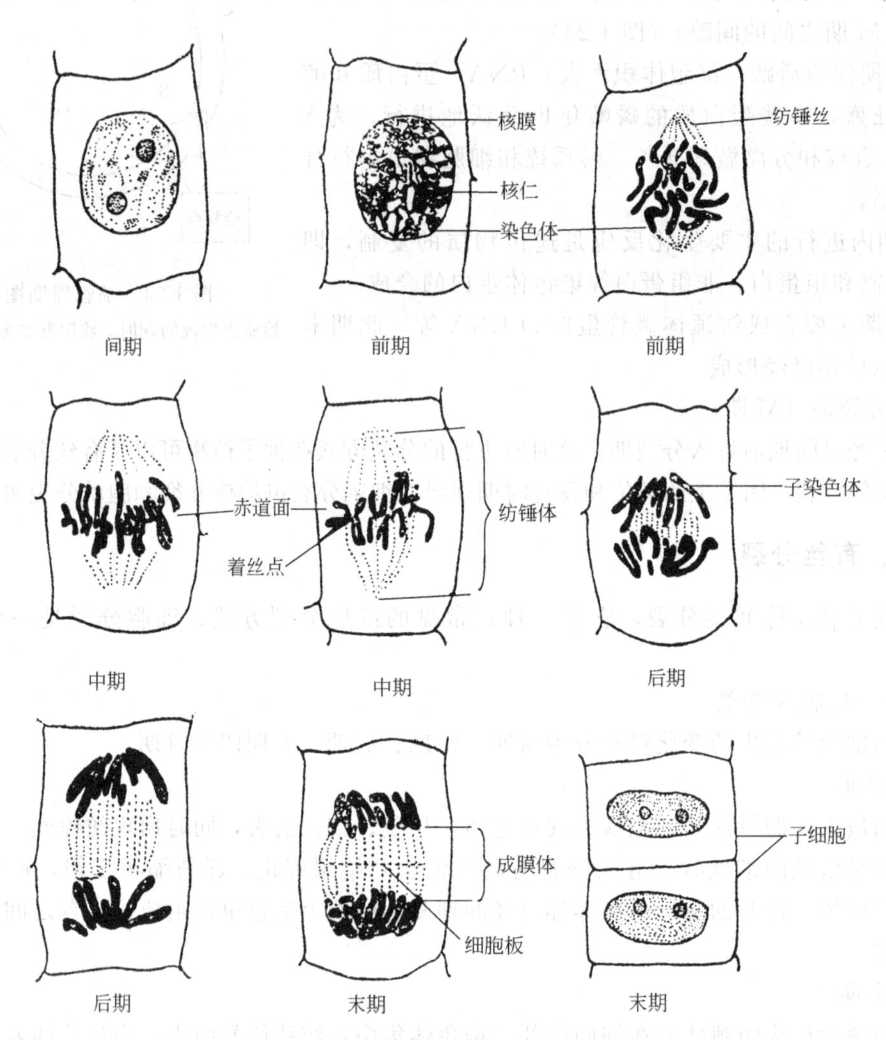

图 1-25　植物细胞有丝分裂模式图

三、减数分裂

减数分裂是植物有性生殖中进行的一种细胞分裂方式。在被子植物中，减数分裂发生在大小孢子的形成时期，即花粉母细胞产生花粉粒和胚囊母细胞产生胚囊的时候。减数分裂过程包括连续两次分裂，但DNA只复制一次。因此，一个母细胞经减数分裂后，形成四个子细胞。每个子细胞的染色体数目为母细胞的一半，减数分裂由此得名（图 1-26）。

减数分裂的两次细胞分裂都与有丝分裂相似，各自都可划分为前、中、后、末四个时期，但减数分裂比有丝分裂复杂。

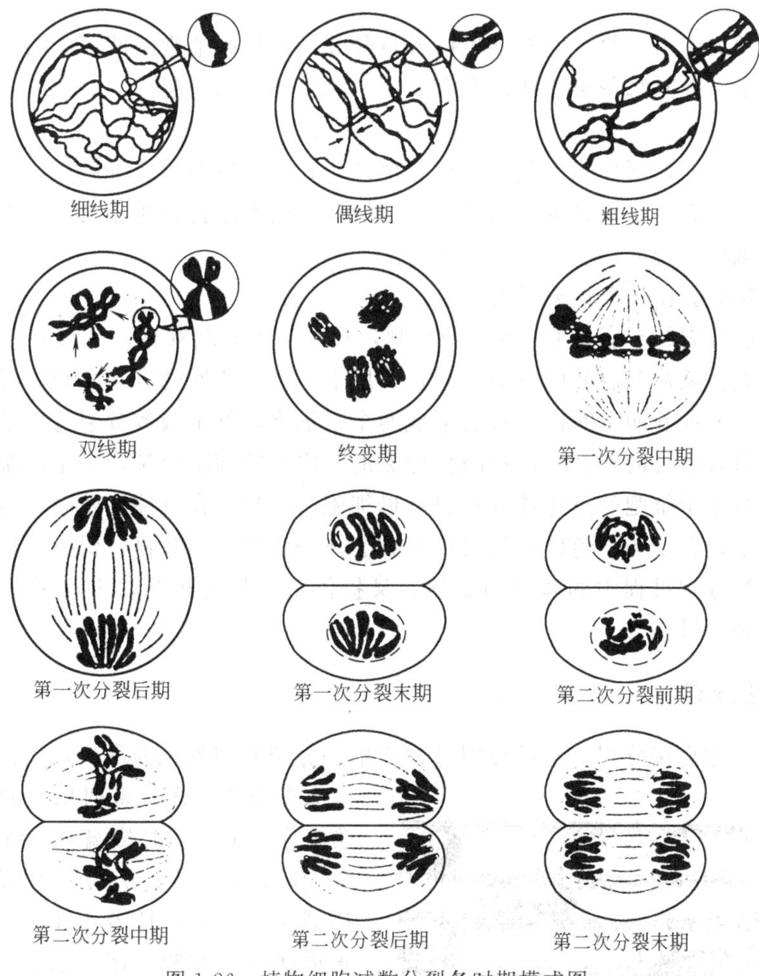

图 1-26　植物细胞减数分裂各时期模式图

（一）减数分裂的第一次分裂（减数分裂Ⅰ）

1. 前期Ⅰ

（1）细线期　染色体开始出现，呈细丝状，每个染色体的两条染色单体，在着丝粒处相连，核和核仁增大。

（2）偶线期　也叫合线期，细胞内的同源染色体（一条来自父本，一条来自母本，其形状、大小相似的染色体）两两靠近，这一现象称联会。

（3）粗线期　染色体进一步缩短变粗，同时可以看到每对同源染色体含有 4 条染色单体，但着丝粒处不分离。所以两条染色单体在着丝粒处仍连在一起。同源染色体上相邻的两条染色单体常发生横断和染色体片段交换现象，使每一条染色体都带有另一条染色体的片段，也就是遗传物质发生了变化，使后代具有巨大的多样性。

（4）双线期　染色体继续缩短变粗，联会的同源染色体彼此排斥并开始分离，但在染色单体之间发生交换处仍然连在一起，所以使染色体呈现“X”、“V”、“8”、“O”等形状。

（5）终变期　染色体缩短至最小长度，核仁、核膜消失，纺锤丝出现。

2. 中期Ⅰ

染色体排列在细胞中部的赤道面上，纺锤体形成。同源染色体仍是配对的，不分开。

3. 后期Ⅰ

由于纺锤丝的牵引，每对同源染色体各自分开，并移向细胞的两极。两极的染色体数目只有原来的一半，这时每条染色体仍旧有 2 条染色单体连在一起。

4. 末期Ⅰ

染色体螺旋解体，渐变为染色质，核膜出现，并在赤道面形成细胞板，将母细胞一分为二，称二分体。也有一些植物的染色体不螺旋解体，也不进行胞质分裂，要在减数分裂Ⅱ的末期时才发生胞质分裂。

（二）第二次分裂（减数分裂Ⅱ）

减数第一次分裂结束后没有 DNA 的复制，在一个短的间歇后，紧接着开始进行减数分裂的第二次分裂。减数分裂Ⅱ的分裂过程，实质上是一次普通的有丝分裂，经过前期Ⅱ、中期Ⅱ、后期Ⅱ、末期Ⅱ四个时期，最后形成两个子细胞，整个减数分裂过程结束。

减数分裂有着重要的意义，经过减数分裂的两次连续细胞分裂，一个母细胞形成了 4 个子细胞，并且每个子细胞的染色体数目只有母细胞的一半。在有性生殖时，两个生殖细胞经过受精形成合子，合子的染色体数目又恢复到了体细胞染色体数目，保持了后代的遗传稳定性。同时，减数分裂过程中的联会与交换，又提供了变异的机会，丰富了植物遗传的变异性，促进了物种的进化。

四、无丝分裂

无丝分裂也称直接分裂，它的分裂过程简单，分裂时细胞核内不出现染色体，也不发生像有丝分裂那样一系列复杂的变化。无丝分裂最常见的方式是横缢式，细胞在进行无丝分裂时，核仁先行分裂，继而细胞核延长并缢裂成两部分，接着细胞质也拉长并分裂，形成两个子细胞（图 1-27）。无丝分裂还有芽生、碎裂、劈裂等多种方式。

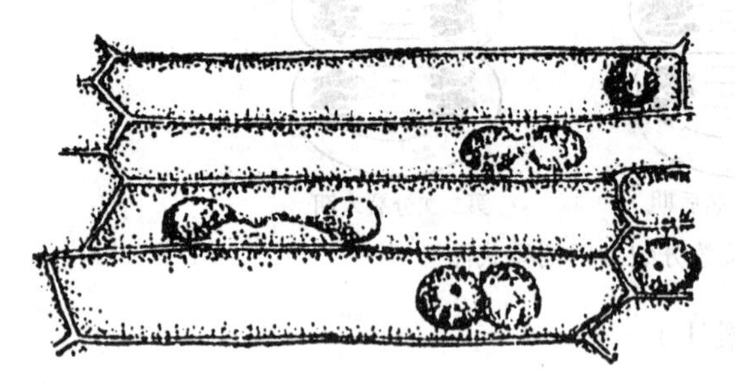

图 1-27　鸭跖草细胞的无丝分裂

无丝分裂常见于低等生物，但在高等植物的某些器官中也常出现。例如甘薯的块根、马铃薯的块茎、大麦的生长点、小麦茎的居间分生组织、蚕豆的胚囊、棉花的胚乳以及愈伤组织等均有无丝分裂出现。无丝分裂过程简单，消耗能量少，分裂速度快。但遗传物质不是平均分配到两个子细胞中，所以子细胞的遗传可能是不稳定的。

第四节　植物的组织

一、植物组织的概念

植物细胞的分化导致植物体中形成多种类型的组织，也就是分化导致了组织的形成。植物组织是由形态结构相似，功能相同的一种或数种类型细胞组成的结构和功能单位。从系统发育上认识，植物组织是植物体复杂化和完善化的产物。如组织中仅有一种细胞类型的叫简单组织，组织中有许多细胞类型的叫复合组织。

二、植物组织的类型

根据组织的发育程度、生理功能和形态结构的不同，通常将植物组织分为分生组织和成熟组织两大类。

（一）分生组织

1. 分生组织的概念

植物的分生组织是具有分生新细胞能力的细胞群。分生组织具有持续性和周期性分裂的能力，是产生和分化其他组织的基础。

2. 分生组织的类型

根据来源和性质分生组织可分为三类。

① 原分生组织。原分生组织位于根和茎的最顶端，是从胚胎中保留下来的，是具有永久性分裂能力的细胞群。

② 初生分生组织。初生分生组织是由原分生组织的细胞分裂衍生的细胞组成的，细胞仍保持很强的分裂能力，但细胞已经开始初步分化，细胞的形态彼此逐渐有所不同。因此，初生分生组织是一种边分裂、边分化的组织，也可以看作是由分生组织向成熟组织过渡的组织。

③ 次生分生组织。次生分生组织多位于根和茎的外周。次生分生组织起源于成熟组织，是由已经分化的成熟组织的细胞，经过一些生理上和形态上的变化，恢复细胞分裂能力所产生的分生组织。根和茎的木栓形成层是典型的次生分生组织，维管形成层也被认为是次生分生组织。

根据在植物体上的位置分生组织也可分为三类（图 1-28）。

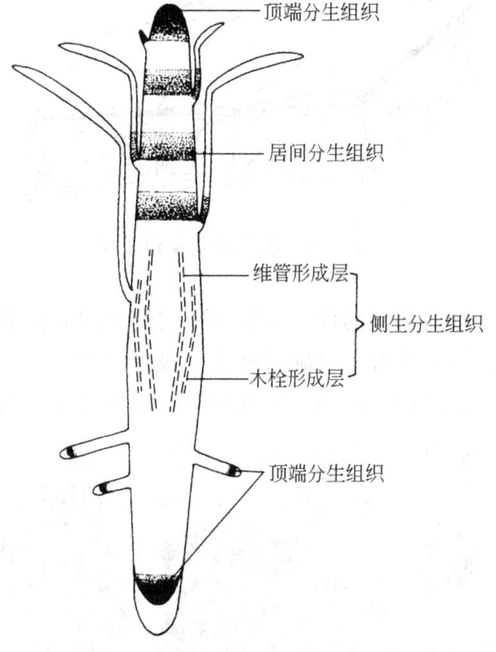

图 1-28　分生组织在植物体内的分布位置图解

① 顶端分生组织。位于根和茎或其分枝顶端的分生组织叫顶端分生组织。顶端分生组织又称生长点。顶端分生组织活动的结果可以使根、茎不断伸长，并形成新的侧枝和叶。有些植物茎的顶端分生组织还可以形成生殖器官。

顶端分生组织细胞小而且等径，细胞壁薄而且细胞核相对较大，细胞质浓厚，液泡不明显，细胞缺少内含物。

② 侧生分生组织。位于根和茎接近外周的分生组织叫侧生分生组织。包括形成层和木栓形成层。侧生分生组织的细胞主要进行切向分裂，形成层的细胞分裂主要可使植物的根、茎加粗，木栓形成层的活动主要可使长粗的根、茎表面或受伤的器官表面形成新的保护组织（木栓层）。

③ 居间分生组织。位于成熟组织之间的分生组织叫做居间分生组织。某些单子叶植物，特别是禾本科植物茎的节间基部和叶鞘的基部，都有明显的居间分生组织存在。葱、韭菜的叶割断后仍能继续生长，小麦的拔节、抽穗就是由于居间分生组织活动的结果。

（二）成熟组织

1. 成熟组织的概念

植物的成熟组织是由分生组织分裂、衍生的细胞，经过生长、分化，逐渐丧失分裂能力而形成的。分化程度较浅的成熟组织，具有一定的分裂潜能，在适当条件下，可以恢复分裂，转化成分生组织。

2. 成熟组织的类型

根据功能可以将成熟组织分为保护组织、薄壁组织、机械组织、输导组织、分泌组织。

（1）保护组织　保护组织覆盖于植物体表，由一至数层细胞组成，起保护的作用，它能减少植物失水，防止病原微生物的侵入，还能控制植物与外界的气体交换。保护组织分为表皮和周皮。

① 表皮。表皮分布在植物体的表面，一般都由一层细胞组成。暴露在空气中的器官（如茎、叶、花、果实）表面都有一层表皮细胞。表皮细胞是生活细胞，形状扁平，排列紧密，无细胞间隙，一般不含叶绿体，无色透明，含有大液泡，且在与空气接触的细胞壁上有角质层，可防止过分失水，也可以保护植物免受微生物的侵害（图 1-29）。叶表皮上有气孔、表皮毛等结构。

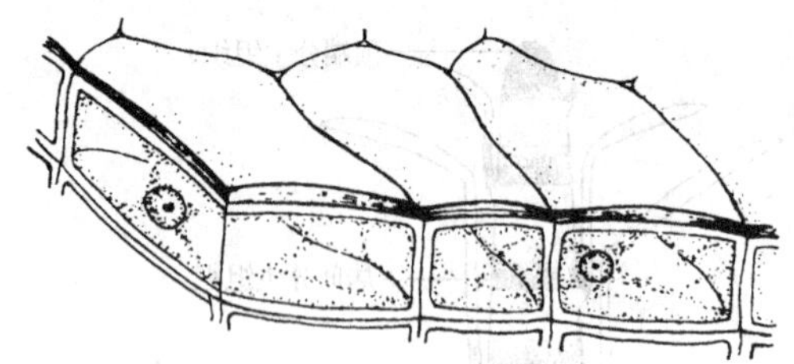

图 1-29　表皮细胞及角质层

气孔是植物与外界气体交换的通道，是表皮上一对特化的保卫细胞以及它们之间的孔隙总称，保卫细胞有叶绿体。禾本科植物的保卫细胞旁侧，还有一对副卫细胞。保卫细胞一般呈肾形或哑铃形，具有特殊的、不均匀加厚的细胞壁（图 1-30）。保卫细胞变形时，能导致孔口的开放和关闭，从而调节气体的出入和水分的蒸腾。

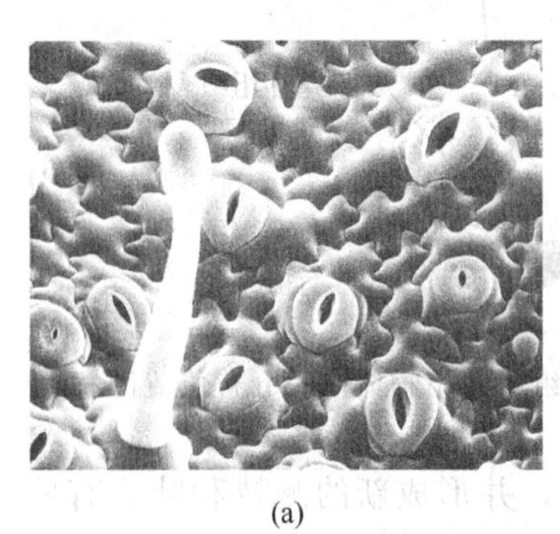

(a)

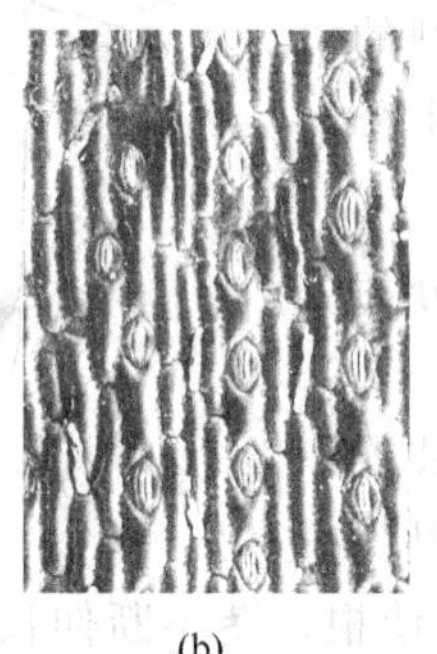

(b)

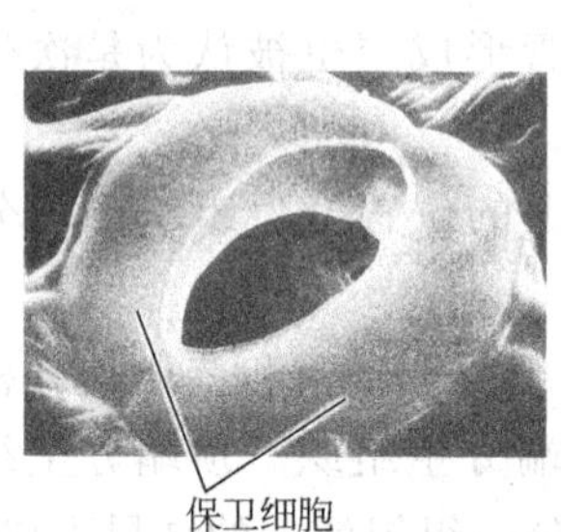

(c)

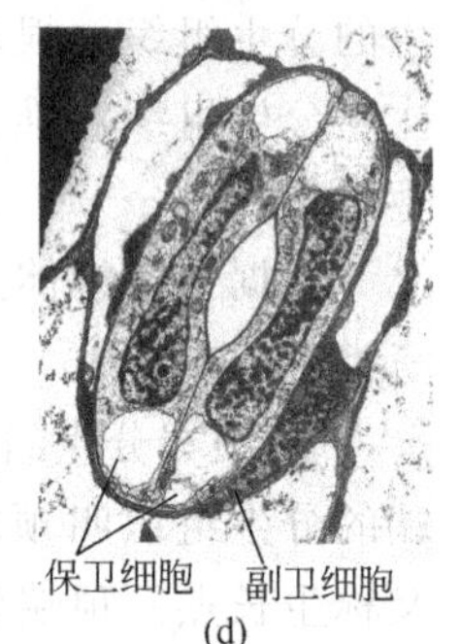

(d)

图 1-30　植物叶的表皮

（a）双子叶植物烟草叶；（b）单子叶植物小麦叶；（c）烟草叶表面的气孔器；（d）小麦叶的表皮细胞气孔器

表皮毛是表皮上具有的各种单细胞或多细胞的毛状附属物，具有保护和控制水分丧失的功能（图 1-31）。有些植物具有分泌功能的表皮毛，可以分泌出芳香油、黏液、树脂等物质。

② 周皮。有些组织根和茎在加粗过程中破坏了保护组织表皮，在表皮下又有新的保护组织出现，这种组织叫周皮。周皮是由木栓形成层产生的。木栓形成层是在植物器官产生周皮时，一些成熟的细胞恢复分裂能力，成为木栓形成层。木栓形成层进行切向分裂，向外形成大量的木栓层，向内形成少量的薄壁组织，叫栓内层。木栓层、木栓形成层、栓内层合在一起叫周皮（图 1-32）。周皮是次生保护组织。

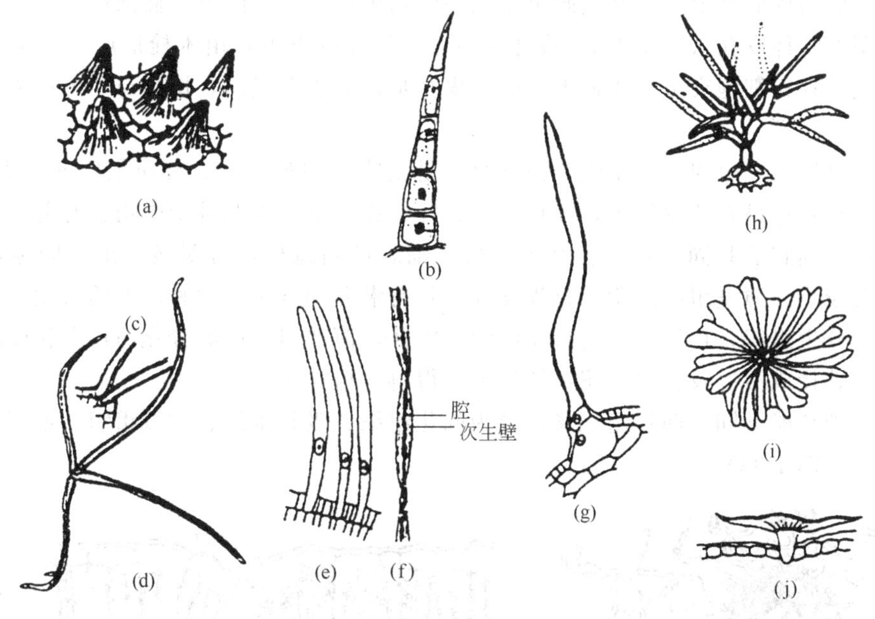

图 1-31　表皮上的各种附属物

(a) 三色堇花瓣上的乳头状毛；(b) 南瓜叶的多细胞表皮毛；(c)，(d) 棉属叶上的簇生毛；(e) 棉属种子上的表皮毛（幼期）；(f) 棉属种子上的表皮毛（成熟期）；(g) 大豆叶上的表皮毛；(h) 熏衣草属叶上的分枝毛；(i) 橄榄叶的盾状毛顶面观；(j) 橄榄叶的盾状毛侧面观

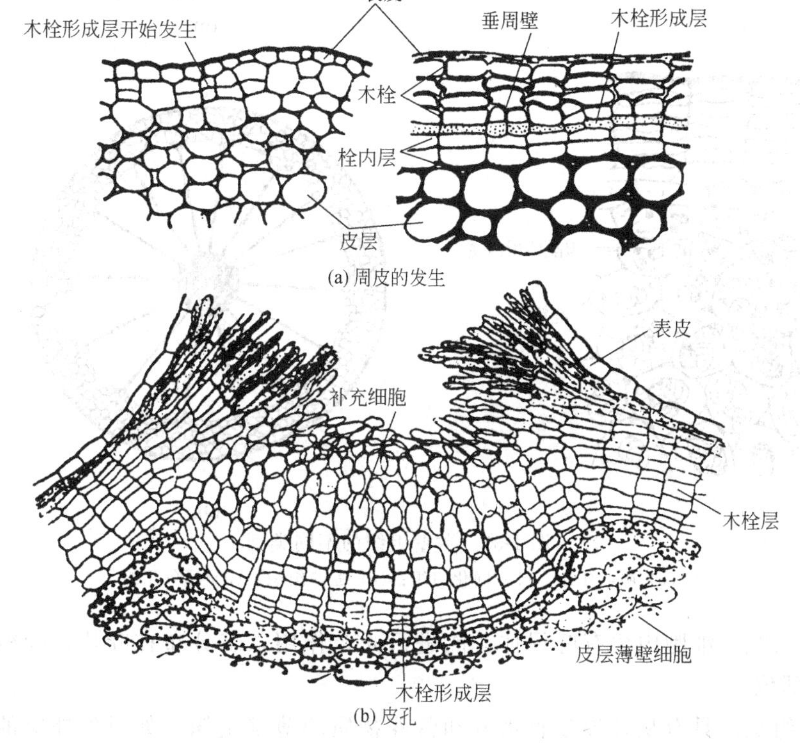

图 1-32　周皮的发生和皮孔

在已形成周皮的茎上，通常肉眼可见到一些褐色或白色的圆形、椭圆形、方形或其他形状的突起斑点，称皮孔（图1-32）。皮孔是在原来气孔的下方，由木栓形成层产生大量疏松的细胞组成的补充细胞突破周皮而形成的。皮孔是在周皮形成后，植物与外界环境进行气体交换的通道。

（2）薄壁组织　也叫基本组织。薄壁组织是植物体内最基本、分布最广的一类细胞群。植物体各种器官都具有薄壁组织，如根、茎、叶、花、果实以及种子中均含有薄壁组织。

薄壁组织细胞的共同特点是：细胞壁薄，细胞排列疏松，有明显的细胞间隙，液泡较大，核相对较小。薄壁组织细胞分化程度浅，具有潜在的分生能力和较大的可塑性，可经脱分化转化为分生组织，再形成其他特化组织。因此，薄壁组织的脱分化与再分化能使创伤修复，扦插、嫁接成活以及植物组织离体培养获得再生植株等。

根据生理功能不同，薄壁组织又可分为同化组织、吸收组织、贮藏组织、通气组织以及传递细胞等（图1-33）。

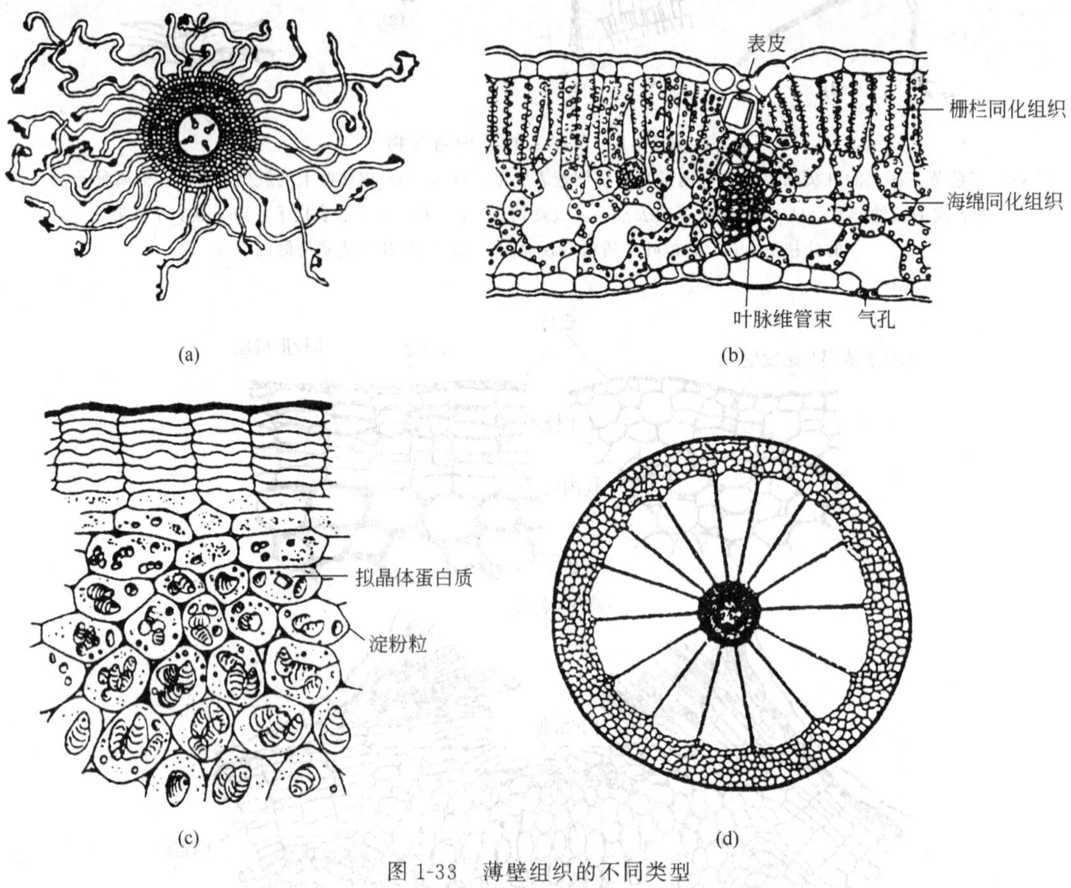

图1-33　薄壁组织的不同类型

(a) 吸收组织；(b) 同化组织；(c) 贮藏组织；(d) 通气组织

① 同化组织。细胞内含有叶绿体，能进行光合作用，多分布在叶片、叶柄和幼茎、幼果的近表层部位。

② 吸收组织。具有从外界吸收水分和营养物质的薄壁组织。如根尖外层的表皮，其细胞壁和角质层较薄，且部分外壁突出形成根毛，具有显著的吸收功能。

③ 贮藏组织。主要存在于各类贮藏器官，如块根、块茎、球茎、鳞茎、果实和种子中；

根、茎的皮层和髓，以及其他薄壁组织也都有贮藏的功能。贮藏物质有淀粉、蛋白质、糖类和油类。有的贮藏组织特化成贮水组织，细胞较大，细胞壁薄，有很大的液泡，里面充满黏性汁液，如仙人掌、芦荟、景天等。

④ 通气组织。是指具有大量细胞间隙的薄壁组织，在水生和湿生植物中特别发达，如水稻、莲的根、茎和叶中薄壁组织有大的间隙，在体内形成一个相互贯通的通气系统。

⑤ 传递细胞。是一类特化的薄壁细胞，细胞壁向细胞腔内突生长，形成乳突状、指状、丝状的突起，弯曲分枝。细胞质膜紧贴于内突壁，使细胞的吸收、分泌和物质交换面积大大增加，并且细胞有发达的胞间连丝，适应短距离运输物质的生理功能（图 1-34）。传递细胞普遍存在于小叶脉中、茎节、子叶节、花序轴节部的维管分子之间以及胚囊助细胞、反足细胞，胚柄、珠被和绒毡层等部位。

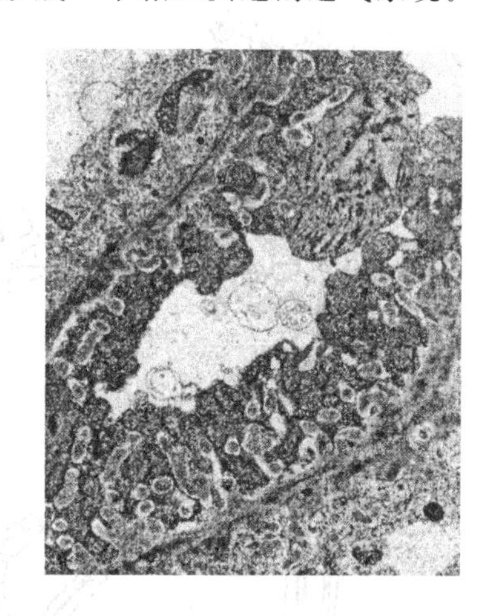

图 1-34　菜豆茎初生木质部中的传递细胞

（3）机械组织　机械组织在植物体内起着支持的作用，机械组织的细胞大都为细长形，其主要的特点是细胞壁局部或全部不同程度加厚。机械组织可分为厚角组织和厚壁组织两类。

① 厚角组织。厚角组织的细胞是生活细胞，它们的结构特点是细胞壁在细胞的角隅处加厚（也有的呈板状加厚）（图 1-35）。厚角组织的细胞壁主要由纤维素组成，另外还含有果胶，不含木质。因此，具有一定的坚韧性、可塑性和伸展性，既可支持器官的直立，又可适应器官的迅速生长。多分布于幼嫩植物的茎或叶柄等器官中，如芹菜叶柄中的厚角组织有支撑叶片的功能（图 1-36）。

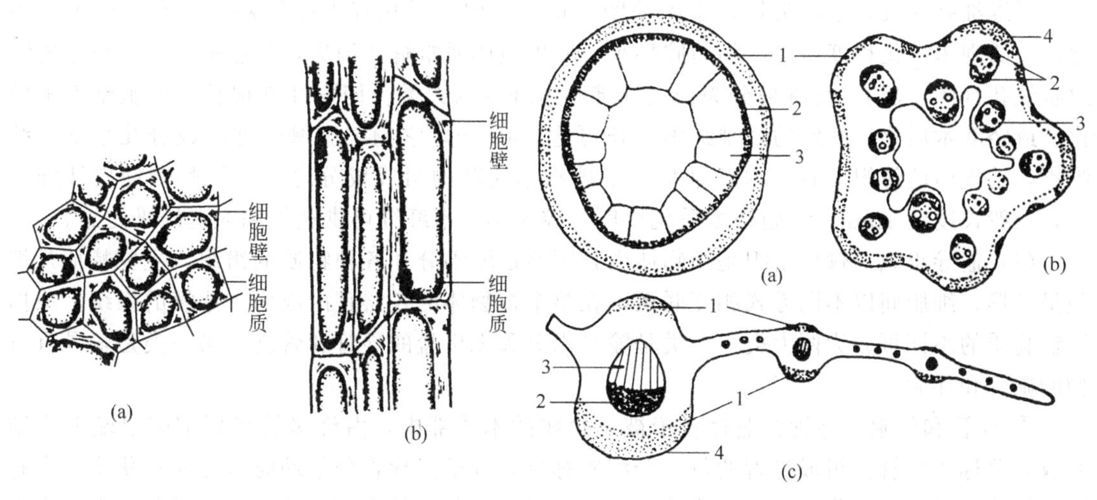

图 1-35　叶柄中的厚角组织

（a）横切面；（b）纵切面

图 1-36　厚角组织分布图

（a）在椴属木本茎中的分布；（b）在南瓜属草本藤中的分布；（c）在叶中的分布

1—厚角组织；2—韧皮部；3—木质部；4—脊

② 厚壁组织。厚壁组织的细胞呈均匀的次生加厚，细胞腔小，成熟时无原生质体，为死细胞，可单个或成群、成环状分布于其他组织中，在已成熟不再扩展的器官中起坚硬的支

持作用。厚壁组织细胞有两种类型，石细胞和纤维细胞。

石细胞相对短，细胞壁强烈增厚并木质化，形状多样，单一或成堆存在根、茎、叶、种皮及果皮中。桃、李果实的内果皮，蚕豆的种皮外层，梨果肉的沙粒状物，茶叶片中的巨型细胞等，都由石细胞构成（图 1-37）。

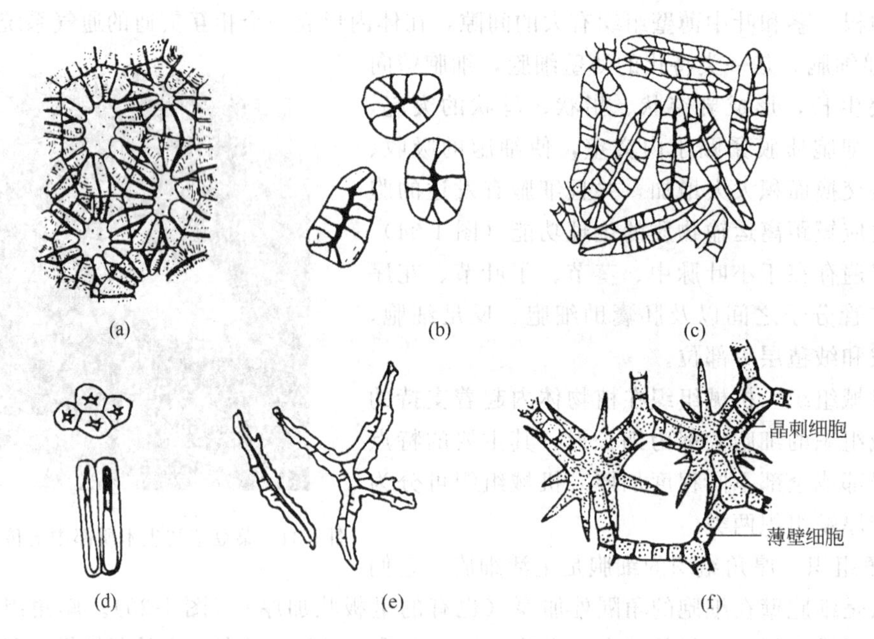

图 1-37 石细胞

(a) 桃内果皮的石细胞；(b) 梨果肉中的石细胞；(c) 椰子内果皮石细胞；(d) 菜豆种皮的表皮层石细胞横切面（上）和纵切面（下）；(e) 山茶属叶柄中的石细胞；(f) 萍蓬草属叶柄中的星状石细胞

纤维细胞狭长，末端尖锐，细胞壁明显增厚，但木质化程度差别甚大，有的很少木质化，有的则木质化程度很高，细胞腔狭小，原生质体通常解体消失，细胞壁上有少数小的缝隙状纹孔（图 1-38）。纤维可分为韧皮纤维和木纤维两大类。韧皮纤维很长，细胞壁不木质化，或轻度木质化。苎麻的纤维细胞最长可达 550mm，它们细胞壁的加厚成分几乎全为纤维素，是优质的纺织原料。木纤维是被子植物木质部的组成成分之一，细胞较韧皮纤维为短，一般长度约 1mm。细胞壁木质化增厚，腔狭小。木纤维可供造纸和人造纤维之用。

（4）输导组织　输导组织是植物体内长距离运输水分和各种物质的组织，主要特征是细胞呈长形，细胞间以不同方式相互联系，在整个植物体的各器官内成为一连续的系统。根据运输物质的不同可分为两大类：一类是输导水分和无机盐的导管和管胞；另一类是输导有机物的筛管和伴胞。

① 导管和管胞。导管普遍存在于被子植物的木质部中，由许多管状死细胞以端壁联结而成，总称为导管。组成导管的每一个细胞称导管分子。导管分子幼时管径比较狭小，含有原生质体，是生活细胞。在细胞成熟过程中，导管分子直径显著增大，伴随着细胞壁的次生加厚与原生质体的解体，导管分子两端的初生壁被溶解，形成穿孔。多个导管分子以末端的穿孔相连，组成了一条长的管道，称导管（图 1-39）。导管细胞壁因增厚方式不同而形成不同的类型，通常有环纹导管、螺纹导管、梯纹导管、网纹导管和孔纹导管等类型（图 1-40）。导管的输水功能并不是永久保持的，其有效期的长短因植物的种类而异。因此，植物体内水分的运输是经过许多导管曲折连贯地向上运输的，而不是由一根导管从根部直达上端。

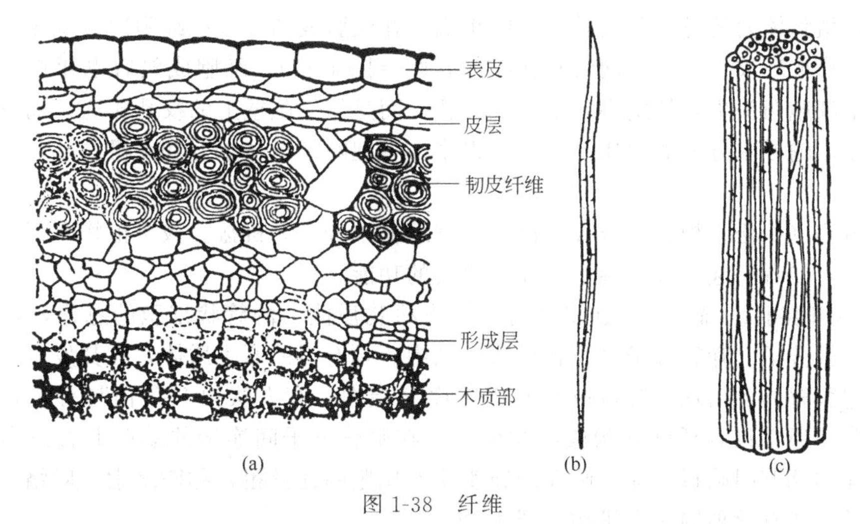

图 1-38　纤维

(a) 亚麻茎横切面，可见韧皮部纤维；(b) 一个纤维细胞；(c) 纤维束

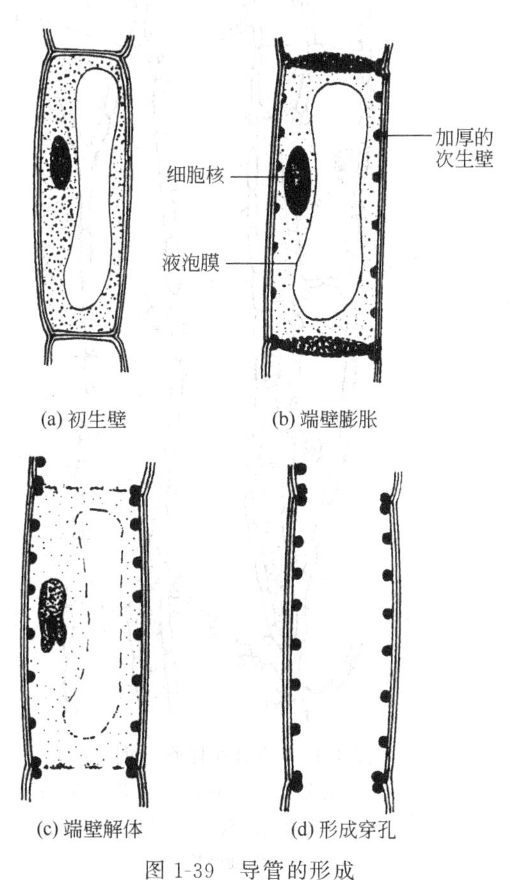

图 1-39　导管的形成

(a) 导管分子前身；(b) 细胞体积增至最大程度，液泡化显著，次生壁开始沉积；(c) 次生壁加厚完成，液泡膜与端壁处开始解体，细胞核变形；(d) 原生质体消失，端壁解体形成穿孔，导管形成

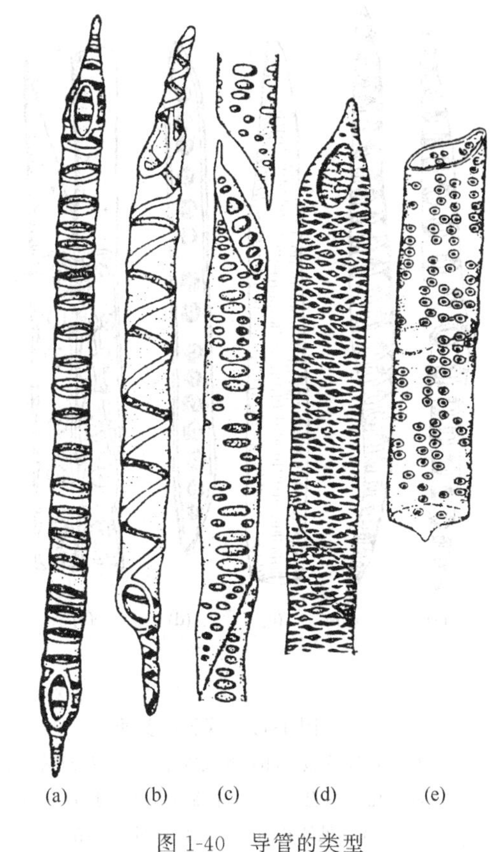

图 1-40　导管的类型

(a) 环纹导管分子；(b) 螺纹导管分子；(c) 梯纹导管分子；(d) 网纹导管分子；(e) 孔纹导管分子

管胞是植物体内的另一种输导水分的组织。在细胞成熟过程中细胞次生壁也不均匀加厚并木质化，形成环纹、螺纹、网纹和孔纹的管胞（图 1-41），细胞成熟后也死亡。管胞与导管不同的是细胞两头尖，细胞小，不形成穿孔，而是靠细胞壁上的纹孔相通。而且，细胞口径小，因此，输导水分的能力比导管要小得多。管胞除了运输水分和无机盐外，还有一定的支持功能。

裸子植物（如松、柏、银杏等）仅以管胞运输水分和无机盐。被子植物不仅有导管，而且还有管胞，二者一起完成运输水分和无机盐的功能。

② 筛管和伴胞。筛管是一连串具有运输有机物质能力的管状细胞的总称，每一个单独的细胞叫筛管分子。筛管分子是长管形薄壁细胞。具有活的原生质体，在其发育成熟后，细胞核与液泡膜解体，出现了含蛋白质的物质称 P-蛋白，有人认为 P-蛋白与有机物的运输有关。筛管分子通常只有纤维素构成的初生壁，在筛管分子间连接的端壁上有许多孔，叫筛孔，具筛孔的端壁叫筛板。穿过筛孔的原生质丝比胞间连丝粗，称联络索，联络索连接相邻的筛管分子，能有效地输送有机物（图 1-42）。

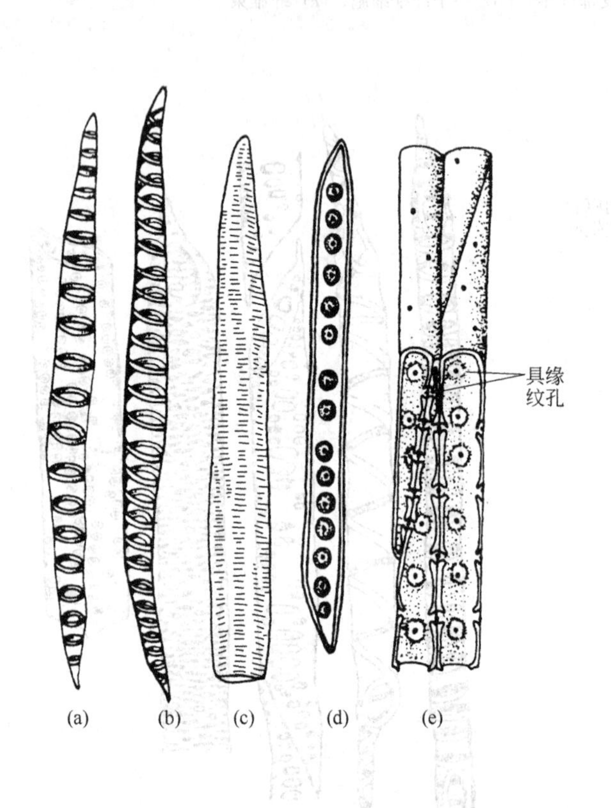

图 1-41　管胞的类型

（a）环纹管胞；（b）螺纹管胞；（c）梯纹管胞；（d）孔纹管胞；（e）4 个毗邻孔纹管胞的一部分（可见纹孔的分布及管胞间的联结）

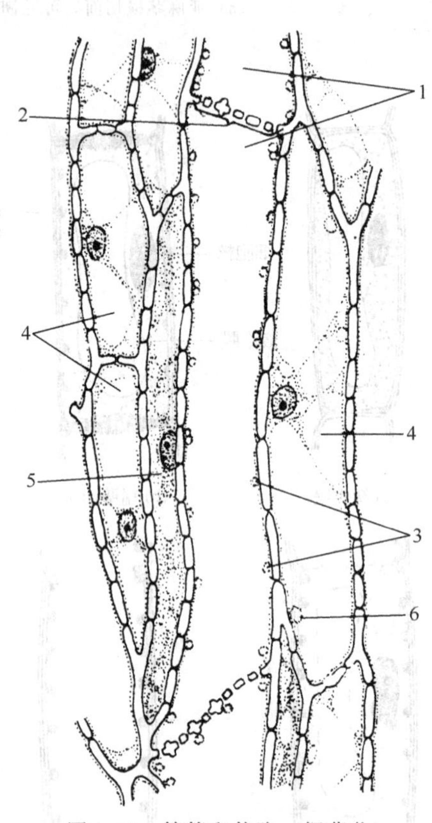

图 1-42　筛管和伴胞（烟草茎）

1—筛管分子；2—筛板；3—筛管质体；4—韧皮薄壁细胞；5—伴胞；6—薄壁细胞质体

伴胞是在筛管分子的一侧相伴在一起的一个或几个细胞。伴胞细胞为薄壁细胞且纵向伸长，细胞具浓厚的细胞质和明显的细胞核。伴胞和筛管分子共同起源于一个细胞。伴胞的功能与筛管运输物质有关。

③ 筛胞。在被子植物中，有机物质的运输是通过筛管和伴胞进行的，在裸子植物中是

通过一类叫筛胞的细胞进行的。筛胞与筛管分子的区别是筛胞没有筛板，细胞中也没有P-蛋白，筛胞的运输效率低，是比较原始的类型。

（5）分泌组织　分泌组织是一类能分泌物质的细胞或细胞组合，分泌的物质多种多样，有挥发油、糖类、蜜汁、乳汁、树脂、单宁、黏液、消化液、结晶、盐类和其他液汁等，这些细胞称分泌细胞。分泌细胞或特化组合称分泌结构。根据分泌物是否排出体外，分泌结构可分为外分泌结构和内分泌结构两大类。

① 外分泌结构。外分泌结构分布于植物外表，能将分泌物排出体外。常见的有腺毛、腺鳞、蜜腺、排水器等（图 1-43）。

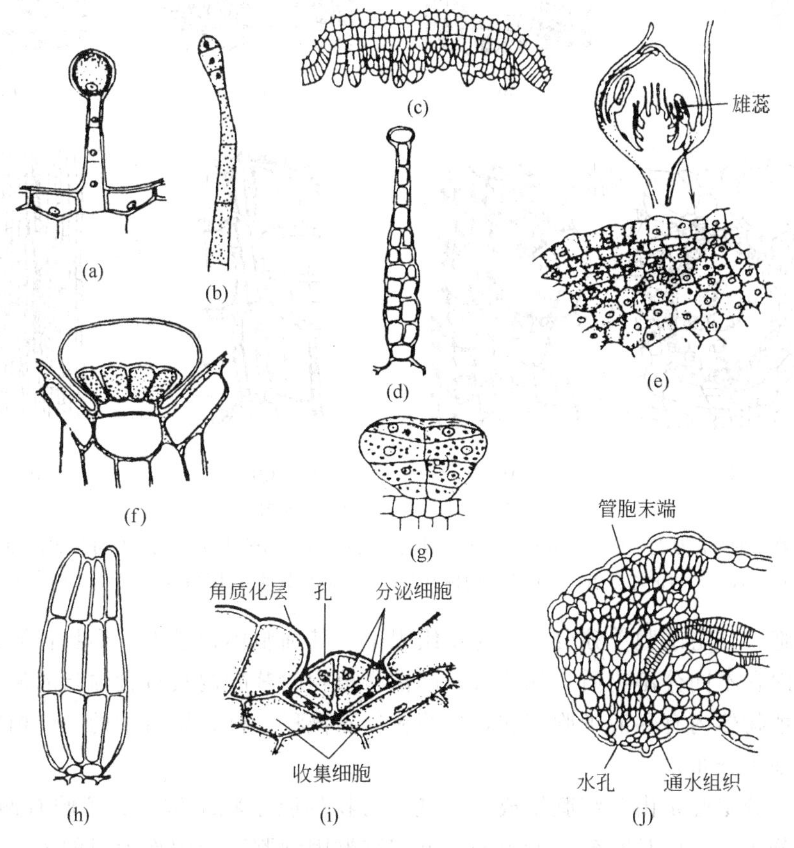

图 1-43　外分泌组织结构

（a）天竺葵属茎上的腺毛；（b）烟草具多细胞头部的腺毛；（c）棉叶中脉的蜜腺；（d）苘麻属花萼的蜜腺毛；（e）草莓的花蜜腺；（f）百里香叶表皮上的腺鳞；（g）薄荷属的腺鳞；（h）大酸膜的黏液分泌毛；（i）柽柳属叶上的盐腺；（j）番茄叶缘的吐水器

腺毛。腺毛是具有分泌功能的毛状物，这些毛的头部由单细胞或多细胞组成，可分泌黏液（如烟草）、花蜜（如麻属）。

腺鳞。腺鳞的顶部分泌细胞较多，呈鳞片状排列（如唇形科植物）。有些植物的茎叶上具有泌盐的腺鳞（如补血草属、无叶柽柳），特称盐腺，有调节植物体内盐分的作用。

蜜腺。蜜腺是一群能够分泌糖液的细胞所组成的结构，分布在叶上（棉花）或花托上（油菜）。

排水器。排水器是将植物体内过剩的水分排出体表的结构。它们排水的过程称为吐水。排水器由出水孔、通水组织和维管组织组成。水孔大多分布于叶尖或叶缘，它们是一些变态的气孔，保卫细胞已失去了闭孔的能力。通水组织是水孔下的一团变态叶肉组织，细胞排列疏松，无叶绿体，细胞较小。水从木质部的管胞经通水组织到水孔排出叶表面，形成吐水。如旱金莲、卷心菜、番茄、草莓、慈姑和莲等植物叶吐水更为普遍。

② 内分泌结构。内分泌结构及其分泌出的物质均存在于植物体内部。常见的有分泌细胞、分泌腔、分泌道和乳汁管（图 1-44）。

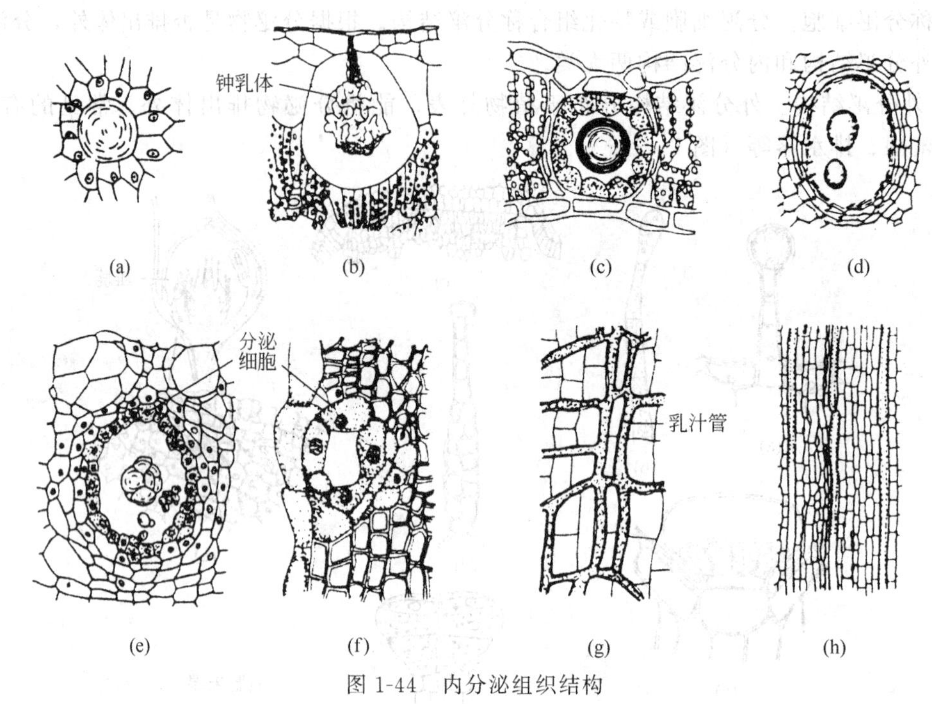

图 1-44　内分泌组织结构

（a）鹅掌楸芽鳞中的分泌细胞；（b）三叶橡胶中的含钟乳体细胞；（c）金丝桃叶中的裂生分泌腔；（d）柑橘属果皮的分泌腔；（e）漆树的漆汁道；（f）松树的树脂道；（g）蒲公英的乳汁管；（h）大蒜中的有节乳汁管

分泌细胞。分泌细胞单独分散于薄壁组织中，其细胞体积较大，形状各异，细胞壁一般较厚，细胞内含不同分泌物质。如樟科、胡椒科植物的茎叶内具有含油脂的油细胞，仙人掌科、锦葵科植物体内有黏液细胞存在，葡萄科、蔷薇科、桃金娘科中的一些植物的茎、叶中含有单宁的细胞分布。

分泌腔。分泌腔是由多细胞组成的贮藏分泌物的腔室状结构。分泌腔有两种发育类型：一种为溶生分泌腔，由具有分泌能力的薄壁细胞群因细胞壁溶解而形成的腔囊状，细胞中的分泌物贮积在腔中，柑橘果皮和叶中，棉花的茎、叶、子叶中都有这种分泌腔；另一种为裂生分泌腔，是由有分泌能力的细胞群因间层溶解，细胞相互分开而形成的分泌腔，如桉树属的一些植物。

分泌道。分泌道为管状的内分泌结构，管道内贮存分泌物质。按其发生也可分为裂生和溶生两种，以裂生的分泌道常见。松柏类植物木质部的树脂道和漆树茎的韧皮部中的漆脂道是裂生型分泌道。椴树科的心叶椴的芽鳞内具有溶生黏液道，杧果属的茎、叶也有分泌道，但为裂-溶生起源的。

乳汁管。乳汁管是能分泌乳汁的管状结构。按其形态发生特点通常分为无节乳汁管和有节乳汁管两类。无节乳汁管由单个细胞发育而来，沿着植物体生长的方向强烈伸长和分枝，长度可达几米。如银色橡胶菊、杜仲、夹竹桃、桑科和大戟科植物的乳汁管，为无节乳汁管。有节乳汁管是由多数长圆柱形细胞连接而成，通常多为端壁溶解而贯穿形成。如蒲公英、莴苣、三叶橡胶树、木薯、番木瓜等植物的乳汁管。

三、维管束的概念和类型

植物体内的各种组织并不是孤立存在的，它们彼此紧密配合，共同执行着各种机能，从而使植物体成为有机的统一整体。

在高等植物中，有一种以输导组织为主体，与机械、薄壁等组织组成的复合组织，即维管组织。维管组织在高等植物体内常以束状存在，称维管束。维管束贯穿于植物体内各器官中，组成一个复杂的，具有输导和支持作用的维管系统（图 1-45）。

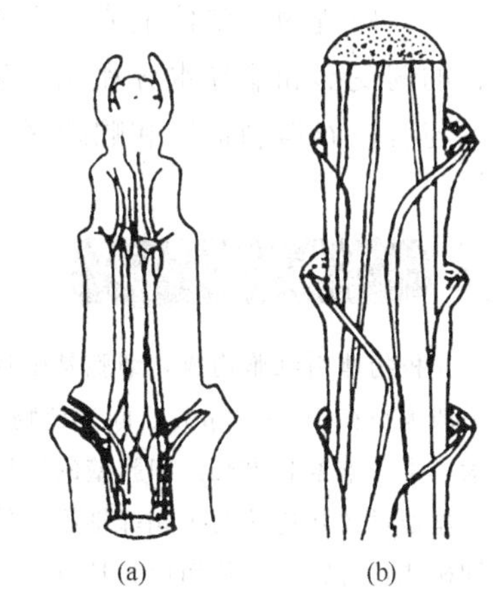

图 1-45　茎中的维管系统

（a）双子叶植物；（b）单子叶植物

1. 维管组织

木质部和韧皮部是植物体内主要起输导作用的组织，都是由输导组织、基本组织和机械组织等几种组织紧密配合而成，为复合组织。木质部一般由导管、管胞、木纤维和木质薄壁细胞组成。韧皮部则由筛管、伴胞、韧皮纤维和韧皮薄壁细胞组成。木质部和韧皮部的主要分子都是管状结构。因此，通常将木质部和韧皮部，或将其中之一称维管组织。维管组织的形成，在植物系统进化过程中，对于适应陆生生活有着重要的意义。

2. 维管束

在蕨类植物和种子植物中，维管组织在器官中呈现分离的束状结构存在时，就称维管束。维管束一般包括三部分：韧皮部、木质部和束内形成层。裸子植物和双子叶植物的维管束，在初生木质部和初生韧皮部之间存在形成层，能够产生次生木质部和韧皮部，可以继续增粗，称无限维管束。单子叶植物维管束中没有形成层，不能形成次生木质部和韧皮部，称有限维管束。维管束在茎中的排列因植物而异。裸子植物和双子叶植物茎中的维管束排列通常沿茎周呈环状排列；而单子叶植物茎中的维管束多呈散生状或少数呈环状排列。

根据维管束中木质部和韧皮部的位置不同，可分为不同的维管束类型（图 1-46）。

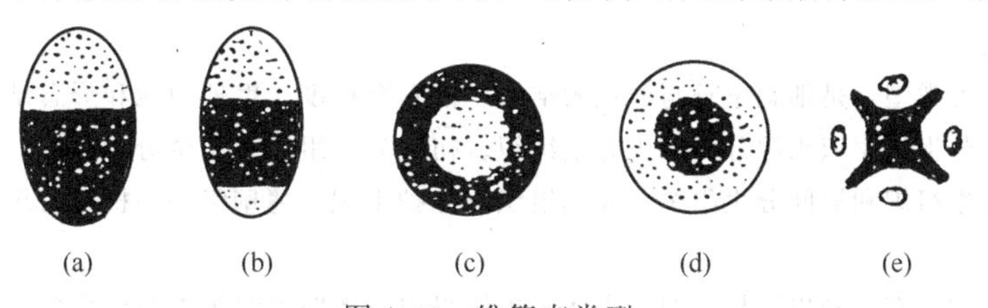

图 1-46　维管束类型

（a）外韧维管束；（b）双韧维管束；（c）周木维管束；（d）周韧维管束；（e）辐射维管束

（图中黑色部分表示木质部，小点部分表示韧皮部）

① 外韧维管束。韧皮部在外方，木质部在内方，即木质部和韧皮部以内外并列的方式排列。绝大多数植物属此类型。

② 双韧维管束。在木质部的内外方都存在着韧皮部，木质部处于韧皮部之间。如葫芦科、茄科、旋花科、夹竹桃科等植物茎。

③ 周木维管束。韧皮部中央，木质部包围在其外面呈同心圆。如香蒲、莎草、蓼科、

胡椒科植物的茎。

④ 周韧维管束。木质部在中央，韧皮部包围在其外面呈同心圆，主要见于蕨类植物，是一种较原始的类型。

⑤ 辐射维管束。木质部和韧皮部成辐射状相间排列，是存在于植物初生根中的一种类型。

3. 维管系统

一株植物的整体上或一个器官的全部维管组织，称维管系统。维管系统包括输导有机养料的韧皮部和输导水分和无机盐的木质部，它们连续地贯穿于整个植物体内，把生长、发育区与有机养料制造区和贮藏区连接起来。

本章小结

植物体由细胞构成，细胞是植物结构和功能的基本单位。植物细胞因其所处位置和功能的不同而异，一般大小在10～100μm之间。植物细胞由细胞壁和原生质体两部分组成。细胞壁的构成成分主要有纤维素、半纤维素和果胶。细胞壁的结构分为三层，即胞间层、初生壁和次生壁。细胞壁上会形成纹孔，胞间连丝通过纹孔连接两个相邻细胞，使多细胞植物体成为一个有机整体。次生壁有木质化、角质化、栓质化和矿质化等特化，从而使其具有特定的功能。原生质体包括细胞核和细胞质两部分。细胞核内分布有染色体，染色体由脱氧核糖核酸（DNA）和蛋白质组成，植物细胞中的遗传物质DNA几乎全部存在的细胞核内，细胞核是细胞遗传控制中心。细胞质包括质膜、细胞器、胞基质三部分。质膜为三层结构的单位膜，具有选择透性，可控制膜内外物质交换。细胞器包括质体、线粒体、内质网、高尔基体、溶酶体、微体、细胞骨架等，各细胞器具有一定的结构和功能。胞基质存在于细胞器外围，是具弹性、黏滞性的透明溶液，其化学成分复杂，细胞中的许多代谢活动都是在胞基质中进行。细胞中还会有一些后含物，是细胞新陈代谢的产物。后含物一部分是贮藏的营养物质，另一部分是不能再利用的代谢废物。细胞后含物种类很多，如淀粉、蛋白质、脂肪与油、单宁、晶体、生物碱等。

构成植物细胞的组成物质包括水、无机物和有机物。有机物包括蛋白质、核酸、脂类、糖类等。原生质具有胶体特性。

植物细胞的繁殖有三种方式，即无丝分裂、有丝分裂和减数分裂。被子植物无丝分裂和有丝分裂是植物体细胞繁殖的方式，减数分裂是植物体大小孢子形成时期，即花粉母细胞产生花粉粒，胚囊母细胞产生胚囊时的分裂方式。

植物组织有多种类型，是细胞生长与分化的结果。依发育程度、生理功能和形态结构，组织分为分生组织和成熟组织。分生组织依来源分为原生分生组织、初生分生组织和次生分生组织。根据位置分为顶端分生组织、侧生分生组织和居间分生组织。成熟组织有保护组织、薄壁组织、机械组织、输导组织和分泌组织等。

在高等植物体内，有一种以输导组织为主体，机械组织、薄壁组织等参与组成的复合组织，即维管组织。维管组织常以束状存在，称作维管束。维管束贯穿于植物体内各器官中，组成一个复杂的，具有输导和支持作用的维管系统。

复习思考题

一、解释名词

细胞器；纹孔；胞间连丝；有丝分裂；减数分裂；细胞周期；同源染色体；组织；分生组织；成熟组

织；无限维管束；有限维管束；维管系统

二、问答题

1. 植物细胞由哪几部分组成？植物细胞器有哪些？它们各有什么结构和功能？

2. 细胞壁可分为哪几层？各层的主要成分和特点是什么？

3. 生物膜有哪些特点和主要功能？

4. 原生质主要的化学成分有哪些？它们各自的生理作用是什么？

5. 液泡是怎样形成的？它有哪些重要的生理功能？

6. 什么是细胞后含物？植物细胞的后含物主要包括哪几类？

7. 说明植物细胞有丝分裂过程以及各个时期的主要特点。

8. 有丝分裂和减数分裂有哪些主要区别？他们各有什么意义？

9. 什么是组织？植物组织有哪些类型？

10. 试比较下列各组中两种组织的异同点。

导管与管胞；导管与筛管；厚角组织和厚壁组织

第二章 植物的营养器官

学习目的

掌握双子叶植物根、茎、叶的形态，类型。

掌握双子叶植物根、茎的初生结构、次生结构。

了解双子叶植物根、茎次生分生组织形成过程及其活动特点。

掌握双子叶植物叶的结构。

掌握单子叶植物（禾本科）根、茎、叶的形态与结构。

识别植物根、茎、叶的器官变态。

细胞是构成植物体的基本结构单位，由细胞形成各种组织，再组成各种器官。器官是生物体由多种组织构成的具有一定形态能行使特定生理功能的结构单位。植物的器官有营养器官和生殖器官之分。植物的营养器官包括根、茎和叶。本章讲述根、茎、叶的外部形态和内部结构。

第一节 根

根是植物体的地下营养器官。它的主要生理功能是吸收，即吸收土壤中的水分和无机盐。根的另一功能是固着和支持，使植物固定在土壤中。根还能合成某些重要物质，如氨基酸、激素及植物碱等。此外，有些植物的根还具有贮藏营养物质和繁殖的功能。

一、根的形态

（一）根的种类

植物的根，根据发生部位的不同，可分为主根、侧根和不定根。由种子胚根发育成的根称为主根。主根在一定部位生出许多分枝，称为侧根。侧根可再生分枝，形成各级侧根。在茎、叶和胚轴上产生的根称为不定根，例如葡萄、甘薯等植物的茎上，玉米、甘蔗靠近地面的茎节部，秋海棠、落地生根的叶上，以及一些禾本科植物的胚轴和分蘖节上均能产生不定根。生产上常用扦插、压条等方法来进行繁殖，就是利用植物能产生不定根的特性。

（二）根系的种类

一株植物地下部分所有根的总体，称为根系。根系可分为直根系和须根系两类（图2-1）。直根系由主根和侧根组成，主根明显、粗大。侧根的长短粗细显著次于主根。棉花、大豆以及果树和树木的实生苗都具有这种根系。须根系主要由不定根组成，主根生长缓慢或停止，这种根系的根，粗细相近，无主次之分，且呈丛生状态。小麦、水稻、竹类等单子叶植物的根系都属于须根系。用扦插、压条等营养繁殖长成的植株，多为须根系。

（三）根系在土壤中的生长和分布

根系在土壤中的分布状态和发展程度直接关系到地上部分的生长发育。植物地上部分必

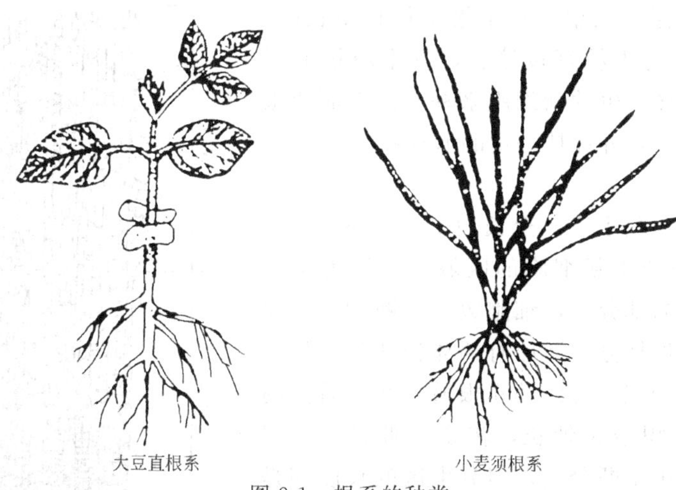

图 2-1　根系的种类

需的水分和矿质养料几乎完全依赖根系供给。枝叶的发展和根系发展需保持一定的平衡。实际根系的发展远比地上部分大得多，一般植物根系和土壤接触的总面积常超过茎、叶面积的5～15倍。果树根系在土壤中的扩展范围，一般都超过树冠范围2～5倍。

根据根系在土壤中的分布深度，可分为深根系和浅根系两类。深根系主根发达，向下垂直生长，深入土层可达3～5m，甚至10m以上，如大豆、杨树、松树等。浅根系主根不发达，侧根或不定根向四面扩张，并占有较大面积，根系主要分布在土壤的表层，如小麦、水稻、葱等。

根系的分布情况还受外界条件影响。凡土壤肥沃，结构良好，含水适当而且光照充足时，根系就较发达，分布也较深广，地上部分也生长的茂盛与健壮；相反，土壤养分缺乏，结构不良，通透性差，水分缺乏或过多，都会使根系生长受阻，整个植株也会生长不良。此外，人为的影响也会改变根系的生长深度。如植物苗期的灌溉、苗木的移栽、压条和扦插易形成浅根系。种子繁殖、深根施肥易形成深根系。因此，农业、园林和园艺工作中，都应掌握各种植物根系的特性，并为根系的发育创造良好的环境。促进根系健全发育，为地上部分的繁茂和稳定高产打下良好的基础。

植物根系的生长，也可影响土壤、改良土壤的理化性质，从而起到增加土壤的蓄水力和提高土壤肥力的作用。

二、根的结构

（一）根尖及其分区

各种植物的根，不论是主根、侧根或不定根，靠近尖端处都有许多根毛。植物的根从其尖端到着生根毛的部分，称为根尖。根尖是根生命活动最活跃、最重要的部分。根的生长，组织的形成，以及根对水分、无机盐的吸收，主要是由根尖来完成。因此根尖的损伤会直接影响到根的继续生长和吸收作用的进行。根尖从尖端向后依次可分为根冠、分生区、伸长区和成熟区四个部分（图2-2）。

1. 根冠

根冠位于根尖的最顶端，像一顶帽子套在根的顶端，所以称为根冠。根冠保护根尖伸入土壤时，不致被坚硬的土粒所伤害。根冠由薄壁细胞组成，能分泌黏液，起润滑作用，便于根尖向土壤深层推进。当根尖在土壤中伸长生长时，根冠外层的细胞因与土粒直接接触，发生摩擦而脱落，此时则由分生区产生的新细胞来补充。因而使根冠经常处于更新状态，并保持一定的形状和厚度。

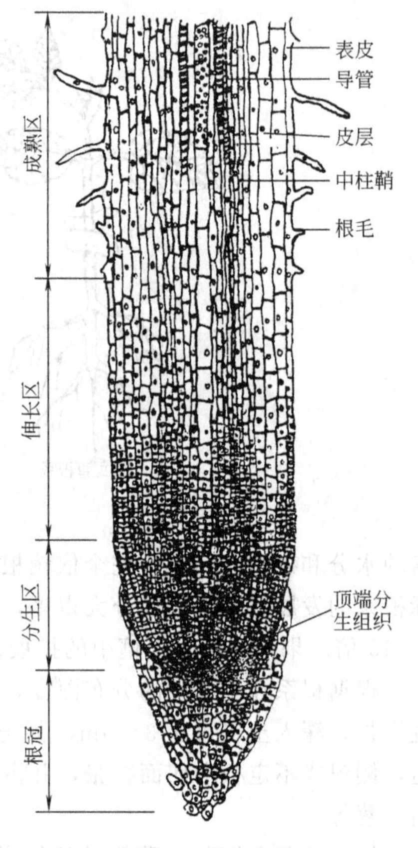

图 2-2 根尖结构

2. 分生区

分生区位于根冠的上方，全长约 1～2mm，属于顶端分生组织，是产生新细胞的区域，又称为生长点。由于细胞能不断地分裂，细胞数目不断增多，除其中一部分细胞仍保持分生区原有的体积和分裂特点外，在它前端的新细胞，可以补充根冠，在它后面的大部分新细胞，体积增大延长，转变为伸长区。因此，分生区的细胞虽不断分裂，但分生区的长度却是相对固定的。

3. 伸长区

伸长区位于分生区的上方，长约 2～5mm，是由分生区产生的新细胞发展而成的。这部分细胞逐渐失去分裂能力，细胞内出现较大的液泡，使细胞逐渐增大，但长度的增加远远超过宽度的增加。同时，根内各种组织已开始形成，伸长区中许多细胞同时迅速伸长生长所产生的伸长力量的总和，就成为根尖深入土层的主要推动力，因此伸长区是根生长的主要区域。

4. 成熟区

成熟区在伸长区的上方，是由伸长区发展而成的，此区细胞不再延长，它已分化出各种成熟组织。最早的筛管和环纹、螺纹导管，在伸长区的后部开始出现。成熟区的表面密生根毛，因此，亦称为根毛区。这是一部分表皮细胞的外壁向外突出形成的，伸长成管状（图 2-3）。根毛区是根吸收水分和无机盐的主要部位。

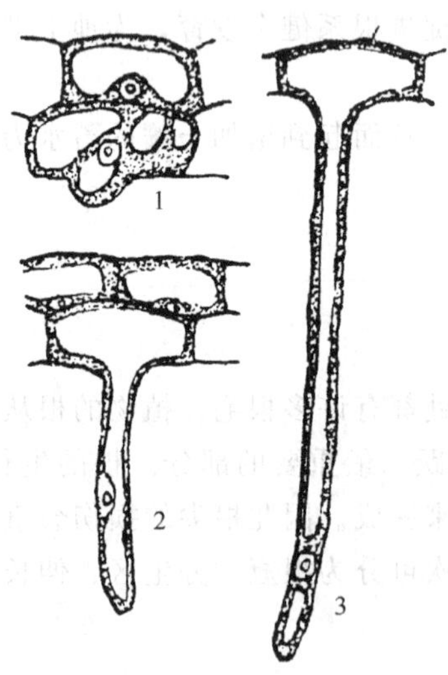

图 2-3 根毛的形成

1—根表皮细胞向外突起；2，3—根毛形成，细胞核移入根毛的前端

根毛的长度在 0.5～10mm 之间，它的细胞质紧贴在细胞壁，中央为一大液泡，细胞核常位于先端。一般根毛生存期为数天到十数天，当老的根毛死亡时，由邻接的伸长区形成新的根毛，使根毛区维持一定的长度，随着根尖的向前伸长，根毛区位置也不断向前推移。从而使根得以顺利地从土壤中吸收养料和水分。

根毛的数量很多，如玉米的根毛每平方毫米约有 420 条，苹果的根毛约 300 条。由于根毛的大量形成，便大大增加了根的吸收面积。但在土壤干旱的情况下，根毛发生萎蔫而枯死，从而影响吸收，以后如获水分，根毛也要经过几天才能重新产生，这是土壤干旱造成减产的主要原因之一。在生产中，移栽植物时，常易损害较多的根尖和根毛，造成根水分吸收能力急剧下降，因此，移栽后应采取充分灌溉和部分修剪枝叶等措施，其目的就是防止植物过度蒸腾失水而死亡。在育苗移栽时提倡带土移苗，可减少根毛的损伤，提高幼苗成活率。

（二）双子叶植物根的结构

1. 根的初生结构

成熟区是由分生区细胞经过不断地分裂、生长和分化而形成的结构，由于分生区属于初生分生组织，因此由它所形成的结构，叫做初生结构。

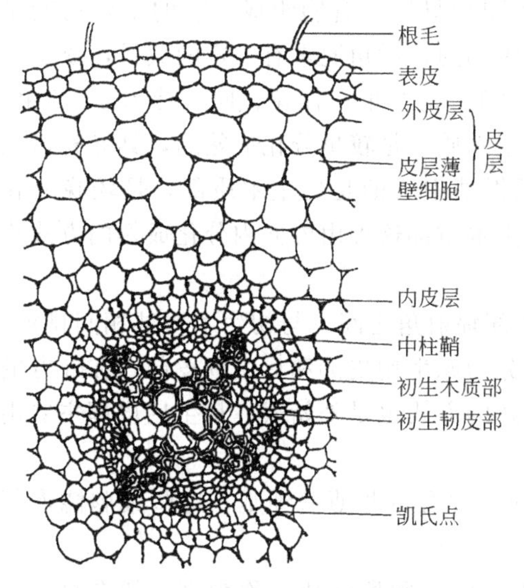

图 2-4　棉花根初生结构的横切面

双子叶植物根的初生结构（从成熟区的横切面看），从外到内可分为表皮、皮层和维管柱三个明显的部分（图 2-4）。

（1）表皮　表皮包在根的成熟区的最外面，由一层表皮细胞组成，每一细胞形状略呈长方体，其长轴与根的纵轴平行，在横切面上近于方形，细胞排列紧密，无细胞间隙，细胞壁薄，适于水和无机盐渗透通过。很多细胞的外壁突出形成管状根毛，扩大了根的吸收面积。对幼根的表皮来说，吸收作用比保护作用更为重要。

（2）皮层　皮层位于表皮与维管柱之间，由许多排列疏松的薄壁细胞所组成，占根成熟区横切面的很大比例。根毛吸收的水分和无机盐，就是通过皮层而进入维管柱内的。皮层也具有贮藏营养的作用。皮层的最外一层细胞通常排列整齐，叫做外皮层。当根毛死亡，表皮脱落时，外皮层细胞的细胞壁发生木栓化成为保护组织。

外皮层以内是多层薄壁细胞，细胞排列疏松，有较大细胞间隙，它们具有一定的贮运和通气功能。

皮层最里面的一层细胞，叫内皮层（图 2-5），这层细胞形态结构特殊，排列紧密，在其细胞的径向壁和上下壁上有部分加厚，并且木质化和栓质化，成带状环绕细胞一圈，叫凯氏带。在横切面上，其侧壁增厚的部分则呈点状，叫做凯氏点。凯氏带在根内对水分和物质通过有限制和阻碍作用，当根吸收的水分、无机盐向内运输时，只有通过内皮层细胞的外壁，再经过有选择性的细胞质，从内壁进入维管柱内，无法通过凯氏带进行。这说明根对物

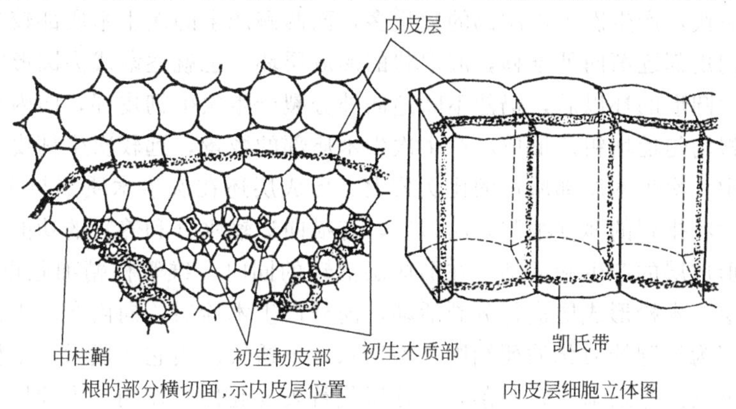

图 2-5　内皮层的结构

质的运输具有严格的选择性和调控作用。

（3）维管柱　也叫中柱，是皮层以内的整个中心部分，结构比较复杂。它包括维管柱鞘、初生木质部、初生韧皮部和薄壁细胞四个部分。

① 维管柱鞘。位于维管柱的最外层，向外紧贴内皮层，通常由一层薄壁细胞组成，少数植物（如桑、柳等）可由多层薄壁细胞组成。细胞排列紧密，并具有潜在的分裂能力，在一定条件下，维管柱鞘细胞能分裂产生侧根、不定根、不定芽及一部分形成层和木栓形成层。

② 初生木质部。位于根的中央，初生木质部主要由导管、管胞组成，它的主要功能是运输水分和无机盐。在横切面上呈辐射状，初生木质部的辐射角通常有一定的数目，双子叶植物一般为2～5束，如萝卜、甜菜为2束；豌豆、柳树是3束；棉花、向日葵为4～5束；苹果、梨为5束。初生木质部辐射角的尖端，为原生木质，是较早分化成熟的，其导管口径较小，壁较厚，由环纹导管和螺纹导管组成。靠近根轴中心的是后生木质部，是较晚分化的，其导管口径较大，由梯纹和网纹导管组成。初生木质部这种由外向内分化成熟的方式称为外始式。这是根初生木质部在发育上的特点。

③ 初生韧皮部。初生韧皮部位于两个初生木质部辐射角之间，与初生木质部相间排列。束的数目与初生木质部数目相等。初生韧皮部也可分为原生韧皮部和后生韧皮部，在外方的是原生韧皮部，在内方的是后生韧皮部。其发育成熟的方式也是外始式。初生韧皮部主要由筛管、伴胞组成，它的主要功能是运输有机物质。

④ 薄壁细胞。在初生木质部和初生韧皮部之间，常有一些薄壁细胞，这些细胞能恢复分裂能力，成为形成层的一部分。

少数双子叶植物的根，在维管柱的中央部分为薄壁细胞所组成，称为髓，如蚕豆、花生、茶等。但多数双子叶植物根的中央为初生木质部所占满，因而没有髓。

2. 根的次生结构

大多数双子叶植物的根在初生结构形成后，由于形成层和木栓形成层的发生和分裂活动，形成了新的组织，使根得以增粗。形成层和木栓形成层属于次生分生组织，由它们所形成的结构，叫次生结构。现将它们的产生和分裂活动分别说明如下。

（1）形成层的产生和活动　根中形成层的产生，首先是由初生木质部和初生韧皮部之间的薄壁细胞恢复分裂能力，转变为分生组织。不久，在初生木质部辐射角顶端的维管柱鞘细胞也转变成分生组织，这样就在初生韧皮部与初生木质部之间，形成了波浪形的形成层环。形成层向内分裂产生次生木质部，向外分裂产生次生韧皮部。由于在初生韧皮部内方的形成层出现早，分裂快，产生次生木质部的数量多，而两侧产生的次生木质部较少，因此，初生韧皮部和次生韧皮部逐渐向外推移，波浪状的形成层环，也就逐渐成为圆形的形成层环。

形成层变为圆形的环以后，仍然不断地向外分裂产生次生韧皮部，向内分裂产生次生木质部，因而使根均匀地增粗。形成层产生次生木质部的数量，远较次生韧皮部为多，所以在根的次生构造中，次生木质部所占的比例最大。形成层还在次生木质部与次生韧皮部之中，产生一些呈辐射状排列的薄壁细胞，叫射线，有横向运输水分和养料的功能。

（2）木栓形成层的产生和活动　在形成层活动的同时，维管柱鞘细胞也恢复分裂能力，产生木栓形成层。木栓形成层进行分裂活动，向外产生木栓层，向内产生少量薄壁细胞，叫栓内层。木栓层为细胞栓质化的死细胞，不透水，不透气。当它形成后，中柱鞘以外的皮层和表皮由于养分的隔绝逐渐死亡脱落，木栓层代替表皮起保护作用。木栓层、木栓形成层和栓内层，三者总称为周皮。

木栓形成层分裂活动的时间有限，不久即失去分裂能力而转变为木栓细胞。多年生植物的根中，木栓形成层每年重新发生，栓内层或韧皮部细胞可产生新的木栓形成层，再形成新周皮，故老根外面是由多层周皮所覆盖。

如上所述，由形成层产生的次生木质部和次生韧皮部，以及由木栓形成层产生的周皮，统称为次生结构。粗大的根，次生结构占绝大部分。加粗后的老根从外到内依次是：周皮（木栓层、木栓形成层、栓内层）、韧皮部（初生韧皮、次生韧皮部）、形成层、木质部（次生木质部、初生木质部）和射线等部分（图 2-6）。有些植物还含有髓。

（三）禾本科植物根的结构

禾本科植物属于单子叶植物，其根的基本结构也可分为表皮、皮层、维管柱三个部分，但各部分有其自己的结构特点，特别是没有形成层和木栓形成层，不产生次生结构，根不能增粗（图 2-7）。

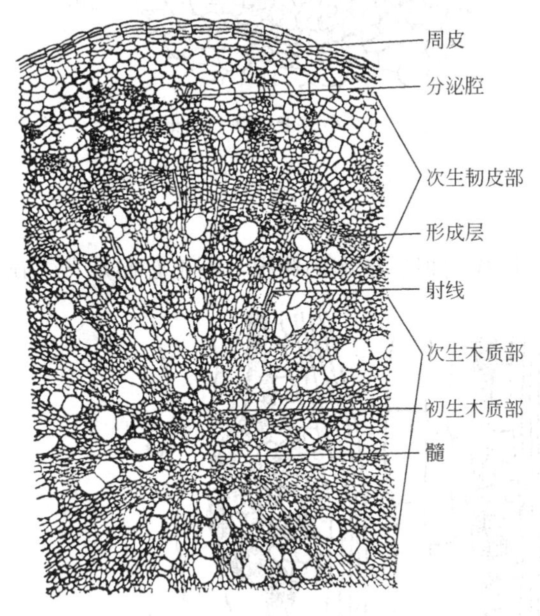

图 2-6　棉花老根次生结构的横切面

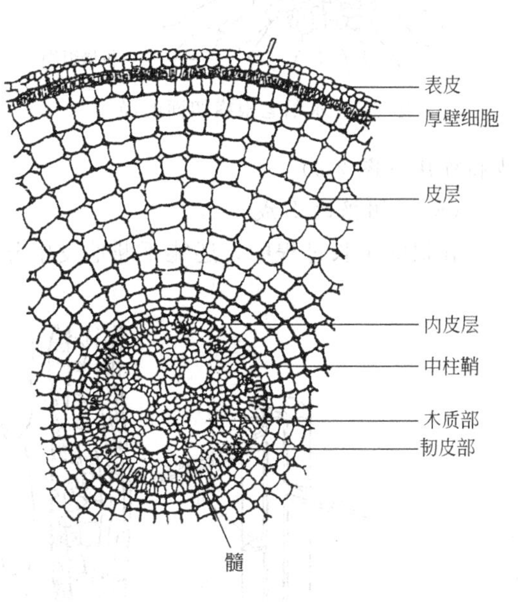

图 2-7　水稻幼根横切面的一部分

1. 表皮

是根最外一层细胞，在根毛枯死后，往往解体脱落。

2. 皮层

靠表皮的 2～3 层皮层细胞在根生长后期变为厚壁组织，起支持和保护作用。水稻根中，部分皮层细胞解体破坏，形成很大的气腔，并与茎、叶的气腔互相贯通，成为良好的通气组织（图 2-8）。

内皮层细胞的壁，在生长后期常发生五面（即侧壁、上下壁和内壁）加厚，仅靠近皮层的外壁不增厚。在横切面上，呈马蹄形。因此，这些内皮层细胞能防止水分和无机盐进入维管柱。而正对着木质部辐射角的内皮层细胞壁不增厚，这些细胞叫通道细胞，水分和无机盐可通过通道细胞进入维管柱。

3. 维管柱

最外一层薄壁细胞为维管柱鞘，可产生侧根。初生木质部辐射角数目一般在 6 束以上（小麦 7～8 束，水稻 6～10 束，玉米 12 束）。维管柱中央有髓，后期变成厚壁组织，以加强

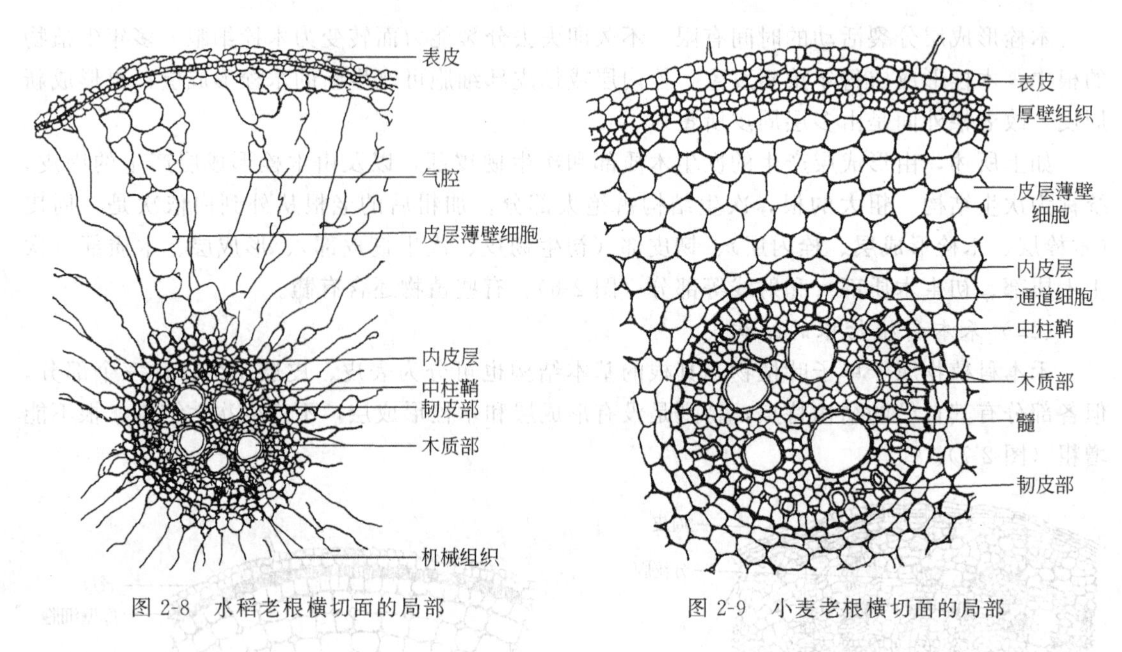

图 2-8　水稻老根横切面的局部　　图 2-9　小麦老根横切面的局部

支持作用（图 2-9）。

（四）侧根的形成

在根的生长过程中，还能不断地发生分枝，形成侧根。植物的侧根，不论它们是发生在

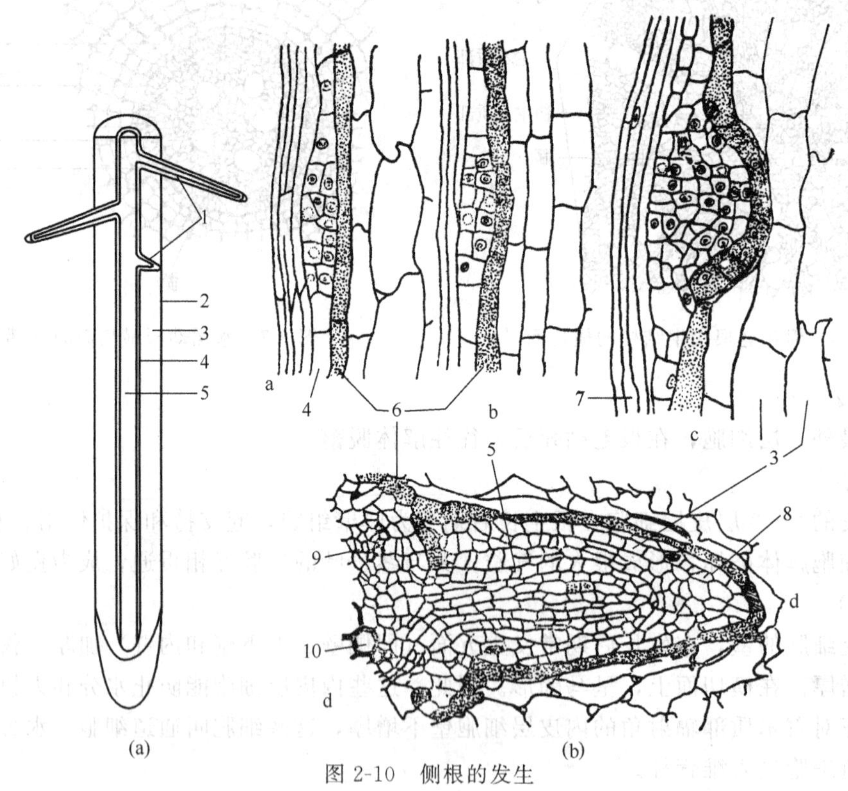

图 2-10　侧根的发生

（a）侧根发生的图解；（b）胡萝卜侧根发生的顺序（a～d）

1—侧根；2—表皮；3—皮层；4—维管束鞘；5—维管柱；6—内皮层；

7—韧皮部；8—根冠；9—主根韧皮部；10—主根木质部

主根、侧根或不定根上，通常都是起源于根毛区内的维管柱鞘细胞。大多数植物的侧根，是由根毛区正对初生木质部的维管柱鞘细胞恢复分裂而产生的（如棉花等）。也有的是由对着韧皮部（如禾本科植物）或对着韧皮部与木质部之间（如十字花科、茄科等）的维管柱鞘细胞恢复分裂而形成。

当侧根发生时，首先是中柱鞘细胞的细胞质变浓，液泡缩小，恢复分裂形成侧根的根冠和分生区，然后由分生区细胞不断分裂，生长和分化，形成侧根的原始体，再逐渐伸长，穿过母根的皮层和表皮，形成侧根（图 2-10）。

侧根的形成与外界条件有关，当主根的顶端切断或损伤时，常能促进侧根的产生，在农、林、园艺生产中，有时在移苗时特意切断主根，以引起更多侧根的发生，使植物的根旺盛发育，形成庞大的根系，从而促进植物地上部的繁荣生长。中耕、施肥、灌溉等生产措施，都可以促进侧根的发生。

三、根瘤和菌根

植物的根部和土壤内的微生物（细菌、真菌）有着密切的关系。微生物不但存在于土壤中，影响着生长的植物，而且有些微生物甚至进入植物根内，与植物共同生活。这些微生物从根的组织内取得可供它们生活的营养物质，而植物也由于微生物的作用获得它所需要的物质，这种植物和微生物之间互为有利的关系称为共生。植物根和微生物的共生现象，通常有根瘤和菌根两种类型。

（一）根瘤

在豆科植物的根上，常形成一些瘤状突起，叫根瘤（图 2-11）。根瘤的形成，是由于土壤中的根瘤细菌侵入根毛，后进入皮层，并在皮层细胞内进行大量繁殖，使皮层细胞受到刺激发生分裂，产生许多薄壁细胞，从而使皮层膨大，向外突出，形成根瘤（图 2-12）。

根瘤细菌侵入根部以后，从豆科植物的根中吸收它所需要的水分和养料。但另一方面，它能固定空气中的游离氮，合成含氮化合物，除供本身需用外，还供给植物利用，两者之间产生共生关系，所以豆科植物可作为绿肥使用。例如，1 亩（$667m^2$）苜蓿如生长良好，一年可积累 20kg 氮素，相当 100kg 硫铵。

根瘤菌的种类很多，并具有专一性，每一种只能与一定种类的豆科植物共生，例如，大豆的根瘤菌不能感染花生，反过来也是这样。一般土壤中缺乏根瘤菌，在农业生产上常将根瘤细菌制成菌肥，在播种豆科植物时用以拌种，可促进根瘤的形成。

除豆科外，禾本科的早熟禾属，看麦娘属的植物也能够结瘤、固氮。

（二）菌根

自然界还有许多种子植物与土壤中的某些真菌有着共生关系，这些同真菌共生的根叫菌根。真菌的躯体是由许多丝状的菌丝所组成。

菌根有外生菌根和内生菌根两种类型，外生菌根是大部分菌丝生在根的外面，形成白色的丝状外套，只有少数菌丝侵入到根皮层的细胞间隙中，如松树，毛白杨等。内生菌根是真菌的菌丝大部分侵入到皮层细胞中，如李、葡萄、小麦、葱等（图 2-13）。

菌根和种子植物的共生关系：真菌从根中获得其生活所需要的有机营养物质，而真菌则起到和根毛一样的作用，从土壤中吸收水、无机盐供给植物，促进植物细胞内贮藏物质的分解，增强根系的呼吸作用，真菌还能产生维生素 B_1、维生素 B_6 等，促进根系的生长。有的

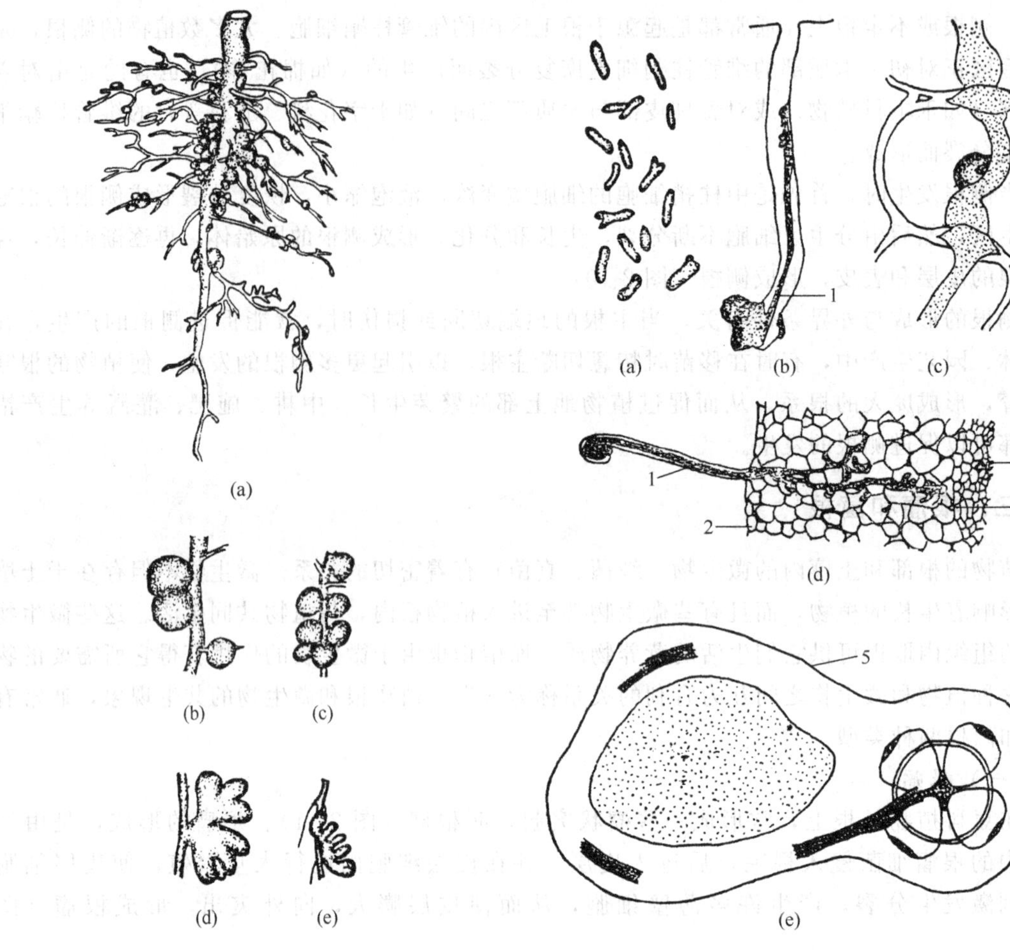

图 2-11　几种豆科植物的根瘤

(a) 具有根瘤的大豆根系；(b) 大豆的根瘤；(c) 蚕豆的根瘤；(d) 豌豆的根瘤；(e) 紫云英的根瘤

图 2-12　根瘤菌和根瘤

(a) 根瘤菌；(b) 根瘤菌侵入根毛；(c) 根瘤菌穿过皮层细胞；(d) 根横切面的一部分；(e) 蚕豆根通过根瘤的切面

1—侵入线；2—表皮；3—木质部；4—内皮层；5—根瘤；6—根

菌根还有固氮作用。在造林时常进行菌根接种，使苗木和真菌建立良好的共生关系，保证它们的生长发育。

四、根的变态

前面所讲的根的形态和结构，这都是指正常根的特点。但有些植物的根无论在形态、结构和生理功能上，都发生了非常大的变化，这种变化称为变态，是植物长期适应某种特殊环境而产生的一种适应变化。

(一) 贮藏根

主要功能是贮藏大量的营养物质，因此常肉质化，根据来源不同可分为肉质直根和块根两种。

1. 肉质直根

萝卜、胡萝卜、甜菜的肥大直根，属于肉质直根。肉质直根的上部由胚轴发育而成，无

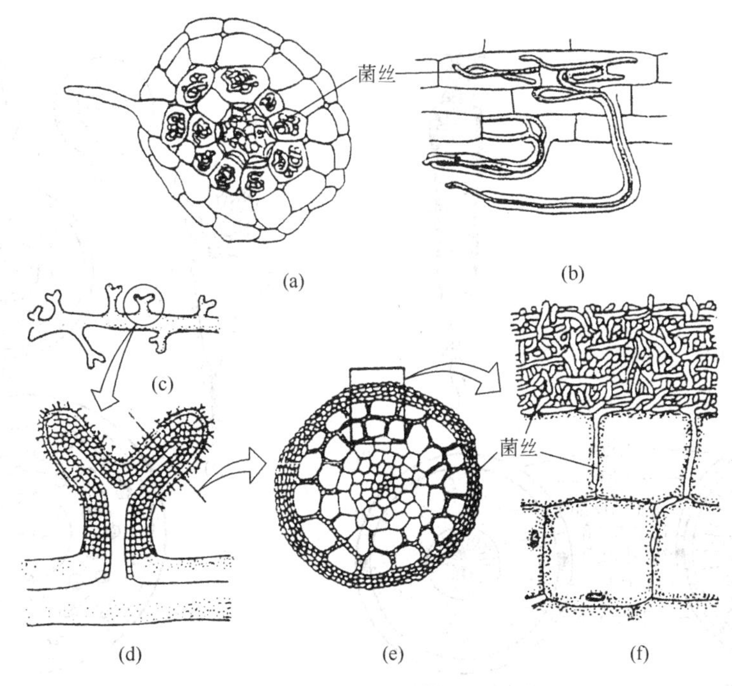

图 2-13　菌根

（a）小麦的内生菌根的横切面；（b）豌豆的内生菌根的纵切面；（c）松的外生菌根的分枝；（d）同（c），分枝纵切面的放大；（e）松的外生菌根的横切面；（f）同（e），一部分的放大

侧根发生，下部为主根发育成。各种植物的肉质直根在外形上极为相似，但加粗的方式，即贮藏组织的来源却不同，内部结构也不一样。如胡萝卜的增粗主要是由于形成层产生了大量的次生韧皮部，内部发达的薄壁组织贮藏了大量的营养物质，而次生木质部形成的较少。而萝卜根的增粗却主要是产生了大量次生木质部，木质部中有大量的薄壁组织贮藏了营养物质，而次生韧皮部形成较少（图 2-14）。

甜菜根除次生结构外，还形成很发达的由副形成层所产生的三生结构（图 2-15）。这种三生结构的发生，主要是从维管柱鞘细胞衍生出额外形成层，它能形成新的三生维管束，同时也形成大量的薄壁细胞，这些薄壁细胞中以后又产生新的额外形成层，依次，同样地可产生多层额外形成层，并形成新的维管束。如此重复，可以达到 8～12 层，因此使根加粗。在薄壁细胞中贮藏有大量的糖。

2. 块根

块根是由植物的侧根或不定根发育而成，内部贮藏大量营养物质，外形上比较不规则，如甘薯、大丽花的块根都属此类。

甘薯块根的膨大过程，除形成次生构造外，在许多分散的导管周围有一些次生木质部的薄壁细胞，恢复分裂活动，成为副形成层，副形成层不断分裂产生三生木质部和富含薄壁组织的三生韧皮部以及乳汁管，使块根不断增粗。

甘薯、大丽花等的块根上能发生不定芽，可用来进行营养繁殖。

（二）气生根

凡露出地面，生长在空气中的根均称为气生根。气生根因其生理功能不同，又可分为支持根、攀缘根和呼吸根。

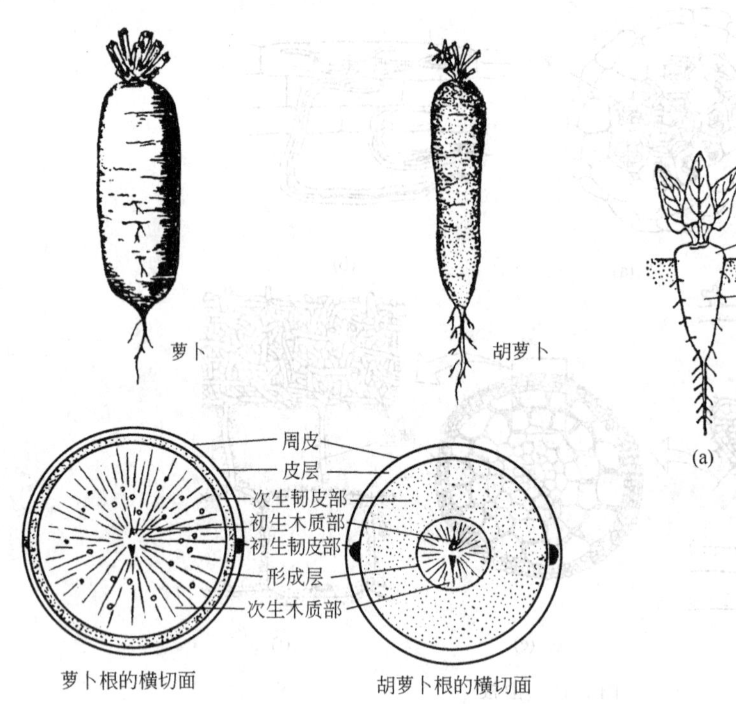

图 2-14　萝卜和胡萝卜的肥大直根

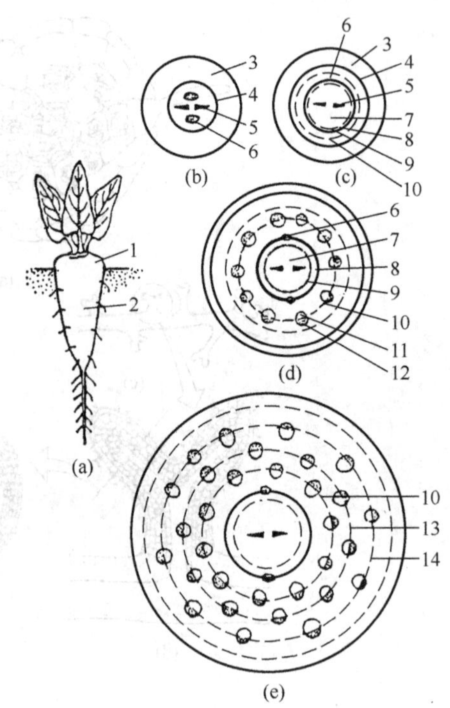

图 2-15　甜菜根的加粗过程

（a）甜菜贮藏根的外形；（b）具有初生结构的幼根；（c）具有次生结构的根；（d）发展成额外的三生结构的根；（e）发展成多层额外形成层的根

1—下胚轴；2—初生根；3—皮层；4—内皮层；5—初生木质部；6—初生韧皮部；7—次生木质部；8—次生韧皮部；9—形成层；10—额外形成层；11—三生木质部；12—三生韧皮部；13—第二圈额外形成层；14—第三圈额外形成层

1. 支持根

有些植物如玉米，常从茎节上环生不定根伸入土中，并继续产生侧根，成为能够支持植物体的辅助根系，因此称为支持根。支持根也有吸收的功能（图 2-16）。

2. 攀缘根

一些藤本植物的茎细长柔软不能直立，如常春藤、凌霄，从茎上产生许多不定根，围着在其他树干、山石或墙壁等物体的表面，这类不定根称为攀缘根。

3. 呼吸根

生在海岸腐泥中的红树和海岸、池边的水松，由于生活在泥水中，呼吸十分困难，因而有部分根垂直向上生长，挺立在泥外空气中。呼吸根外有呼吸孔，内有发达的通气组织，有利于通气和贮存，以适应土壤中缺氧的情况，维持植物的正常生长。

（三）寄生根

有些寄生植物，如菟丝子以茎紧密地回旋缠绕在寄主茎上，它们的根形成吸器，侵入寄主体内，吸收水分和有机养料，这种吸器又称为寄生根（图 2-17）。

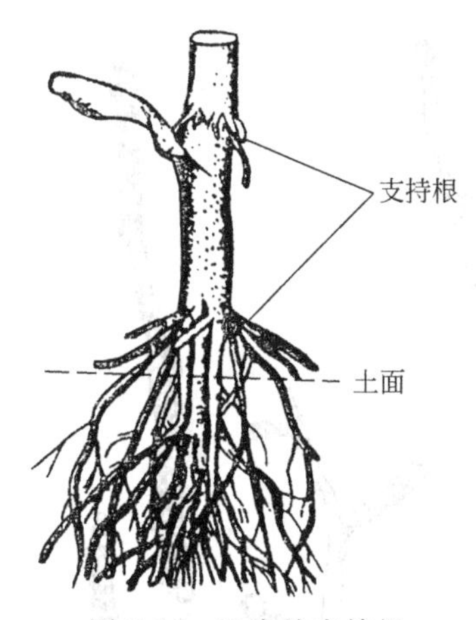

图 2-16　玉米的支持根

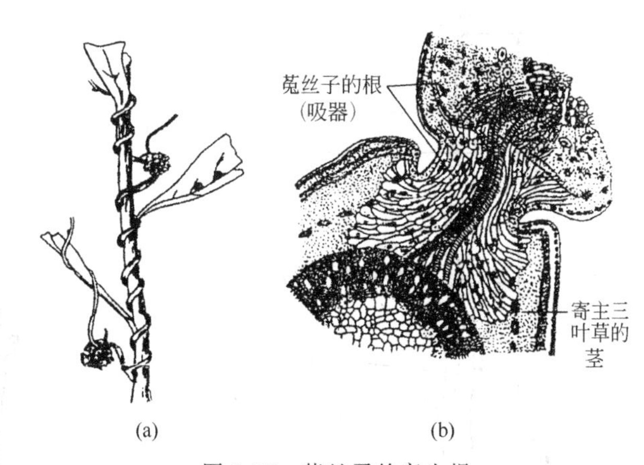

图 2-17　菟丝子的寄生根

(a) 菟丝子缠绕在寄主（常为豆类）茎上；(b) 菟丝子寄生根纵切面、寄主茎横剖面结构及寄生情况

第二节　茎

茎是植物地上部的营养器官之一，产生各种分枝，形成了繁茂的植物地上部轴体，连接根、叶，输导水分、无机盐和有机物。茎支持着叶、花和果实，使叶片获得充分的阳光以进行光合作用。另外，有些植物的茎还有贮藏和繁殖的作用。

一、茎的形态

（一）茎的外形

茎的外形多数呈圆柱形，在同样体积下圆柱形是适应空间环境的最好形式。有些植物的茎呈四棱形，如一串红；有的为三角柱形，如莎草；有的为扁圆形，如仙人掌、昙花。

茎上着生叶的部位，称为节，相邻两节之间的部分叫节间。着生叶和芽的茎称为枝条。枝条顶端生有顶芽，枝条与叶片之间的夹角称为叶腋，叶腋内生有腋芽，也叫侧芽。木本植物叶脱落后，在节上留下的疤痕，称为叶痕。叶痕中的点状突起，是枝条和叶柄之间的维管束断离后留下的痕迹，称为叶迹。木本植物的鳞芽萌发时由于芽鳞脱落留下的痕迹，称为芽鳞痕（图 2-18）。根据芽鳞痕的数目，可以判断木本植物枝条的年龄。在木本植物的枝条上还有许多不同形状的小突起，称为皮孔。是茎与外界进行气体交换的通道。在园艺和园林生产管理中，需要采取一定生长年龄的枝或茎作为扦插、嫁接的材料，芽鳞痕就可作为一种识别的依据。

植物在生长过程中，茎的伸长有强有弱，因此节间也就有长有短。节间显著伸长的枝条，称为长枝。节间缩短，各个节紧密相接的枝条，称为短枝（图 2-19）。一般短枝生长在长枝上。如银杏，长枝上生有许多短枝，叶簇生在短枝上。果树中的梨和苹果，花多着生在短枝上，在这种情况下，短枝就是果枝，并常形成短果枝群。有些草本植物节间短缩，叶排列成基生的莲座状，如车前、蒲公英的茎。

（二）芽及其类型

芽是处于幼态而未伸展的枝、花或花序，也就是枝条、花或花序的原始体。以后发育成

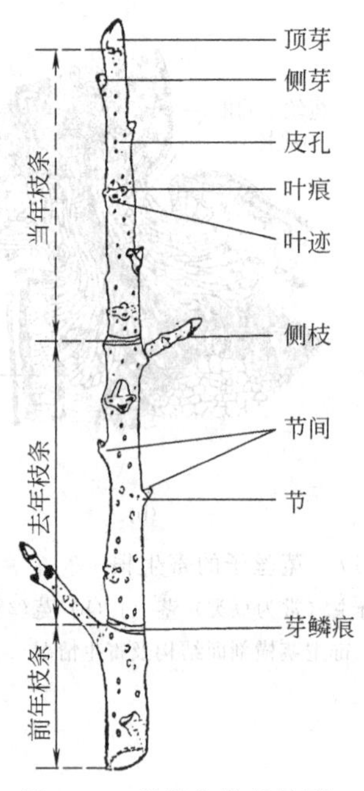

图 2-18　胡桃冬枝的外形

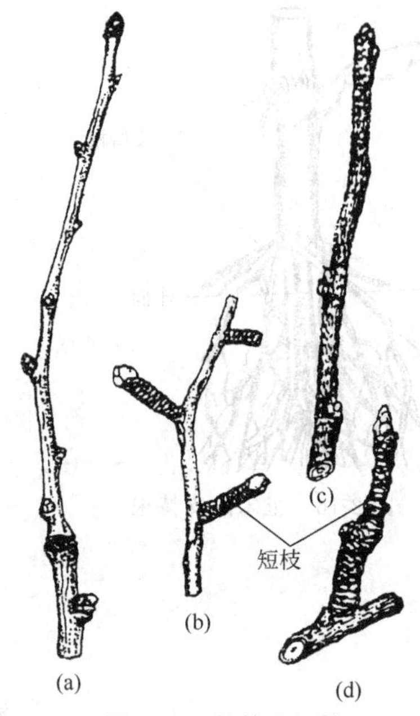

图 2-19　长枝和短枝

(a) 银杏的长枝；(b) 银杏的短枝；
(c) 苹果的长枝；(d) 苹果的短枝

枝叶的芽，称为叶芽（枝芽），发育成花或花序的芽，称为花芽。

1. 芽的结构

以发育为枝条的叶芽为例，将芽纵切在显微镜下观察，可见芽中央有一个轴，叫芽轴，它是未发育的茎。轴的顶端呈圆锥形，是由分生组织组成，叫生长锥。在生长锥基部的周围有一些突起，叫叶原基，将来可发育成叶。叶原基越是靠近芽轴下部的，发生越早，分化程度越高，并具有叶的形状。在较大叶原基的叶腋内，又发生小突起，叫腋芽原基，将来发育成腋芽（图2-20）。

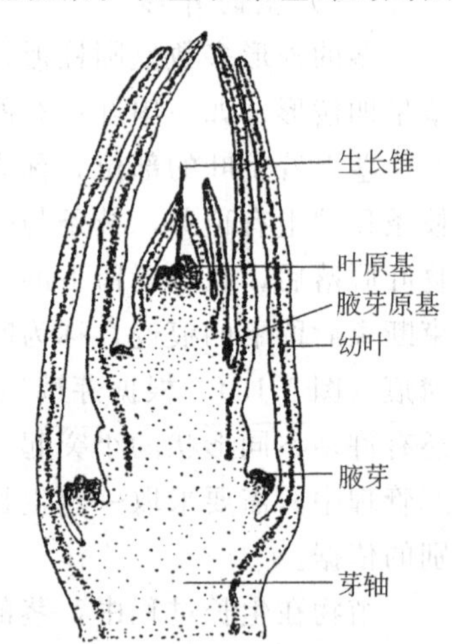

图 2-20　腋芽的纵切面

2. 芽的类型

按照芽的生长位置、性质、结构和生理状态，可分为下列几种类型。

(1) 定芽和不定芽　定芽生长在枝条上的一定位置上，生长在茎、枝顶端的，称为顶芽，生长在叶腋内的，称为侧芽，也叫腋芽。大多数植物，每个叶腋只生一个芽，但有些植物的叶腋处，可产生两个或几个芽，如桃的叶腋处可并生3个芽，中间一个称为腋芽，两旁的芽称为副芽。

不定芽是指在根、叶或老茎上形成的芽。如桑、柳的老茎，甘薯、刺槐的根，落地生根、秋海棠的叶上，都容易产生不定芽。在生产上，常利用它们进行营养繁殖。

(2) 叶芽、花芽和混合芽　按照芽的性质，芽展开后形成营养枝的芽，称为叶芽。展开后形成花或花序的芽，称为花芽。萌发后既形成花又形成枝的，称为混合芽，如苹果、梨的顶芽。花芽和混合芽较叶芽肥大。

(3) 鳞芽和裸芽　外面有芽鳞包被的芽，称为鳞芽，没有芽鳞包被的芽，称为裸芽。木本植物秋冬季形成的芽多为鳞芽，而草本植物的芽一般都是裸芽。芽鳞是一种变态叶，包在芽的外面，可起到保护芽的作用。

(4) 活动芽和休眠芽　这是根据生理状态划分的。能在当年生长季节萌发的芽，称为活动芽，一年生植物的芽，多是活动芽，而温带木本植物枝条形成的芽，当年不萌发，需经一段时间的休眠才能萌发，或多年不萌发的，叫休眠芽。

(三) 茎的类型

根据茎的生长习性，将茎分为以下 4 种类型（图 2-21）。

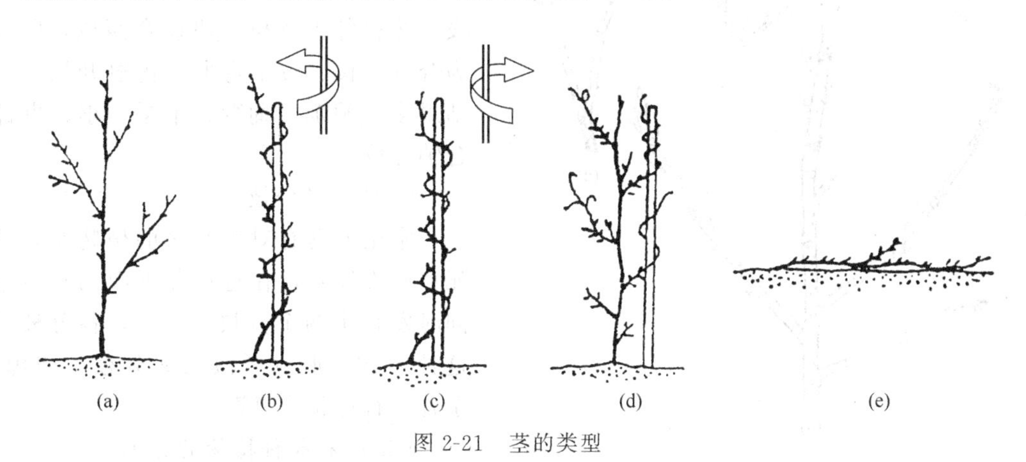

图 2-21　茎的类型

(a) 直立茎；(b) 左旋缠绕茎；(c) 右旋缠绕茎；(d) 攀缘茎；(e) 匍匐茎

1. 直立茎

茎直立生长，大多数植物茎属于这种类型，如茄、玉米、杨树等。

2. 缠绕茎

茎细长而柔软，不能直立，必须缠绕其他物体向上生长，如牵牛花、菜豆等。

3. 攀缘茎

茎柔软不能直立，必须依靠卷须（如黄瓜、葡萄、豌豆）或吸盘（如爬山虎）等攀缘其他物体向上生长。

4. 匍匐茎

茎平卧在地面上，向四周蔓延生长，在与地面接触部位的节上长出不定根起固定作用，如甘薯、草莓等。

具有攀缘茎和匍匐茎的植物，统称为藤本植物。藤本植物有木本的，如葡萄和忍冬；也有草本的，如菜豆、南瓜、旱金莲等。

(四) 茎的分枝

分枝是植物的基本特征之一，有特定的规律，每种植物常具有一定的分枝方式。概括地讲，可分为如下三种（图 2-22）。

1. 单轴分枝

主茎的顶芽活动始终占优势，形成主干。侧芽形成的分枝，其顶端生长较弱于主茎，主干、侧枝区分明显，这种分枝方式，称单轴分枝。麻类属于单轴分枝，栽培时要注意保持其顶端生长优势，以提高其品质。松、杉、杨等植物的单轴分枝最为明显，形成高大挺拔的主

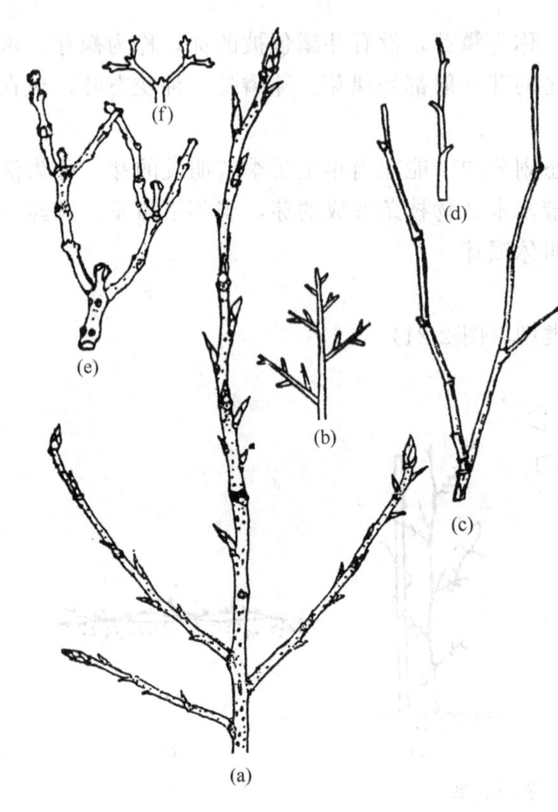

图 2-22　分枝的类型

(a), (b) 单轴分枝; (c), (d) 合轴分枝; (e), (f) 假二叉分枝

干，用材价值高。

2. 合轴分枝

这种分枝方式的特点是主轴顶芽活动到一定时候，生长缓慢，最后甚至停止生长或死亡，或形成花芽，由顶芽下面的腋芽代替顶芽继续生长，形成侧枝，不久，侧枝的顶芽同样又停止生长，再由侧枝顶芽下面的腋芽伸展成新的分枝，如此不断重复。这种分枝方式所形成的主干是由一段主茎和各级侧枝分段连合而成，所以称为合轴分枝。枝干弯曲，树冠开展，开花结果多。番茄、葡萄、苹果、李、枣都是合轴分枝。

3. 假二叉分枝

常见于具有对生叶序的植物中，顶芽死亡或不发育，在近顶芽下面的对生腋芽同时发育出两个分枝。以后，各分枝重复这种方式，形成了假二叉分枝，如辣椒、丁香、石竹和茉莉等。

(五) 禾本科植物的分蘖

小麦、水稻、玉米等禾本科植物的分枝方式与一般双子叶植物明显不同，分枝通常只发生在接近地面或地面以下的节间上。这种从靠近地面节上产生的分枝，叫分蘖（图 2-23）。产生分蘖的节，叫分蘖节，每一个分蘖节都有一个腋芽。分蘖就是由腋芽产生的，分蘖基部能产生不定根。从主茎上生长出的分蘖，叫一级分蘖，由一级分蘖上长出的分蘖，叫二级分蘖，以此类推。稻、麦在单株种

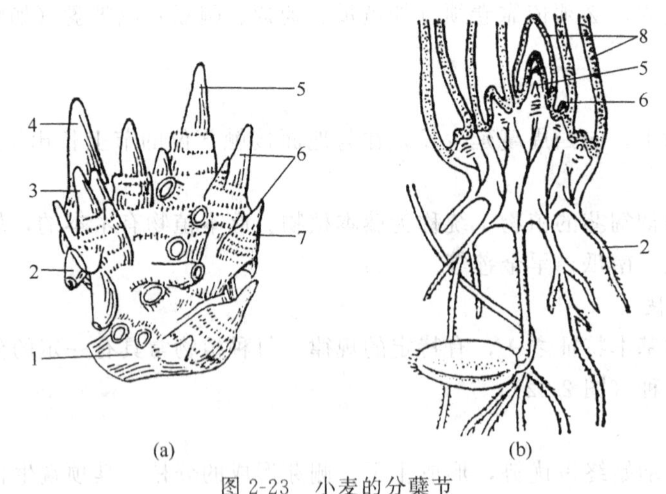

图 2-23　小麦的分蘖节

(a) 外形（外部叶鞘已剥去）；(b) 纵剖面

1—根茎；2—不定根；3—二级分蘖；4—一级分蘖；5—主茎；6—分蘖芽；7—叶痕；8—叶

植的条件下可产生大量的分蘖，凡是能及时抽穗结实的分蘖，称为有效分蘖，不能抽穗或抽穗而不结实的分蘖，叫无效分蘖。在农业生产中，常采用合理密植，控制水肥，调整播期等措施。促进有效分蘖的生长发育，控制无效分蘖的发生，确保丰产。

二、茎的结构

（一）茎尖及其分区

当叶芽萌发伸长时，通过茎尖作纵切面观察，可以看到由芽的顶端至基部，可分为分生区、伸长区和成熟区。茎的生长就是在茎尖进行的（图 2-24）。

1. 分生区

分生区位于茎尖的顶端，它的最顶端是原分生组织。茎尖顶端有原套和原体的分层结构。原套位于表面，由一至数层细胞组成。细胞进行垂周分裂，扩大表面的面积而不增加细胞层数。原体位于原套以内，即被原套包围着的部分，细胞排列不规则，进行垂周、平周各个方向的分裂，因而增加体积。但原套和原体的分裂活动是互相配合的，故茎尖顶端始终保持着原套、原体的结构。大多数双子叶植物，原套通常是两层细胞。

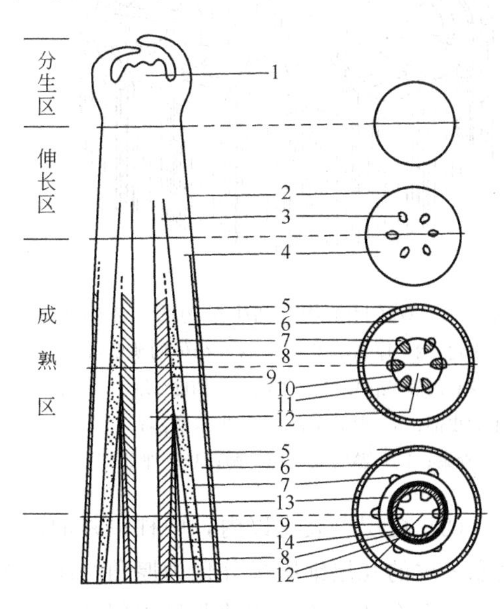

图 2-24　茎尖的纵切面和不同部位上横切面图解

1—分生组织；2—原表皮；3—原形成层；4—基本分生组织；5—表皮；6—皮层；7—初生韧皮部；8—初生木质部；9—维管形成层；10—束间形成层；11—束中形成层；12—髓；13—次生韧皮部；14—次生木质部

在分生区的后部周围，生有若干个小突起，称为叶原基，它将来发展成叶。通常在第二或第三个叶原基腋部生出一些小的突起物，称为腋芽原基，将来发育成腋芽。在分生区的后部已有原表皮、基本分生组织和原形成层三种初生分生组织的分化。

2. 伸长区

伸长区细胞的主要特点是细胞的迅速伸长，本区包括几个节和节间。这部分细胞分裂活动基本停止，因为细胞伸长，因此节间长度增加，是茎生长的主要部位。伸长区后部的细胞已开始成熟。

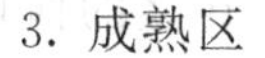

3. 成熟区

成熟区的细胞停止伸长生长，各种成熟组织的分化基本完成，形成茎的初生结构。

（二）双子叶植物茎的结构

1. 双子叶植物茎的初生结构

双子叶植物茎的初生结构，是由茎顶端的分生组织（生长锥）经过不断分裂、伸长和分化而产生的，茎的分生区属于初生分生组织，由它形成的结构叫茎的初生结构。将茎尖的成熟区做一横切面观察，就可看到初生结构，它分为表皮、皮层和维管柱三部分（图 2-25，图 2-26）。

（1）表皮　幼嫩的茎是绿色的，但把表皮撕下观察，就可知表皮是无色透明的，说明表皮细胞不含叶绿体。表皮是幼茎最外面的一层活细胞，细胞排列紧密，外壁角质化，形成角质层。表皮上有少数气孔分布，有的还有表皮毛和腺毛。茎表皮属于保护组织，这和根表皮不同。

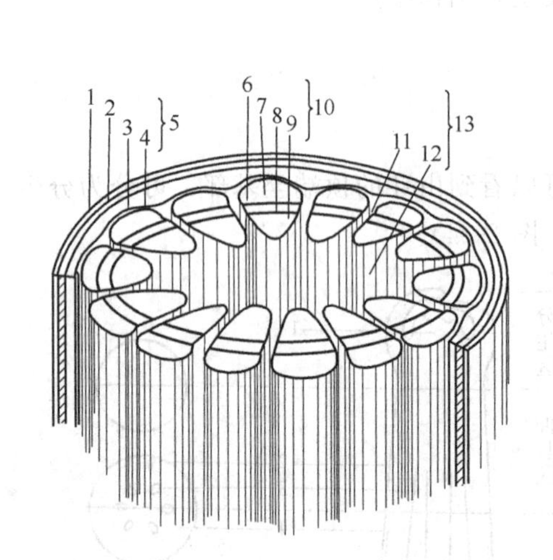

图 2-25 双子叶植物茎初生结构的立体图解

1—表皮；2—厚角组织；3—含叶绿体的薄壁组织；4—无色的薄壁组织；5—皮层；6—韧皮纤维；7—初生韧皮部；8—形成层；9—初生木质部；10—维管束；11—髓射线；12—髓；13—维管柱

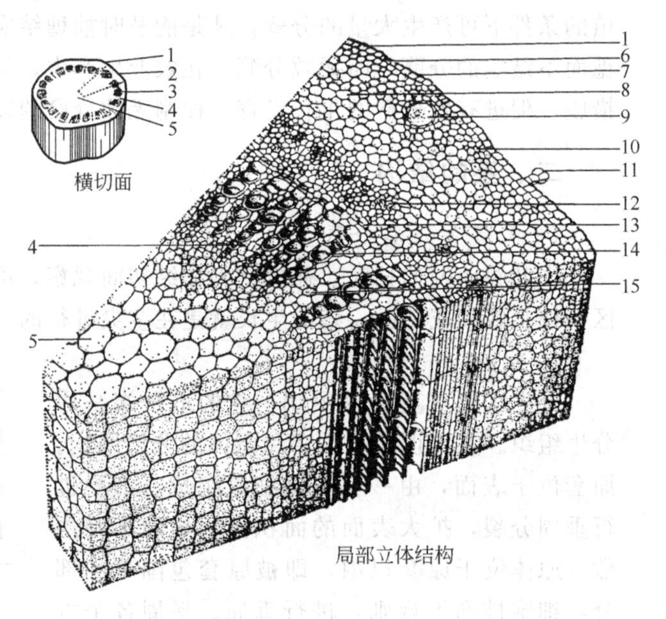

图 2-26 棉花幼茎横切面和局部立体结构

1—表皮；2—皮层；3—维管束；4—髓射线；5—髓；6—气孔；7—角质层；8—皮层薄壁组织；9—分泌腔；10—厚角组织；11—腺毛；12—初生韧皮部；13—形成层；14—初生木质部；15—木质射线

(2) 皮层　表皮以内，中柱以外的部分为皮层。皮层绝大部分是由薄壁细胞组成的，但紧靠表皮的几层细胞多分化为厚角组织，担负幼茎的支持作用。厚角细胞和其内数层薄壁细胞中都含有叶绿体，故幼茎呈现绿色，能进行光合作用。棉花、向日葵的幼茎皮层中有分泌腔，甘薯的皮层中有乳汁管，这些结构能分泌黏液和乳汁。有些植物的皮层中有纤维细胞和石细胞等机械组织。

皮层最里面的一层细胞为内皮层，一般不明显，不像根中有特殊的增厚结构，但有些植物内皮层细胞里含有淀粉粒（如蚕豆），叫淀粉鞘。

(3) 维管柱（中柱）　维管柱是皮层以内所有部分的总称。它由维管束、髓和髓射线三部分组成。大多数植物的幼茎内没有维管柱鞘，或维管柱鞘不明显，因此，皮层和维管柱之间没有明显界限。

维管束。维管束是中柱的主要部分，它是由几种组织构成的束状结构，在茎的横切面上，很多个维管束排列成一环，许多木本植物茎内各维管束彼此靠得很近，几乎连在一起，占据茎的大部分。

每一个维管束包括初生韧皮部、束内形成层和初生木质部三部分，属无限维管束。初生韧皮部在维管束的外侧，由筛管、伴胞，韧皮薄壁细胞、韧皮纤维所组成。主要功能是将叶片制造的有机物输送到植物体各部分去。初生木质部在维管束的内侧，由导管、管胞、木质薄壁细胞和木质纤维所组成，主要功能是向上输送由根吸收的水分和无机盐，并有支持作用。在初生韧皮部和初生木质部之间有一层具分裂能力的细胞，叫束中形成层，它可以不断地进行细胞有丝分裂，产生茎的次生结构。

甘薯、烟草、马铃薯、南瓜等植物的茎，其维管束的外侧和内侧都是韧皮部，中间是木

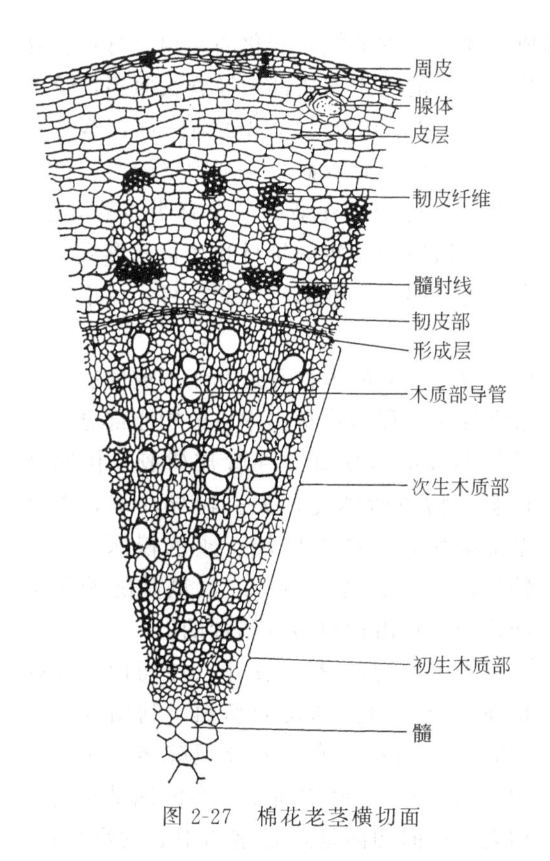

图 2-27　棉花老茎横切面

质部，在外侧的韧皮部和木质部之间有形成层，这种维管束，叫双韧维管束。

髓。髓在茎的中心部位，由薄壁细胞组成，有贮藏养料的作用，有些植物的茎在形成时，由于髓早期死亡，变成中空，如蚕豆、南瓜等。

髓射线。各维管束之间的薄壁细胞，在茎的横切面上呈辐射状排列，叫髓射线，它向外与皮层细胞相接，向内与髓相连。髓射线具有横向运输与贮藏养料的功能。髓射线的一部分细胞还可转变为束间形成层。木本植物幼茎的初生结构中，由于维管束互相靠近，髓射线很狭窄，仅为一二行薄壁细胞。

2. 双子叶植物茎的次生结构

双子叶植物的茎与根一样，在初生结构形成不久后，其内部便出现维管形成层和木栓形成层。维管形成层和木栓形成层细胞经分裂、生长和分化，产生次生结构的过程叫次生生长，由此产生的次生维管组织和周皮，叫做次生结构。(图 2-27)。

(1) 维管形成层的产生及活动　维管形成层的产生：在茎的初生结构中，每个维管束都有束内形成层，但它们互不连接，为髓射线所隔开；在束内形成层活动的同时，与束内形成层邻接的髓射线细胞，恢复分裂能力，转变为束间形成层；最后，束中形成层和束间形成层连成一个圆形的形成层环。

维管形成层的活动：束内形成层细胞向外分裂，产生次生韧皮部，加在初生韧皮部的内面，向内分裂产生次生木质部，加在初生木质部的外面。次生韧皮部包括筛管、伴胞、韧皮纤维和韧皮薄壁细胞。初生韧皮纤维往往较长，细胞壁是纯纤维素的，故柔软而坚韧，品质较好。次生韧皮纤维往往较短，细胞壁木质化程度较高，品质稍差。苎麻的纤维主要是初生韧皮纤维，而黄麻的纤维，初生和次生韧皮纤维都有。次生木质部包括导管、管胞、木质纤维和木质薄壁细胞，茎中木质纤维的多少，决定茎的坚硬度。

在维管形成层分裂过程中，形成的次生木质部远比次生韧皮部为多，所以木本植物的茎大部分为次生木质部所占据，而次生韧皮部则被推到茎的周边，并参与形成树皮。束内形成层还能在次生韧皮部和次生木质部内形成数列薄壁细胞，在茎横切面上，呈辐射状排列，叫维管射线，具有横向运输与贮藏养料的功能。

束间形成层的活动：束间形成层细胞分裂时，向内向外产生大量薄壁细胞，使髓射线不断延长。

一年生的作物如烟草、辣椒、番茄、大豆等，都属于草本植物，生活期在一年中完成。根、茎内维管形成层的活动仅限于一季或不到一季，产生的次生木质部和次生韧皮部较少，次生结构在茎中占的比例较小，而茎中髓所占的比例较大。

年轮的形成：生长在温带的树木，形成层的活动是有周期性的，在茎的次生木质部中，常看到一圈圈的同心圆环，这叫年轮。年轮的形成主要是受季节气候变化的影响，每年春夏季，气候温暖，雨量充沛，形成层的细胞分裂较快，产生的次生木质部中导管大而多，管壁较薄，木质化程度低，色浅而疏松，构成早材（春材）。夏末初秋，气温逐渐降低，营养物质的流动减少，形成层的活动逐渐减弱，以至停止，产生的导管少而小，细胞壁较厚，色深而紧密，构成晚材（秋材）。同一年的早材和晚材之间的转变是逐渐的，没有明显的界限，但头一年的晚材和第二年的早材之间就有明显的界限。所以同一年的早材和晚材就形成了一个年轮。温带和寒带的树木，通常一年只形成一个年轮。因此，根据年轮的数目，可推算出树木的年龄。

很多树木随着年轮的增多，茎干不断增粗，靠近树皮部分的木材是近几年形成的次生木质部，颜色较浅，导管有输导功能，质地柔软，品质较差，称为边材。木材的中心部分，是较早形成的木质部，导管被树胶，树脂及色素等物质所填充，失去输导功能，木薄壁细胞死亡，质地坚硬、颜色较深，品质较好，称为心材，心材的数量是随着茎的增粗而逐年由边材转变增加的。

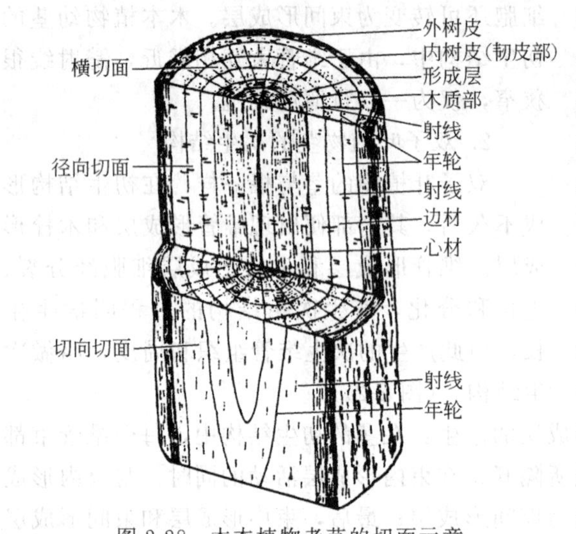

图 2-28　木本植物老茎的切面示意

木本植物的茎一般有三种切面，即横切面、径向切面和切向切面。利用这三种切面比较观察，才能充分理解茎的次生结构（图 2-28）。横切面是与茎的纵轴垂直的切面，径向切面是经过茎的中心的纵切面，切向切面是垂直于茎的半径的纵切面。

（2）木栓形成层的形成及活动　多数植物茎的木栓形成层起源于与表皮邻接的一层皮层薄壁细胞，但也有些植物，是由表皮细胞（苹果、李）、厚角组织（大豆、花生）转变而成，有的就在初生韧皮部发生（茶）。木栓形成层形成后，向外分裂产生木栓层，向内分裂产生栓内层，栓内层的细胞内常含有很多叶绿体，故为绿色。木栓层、木栓形成层和栓内层三者合称为周皮。

当木栓层形成后，由于木栓层不透水不透气，所以木栓层以外的组织，因水分及营养物质的隔绝而死亡并逐渐脱落，木栓层便代替表皮起保护作用。在表皮上原来气孔的位置，由于木栓形成层的分裂，产生一团疏松的薄壁细胞，向外突出，形成裂口，叫皮孔，它代替气孔的作用，是老茎进行气体交换的通道。

木栓形成层的活动时间有限，一般只有一个生长季，第二年由其里面的细胞再转变成木栓形成层，形成新的周皮，这样依次内移。结果，在老茎中木栓形成层便在次生韧皮部产生。历年产生的周皮和夹于其间的各种死亡组织形成了树皮，树皮能更好地起保护作用。但习惯上常把形成层以外的所有部分统称为树皮，这其中包含着多年的周皮和韧皮部。

综上所述，双子叶植物茎的次生结构形成后，自外向内依次为：周皮（木栓层、木栓形成层、栓内层）、皮层（有或无）、初生韧皮部、次生韧皮部、维管形成层、次生木质部、初生木质部、髓等。在维管束之间还有髓射线，维管束内有维管射线（图 2-29）。

（三）单子叶植物茎的结构

禾本科是单子叶植物纲中的一个大科，多数粮食作物及草坪绿化植物都属于禾本科，在

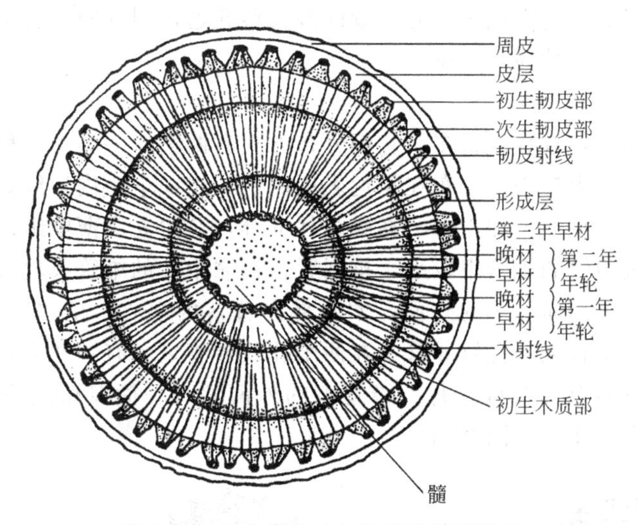

图 2-29　木本植物三年生茎横切面图解

农业生产和园林草坪建设中非常重要。现以禾本科植物为代表，说明单子叶植物茎的结构。

禾本科植物茎解剖结构的主要特点是维管束内无形成层，属有限维管束，所以茎不能进行次生生长，不能形成次生结构，只保留初生结构。维管束数目多，散生分布，没有皮层和维管柱的界限（图 2-30，图 2-31）。

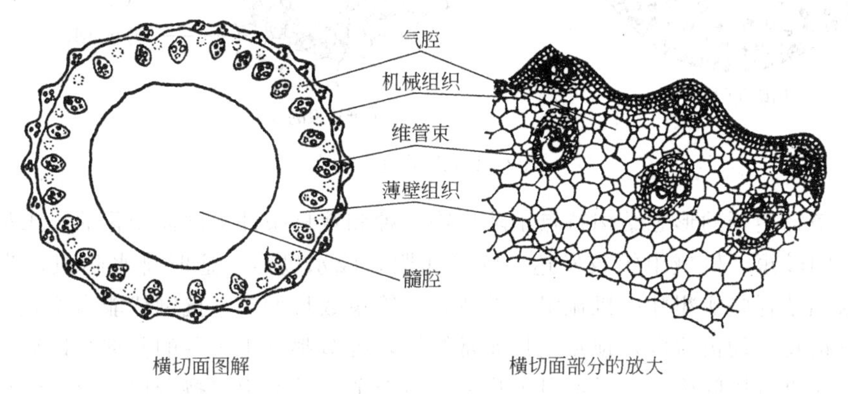

图 2-30　水稻茎横切面

1. 表皮

表皮是最外一层细胞，排列紧密，有些表皮细胞的壁先木栓化或硅化。硅酸盐沉积于细胞壁的多少，与茎秆强度和对病虫害的抵抗力强弱有关。有些植物茎的表皮外面还有一层蜡被覆盖着（高粱、甘蔗等）。表皮上有少量气孔。

2. 厚壁组织

紧靠表皮为几层厚壁组织，彼此相连成一环，呈波浪状分布，它的发育程度与植物的抗倒伏性有密切关系。

3. 薄壁组织

薄壁组织位于厚壁组织的内侧，充满在各维管束之间，这些细胞含叶绿体，故幼茎呈现绿色。水稻、小麦、早熟禾等茎秆中央的薄壁细胞，由于在发育初期就已解体，形成空腔，叫髓腔。抗倒伏的品种，一般髓腔较小，茎秆壁较厚，周围机械组织发达，维管束数目也较多。水稻在基部节间的薄壁组织里，分布着许多大型孔道，叫气腔。它是水稻长期生活在淹水条件下，适应水生的一种通气组织。

4. 维管束

维管束散生在茎内，且数目很多，它们分布方式有两类：一类如水稻、小麦等，维管束排列成两环，外环维管束较小，分布在靠近表皮的机械组织中，内环维管束较大，分布在靠近髓腔的薄壁组织中；另一类如玉米、高粱、甘蔗等，茎内充满薄壁组织，无髓腔，各维管束散生于其中，靠茎边缘的维管束较小，排列紧密；靠中央的维管束较大，排列较稀，维管束属有限维管束。韧皮部向着茎的外面，木质部向着茎的中心，呈“V”字形。“V”字形的上部朝向外，有两个较大的孔纹导管，在两个孔纹导管之间有一两个较小的环纹或螺纹导管，在这些导管的下面有一气腔。每一维管束的外面常有一圈厚壁组织包围着，叫维管束鞘，它能增强茎的支持作用（图 2-31）。

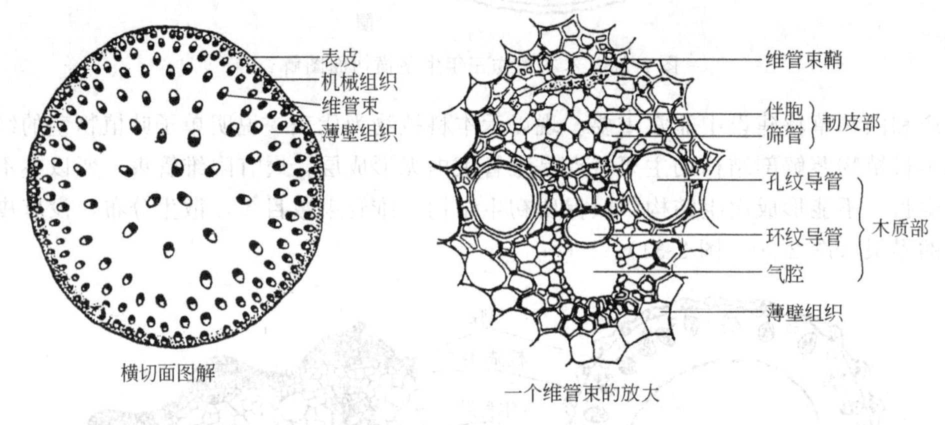

图 2-31　玉米茎横切面

禾本科植物茎秆的形态结构特点是随作物品种和栽培条件不同而变化的，水稻矮秆品种的茎秆，节间较短，机械组织较发达。施足底肥，浅水勤灌，适时排水晒田，改善光照条件，可使水稻茎秆坚实粗壮，机械组织发达，维管束数目增多，抗倒伏能力增强。

禾本科植物在幼苗阶段，顶端生长非常缓慢，各节都密集于茎的基部，以后，除顶端生长加快外，还进行居间生长。禾本科植物茎的每个节间基部都保持着居间分生组织，进行细胞有丝分裂，生长和分化，使每个节间伸长，这称为居间生长。当节间伸长时，在农业生产上称为拔节。抽穗时，茎的伸长生长特别迅速，这是因为几个节间同时进行居间生长的结果。

三、茎的变态

茎的变态可分为地上茎变态和地下茎变态两种。

（一）地上茎变态

1. 肉质茎

茎肥大，肉质，常为绿色。如仙人掌、莴苣、球茎甘蓝（图 2-32）。肉质茎内贮藏着水分和养料，还可以进行光合作用。

2. 茎卷须

许多攀缘植物的茎细长柔软，不能直立，变成卷须，称为茎须，由腋芽发育形成，如黄

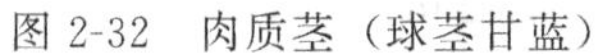

图 2-32　肉质茎（球茎甘蓝）

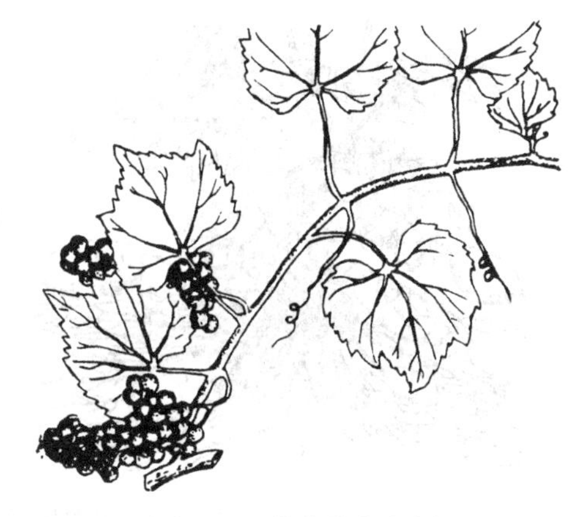

图 2-33　葡萄的茎卷须

瓜和南瓜，具有攀缘功能，也有些植物的卷须由顶芽发育，如葡萄的茎卷须（图 2-33）。

3. 茎刺

由茎变态形成的具有保护功能的刺。茎刺有分枝的，如皂荚。不分枝的，如山楂、柑橘。月季上的皮刺是由表皮形成的与维管组织无联系，与茎刺有明显区别（图 2-34）。

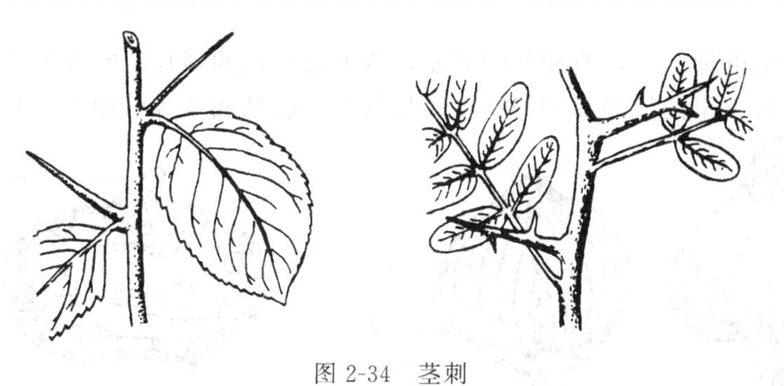

图 2-34　茎刺

4. 叶状茎

茎转变成叶状，扁平，呈绿色，能进行光合作用称为叶状茎或叶状枝。如蟹爪兰、昙花、天门冬等。竹节蓼的叶状枝极显著，叶小或全缺。假叶树的侧枝变为叶状枝，叶退化为鳞片状，叶腋可生小花。

（二）地下茎变态

1. 根状茎

根状茎的外形与根相似，横着伸向土中，但它具有明显的节和节间，顶端有顶芽，节上有不定根和鳞片状的退化叶，退化叶的叶腋中还有腋芽。如竹、莲藕、姜、芦苇等。根状茎有贮藏养分的功能（图 2-35）。

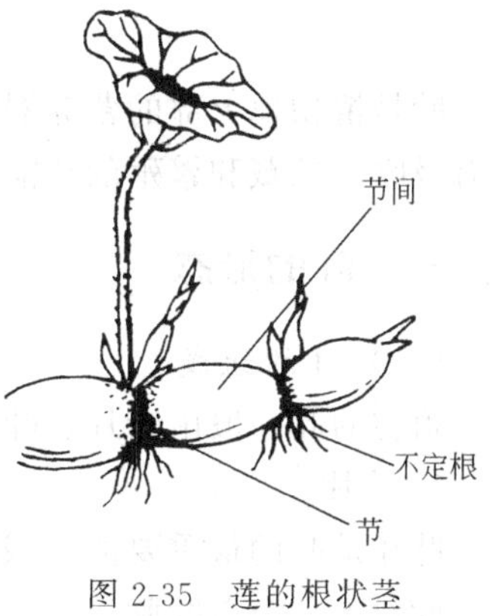

节间

不定根

节

图 2-35　莲的根状茎

2. 块茎

块茎为不规则块状的肉质地下茎。如马铃薯块茎（图 2-36）。顶端有顶芽，四周有许多“芽眼”，作螺旋状排列。每个“芽眼”内有几个芽，芽眼处相当于节，在两个芽眼之间即为节间。可见，块茎实际上是节间缩短的变态茎。菊芋也具块茎。

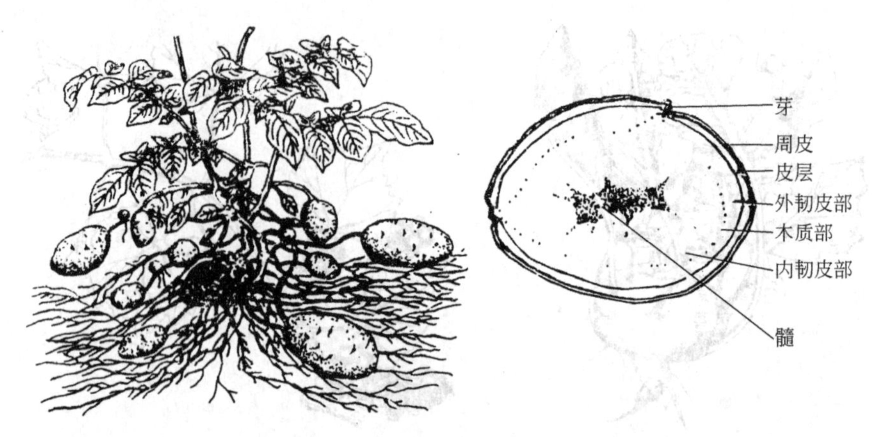

图 2-36　马铃薯的块茎及块茎内部结构

3. 鳞茎

鳞茎是一个节间极短的地下茎变态。如洋葱鳞茎（图 2-37）最中央的基部为一个扁平而节间极短的鳞茎盘，其上生有顶芽，将来发育为花序。四周有肉质鳞叶紧紧围裹着，为食用的主要部分。肉质鳞叶之外，还有几片膜质的鳞叶保护。此外，还有蒜、百合、水仙等。

4. 球茎

球茎是肥而短的地下茎，节和节间明显，节上有退化的鳞片状叶和腋芽，基部可发生不定根。球茎内贮藏大量的淀粉等营养物质，如荸荠、慈姑和芋等（图 2-38）。

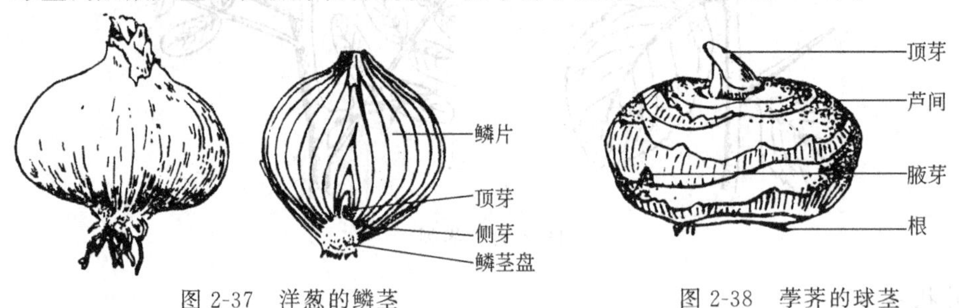

图 2-37　洋葱的鳞茎　　　　图 2-38　荸荠的球茎

第三节　叶

叶是植物地上部的营养器官之一，是种子植物进行光合作用和蒸腾作用的重要器官，并具有吸收、贮藏和繁殖的功能。

一、叶的形态

（一）叶的组成

植物的叶一般由叶片、叶柄和托叶三部分组成（图 2-39）。

1. 叶片

叶片是叶的最重要的组成部分，一般呈绿色的扁平体。这些特征与它的生理功能相适应。叶片中分布着叶脉。

2. 叶柄

叶柄是叶片与茎的连接部分，是茎叶之间水分和营养物质交流的通道，并支持叶片伸展，调节位置与方向，以充分接受阳光。

3. 托叶

叶柄基部两侧所生的小型叶状物，通常成对着生，因植物种类而异。在叶片发育早期起保护幼叶的作用。

具有叶片、叶柄和托叶三部分的叶，叫完全叶，如大豆、桃、梨、月季等。缺少其中一部分或两部分，称为不完全叶，如丁香、葡萄缺托叶，莴苣、芦荟缺叶柄和托叶等。

禾本科植物等单子叶植物的叶片，从外形上仅能区分为叶片和叶鞘两部分（图 2-40）。在叶片和叶鞘交界处的内侧常生有很小的膜状突起物，称为叶舌。在叶舌两侧常有由叶片基部边缘处伸出的两片耳状的小突起，称为叶耳。叶舌和叶耳的有无、形状、大小和色泽等，可以作为鉴别禾本科植物的依据。

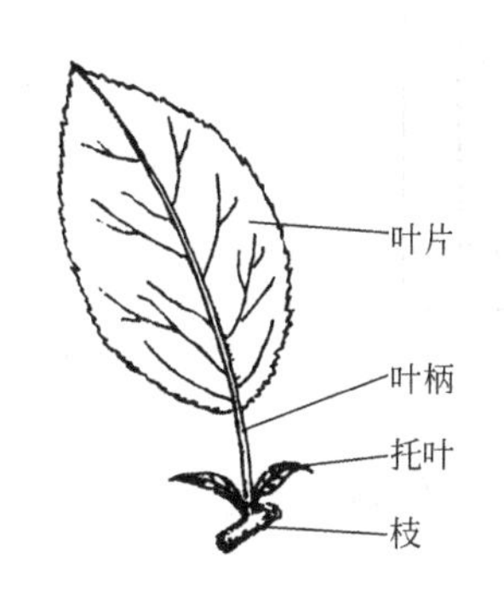

图 2-39 叶的组成

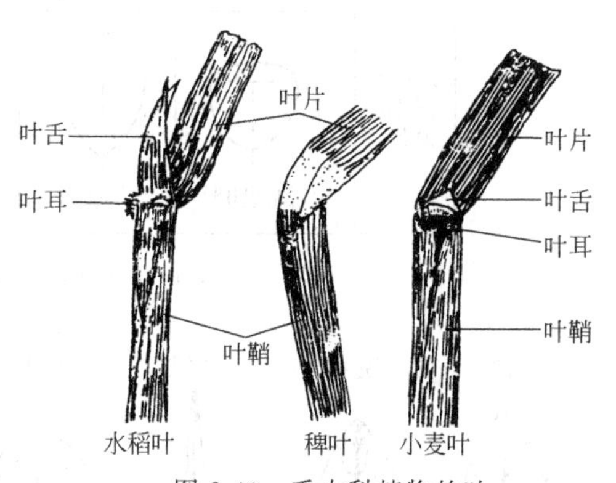

图 2-40 禾本科植物的叶

（二）叶片的形态

每种植物的叶片都有一定的形态，所以叶片是识别植物的主要依据之一。叶片的形态包括叶形、叶尖、叶基、叶缘、叶裂、叶脉等。

1. 叶形

根据叶片的长度和宽度的比值及最宽处的位置来决定。如针形叶，细长，尖端尖锐，如松针叶；叶片狭长，全部的宽度约略相等，两侧叶缘近平行，如麦、稻、韭菜等都为线形叶；如银杏为扇形；桃、柳为披针形等（图 2-41）。

叶尖、叶基也因植物种类不同而呈现各种不同的类型（图 2-42）。

2. 叶缘

叶片的边缘叫叶缘，其形状因植物的种类而异。叶缘完整无缺的，叫全缘，如丁香；叶缘呈锯齿形，叫锯齿缘，如桃；叶缘呈牙齿形的，叫牙齿缘，如桑；叶缘凹凸呈波浪形的，叫波浪缘，如茄（图 2-43）。

如果叶缘凹凸很深的，叫叶裂（也称缺刻）。叶裂具有一定的形式，可分为羽状和掌状两种，每种又可分为浅裂，深裂和全裂三种（图 2-44）。

叶裂不到叶片宽度的四分之一时，叫浅裂，如油菜、棉花；叶裂深于四分之一叶片宽度的一半以上，叫深裂，如蒲公英、葎草；叶片分裂达主脉或基部的，叫全裂，如马铃薯等。

3. 叶脉

根据叶脉在叶片上分布的方式，叶脉可分为网状脉与平行脉两种类型（图 2-45）。

网状脉。叶片上有一条或数条明显的中脉，由中脉分出较细的侧脉，由侧脉分出更细的小脉，各小脉交错连成网状的，叫网状脉。网状脉为双子叶植物所具有。凡侧脉由中脉向两

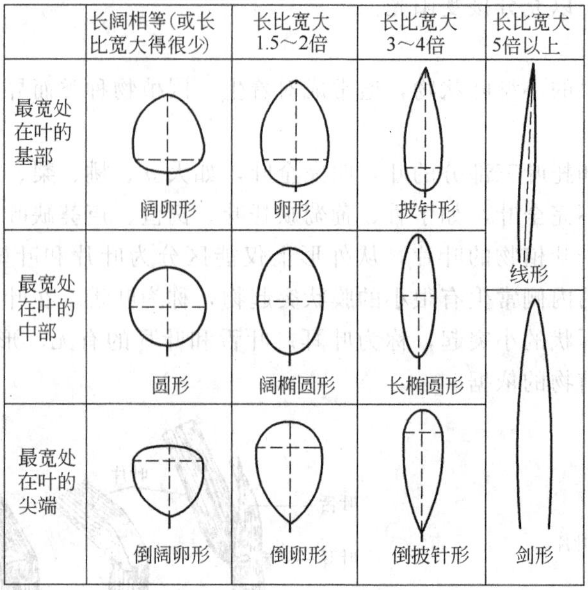

长阔相等(或长比宽大得很少)
长比宽大1.5～2倍
长比宽大3～4倍
长比宽大5倍以上
最宽处在叶的基部
阔卵形
卵形
披针形
线形
最宽处在叶的中部
圆形
阔椭圆形
长椭圆形
最宽处在叶的尖端
倒阔卵形
倒卵形
倒披针形
剑形

图 2-41 叶片的基本形状

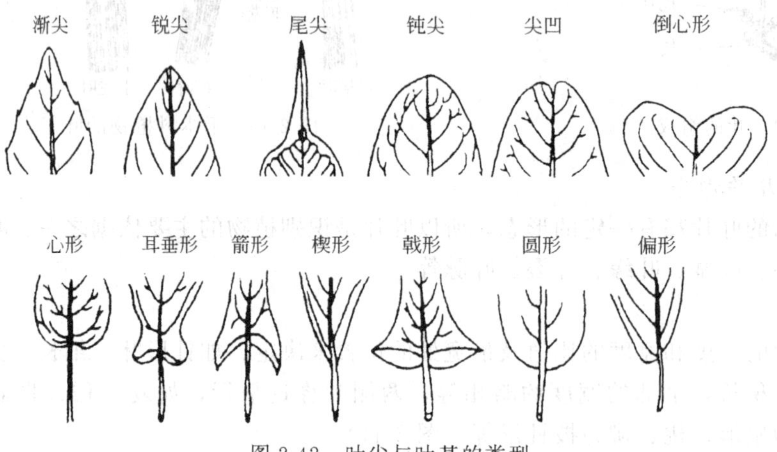

渐尖
锐尖
尾尖
钝尖
尖凹
倒心形
心形
耳垂形
箭形
楔形
戟形
圆形
偏形

图 2-42 叶尖与叶基的类型

全缘
锯齿
牙齿
钝齿
波状
深裂
全裂

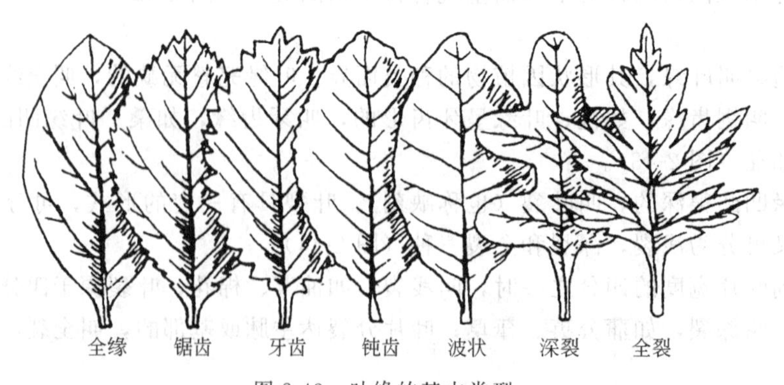

图 2-43 叶缘的基本类型

侧分出，排成羽毛状，叫羽状网脉，如桃等。如数条中脉汇集于叶柄顶端，开展如掌状的，叫掌状脉，如葡萄等。

图 2-44 叶裂形状图解

图 2-45 叶脉的类型

平行脉。叶片中央有一条中脉，中脉两侧有许多侧脉，相互平行或近于平行，叫平行脉。平行脉为单子叶植物所具有。平行脉又可分为直出平行脉（水稻、小麦）、弧状脉（车前、玉簪）、横出脉（香蕉、美人蕉）和射出脉（棕榈、蒲葵）四种。

（三）单叶和复叶

一个叶柄上只生一个叶片的，叫单叶，如梨、黄瓜、玉米等。一个叶柄上生有两个或两个以上叶片的，叫做复叶。复叶的叶柄叫总叶柄，总叶柄上着生的叶叫小叶。复叶的小叶叶腋内没有芽。复叶根据小叶排列方式可分为下列几种（图 2-46）。

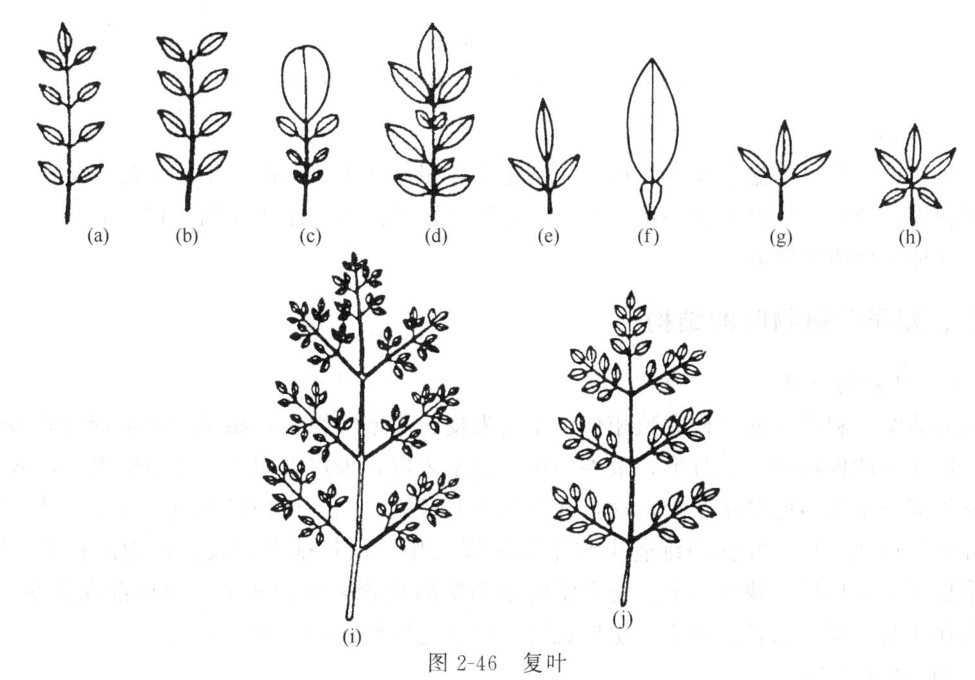

图 2-46 复叶

（a）奇数羽状复叶；（b）偶数羽状复叶；（c）大头羽状复叶；（d）参差羽状复叶；（e）三出羽状复叶；（f）单身复叶；（g）三出掌状复叶；（h）掌状复叶；（i）三回羽状复叶；（j）二回羽状复叶

三出复叶。由三片小叶着生在总叶柄上，顶端一片，两边各一片，如大豆、菜豆等。

掌状复叶。由三片以上小叶着生在总叶柄的顶端，形似手掌，如七叶树，刺五加等。

羽状复叶。由许多小叶着生在总叶柄的两侧，呈羽毛状。如果羽状复叶的顶端生一小叶，小叶的数目为单数的，叫奇数羽状复叶，如月季、刺槐等。如果羽状复叶的顶端小叶是偶数的，叫偶数羽状复叶，如花生、蚕豆等。根据羽状复叶叶柄分枝的次数，又可分为一回羽状复叶（如月季），二回羽状复叶（如合欢）和三回羽状复叶（如南天竹）。

单身复叶。是三出复叶的变形，其两侧的小叶退化，仅留下顶端的一片小叶，外形很像单叶，但在小叶的基部有显著的关节，如柚、柑橘等。

（四）叶序和叶镶嵌

1. 叶序

叶在茎上排列的方式，叫叶序。叶序有三种类型，即互生叶序、对生叶序和轮生叶序。茎上每个节只生一个叶的叫互生，如向日葵、桃、杨等。若每个节上相对着生两片叶的称为对生，如丁香、芝麻、一串红等。若每个节上着生三个或三个以上的叶称为轮生，如夹竹桃、茜草等。还有一些植物，其节间极度缩短，使叶簇生于短枝上，称簇生叶序，如落叶松和银杏等植物的短枝上的叶（图 2-47）。

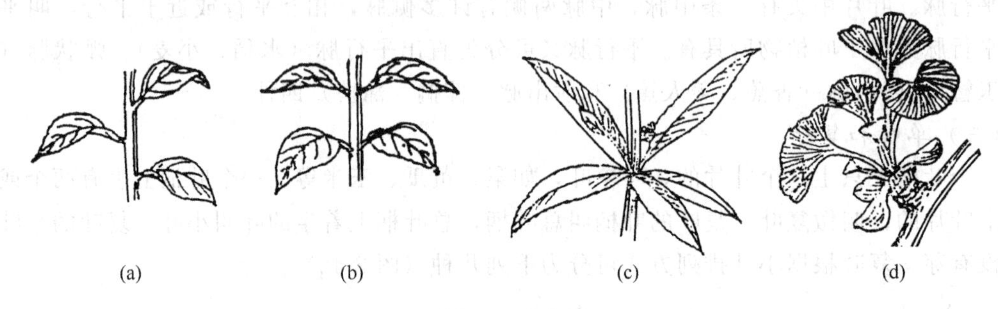

图 2-47　叶序

（a）互生叶序；（b）对生叶序；（c）轮生叶序；（d）簇生叶序

2. 叶镶嵌

叶在茎上排列，不论是互生、对生还是轮生，相邻两个节上的两个叶片都不会重叠，它们总是利用叶柄长短变化或以一定的角度彼此相互错开排列，结果使同一枝上的叶上下不致遮盖，这种现象叫叶镶嵌。

二、双子叶植物叶的结构

（一）叶柄的结构

叶柄的结构和幼茎的结构大致相似，是由表皮、薄壁组织、机械组织和维管束等部分组成。一般叶柄的横切面呈半月形，最外一层细胞是表皮，表皮以内主要为薄壁组织，薄壁组织的靠外部分常为多层厚角组织，这是叶柄的主要机械组织。这种机械组织适于支持而又不妨碍叶柄的扭曲生长。叶柄的维管束与茎的维管束相连，其排列方式因植物的种类不同而异，常见者为半环形，缺口向上。每个维管束和茎的维管束结构相似，木质部在靠茎一面，韧皮部在背茎一面，二者之间有一层形成层，但只能短期活动（图 2-48）。

（二）叶片结构

双子叶植物叶片外部形状虽然变化很大，但内部结构基本相同，一般分为表皮、叶肉、

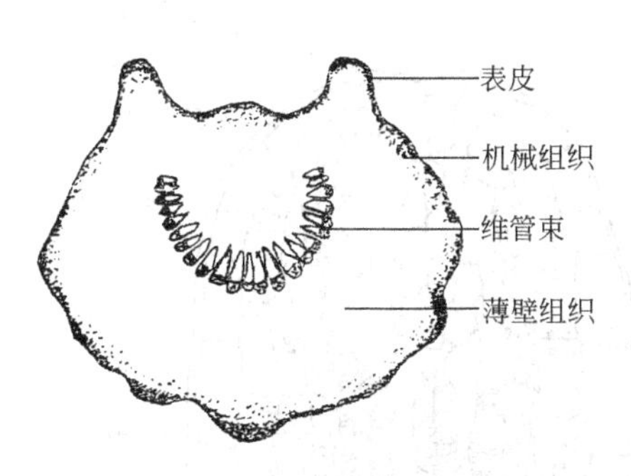

图 2-48　桃叶柄横切面轮廓

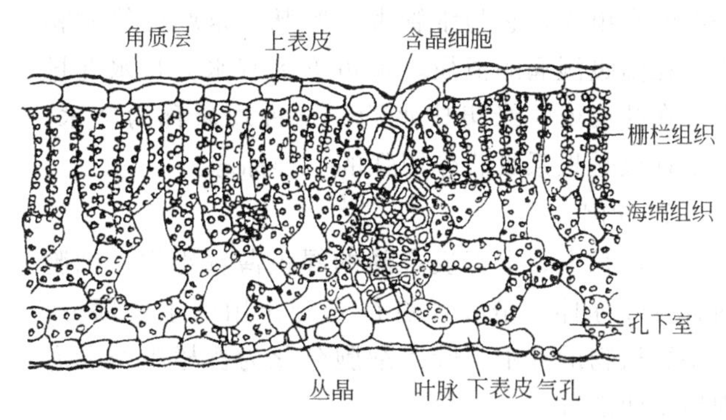

图 2-49　双子叶植物叶片横切面

叶脉三部分（图 2-49）。

1. 表皮

表皮覆盖在叶片的上下两面，通常为一层无色透明的活细胞所组成，在叶片上面（腹面）的表皮，叫上表皮，在叶片下面（背面）的表皮，叫下表皮。从叶的横切面观察，表皮由无色半透明，排列紧密的单层扁平细胞所组成。表皮细胞外壁较厚，并覆盖着角质层，表皮上常有表皮毛。从顶面观，表皮细胞呈不规则形状，侧壁为波浪形，细胞之间，凹凸镶嵌，紧密结合，因而更加强了保护作用。表皮细胞一般不含叶绿体。在表皮细胞之间，还有许多气孔器（图 2-50）。气孔器是由两个半月形的保卫细胞围合而成，两个保卫细胞之间的胞间隙称气孔（两个保卫细胞和中间的气孔共称为气孔器）。保卫细胞内含有叶绿体，能进行光合作用，它的细胞壁在靠近气孔的一面较厚，其他各面较薄。当保卫细胞从邻近的表皮细胞吸水而膨胀，气孔就张开，当保卫细胞失水收缩时，气孔就关闭。气孔是气体通过的通道，它的开闭能调节叶内外气体的交换和水分的蒸腾。有些植物，如甘薯的气孔，在保卫细胞的周围有一个或多个副卫细胞，与保卫细胞共同构成气孔器，协助完成植物与外界环境的气体交换和水分蒸腾。

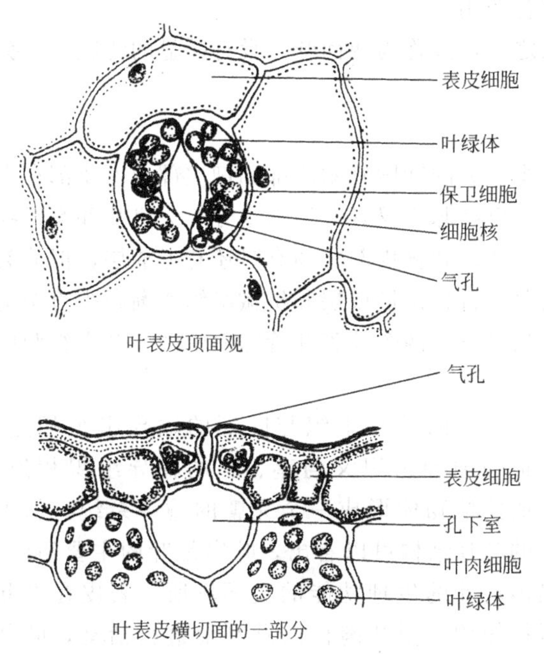

图 2-50　双子叶植物叶的下表皮的气孔器

叶片表皮上气孔器的数目和分布，常因植物种类和环境条件的不同而异，平均每平方毫米 100～300 个。一些栽培植物如棉花、大豆、马铃薯、绿豆、菜豆、豌豆等的气孔器下表皮多而上表皮少；一些果树如苹果、沙果、桃等的气孔器只分布在下表皮。而漂浮在水面上的叶如莲、菱等，气孔器只分布在上表皮。沉水植物的叶，一般没有气孔器。

有些植物，如葡萄、番茄、马蹄莲等的叶尖或叶缘处还有排水结构，叫水孔（图 2-51）。水孔的缝隙开而不闭，没有自动调节开闭的作用，往往成为病菌入侵的孔道。水孔下方有疏松的贮水组织，它与维管束（叶脉）末端的管胞相连。在温暖湿润的清晨，常可见到有水分自水孔排出。在叶尖或叶缘集成水滴，这种现象称为吐水。吐水现象是根系吸收作用强的一种标志。

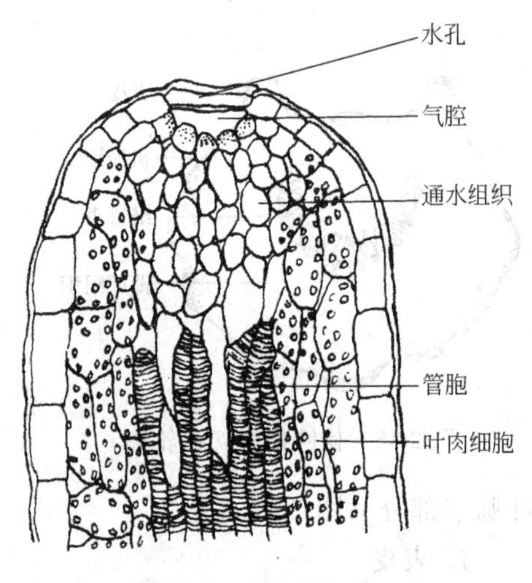

图 2-51　水孔的结构

2. 叶肉

叶肉是上、下表皮之间的绿色薄壁组织，细胞内含有叶绿体，是叶片进行光合作用的主要部分。在多数植物的叶中，叶肉细胞分化为栅栏组织和海绵组织两部分。

① 栅栏组织。栅栏组织是由一至数层长圆柱形的细胞组成，紧接上表皮，其长轴垂直上表皮，呈栅栏状排列。细胞排列较紧密，内含叶绿体较多，因而叶片的上表面绿色较深，它的主要功能是进行光合作用。

② 海绵组织。位于栅栏组织与下表皮之间，是由一些形状不规则的细胞所组成，细胞内含叶绿体较少，故叶片背面的绿色较浅。在气孔内方形成较大的空隙，称为气孔下室。海绵组织细胞排列疏松，有发达的细胞间隙，并与气孔内方的气孔下室相连。海绵组织的主要功能是保证叶肉的气体交换，同时也能进行光合作用。

大多数双子叶植物的叶具有明显的背腹面之分，故称为两面叶。没有明显的背腹面之分的，则称为等面叶，如禾本科植物的叶。

3. 叶脉（叶内维管束）

叶脉贯穿于叶肉中，在主脉外围有机械组织。大的叶脉有木质部和韧皮部，木质部在上方，韧皮部在下方，维管束周围是薄壁组织，所以叶脉不仅具有运输水分、无机盐和有机物的功能，而且还有支持作用。粗大的叶脉，在木质部和韧皮部之间有时还有形成层，但分裂活动的时间短。叶脉越分越细，其结构也越简单，首先是形成层和机械组织逐渐减少直至消失，其次是木质部和韧皮部也逐渐消失，最后只剩下一两个筛管和管胞而中断在叶肉细胞中（图 2-52）。

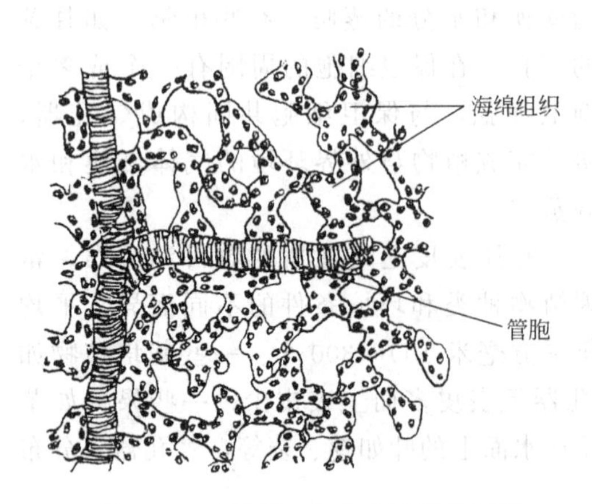

图 2-52　叶脉梢（与表皮平行的切面）

叶脉的输导组织与叶柄的输导组织相连，叶柄的输导组织又与茎、根的输导组织相连，从而使植物体形成一个完整的输导系统。从上述的叶片结构可以看出，叶肉是叶的主要组织，是体现叶的生理功能的主要场所。表皮在外起保护作用，使叶肉得以顺利地进行活动，叶脉分布于内，一方面源源不断地供应叶肉细胞所需的水分和盐类，同时运输出光合的产物；另一方面支撑着叶面，使叶片舒展在大气中，接受光照。三种基本结构的合理组合和有机联系，就保证了叶片生理功能的顺利进行，这表明叶片的形态、结构是完全适应它的生理功能的。

三、禾本科植物叶片的结构

禾本科植物叶片结构也包括表皮、叶肉和叶脉三个基本部分，但与双子叶植物叶相比较，各部分均具有其特殊性（图 2-53）。

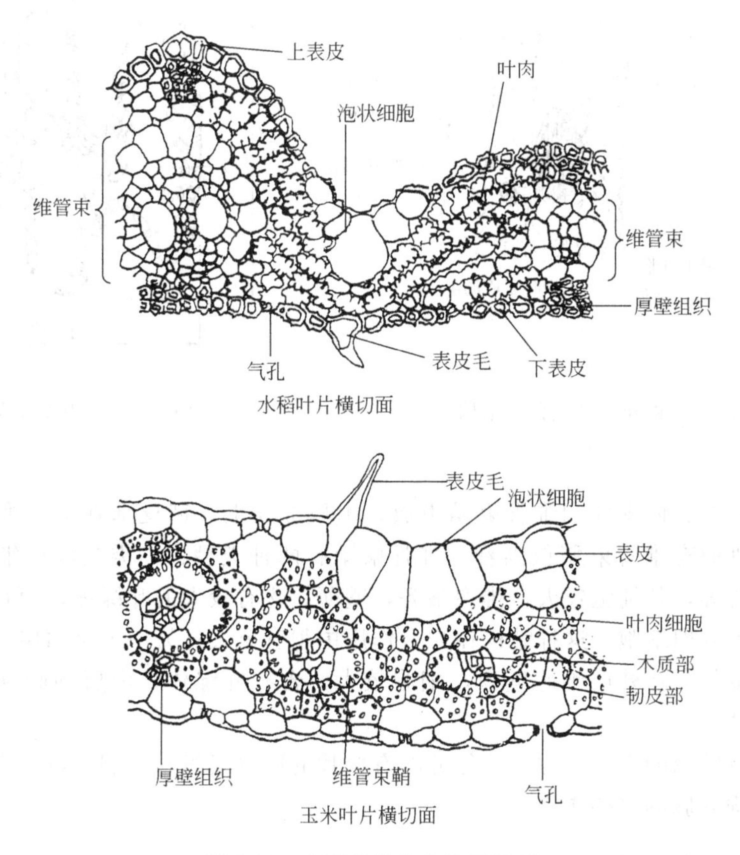

图 2-53 水稻和玉米叶片横切面

1. 表皮

表皮细胞的形状比较规则，排列成行，常包含两种细胞，即长细胞和短细胞。长细胞为长方形，细胞的外壁除含有角质外，还含有硅质；短细胞为正方形或稍扁，分布在长细胞之间，根据细胞壁所含的成分，可把短细胞分为硅质细胞和栓质细胞两种类型。

从横切面看，在上表皮中还有许多呈扇形排列的泡状细胞（运动细胞），这些细胞壁较薄，并具有很大的液泡，能贮积大量水分，在干旱时，这些泡状细胞因失水而缩小，使叶片向上卷曲成筒状，以减少水分蒸腾，当大气湿润，蒸腾减少时，泡状细胞吸水胀大，使叶片展开恢复正常。这种现象在玉米、小麦和水稻等植物表现得非常明显。

气孔的数目在上下表皮两面相差不多，它的保卫细胞呈哑铃形，两边膨大而壁薄，中部细胞壁特别增厚。另外，在保卫细胞两边还有一对近似半球形的副卫细胞（保卫细胞、副卫细胞和气孔共称为气孔器）（图 2-54）。

2. 叶肉

禾本科植物的叶肉，没有栅栏组织和海绵组织的区别，属于等叶面。水稻、小麦的叶肉细胞排列为整齐的纵行，细胞间隙小，但每个细胞的形状不规则，其细胞壁呈向内皱褶，形成具有“峰、谷、腰、环”的结构（图 2-55）。这有利于更多的叶绿体排列在细胞的边缘，易于接受 CO_2 和光照，进行光合作用。

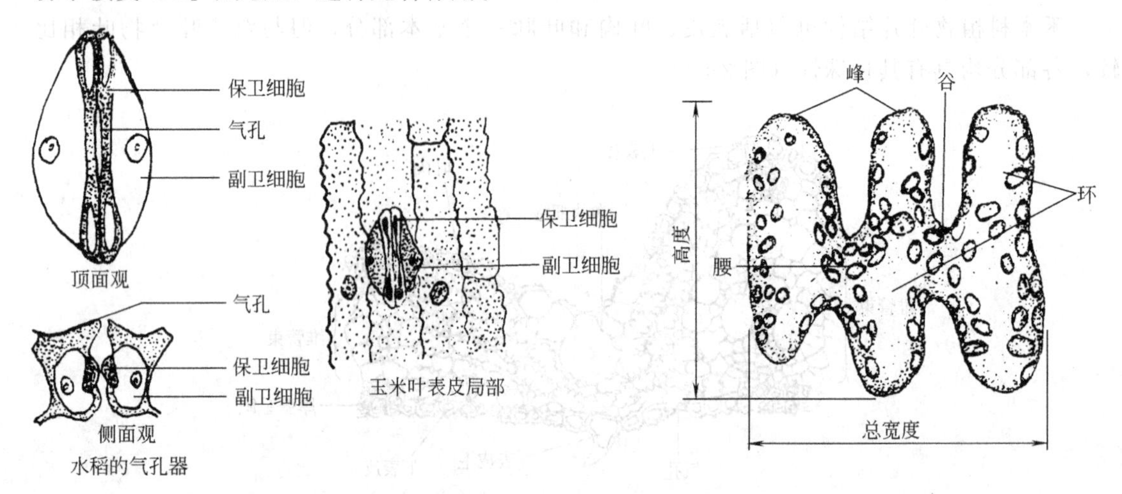

图 2-54　水稻和玉米气孔的结构　　　　图 2-55　小麦叶肉细胞

3. 叶脉

叶脉由木质部、韧皮部和维管束鞘组成，木质部在上，韧皮部在下，维管束内无形成层。在维管束外面有维管束鞘包围着，维管束鞘有两种类型：一类是单层细胞组成，如玉米、高粱、甘蔗等，其细胞较大，排列整齐，壁薄，含有较大的叶绿体，而且在维管束周围紧密毗连着一圈叶肉细胞，这种结构在光合作用中很有意义；另一类是两层细胞组成，如小麦、水稻、大麦等，在外层细胞壁薄，细胞较大，含有叶绿体，内层细胞壁则厚，细胞较小，不含叶绿体。

禾本科植物叶脉的上、下方，往往分布有成片的厚壁组织，它们可以一直延展到与表皮相连，可以加强叶脉的支持作用。

四、叶的寿命和落叶

（一）叶的寿命

各种植物叶的生活期（寿命）不同，草本植物叶的寿命只有一个生长季，一般都是当年死去。木本植物叶的寿命，则可分为落叶树和常绿树两种情况。落叶树如桃、李、梨、苹果等，它们的叶只有一个生长季，春、夏季长出新叶，到了秋季就全部脱落了。常绿树如松、柑橘等，叶的寿命为一至数年，当一些老叶脱落时，另一些新叶已经长出，互相交替，因而终年常绿。

（二）落叶的过程及其意义

落叶是植物对不良环境（如低温、干旱）的一种适应现象。因为在温带和寒带的冬季，气候寒冷，土壤结冻，根部不能吸收足够的水分，叶的存在就会引起植物缺水而死亡，落叶则可避免这种现象。落叶并可使植物排除废物，起一定的更新作用。所以正常的落叶对植物并不是一种损失，而是一种很好的适应现象。但栽培的植物，由于干旱或光照不足而引起的大量落叶，则对正常生长是不利的。

落叶的过程，首先是叶绿素破坏，使叶黄素和胡萝卜素的颜色显现出来，叶片呈黄色。有些植物的叶（如枫树等）在落叶时叶绿素破坏，细胞液为酸性，显现出红色的花青素，叶片变成红色。叶上的营养物质也转移到植物体的其他部分。木本植物落叶前，叶柄基部的几层细胞发生变化，这个区域称为离区。离区包括离层和它下面的保护层（图2-56）。离区的薄壁细胞之间，胞间层发生化学变化，使纤维素和果胶质分解，使离区细胞彼此分离，在重力或风的作用下，叶很容易从离区处断裂而脱落。在叶柄上，这种发生分离的部位称为离层。叶片脱落后，伤口表面的几层细胞木栓化，成为保护层。保护层以后又为下面发育的周皮所代替，并与茎的周皮相连。

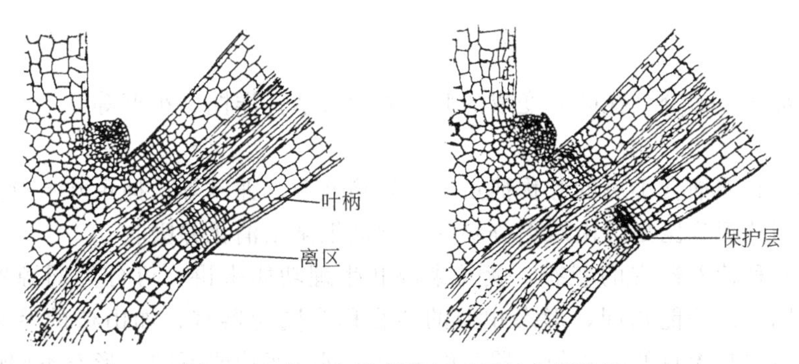

图2-56　棉叶柄基部纵切面可见离层结构

落叶后，在茎上留下的痕迹叫叶痕，在叶痕内有凸起的叶迹，是茎与叶柄间维管束断离后的痕迹。

五、叶的变态

叶的变态常见的有以下几种（图2-57）。

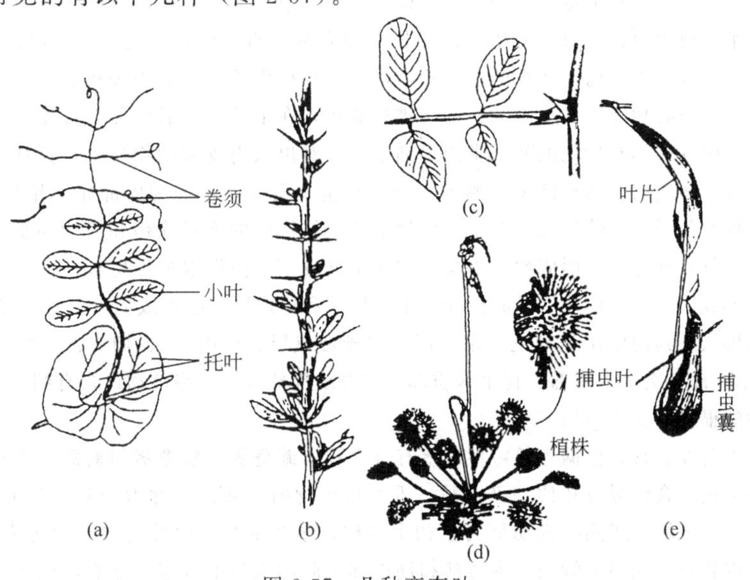

图2-57　几种变态叶

（a）豌豆的叶卷须；（b）小檗的叶刺；（c）洋槐的托叶刺；（d）茅膏菜的植株及捕虫叶；（e）猪笼草的捕虫囊（叶柄的变态）

1. 鳞叶

叶变态为鳞片状称为鳞叶。鳞叶有两种类型：一种是越冬木本植物的鳞芽外的鳞片，有保护芽的作用，又称为芽鳞；另一种是地下茎的肉质鳞叶，这种鳞叶肥厚多汁，含有丰富的贮藏养料，如洋葱、百合的鳞叶。另外，藕、荸荠的节上生有膜质干燥的鳞叶，为退化叶。

2. 苞片和总苞

生在花下的变态叶，称为苞片。一般较小，绿色。数目多为聚生在花序基部的苞片，称为总苞，如菊花和玉米雌花序外面的总苞。苞片和总苞有保护花和果实的作用。

3. 叶卷须

由叶的一部分变为卷须状，称为叶卷须，用以攀缘生长。如豌豆的叶卷须由复叶顶端的小叶变成。

4. 叶刺

由叶的全部或一部分（托叶）变成的刺，如仙人掌，洋槐、小檗等。

5. 捕虫叶

有些植物具有能捕食小虫的叶称捕虫叶。如猪笼草、狸藻等。捕虫叶上有分泌黏液和消化液的腺毛，当捕捉到昆虫后由腺毛分泌的消化液把昆虫消化并吸收。

上述植物各种营养器官的变态，就其来源和生理功能来讲，可分为同源器官与同功器官。把来源不同，而功能相同，形态相似的器官称为同功器官，如山楂的茎刺与小檗的叶刺；黄瓜的茎卷须与豌豆的叶卷须。器官的来源相同，而功能不同，形态不同的称为同源器官，如仙人掌的叶刺、豌豆的卷须和洋葱的鳞叶等，都是叶的变态。

本章小结

植物器官有营养器官与生殖器官之分。营养器官包括根、茎、叶。

植物的根有主根、侧根和不定根三种类型。根系分为直根系和须根系，依在土壤中的分布，根系分深根系和浅根系。植物根尖包括根冠、分生区、伸长区和成熟区四个部分。成熟区是由初生分生组织分裂、生长和分化形成的，为初生结构。在根的横断面上，初生结构由外到内分为表皮、皮层和维管柱。表皮向外突起形成根毛，具吸收功能。皮层中的外皮层排列紧密，在根毛脱落后栓化，行使保护功能；中皮层具贮藏和通气功能；内皮层具有特化的凯氏带固定细胞质，对出入内皮层的物质具选择性。维管柱包括维管柱鞘、初生木质部、初生韧皮部和薄壁细胞四部分。初生木质部和初生韧皮部相间排列，主要行使水分、无机盐离子和有机物分子的运输功能。双子叶植物根初生结构中的维管柱鞘和薄壁细胞恢复分裂能力形成的维管形成层，进行细胞分裂，形成次生木质部和次生韧皮部，使得根加粗生长。由维管柱鞘细胞恢复分生能力产生木栓形成层，木栓形成层及其活动产生木栓层和栓内层一起形成周皮，具有保护功能。

加粗后的老根从外到内依次是周皮（木栓层、木栓形成层、栓内层）、韧皮部（初生韧皮、次生韧皮部）、形成层、木质部（次生木质部、初生木质部）和射线等部分。有些植物还含有髓。

单子叶植物的根只有初生结构。

茎是植物地上营养器官，根据生长习性，茎有直立茎、缠绕茎、攀缘茎和匍匐茎等类型；茎的分枝方式常见的有单轴分枝、合轴分枝和假二叉分枝。禾本科植物的分枝方式称为分蘖。茎尖纵切面有分生区、伸长区和成熟区三个区域。成熟区横切面为茎初生结构，茎初生结构由外向内依次为表皮、皮层和中柱。双子叶植物茎的维管束为无限维管束，木质部和韧皮部之间的维管形成层，分裂产生次生木质部和次生韧皮部，使茎增粗。双子叶植物茎的皮层或表皮或厚角组织细胞恢复分生能力形成木栓形成层，木栓形成层及其活动产生木栓层和栓内层，一起形成周皮，具保护功能。

双子叶植物茎的次生结构形成后，自外向内依次为：周皮（木栓层、木栓形成层、栓内层）、皮层（有或无）、初生韧皮部、次生韧皮部、维管形成层、次生木质部、初生木质部、髓等。在维管束之间还有髓射线，维管束内有维管射线。

禾本科植物的茎由表皮、厚角组织、薄壁组织和维管束组成，维管束的排列方式有两轮或散生两种类型，属有限维管束，无次生结构。

叶是植物的地上营养器官。双子叶植物的完全叶由叶片、叶柄和托叶三部分组成。禾本科叶由叶片和叶鞘两大部分组成。每种植物的叶都有一定形态，叶片是识别植物的主要依据之一，叶片形态包括叶形、叶尖、叶基、叶缘、叶裂、叶脉等。双子叶和单子叶植物叶片结构分为表皮、叶肉和叶脉。双子叶植物叶肉有海绵组织和栅栏组织之分，叶片上下两面有区别，为两面叶。单子叶植物的叶肉无海绵组织和栅栏组织之分，叶片上下两面无差别，为等面叶。

植物的根、茎、叶均有变态，变态器官根据来源和功能，分为同功器官和同源器官。

一、解释名词

泡状细胞；两面叶；等面叶；维管形成层；芽；周皮；年轮；心材；边材；芽鳞痕；皮孔；枝条；网状脉；平行脉；分蘖；同功器官；同源器官

二、问答题

1. 什么叫根尖，它可分几个区，各区有何特点和功能？根的伸长是哪个区所决定的，为什么？
2. 填下表说明双子叶植物根的初生结构和各部分的功能。

组成部分	结构特征	主要功能	属于哪种组织

3. 说明小麦或水稻根的结构特点。
4. 说明根的次生结构的形成过程，观察双子叶植物老根横切面，从外到内能看到哪些部分？
5. 侧根是怎样形成的？为什么对萝卜、胡萝卜不宜移栽，而采用直播？
6. 以根瘤和菌根为例，说明植物与微生物的共生现象，农业生产上用根瘤菌拌种应注意哪些问题？
7. 绘制叶芽纵切面图，注明各部分。
8. 根据茎的生长习性，可以将茎分几种类型？
9. 绘双子叶植物茎的初生结构简图，说明各部分的特点。
10. 说明双子叶植物茎次生结构的形成过程。
11. 结合观察一段果树三年生的茎，说明茎的次生结构从外到内由哪些部分组成？
12. 比较水稻和玉米茎结构的异同点。
13. 以大豆或棉花叶片为例，说明双子叶植物叶片的构造和各部分的功能。
14. 说明叶柄结构特点和功能。
15. 说明禾本科植物叶片的构造特点。
16. 说明落叶的过程及其意义。
17. 根、茎、叶有哪些变态类型？各举例说明。

第三章　种子植物的生殖器官

掌握被子植物花的结构。
掌握花序的类型。
了解花粉粒和胚囊的结构与发育过程。
了解植物开花、传粉与受精过程和意义。
掌握种子与果实的结构、类型及传播途径。

植物从发芽出苗开始，首先进行根、茎、叶等营养器官的生长，这一过程属于营养生长。植物经过一定时间的营养生长后，才开始形成花芽，以后经过开花、传粉、受精，结出果实。花、果实、种子是植物的生殖器官，它们的形成和生长过程则属于生殖生长。

第一节　花

被子植物在完成营养生长之后，受生理和环境因素的影响，茎尖的顶端分生组织将逐渐形成花原基或花序原基，分化为花或花序，进入生殖生长。在生产上，许多植物都以种子或果实繁殖后代，并作为收获对象。因此，研究植物生殖器官的形态、结构和发育过程，在遗传、育种和人们的生产、生活中都具有十分重要的意义。

花是被子植物特有的有性生殖器官。被子植物花中雌、雄蕊的发育，精、卵细胞的形成，两性配子的结合，直到合子发育成胚，整个过程都在花中进行。

一、花的发生与组成

（一）花的概念

从植物系统演化和植物形态学的角度来看，花实际上是一个不分枝的、节间极度缩短的、具有生殖作用的变态短枝。花柄是枝条的一部分，花托是花柄顶端略为膨大的部分，花萼、花冠、雄蕊和雌蕊是着生在花托上的变态叶。

花在人类生活中，具有重要的经济价值，例如：食用（如金针菜、花椰菜等）；药用（如菊花、金银花等）；提取芳香油，制成名贵香精（如玫瑰等）；由于许多植物的花色艳丽、芳香宜人，还可用来观赏，美化环境等。

（二）花芽的分化

花和花序皆由花芽发育而来。花器官的产生是种子植物个体从营养生长向生殖生长转变的结果，茎尖分生组织丧失了产生叶原基和腋芽原基的能力，而分化成花原基和花序原基，进而形成花和花序，这一过程称为花芽分化。

花芽分化是一个典型的形态建成例子，顶端分生组织在花芽分化时较营养生长时扩展较宽而深度较小，较宽的顶端上有一分生组织细胞构成的套层，覆盖着不再向上生长的基本组织区域。花器官原基的分化顺序，大多是由外向内进行，依次为萼片原基、花瓣原基和雄蕊原基和雌蕊的心皮原基，它们所在的区域称为轮，一般花具4个轮。由于植物种类不同，花的形态各异，花器官原基的分化顺序也有一定的变化（图3-1）。

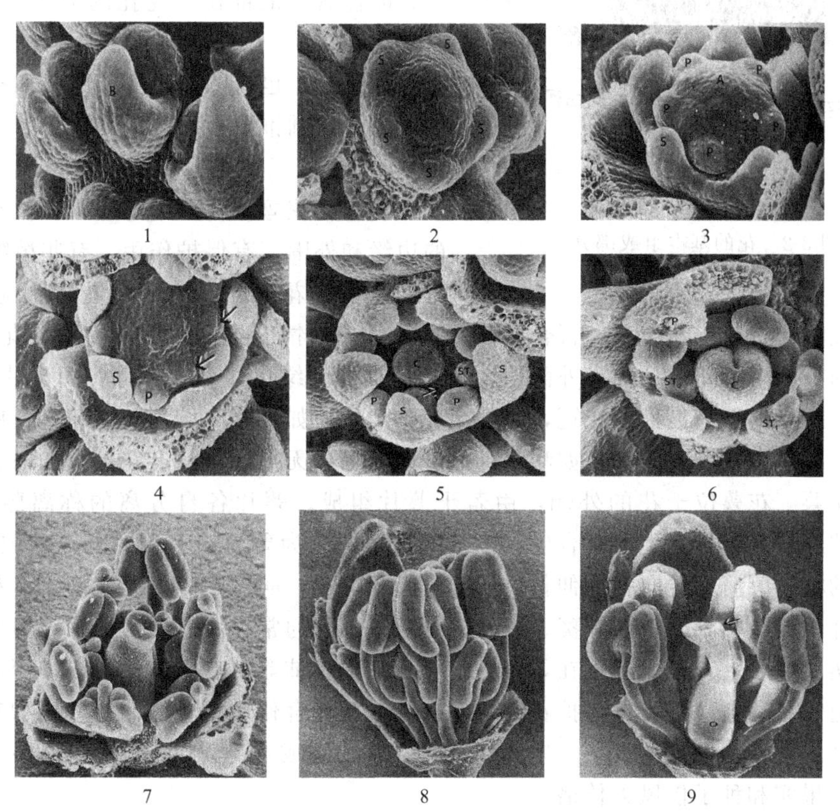

图3-1　电子显微镜扫描假含羞草属植物（*Neptunia pubescens*）完全花形成过程（各部轮生）

1—苞片（B）腋部的顶端生长锥（A）；2—顶端生长锥周围5枚花萼原基（S）开始发育；3—5枚花瓣原基（P）开始发育，与萼片位置相间；4—第一轮5枚雄蕊原基（箭头所指）开始发育，与花瓣原基位置相间；5—第二轮雄蕊原基开始发育，与第一轮雄蕊（ST_1）位置相间，中心的心皮开始发育，此时花的各个部位均已形成；6—心皮发育出一个裂口，将形成子房室。第一轮雄蕊（ST_1）开始分化出花药与花丝；7—心皮开始形成花柱和子房；8—示成熟花的雄蕊；9—除去雄蕊，示分化完成的子房（O）、花柱及柱头（箭头所指）（引自Raven P H 1999）

水稻、小麦和玉米等禾本科植物的花序形成，一般称为穗分化。农业生产上常以收获果实和种子为目的，因此，掌握花芽或花序的分化、形成特性及对环境条件的需求，采取相应的措施，如适时播种、合理灌溉、防治病虫、摘心、修剪等，为花芽或花序的分化创造条件，对提高产量有重要意义。

（三）花的组成部分

一朵完整的花可以分成花柄、花托、花被、雄蕊群、雌蕊群五个部分（图3-2）。一朵花中具有上述部分都有的，称为完全花如桃、梨、油菜等植物的花；缺少其中任何一部分的，称为不完全花，如南瓜、玉米、杨树等植物的花。

1. 花柄和花托

花柄又称花梗，是花着生的小枝，连接花与茎，使花展布于一定的空间。花柄内有维管

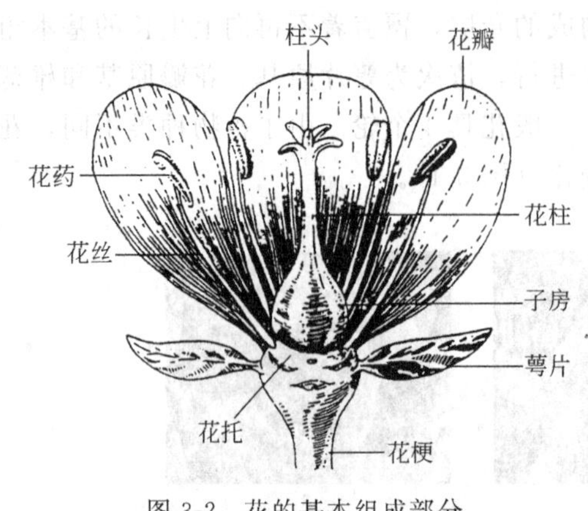

图 3-2 花的基本组成部分

系统，是茎向花输送营养物质的通道。当果实形成时，花柄变为果柄。花柄的有无与长短因植物种类的不同而异。

花托位于花柄的顶端，是花萼、花冠、雄蕊、雌蕊着生的部位。花托的形状因植物而异，有的呈圆柱状，如木兰、含笑；有的凸起呈圆锥状，如草莓；也有凹陷呈杯状的，如桃、梅；有的膨大呈倒圆锥形，如莲。

2. 花被

花被是花萼和花冠的总称。花被着生于花托的边缘和外围，有保护作用，有些植物的花被还有助于传送花粉。当花萼和花冠形态不易区分时，可以统称为花被，如洋葱、百合。按照花被具备的情况不同，可分为两被花、单被花、无被花。两被花一般花被分成内外两轮，外轮花被多为绿色，称为花萼，由多片萼片组成，内轮花被有鲜艳的颜色，称为花冠，由多个花瓣组成，如油菜、豌豆、番茄等。单被花只有一层花被，即只有花萼或花冠，如甜菜、大麻、桑等。无被花则没有花被，如杨、柳。

(1) 花萼　花萼位于花的外侧，由若干萼片组成。萼片各自分离的称离萼，如油菜、桃。萼片彼此联合的称合生萼，合生萼下端的联合部分为萼筒，上端的分离部位为萼裂片，如茄。有的植物萼筒下端向一侧伸长，成为一管状突起，叫做距，如紫花地丁。花萼也具有两轮的，外面一轮叫副萼，如锦葵、棉花、草莓。萼片通常在花开之后脱落，但也有一些植物直到果实成熟时，花萼仍然存在，叫宿存萼，如茄、柿等，有保护幼果的作用。

花萼通常呈绿色，主要有保护花蕾、幼果和进行光合作用的功能。有些植物花萼颜色鲜艳，有引诱昆虫传粉的作用，如一串红。有的萼片变态成冠毛，如菊科植物蒲公英的萼片。冠毛有利于果实和种子借风力传播。

(2) 花冠　花冠位于花萼的内侧，由若干花瓣组成，排列成一轮或数轮。花瓣细胞中含有花青素或有色体，而使花冠呈现不同颜色，有的还能分泌蜜汁和香味，而具有招引昆虫传粉的功能，还有保护雌雄蕊的作用。

根据花瓣的离合状态，将花冠分为离瓣花冠和合瓣花冠。由于花冠的形状多种多样，花瓣的数目、形状、花冠筒的长短、花冠裂片的形态等特点，通常又将两种花冠类型分为多种(图 3-3)。

① 离瓣花冠。花瓣之间完全分离的花冠，常见有以下几种。

蔷薇花冠。由 5 枚（或 5 的倍数）分离的花瓣排列成五星辐射状，如桃、李、梅、苹果等。

十字花冠。由 4 枚分离的花瓣排列成“十”字形，为十字花科植物的特征之一，如油菜、白菜、萝卜等。

蝶形花冠。花瓣 5 枚，离生，花形似蝶，最外面的一片最大，称旗瓣，两侧的两瓣称翼瓣，最里面的两瓣，顶部稍联合或不联合，叫龙骨瓣，如大豆、蚕豆等。

② 合瓣花冠。花瓣全部或基部合生的花冠，常见的有以下几种。

漏斗状花冠。花瓣连合成漏斗状，如牵牛、甘薯等。

钟状花冠。花冠较短而广，上部扩大成一钟形，如南瓜、橘梗。

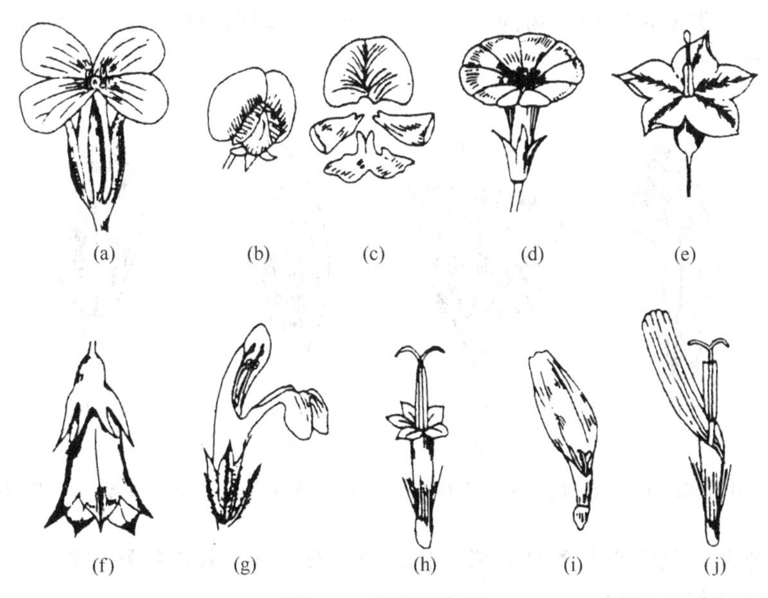

图 3-3　花冠的类型

(a) 十字花冠；(b)，(c) 蝶形花冠；(d) 漏斗状花冠；(e) 轮状花冠；
(f) 钟状花冠；(g) 唇形花冠；(h) 筒状花冠；(i)，(j) 舌状花冠

唇形花冠。花冠裂片是上下二唇，如芝麻、薄荷等。

筒状花冠。花冠大部分成一管状或圆筒状，花冠裂片向上伸展，如向日葵花序中央的花等。

舌状花冠。花冠筒较短，花冠裂片向一侧延伸成舌状，如向日葵花序周缘的花，莴苣花序的花，全为舌状花。

轮状花冠。花冠筒短，裂片由筒顶部向四周扩展，如茄、常春藤等。

根据花冠的对称状况，花冠又可分为辐射对称（通过花的中心可做出多个对称面），两侧对称（通过花的中央只能做出一个对称面）和不对称（通过花的中心不能做出对称面，如美人蕉）三类。

(3) 花被排列方式　花被排列方式是指花被各片的排列方式及相互关系，它在花蕾即将绽放时尤为明显。常见的花被排列方式有以下几种类型。

① 镊合状　花被各片的边缘彼此互相接触排成一圈，但互不重叠，如葡萄等植物的花冠。若花被各片的边缘稍向内外弯称为内向镊合，如沙参的花冠；若花被各片的边缘稍向外弯称为外向镊合，如蜀葵的花萼。

② 旋转状　花被各片彼此以一边重叠成回旋状，如夹竹桃、龙胆的花冠。

③ 覆瓦状　花被边缘彼此覆盖，但其中有一片完全在外面，有 1 片完全在内面，如山茶的花萼、紫草的花冠。若在覆瓦状排列的花被中，有 2 片完全在外面，有 2 片完全在内面，称为重覆瓦状，如桃、野蔷薇等的花冠。

3. 雄蕊群

雄蕊群位于花冠的内方，是一朵花中雄蕊的总称。雄蕊由花丝和花药两部分组成。花药生于花丝顶端，一般由 4 个花粉囊组成，囊内形成花粉粒。花丝细长，支持花药，使之伸展于一定的空间，以利于散放花粉。

雄蕊的数目及类型是鉴别植物的标志之一。根据雄蕊的离生与合生情况，分为离生雄蕊和合生雄蕊（图 3-4）。

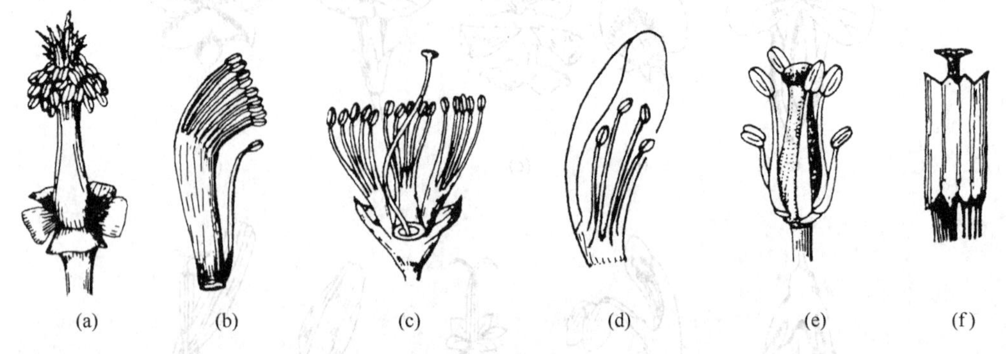

图 3-4 雄蕊的类型

（a）单体雄蕊；（b）二体雄蕊；（c）多体雄蕊；（d）二强雄蕊；（e）四强雄蕊；（f）聚药雄蕊

（1）离生雄蕊　花中雄蕊各自分离，如蔷薇、石竹等。其中特殊的雄蕊，数目固定，长短悬殊。典型的有如下两种。

二强雄蕊。花内雄蕊 4 枚，2 长 2 短，如芝麻、益母草等。

四强雄蕊。花内雄蕊 6 枚，4 长 2 短，如萝卜、油菜十字花科等植物。

（2）合生雄蕊　花中雄蕊全部或部分合生。又可分为如下四种情形。

单体雄蕊。花丝下部连合成筒状，花丝上部或花药仍分离，如棉花、木槿等。

二体雄蕊。10 枚雄蕊中的 9 枚花丝连合，1 枚单生，如蚕豆等。

多体雄蕊。雄蕊多数，花丝基部合生成多束，如蓖麻、金丝桃等。

聚药雄蕊。花丝分离，花药合生，如向日葵、菊花等。

4. 雌蕊群

（1）雌蕊的组成　一朵花中的所有雌蕊的总称为雌蕊群，它位于花中央或花托顶部。每一雌蕊由柱头、花柱和子房三部分组成。构成雌蕊的基本单位是心皮，它是具有生殖功能的变态叶。雌蕊可由一个或多个心皮两侧边缘向内卷合而成。心皮边缘互相连结处，称为腹缝线，在心皮中央相当于叶片中脉的部位为背缝线（图 3-5）。胚珠着生在腹缝线上。

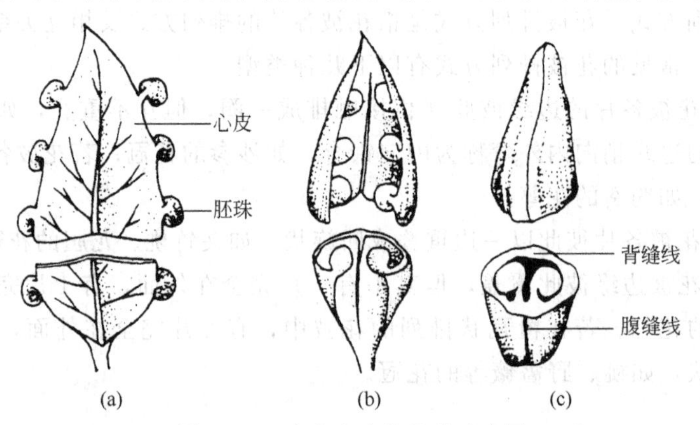

图 3-5　心皮发育为雌蕊的示意图

（a）一个打开的心皮；（b）心皮边缘内卷；（c）心皮边缘愈合

柱头位于雌蕊的顶部，是接受花粉的地方。常常扩展成各种形状。花柱位于柱头和子房之间，一般较细长，是花粉萌发后，花粉管进入子房的通道。花柱对花粉管的生长能提供营养物质，有利于花粉管进入胚囊。子房是雌蕊基部膨大的部分，由子房壁、胎座和胚珠组成。受精后，子房壁发育成果皮，胚珠发育成种子。

植物种类不同，其雌蕊的类型、子房的位置和胎座的类型常不同。

(2) 雌蕊的类型　根据雌蕊的数目和离合状况，可分单雌蕊和复雌蕊两种。

① 单雌蕊。一朵花中的雌蕊仅由一个心皮组成，称为单雌蕊，如大豆、桃等。

② 复雌蕊。由 2 个或 2 个以上的心皮构成雌蕊，称为复雌蕊。如果心皮彼此分离，形成一朵花内有多个分离的雌蕊，称为离生雌蕊，如玉兰、草莓、蔷薇等；如果几个心皮相互连接成一个雌蕊，称为合生雌蕊，如棉花、番茄等。在不同的植物中，合生雌蕊的连合程度和位置不同（图 3-6）。

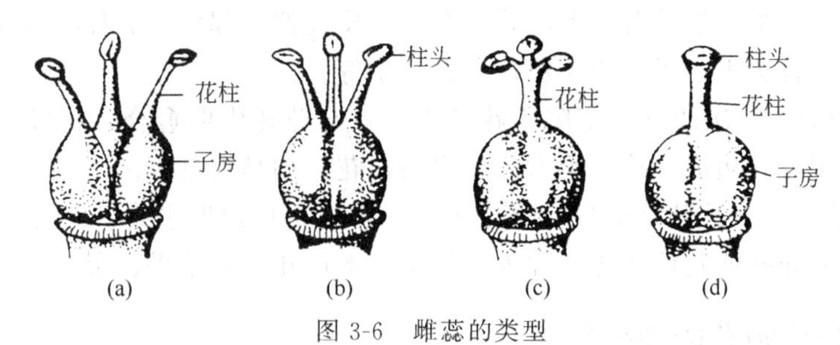

图 3-6　雌蕊的类型

(a) 离生雌蕊；(b)，(c)，(d) 不同程度连合的复雌蕊

(3) 胎座的类型　胎座是子房中胚珠着生的部位，胚珠一般沿腹缝线着生。胎座的类型可以分为以下类型（图 3-7）。

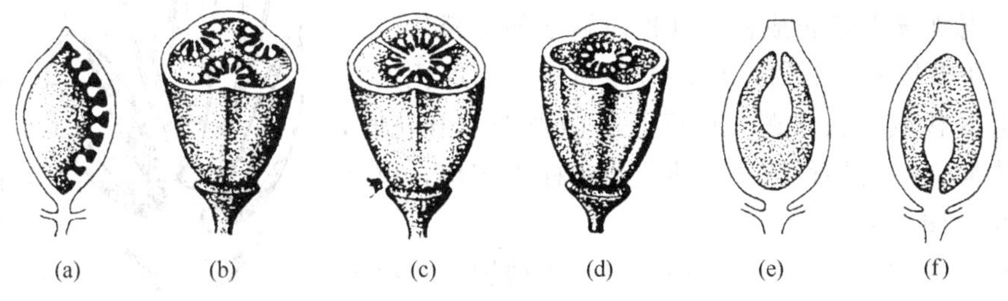

图 3-7　胎座的类型

(a) 边缘胎座；(b) 侧膜胎座；(c) 中轴胎座；(d) 特立中央胎座；(e) 顶生胎座；(f) 基生胎座

① 边缘胎座。单雌蕊，1 室，胚珠着生于腹缝线上，如豆类。

② 中轴胎座。合生雌蕊，数心皮边缘内卷，汇合成膈，直达子房中央，将子房分为数室，胚珠着生于中轴周围，如柑、橘、苹果等。

③ 侧膜胎座。合生雌蕊，子房 1 室或假数室，胚珠着生于腹缝线上，如油菜、西瓜、黄瓜等。

④ 特立中央胎座。合生雌蕊，子房 1 室或不完全数室，心皮基部和花托上端愈合，向子房中生长成为特立中央的短轴，胚珠着生于其上，如石竹、马齿苋等。

⑤ 基生胎座和顶生胎座。胚珠着生于子房的基部（如菊科植物）或顶部（如桃、桑和榆等）。

(4) 子房的位置　子房着生于花托上，它与花的其他部位（花萼、花冠、雄蕊群）的位置，常因植物种类不同而异，通常分为三类（图 3-8）。

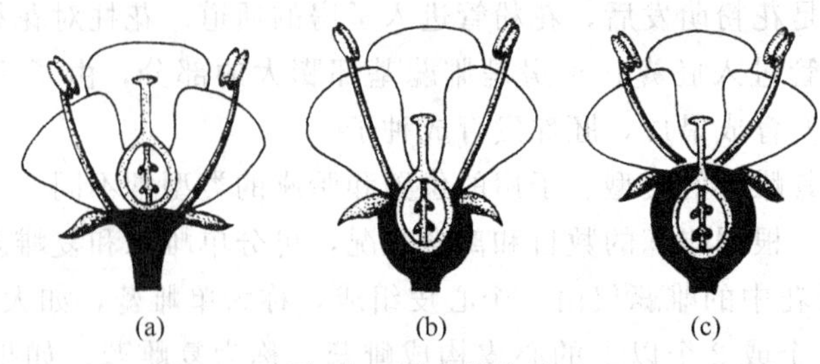

图 3-8 子房的位置

(a) 上位子房下位花；(b) 半下位子房周位花；(c) 下位子房上位花

① 上位子房　子房仅以底部与花托相连。若花萼、花冠、雄蕊群着生于子房下，称为上位子房下位花，如棉、油菜等；若花萼、花冠、雄蕊群下部愈合成杯状花筒，上部各自分离绕于子房周围，称为上位子房周位花，如桃、李等。

② 半下位子房　子房的下半部陷入花托中，且与花托内壁愈合。花萼、花冠、雄蕊群绕子房四周着生于花托边缘，称为半下位子房周位花，如马齿苋等。

③ 下位子房　整个子房埋于凹陷的花托中，并与花托内壁愈合。花萼、花冠、雄蕊群着生在子房以上的花托或花筒边缘，称为下位子房上位花，如苹果、梨等。

二、禾本科植物花的结构特点

禾本科植物花的形态和结构比较特殊，与上述的典型花不同。现以小麦、水稻为例说明。

禾本科植物小麦、水稻的花最外面有外稃和内稃各一枚，外稃中脉明显并延长成芒，外稃内侧基部有鳞片（浆片）2 枚，外稃是花基部的苞片，内稃和鳞片是退化的花被，里边有 3 枚或 6 枚雄蕊，中间是 1 枚雌蕊。开花时，鳞片吸水膨胀，将内外稃撑开，使花药和柱头露出，以利于风力传粉（图 3-9）。

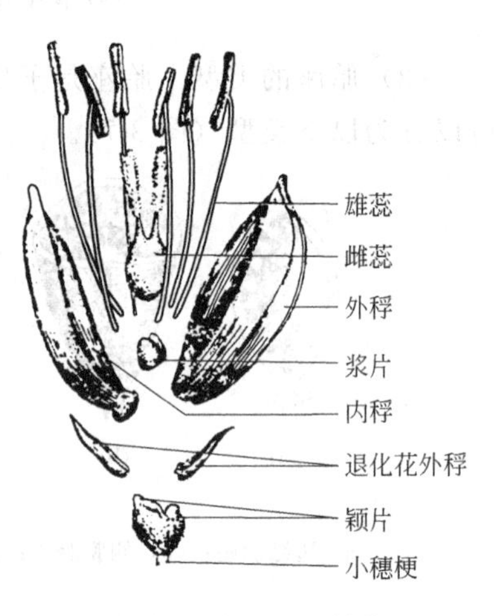

图 3-9 水稻花的结构

禾本科植物常是数朵小花共同着生于小穗轴上，组成小穗，每一小穗的基部有一对颖片，下面的一片叫外颖，上面的一片叫内颖，许多小穗再集中排列为花序（穗）（图 3-10）。

三、花序

有些植物的花单生在枝顶或叶腋处，如桃、玉兰、芍药等，称为单生花。但多数植物是许多花按照一定的规律排列在总花轴上，这样的花枝称为花序。花轴可形成分枝或不分枝。花序中没有典型的营养叶，有时仅在每朵花的基部形成一小的苞片。有些植物的花序其苞片密集组成总苞，位于花序的最下方。

根据花序轴分枝的方式和开花的顺序，将花序分为无限花序和有限花序两大类。

（一）无限花序

开花顺序是花轴基部的花先开，然后依此向上开放，花轴能长时期保持顶端生长能力，不断产生苞片和花芽。如果花轴很短，各花密集排列成平面或球面时，则花是由边缘向中央依此开放。无限花序又可分为下列各种类型（图 3-11）。

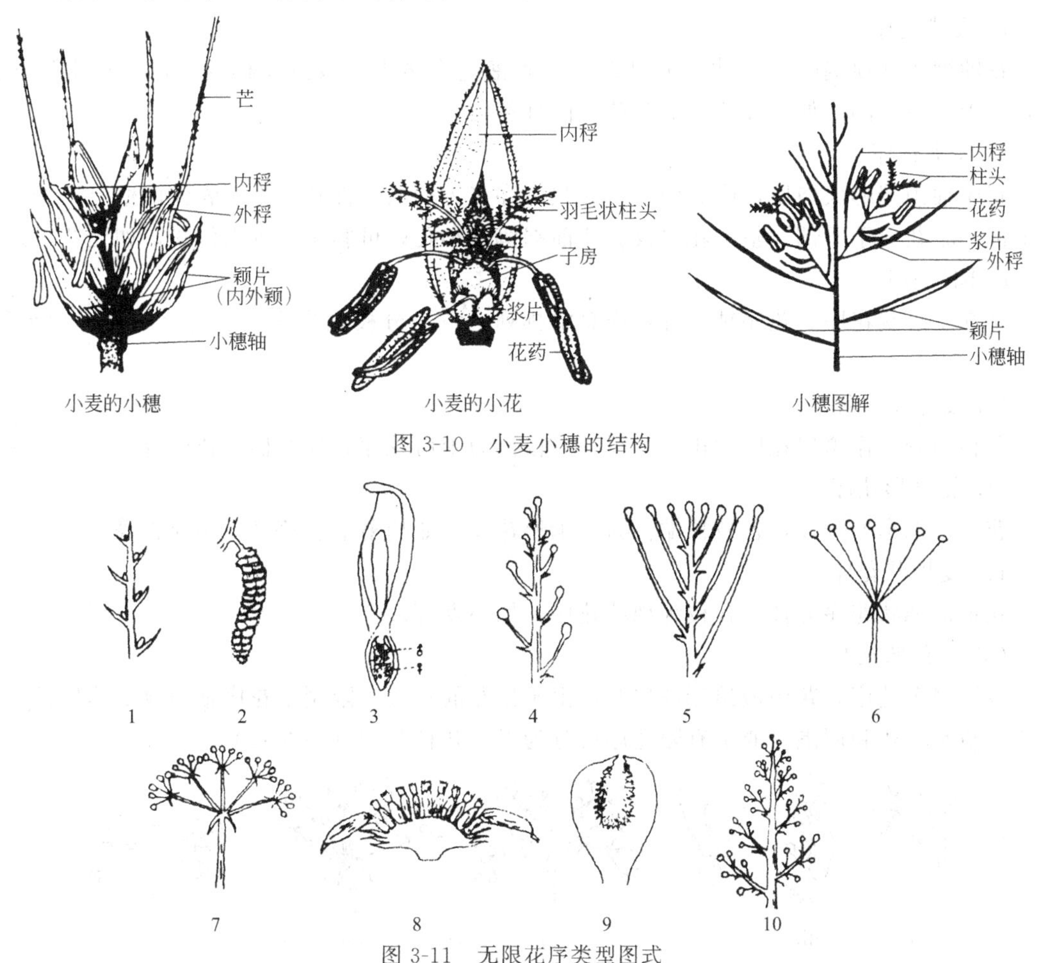

图 3-10　小麦小穗的结构

图 3-11　无限花序类型图式

1. 穗状花序；2. 柔荑花序；3. 肉穗花序；4. 总状花序；5. 散房花序；6. 伞形花序；
7. 复伞形花序；8. 头状花序；9. 隐头花序；10. 圆锥花序

1. 总状花序

花轴较长，单一，自下而上依次着生花柄近等长的两性花，如油菜、紫藤、萝卜等。

2. 伞房花序

花轴较短，花柄不等长，下部的花柄长，上部花柄短，各花分布近于同一平面上，如梨、山楂、苹果等。

3. 伞形花序

花轴缩短，各花自轴顶生出，花柄等长，花序如伞状，如五加、人参、韭菜等。

4. 穗状花序

花序长且直立，其上着生无柄的两性花，如车前、马鞭草等。

5. 葇荑花序

单性花排列于一细长而柔软下垂的花轴上，开花后整个花序一起脱落，如杨、柳、板栗、榛的雄花序。

6. 肉穗花序

花轴膨大，肉质化，呈棒状，其上着生无柄单性花，外包有大型苞片，如玉米、香蒲的雌花序。

7. 头状花序

花轴缩短并顶端膨大呈球形或盘形，上面密生许多无柄或近无柄的花，苞片常聚成总苞，生于花苞基部，如三叶草、蒲公英、向日葵等。

8. 隐头花序

花序轴顶端膨大肉质，中央凹陷呈囊状，许多无柄的单性花着生于囊体内壁上，雄花位于上部，雌花位于下部。整个花序仅囊体前端留一小孔，可容昆虫进出传粉，如无花果。

9. 圆锥花序

又称复总状花序。花序轴的分枝作总状排列，每一分枝相当于一个总状花序，如水稻、女贞等。

10. 复伞房花序

花轴的分枝作伞房花序状排列，每一分枝再为伞房花序，如石楠、花楸等。

11. 复伞形花序

花序顶端伞形分枝，各枝顶端再为一伞形花序，如胡萝卜、芹菜、小茴香等。

12. 复穗状花序

花轴依穗状花序分枝，各枝为穗状花序，如小麦等。

（二）有限花序

也称聚伞花序，花序最顶端花先开，由于顶花的开放，限制了花序轴顶端继续生长，开花顺序渐及下边和周围。通常有限花序可分为以下几种类型（图 3-12）。

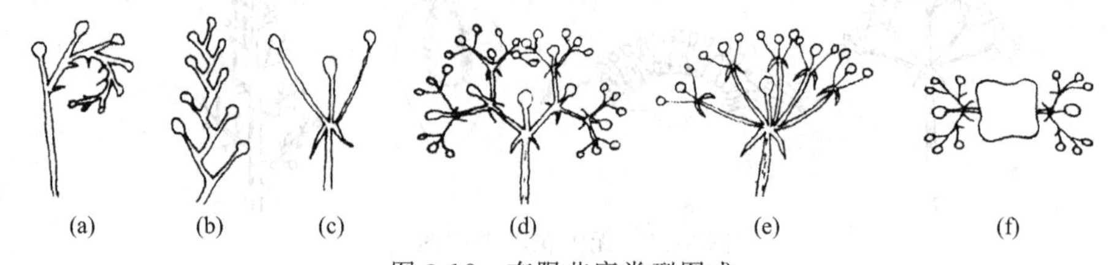

图 3-12　有限花序类型图式

（a）螺状聚伞花序；（b）蝎尾状聚伞花序；（c），（d）二歧聚伞花序；（e）多歧聚伞花序；（f）轮伞花序

1. 单歧聚伞花序

花序轴顶端生 1 朵花，而后在其下方产生 1 侧轴，侧轴顶端同样生 1 朵花，如此连续分枝就形成单歧聚伞花序。如花序轴的分枝在同一侧产生，花序呈螺旋状卷曲，称为螺旋状聚伞花序，如紫草、附地菜等的花序。若分枝在左右两侧交互产生而呈蝎尾状的，称为蝎尾状聚伞花序，如射干、姜、菖蒲等的花序。

2. 二歧聚伞花序

花序轴顶端生 1 朵花，而后在其下方两侧同时各产生 1 等长侧轴，每一侧轴再以同样的方式开花并分枝，称二歧聚伞花序，如大叶黄杨、卫矛、石竹、卷耳等。

3. 多歧聚伞花序

花序轴顶端生 1 朵花，而后在其下方同时产生 3 数以上的侧轴，侧轴常比主轴长，各侧轴又形成小的聚伞花序，称多歧聚伞花序，如大戟、泽漆、甘遂的花序。

4. 轮伞花序

聚伞花序生于对生叶的叶腋，排列成轮状，称轮伞花序，如益母草、丹参、薄荷的花序。

此外，还有一些复合类型的花序，称为混合花序，如紫丁香、葡萄为圆锥状聚伞花序，葱为头状伞形花序等。

许多花着生于花轴之上，则形成花序。有些植物的花单生于茎的顶端或叶腋，称为单生花，如玉兰、牡丹等。多数植物的花按照一定的规律排列在花轴上称为花序。花序中的花称为小花，着生小花的部分称为花序轴或花轴，花序轴可以有分枝或不分枝。支持整个花序的茎轴称为总花梗（柄），小花的花梗称为小花梗，无叶的总花梗称为花葶。

四、花与植株的性别

（一）花的性别

一朵花中，同时具有雄蕊和雌蕊的称为两性花。如水稻、大豆、苹果等植物的花。只有雄蕊或雌蕊的花，称为单性花。单性花中，只有雄蕊的称为雄花，只有雌蕊的称为雌花。雄蕊和雌蕊都没有的，称为无性花或中性花，如向日葵花序边缘的舌状花。

（二）植株的性别

单性花植物中，雄花和雌花生于同一植株上，称为雌雄同株，如玉米，蓖麻等；分别生于两株植物的称为雌雄异株，如杨、柳、菠菜等；只有雄花，没有雌花的植株，称为雄株；只有雌花，没有雄花的植株，称为雌株；一株植物中，两性花与单性花同时存在，则称为杂性花，如柿等。

五、花药和花粉粒的发育与结构

雄蕊由花药和花丝两部分组成，是被子植物的雄性生殖器官。花丝结构比较简单，最外一层为表皮，内为薄壁组织，中央有一维管束贯穿，直达花药之中。花药是雄蕊的主要部分，通常由四个（少数植物为两个）花粉囊组成，分为左右两半，中间由药隔相连，药隔中央有维管束与花丝维管束相通。花粉囊是产生花粉粒的场所。花粉成熟时，花药开裂，花粉由花粉囊内散出而传粉（图 3-13）。

（一）花药的发育与结构

幼期花药，最外层为表皮，里面主要为基本分生组织，将来参与药隔和花粉囊的形成。在花药逐渐长大过程中，四个角隅处细胞分裂较快，使花药的横切面由近圆形逐渐变成四棱形。随之，在四个角隅处的表皮细胞内侧，分化出四组孢原细胞。孢原细胞体积和细胞核均较大，细胞质也较浓，通过一次平周分裂，形成内外两层细胞，外层称为周缘细胞，内层为造孢细胞。周缘细胞再进行平周和垂周分裂，产生数层细胞，自外向内分别为纤维层、中层和绒毡层，它们与表皮一同构成了花药壁。以后，随着花粉母细胞和花粉粒的发育，中层和绒毡层逐渐解体，成为营养物质被吸收。

在周缘细胞分化的同时，造孢细胞也进行细胞分裂，形成大量的花粉母细胞（小孢子母细胞），每个花粉母细胞经过减数分裂产生四个子细胞，每个子细胞染色体数目是花粉母细胞的一半。这四个子细胞，起初是连在一起，叫四分体，四分体存在的时期是短暂的，组成四分体的四个细胞很快就彼此分开，游离在药室中，成为单核花粉粒。

（二）花粉粒的发育与结构

刚形成的单核花粉粒，细胞壁薄，细胞质浓，细胞核位于细胞的中央。它们继续从解体的绒毡层细胞吸收营养，使体积不断扩大，细胞中产生液泡，并逐渐合并成为大液泡，细胞质和细胞核移到一侧。接着进行一次有丝分裂，形成大小悬殊的两个细胞。大的为营养细

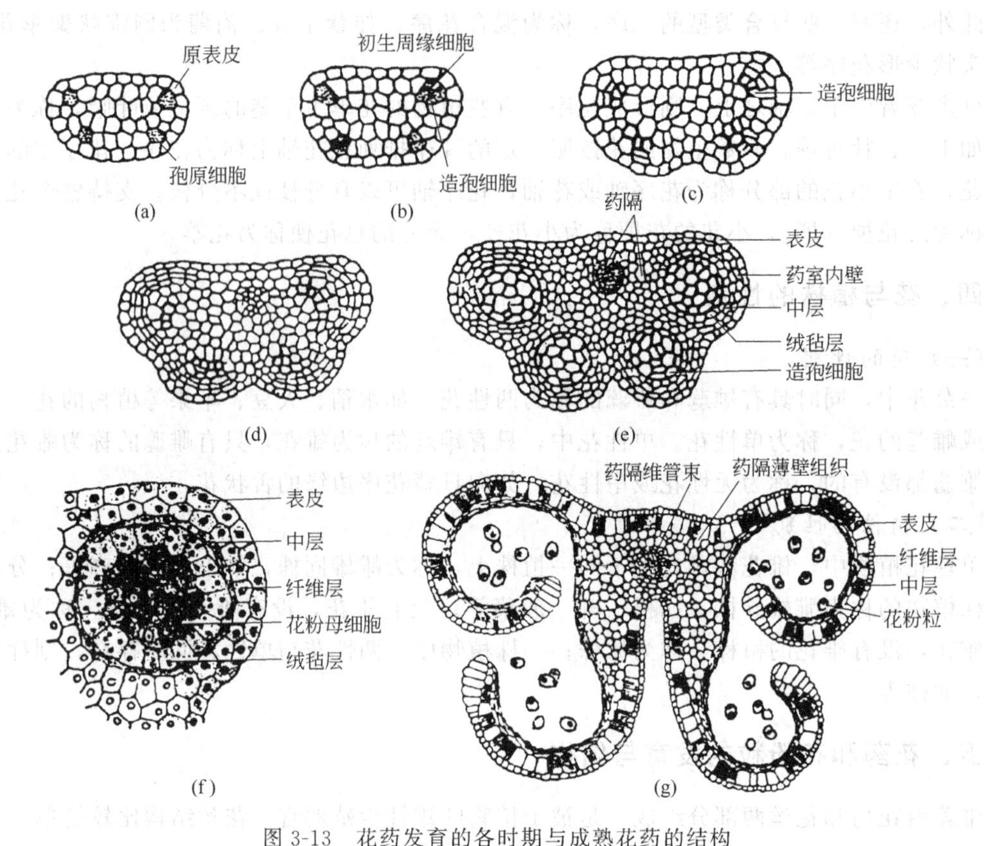

图 3-13　花药发育的各时期与成熟花药的结构

(a)～(e) 花药的发育过程；(f) 花粉囊的放大可见花粉母细胞；(g) 已开裂的花药的结构及成熟花粉粒

胞，小的为生殖细胞。营养细胞具有大的液泡和大量的细胞质，富含淀粉和脂肪等营养物质。生殖细胞呈纺锤形，细胞核大，只有少量的细胞质，游离在营养细胞的细胞质中。许多植物的花粉粒在花粉囊中最后成熟时，仅由营养细胞和生殖细胞构成，称为二核花粉粒，这类花粉萌发后，由生殖细胞在花粉管中进行分裂形成两个精子，如棉花、桃、杨等。另一些植物，其花粉粒成熟时已具有一个营养细胞和两个精子，这类花粉称为三核花粉粒，如水稻、小麦、油菜等。

现将花药的结构及花粉粒的发育过程归纳表解如下。n 表示细胞为单倍体，2n 表示细胞为二倍体。

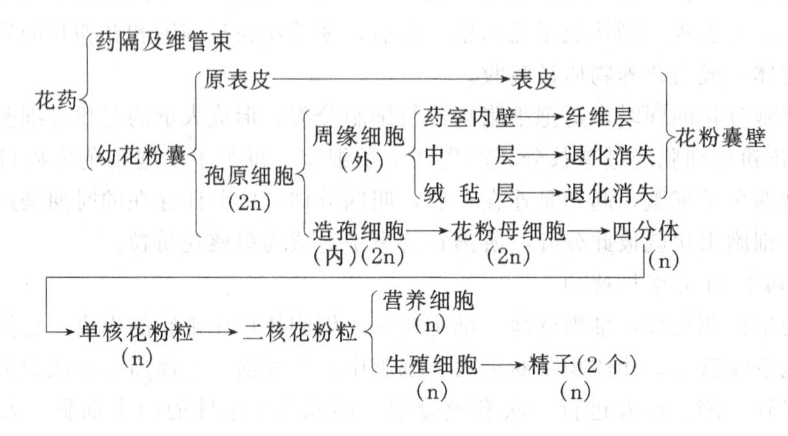

成熟的花粉粒有两层壁。内壁薄而柔软，富有弹性。外壁厚而坚硬，缺乏弹性，具有一定的色彩和黏性，表面或光滑，或产生各种形状的纹饰，其厚度不是均匀一致，在某些区域甚至没有外壁，而形成萌发孔或萌发沟，当花粉粒萌发时花粉管由孔或沟处长出。

花粉粒的形状、大小、颜色、花纹和萌发孔的数目与排列方式各不相同，可作为鉴别植物的依据（图 3-14）。

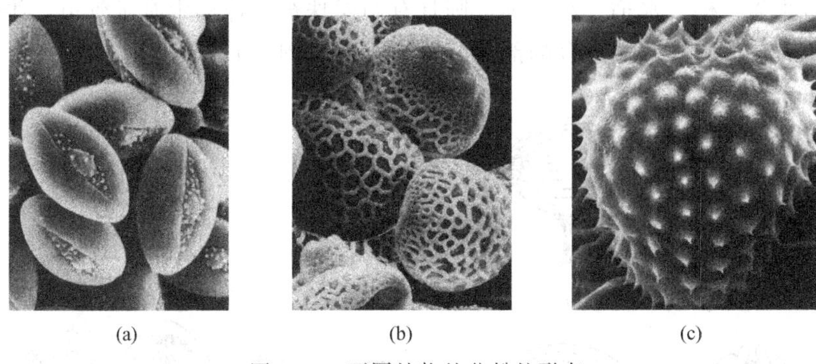

(a)　　(b)　　(c)

图 3-14　不同植物的花粉粒形态

(a) 栗子；(b) 百合；(c) 豚草

(引自 Raven P H，1999)

六、雌蕊的发育与结构

雌蕊是被子植物的雌性生殖器官，位于花的中央，有一个或多个心皮，由柱头、花柱、子房三部分组成。

（一）雌蕊的结构

1. 柱头

柱头位于雌蕊的顶端，是接受花粉的部位，一般略为膨大或扩展成为不同形状，表皮细胞伸长形成乳突或毛状体。

柱头表面及乳突的角质膜外侧，覆盖着一层亲水的蛋白质薄膜，在柱头与花粉之间产生“感应器”的作用。有些植物开花时，表面有分泌物，内含糖、脂类和酚类物质，具有黏着花粉和促进萌发的作用，这类柱头为湿型柱头，如烟草、苹果等植物。有些植物，如油菜、棉花及禾本科植物，开花传粉时柱头并不产生分泌物，为干型柱头，但其表面存在亲水蛋白质膜，能从其下的角脂膜中断处吸收水分，能使花粉得以萌发。

2. 花柱

花柱是连接柱头与子房的部分，除表皮、基本组织和维管组织外，还有引导组织，花粉管从柱头通往胚珠是沿着引导组织延伸的。有些植物花柱是空心的，内表皮的引导组织产生一层厚厚的分泌物，花粉管就在这层分泌物内生长；有些植物的花柱是实心的，分泌物就积累在纵列的细胞之间，花粉管就在细胞间的分泌物中生长。

3. 子房

子房是雌蕊基部膨大部分，外部为子房壁，内部空间形成子房室。子房壁的内外表面均有一层表皮，外表皮上常有气孔器和表皮毛。两层表皮之间为薄壁组织，其间有维管束分布。通常在心皮腹缝线处向着子房室一侧的子房壁上产生胚珠。胚珠是产生雌性生殖细胞的场所，是种子的前身，其着生的部位称为胎座。

（二）胚珠的发育与结构

胚珠发生时，由胎座表皮下层的细胞分裂增生，产生突起，形成胚珠原基，其前端发育成珠心，基部发育成珠柄。后来珠心基部的细胞分裂较快，形成一环状突起逐渐向上扩展将珠心包围，形成珠被。珠被形成过程中，在珠心最前端留下一小孔道，称为珠孔。珠被通常为一层或二层，如向日葵、番茄等许多合瓣花植物都具有一层珠被；而多数双子叶植物及单子叶植物，如油菜、棉、水稻、小麦等，则具有两层珠被。珠柄中有维管束，维管束进入之处，即珠被基部、珠心和珠柄愈合的部位，称为合点（图 3-15）。

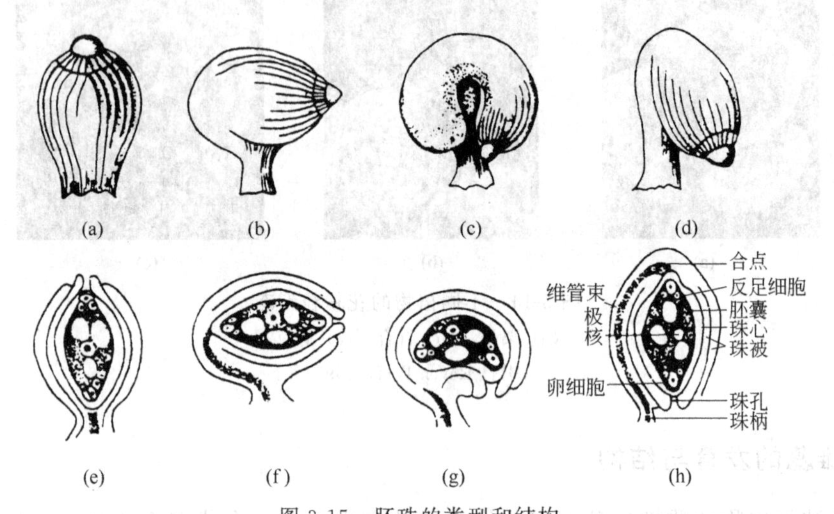

图 3-15 胚珠的类型和结构

(a)～(d) 胚珠的外形；(e)～(h) 胚珠纵切；(a)，(e) 直生胚珠；(b)，(f) 横生胚珠；(c)，(g) 弯生胚珠；(d)，(h) 倒生胚珠

不同植物的胚珠在生长发育中，由于胚珠各组成部分生长速度上的差异，从而形成不同的胚珠类型（图 3-15）。

直生胚珠。胚珠各部分生长速度均匀同步，因而胚珠能直立地生长，使得珠孔、珠心、珠柄三者的位置在同一条直线上，如大麦、大黄等。

倒生胚珠。胚珠呈 180°倒转，珠孔处于珠柄基部一侧，朝向胎座，靠近珠柄的外珠被常与珠柄贴合，合点位于胚珠的最高位置，如水稻、小麦、瓜类等。

弯生胚珠。胚珠下部直立，上部弯曲，珠孔朝下，合点与珠孔通过珠心连成弧线，如油菜。

横生胚珠。珠孔、珠心和合点的连接直线与珠柄成直角，珠孔偏向一侧，如锦葵。

（三）胚囊的发育与结构

胚囊发生于珠心组织，珠心是一团均匀一致的薄壁细胞，在珠被原基刚开始形成时，珠心内部的细胞发生变化。在靠近珠孔一端的珠心表皮下分化出一个孢原细胞，该细胞的体积较大，细胞质较浓厚，核大而明显。孢原细胞进一步发育成为胚囊母细胞，但发育的方式随植物种类而异。在向日葵、小麦、水稻等植物中，孢原细胞不经过分裂，直接长大发育成胚囊母细胞；而在棉等植物中，孢原细胞先进行一次平周分裂，形成内外两个细胞，外侧为周缘细胞，内侧为造孢细胞。周缘细胞经过分裂使珠孔附近的珠心细胞增加数目和层次，造孢细胞则发育为胚囊母细胞。胚囊母细胞接着进行减数分裂，形成四分体，四分体排列成一纵行，其中靠近珠孔的 3 个子细胞逐渐退化消失，仅合点端的一个细胞发育成为单核胚囊。然后单核胚囊发生 3 次有丝分裂，第一次分裂形成 2 个子核，分别移到胚囊的两极，以后每个核又相继进行 2 次分裂，每极各形成 4 个核。这 3 次分裂都是核分裂，不伴随细胞质的分裂和新壁的形成，因此，胚囊中出现了 8 个游离核。接着，每一端各有 1 个核移向胚囊中部，这两个细胞称为极核。靠近珠孔端的 3 个核分化形成 1 个卵细胞和 2 个较小的助细胞，位于合点端的 3 个核形成 3 个反足细胞。2 个极核所在的大型细胞则称为中央细胞。至此，单核胚囊已发育成为成熟胚囊，即被子植物的雌配子体——具有 8 核或 7 个细胞的成熟胚囊（图 3-16）。

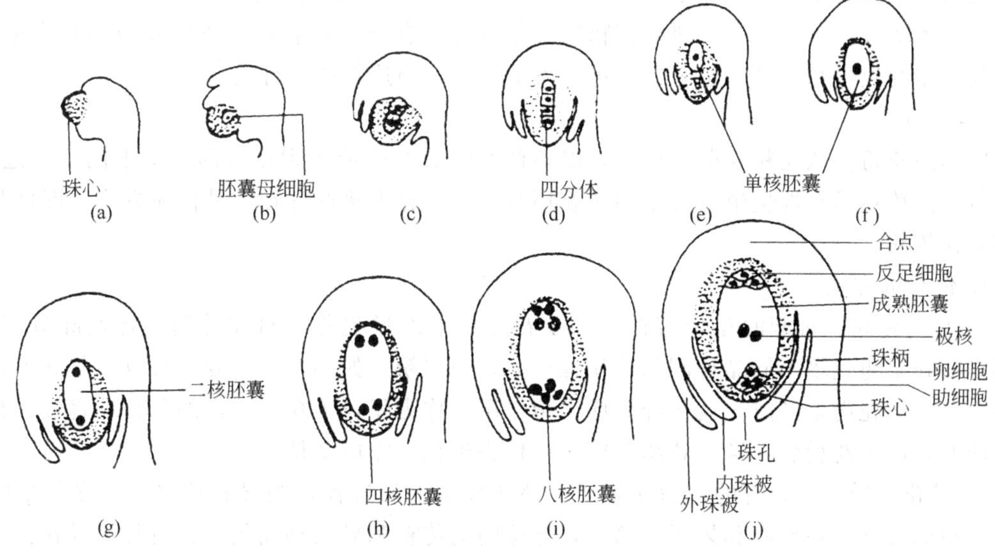

图 3-16　胚珠和胚囊的发育过程

(a) 内珠被逐渐形成；(b) 外珠被出现；(c)～(e) 胚囊母细胞经过减数分裂成为四个细胞，其中 3 个消失，1 个长大成为胚囊；(f) 单核胚囊；(g) 二核胚囊；(h) 四核胚囊；(i) 八核胚囊；(j) 成熟胚囊

现将胚囊的发育过程表解如下。n 表示细胞为单倍体；2n 表示细胞为二倍体。

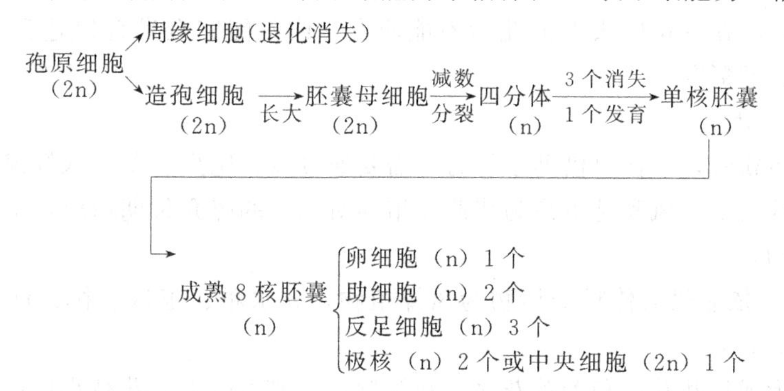

七、开花、传粉和受精

（一）开花

当植物生长发育到一定程度，雄蕊的花粉粒和雌蕊的胚囊达到成熟时，或两者之一已成熟时，花萼和花冠即行开放，露出雄蕊和雌蕊，为传粉做准备，这一现象称为开花。各种植物在开花习性上各不相同。一二年生植物，生长几个月后就开花，一生中仅开花一次。多年生植物常要生长多年后才开花。大多数多年生木本植物和草本植物在成熟期后，能年年开花。一般多年生草本植物的开花年龄短，木本植物则比较长，如桃树要 3～5 年，桦属植物

需要10～12年，椴属植物需要20～25年。竹子虽是多年生植物，但一生中只能开花一次，开花后植株往往死亡。

一株植物，从第一朵花开放直至最后一朵花开完所经的时间，称为开花期。植物开花期长短不同，这与植物本身的特性和所处的环境条件有关。如小麦为3～6d，梨、苹果为6～12d，油菜为20～40d，棉花、花生和番茄等的开花期可持续一至几个月。一朵花开放的时间长短，也因植物的种类而异。如小麦只有5～30min，水稻为1～2h，番茄4d。大多数植物开花都有昼夜周期性。一般水稻在上午7～8时开花，小麦在上午9～11时和下午3～5时开花，玉米7～11时开花等。研究植物的开花习性，有利于在栽培上采取相应的技术措施，提高其产品的数量和质量，也有助于进行人工杂交，创造新的品种类型。

（二）传粉

成熟的花粉粒从花粉囊散发出来，以各种不同的方式传送到雌蕊的柱头上的这一过程，称为传粉。传粉是有性生殖过程中的重要环节。自然界中普遍存在两种传粉方式，即自花传粉和异花传粉。

1. 传粉的方式

① 自花传粉。雄蕊的花粉落在同一朵花柱头上的过程称为自花传粉。在实际应用中，常将作物和果树栽培上同品种间的传粉也称为自花传粉，如小麦、大麦、蚕豆、芝麻等。而豌豆、花生的花尚未开放，就已经完成受精作用，称为闭花传粉。它们的花粉粒直接在花粉囊中萌发，产生花粉管，穿过花粉囊壁，向柱头生长，完成受精。

② 异花传粉。一朵花的花粉落到另一朵花柱头上的过程称为异花传粉。大多数植物有异花传粉的特性。在作物和果树栽培上，异株间的传粉和异品种间的传粉也称为异花传粉。

异花传粉的植物有许多特殊的性状适应异花传粉。

花单性，雌雄异株，如杨、柳、菠菜等。

两性花，但雌雄异熟，如玉米、草莓、泡桐等为雄蕊先熟，木兰、甜菜、柑橘等为雌蕊先熟。

雌雄蕊异长或异位，如荞麦、报春、酢浆草等。

自花不孕，落在本花柱头上的花粉不能萌发，或不能完全发育以达到受精的结果，如桃、梨、苹果、葡萄等。

2. 传粉的媒介

植物进行传粉时，往往要借助于外力，需要通过风、昆虫、鸟、水等媒介将花粉传至另一朵花的雌蕊柱头上，风和昆虫最为普遍。植物对不同的媒介长期适应，常常产生与其相适应的形态和结构。

① 风媒花。依靠风力传粉的植物为风媒植物，如水稻、玉米、杨、栎等，它们的花称为风媒花（图3-17）。

风媒花常形成穗状花序和葇荑花序，花被颜色一般不鲜艳，花被小或退化，也无香味和蜜腺。产生的花粉粒量大，小而轻、外壁光滑且干燥，适合于远距离风力传播。风媒花的柱头往往较长，呈羽毛状，以扩大面积，增加接受花粉的机会。此外，风媒花多在早春开花，具有先花后叶或花叶同开的习性，减少大量枝叶对花粉随风传播的阻碍。

② 虫媒花。借助昆虫传播花粉的植物为虫媒植物，如油菜、薄荷、洋槐、泡桐等。它们的花称为虫媒花（图3-18）。

虫媒花一般具有艳丽的花被，常有香味或特殊的气味，能产生蜜腺，花粉粒较大，外壁粗糙而有花纹，有黏性，容易黏附在昆虫体上而传播开去。传播的昆虫很多，如蜂、蝶、

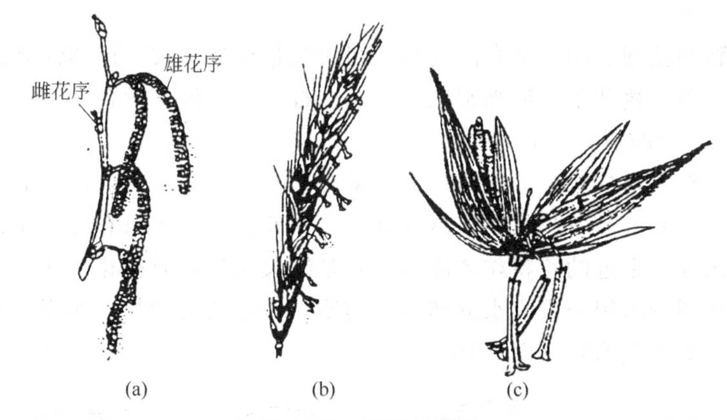

图 3-17　风媒花传粉

（a）榛属雄花序散出花粉，靠风力传播；（b）黑麦的复穗状花序；（c）黑麦的小穗，雄蕊从小花中伸出散粉

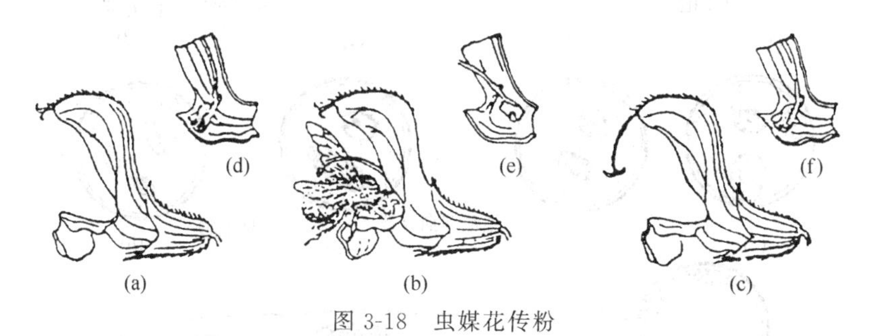

图 3-18　虫媒花传粉

（a）雄蕊成熟的花；（b）昆虫在传粉；（c）雌蕊成熟的花；（d）～（f）花冠基部剖面可见部分药隔和退化的花粉囊及药隔运动的情况

蛾、蝇、蚁等。虫媒植物的分布以及开花的季节性和昼夜周期性，也与传粉昆虫在自然界的分布、活动的规律之间存在着密切的关系。

3．农业上对传粉规律的应用

异花传粉的植物，在花期往往会遇到不良的外界条件或雌雄蕊异熟的情况，从而降低受精机会，造成作物减产。在农业生产中，常采用人工授粉的方法，以弥补传粉的不足。同时，人工辅助授粉后，柱头上的花粉粒增加，所含的激素总量也增加，可促进花粉粒的萌发和花粉管的生长，从而提高受精率。例如玉米的单性花，在一般栽培条件下，由于雄蕊先熟或其他原因引起传粉不足，造成果穗秃尖而降低产量，若进行人工辅助授粉，则可提高结实率，一般能增产 8%～10%。又如：向日葵在自然条件下，空秕粒较多，如能进行人工授粉，结实率和含油量将明显提高。

鸭梨是自花不孕植物，核桃、苹果等为雌雄蕊异熟植物，因此生产上必须与其他品种混栽，即配置授粉树。果园养蜂也是提高异花传粉不足的有效途径。

自花传粉能引起后代退化，但在作物品种提纯上有重要的实践意义。在玉米育种中，重要的环节是培育自交系。根据育种目标，从优良的品种中选择具有某种优良性状的单株，进行人工自花传粉（即自交），经过连续 4～5 代严格的自交和选择后，生活力虽有衰退，但在苗色、叶型、穗粒、生育期等方面达到整齐一致时，就能成为一个稳定的自交系。利用这样两个纯合的优良自交系配制的杂交种（即单交种），具有明显的增产效益。

（三）受精作用

植物的卵细胞和精细胞相互融合的过程，叫做受精作用。被子植物依靠花粉管将 2 枚精子送入胚囊中，其中 1 枚精子与卵细胞融合，另 1 枚与 2 个极核融合。

1. 花粉粒的萌发和花粉管的生长

传粉后，花粉粒落在柱头上，花粉粒的内壁在萌发孔处向外突出，并继续伸长形成花粉管，这一过程叫花粉粒的萌发。然而，落在柱头上花粉粒很多，只有通过花粉粒和柱头的相互识别，同种或亲缘关系近的花粉粒才能萌发，亲缘关系远的异种花粉往往不能萌发。而且萌发的花粉粒可从周围组织中吸收水分和营养物质，代谢活动增强，体积增大，内壁自萌发孔突出，逐级伸长形成花粉管（图 3-19）。

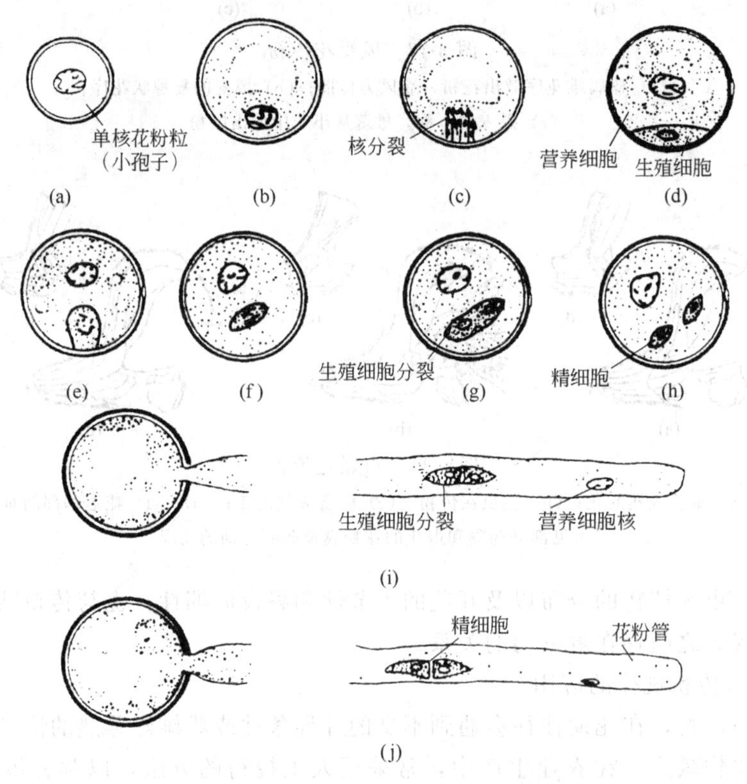

图 3-19　被子植物花粉粒的发育与花粉管的形成

（a）前期单核花粉粒；（b）后期单核花粉粒；（c）单核花粉粒的核分裂；（d）形成营养细胞与生殖细胞；（e）生殖细胞从花粉内壁脱落；（f）生殖细胞浸没在营养细胞的细胞质中；（g），（h）3-细胞型花粉，生殖细胞分裂形成两个精细胞；（i），（j）2-细胞型花粉，生殖细胞在花粉管中分裂形成两个精细胞

花粉萌发后，花粉管进入柱头，沿柱头而到达子房。花粉管到达子房后，直接伸向胚珠，通常从珠孔经珠心进入胚囊，称为珠孔受精；或者花粉管穿过合点进入胚囊，称为合点受精；或者花粉管从胚珠的中部进入胚囊，称为中部受精（图 3-20）。

2. 双受精过程及其生物学意义

花粉管进入胚囊后，先端破裂形成一个小孔，释放营养核、两个精子和花粉管物质。其中一个精子与卵细胞融合，另一个精子与中央的 2 个极核融合。这种两个精子分别与卵细胞、极核融合的现象，称为双受精作用（图3-21）。

双受精现象是被子植物特有的有性生殖现象，具有重要的生物学意义。首先，通过单倍体的精细胞与卵细胞结合，形成了一个二倍体的合子，恢复了各种植物体原有的染色体数目，保持了物种的稳定性。其次，精卵细胞的结合将父母本具有的遗传物质组合在一起，形成具有双重遗传性的合子，既加强了后代个体的生活力和适应性，又为合子发育的新一代植株可能出现某些新性状、新变异提供了基础。另外，由受精的中央细胞发育成的三倍体胚乳，同样兼有父母本的遗传性，可以使子代的生活力更强、适应性更广。双受精作用是植物界有性生殖过程中最进化、最高级的形式。

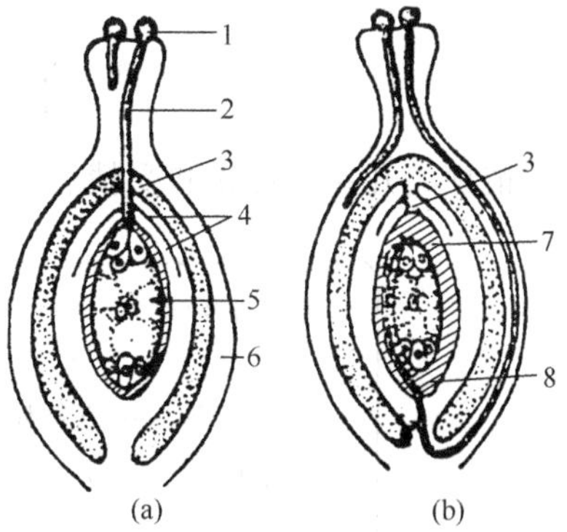

(a)　(b)

图 3-20　珠孔受精和合点受精

(a) 珠孔受精；(b) 合点受精

1—花粉粒；2—花粉管；3—珠孔；4—珠被；5—胚囊；6—子房壁；7—珠心；8—合点

（四）无融合生殖和多胚现象

1. 无融合生殖

被子植物正常的有性生殖是由两性配子融合的细胞发育成胚。但在有些植物中，不经过精卵结合，也能直接发育成胚，这类现象称为无融合生殖。它虽发生于有性器官中，但无两性细胞的融合，仍然形成胚，以种子形式繁殖。无融合生殖可以使卵细胞不经受精作用，直接发育成胚，如玉米、小麦等，这类现象称为孤雌生殖。或由助细胞、反足细胞直接发育成胚，如葱、鸢尾、含羞草等，这种现象称为无配子生殖。也有的是由珠心或珠被细胞直接发育成胚的，如柑橘属植物，称为无孢子生殖。

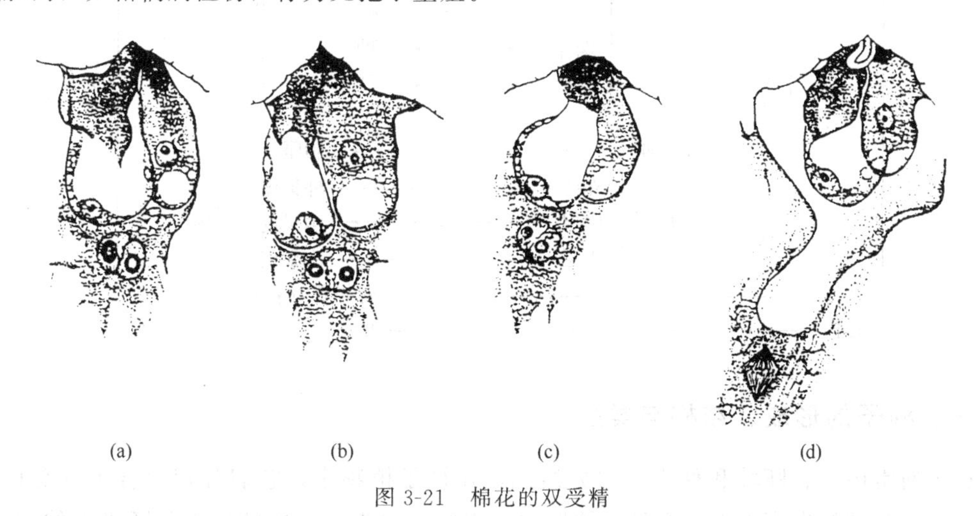

(a)　(b)　(c)　(d)

图 3-21　棉花的双受精

(a) 受精后一个精子在卵细胞内，另一个精子将进入中央细胞；(b) 两个精子分别与卵核和极核接触；(c) 受精的卵核与极核的染色体分散；(d) 卵核与精核在融合中，初生胚乳核在分裂中期

2. 多胚现象

一般被子植物的胚珠中只产生一个胚囊，种子中只有一个胚。但有的植物种子中有一个以上的胚，称为多胚现象。产生多胚现象的原因很多，可能是合子胚分裂成两个或多个胚，如郁金香；或一个胚珠中形成两个胚囊而形成多胚，如桃、梅；或由珠心、助细胞、反足细胞等产生不定胚，如柑橘的多胚现象，多由珠心形成不定胚。

第二节　种子和果实

植物经开花、传粉和受精后，在种子发育的同时，花的各个部位都发生显著的变化。

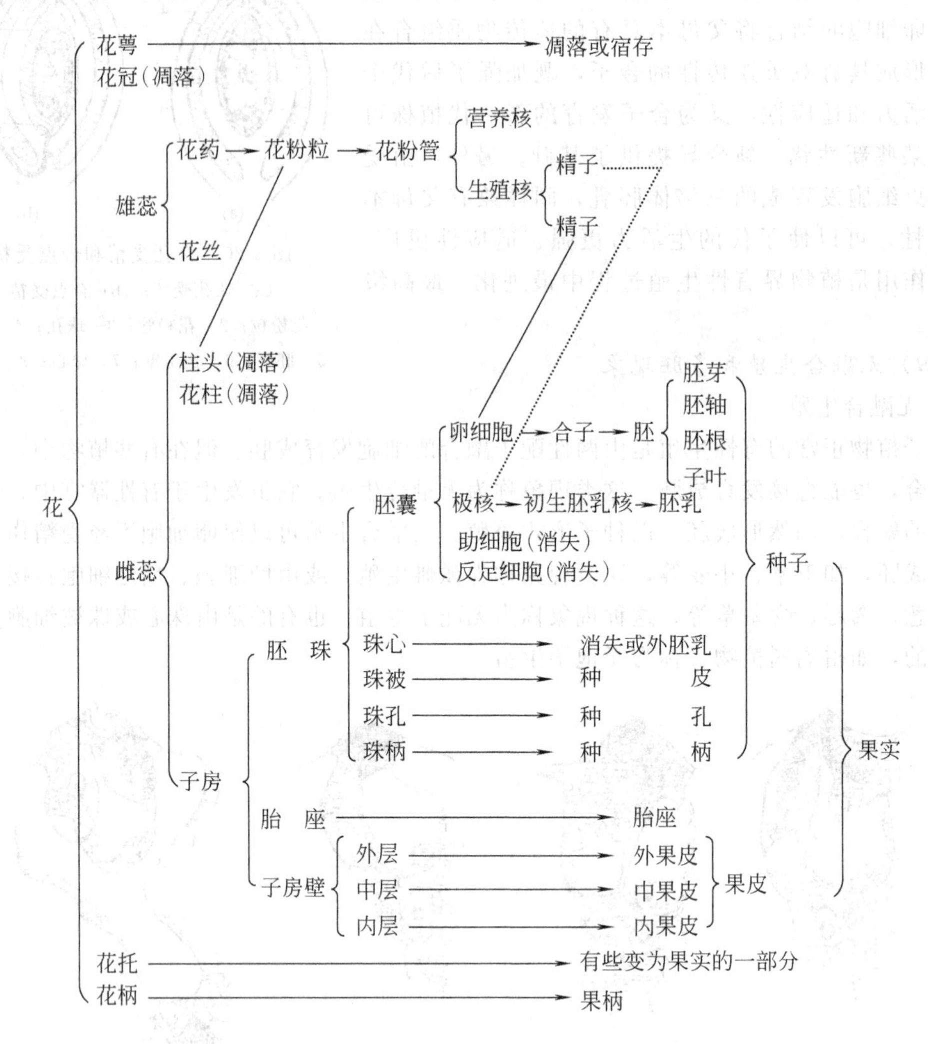

一、种子的形成、结构与类型

种子通常由胚、胚乳和种皮三部分组成，在被子植物中，它们分别由合子（受精卵）、初生胚乳核和珠被发育而来。在种子的形成过程中，原来胚珠内的珠心和胚囊内的助细胞、反足细胞一般被吸收而消失。

（一）种子的形成

1. 胚的发育

胚的发育从合子开始。合子形成后，通常经过一定时间的“休眠”期。休眠期的长短因植物种类的不同而异，有时也受环境条件的影响，如水稻的为 4～6h，小麦的为 16～18h，棉花的为 2～3d，茶树的则长达 5～6 个月。

合子通过休眠后便开始分裂。从合子第一次分裂形成的两个原胚开始，直至器官分化之前的胚胎发育，称为原胚时期。双子叶植物和单子叶植物原胚时期的发育形态相似，但在以后的胚分化过程和成熟胚的结构则有较大差别。

（1）双子叶植物胚的发育　胚的发育是从合子的分裂开始，也是植物个体发育的开始。合子进行一次不均等的横向分裂，形成上、下两个细胞，靠近珠孔端的是基细胞，远离珠孔的是顶细胞。基细胞略大，经连续横向分裂，形成胚柄，胚柄能将胚体推向胚乳，有利于从胚乳中吸收养分，它也能从外围组织吸收营养和加强短途运输，此外胚柄还能合成激素。顶细胞先要进行一次纵向分裂，形成左、右两个并列的细胞，随后这两个子细胞各进行一次纵向分裂成为 4 个细胞，各个细胞进行横向分裂一次，成为 8 个细胞的球形体，即八分体时期。八分体继续进行分裂成为球形胚，球形胚两侧的细胞分裂较快，因而产生两个侧生突起，胚成为心脏形，叫做心形胚。心形胚的两个突起分裂较快，迅速发育，成为 2 片子叶，又在子叶间的凹陷部分逐渐分化出胚芽。与此同时，球形胚体下方的胚柄顶端一个细胞，即胚根原细胞，它和球形胚体的基部细胞也不断分裂生长，一起分化为胚根。胚根与子叶间的部分即为胚轴。这一阶段的胚体，在纵切面看，呈心脏形。不久，由于细胞的横向分裂使子叶和胚轴延长，而胚轴和子叶由于空间位置的限制而弯曲呈马蹄形。胚柄在胚发育时，只保留一定时期，随着胚的发育成熟，胚柄也就退化消失（图 3-22）。

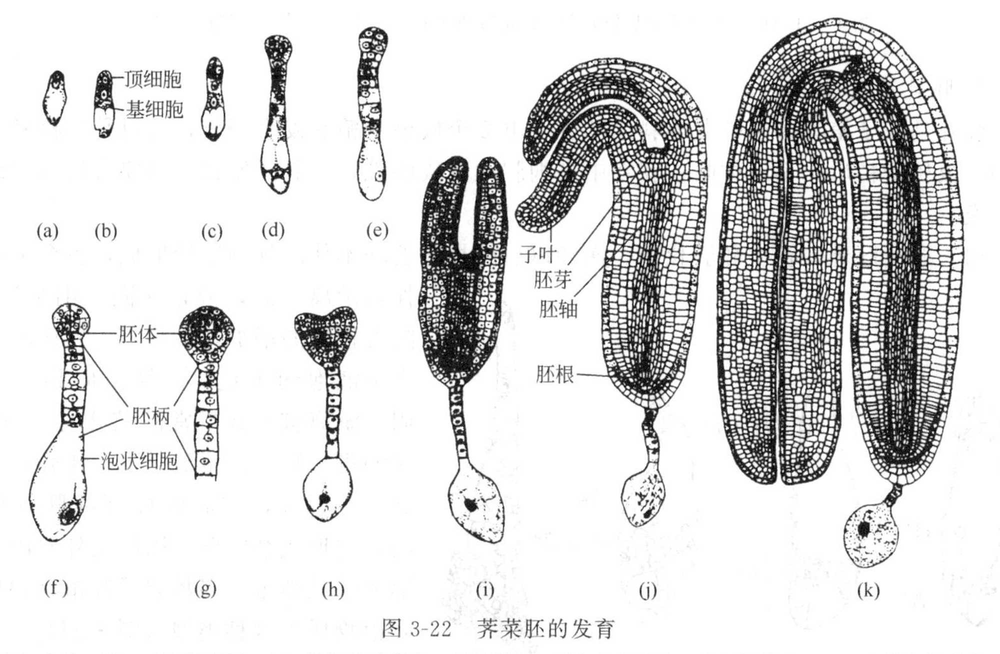

图 3-22　荠菜胚的发育

（a）合子；（b）二细胞原胚；（c）基细胞横裂为二细胞胚柄，顶细胞纵列为二分体胚体；（d）四分体胚体形成；（e）八分体胚体形成；（f），（g）球形胚体形成；（h）心形胚时期；（i）鱼雷型胚时期；（j），（k）“U”形胚形成

（2）单子叶植物胚的发育　单子叶植物胚的发育以禾本科的小麦为例说明。小麦合子休眠后第一次分裂是斜向的，分为 2 个细胞，接着 2 个细胞分别各自进行一次斜向的分裂，成为 4 个细胞的原胚。以后，4 个细胞又各自不断地从各个方向分裂，形成许多细胞，而呈现棒状，上部膨大，为胚体的前身，下部细长，分化为胚柄，整个胚体周围由一层原表皮层细胞所包围。以后由棒状胚的一侧出现一个凹陷，在凹陷处形成胚芽，凹陷上面的一部分形成盾片（子叶）。由于这一部分生长较快，所以很快突出在生长点之上。在以后的发育中分化形成胚芽鞘、胚芽、胚根鞘和胚根。在胚体的子叶相对的另一侧，形成一个新的突起，并继

续长大，成为外胚叶（图 3-23）。

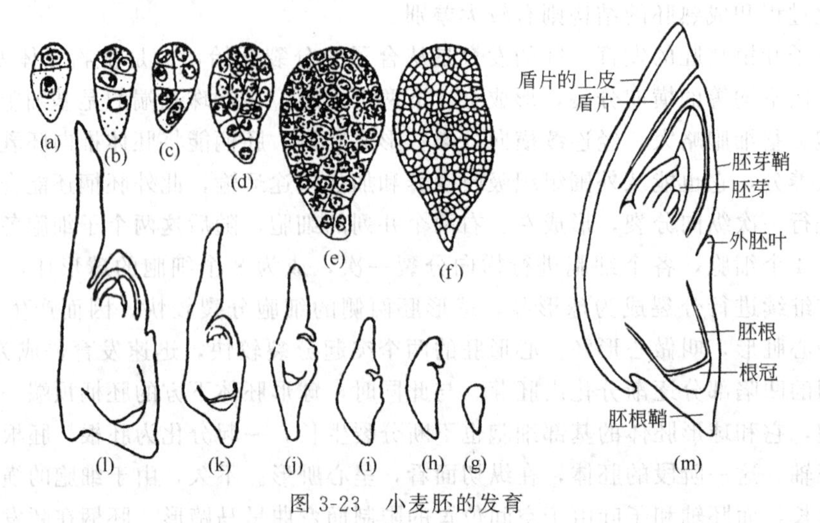

图 3-23 小麦胚的发育

(a)～(d) 二细胞、四细胞、多细胞的原胚；(e)～(g) 梨形多细胞原胚，盾片刚微现（授粉后 5～7d）；(h)～(k) 胚芽、胚芽鞘、胚根和外胚叶逐渐分化形成（授粉后 10～15d）；(l) 胚发育比较完全（授粉后 20d）；(m) 胚发育完全（授粉后 25d）

2. 胚乳的发育

胚乳是被子植物种子贮藏养料的部分，由 2 个极核受精后发育而成，所以是三核融合的产物。极核受精后，不经休眠，就在中央细胞发育成胚乳。胚乳的发育，主要有核型和细胞型两类。

(1) 核型胚乳　初生胚乳核第一次和以后的核分裂均不伴随细胞壁的形成，各个细胞核保留游离状态，分布在同一细胞质中。随着核数的增加，核和原生质逐渐由于中央液泡的出现，而被挤向胚囊的四周。游离核的数目常随植物种类而异，多的可达数百以至数千个。待胚乳发育到一定阶段，在胚囊周围的胚乳核之间，先形成细胞壁，以后由外向内逐渐形成胚乳细胞。多数双子叶植物和单子叶植物属于这种类型（图 3-24）。

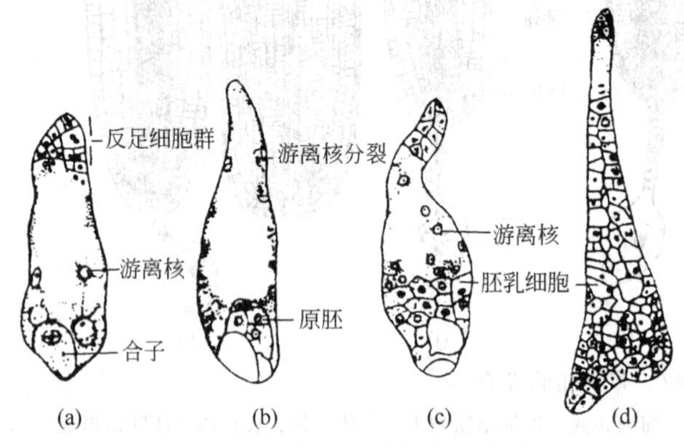

图 3-24 玉米的胚乳发育（核型）

(a) 合子和少数胚乳游离核（传粉后 26～34h）；(b) 游离核分裂（传粉后 3d）；(c) 珠孔端胚乳细胞开始形成（传粉后 3.5d）；(d) 胚乳细胞继续形成（传粉后 4d）

(2) 细胞型胚乳　细胞型胚乳的特点是初生胚乳核分裂后，随即产生细胞壁，形成胚乳细胞，胚乳自始至终是细胞的形式，不出现游离核时期，整个胚乳为多细胞结构。大多数合瓣花类植物属于这一类型，如烟草、番茄、芝麻等（图 3-25）。

3. 种皮的发育

受精作用后，在胚与胚乳发育过程中，胚珠的珠被发育成种皮，位于种子外面起保护作用。具有两层珠被的胚珠，常形成两层种皮。外珠被形成外种皮，内珠被形成内种皮，如蓖

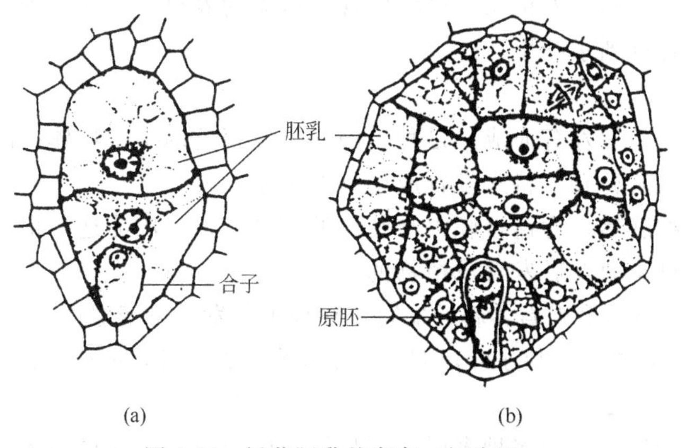

图 3-25　矮茄胚乳的发育（细胞型）
（a）细胞时期；（b）多细胞时期

麻、苹果等。但有些植物如毛茛科、豆科等，其内珠被在种子形成过程中全部被吸收而消失，只有外珠被继续发育为种皮，在形成种子时一般只有一层种皮。有一层珠被的，形成一层种皮，如向日葵、胡桃、番茄等。禾本科植物的种皮极不发达，如玉米、小麦、水稻等仅剩下由内珠被内层细胞发育而来的残存种皮。这种残存的种皮与果皮愈合在一起，而主要由果皮对内部幼胚起到保护作用。少数植物的种子还形成假种皮。假种皮是由珠柄或胎座发育而来的，包于种皮之外，如龙眼、荔枝果实的肉质、多汁可食部分。

（二）种子的形态结构

种子的形态、大小、色泽、表面纹理随植物种类不同而异。种子常呈圆形、椭圆形、肾形、卵形、圆锥形、多角形等。大小差异亦悬殊，大的有椰子、槟榔、银杏；小的如菟丝子，极小的呈粉末状，如白芨、天麻。种子的颜色亦多样，绿豆为绿色，白扁豆为白色，赤小豆为红紫色，相思子一端为红色，另一端为黑色。种子的表面有的光滑，具光泽，如北五味子；有的粗糙，如长春花、天南星；有的具皱褶，如乌头、车前；有的具翅，如木蝴蝶；有的密生瘤刺状突起，如太子参；有的顶端具毛茸，称种缨，如白前和萝摩。

种子的结构由种皮、胚、胚乳三部分组成，有的种子还有外胚乳。

1. 种皮

种皮由珠被发育而来。有的种子在种皮外尚有假种皮，是由珠柄或胎座部位的组织延伸而成，有的为肉质，如龙眼、荔枝、苦瓜、卫矛；有的呈菲薄的膜质，如砂仁、豆蔻等。在种皮上常可看到下列结构。

（1）种脐　是种子成熟后从种柄或胎座上脱落后留下的疤痕，常呈圆形或椭圆形。

（2）种孔　来源于胚珠的珠孔，为种子萌发吸收水分和胚根伸出的部位。

（3）合点　来源于胚珠的合点，是种皮上维管束汇合之处。

（4）种脊　来源于株脊，是种脐到合点之间的隆起线，内含维管束，倒生胚珠发育的种子种脊较长，弯生或横生胚珠形成的种子种脊短，直生胚珠发育的种子无种脊。

（5）种阜　有些植物的种皮在珠孔处有一由珠被扩展形成海绵状突起物，称种阜，种子萌发时，可以帮助吸收水分，如蓖麻、巴豆和蚕豆的种子。

2. 胚乳

胚乳是极核受精后发育而成，常位于胚的周围，呈白色，胚乳中含丰富的淀粉、蛋白质、脂肪等，是种子内的营养组织，供胚发育时所需的养料。有些种子在胚形成过程中，胚乳的营养物质全部转移到子叶里。

3. 胚

胚是由卵细胞受精后发育而成，是种子中尚未发育的幼小植物体，由 4 部分组成。

（1）胚根　正对着种孔，将来发育成植物的主根。

（2）胚轴　又称胚茎，为连接胚根与胚芽的部分，发育成为连接根与茎的部分。

（3）胚芽　在种子萌发后发育成植物的主茎和叶。

（4）子叶　为胚吸收和贮藏养料的器官，在种子萌发后可变绿而行光合作用。一般而言，被子植物中的单子叶植物具一枚子叶，双子叶植物有 2 枚子叶，而裸子植物则有多枚子叶。

（三）种子的基本类型

被子植物种子的形态结构多种多样，但根据子叶数目和胚乳的有无，可概括分为以下 4 种类型。

（1）双子叶植物有胚乳种子　蓖麻、柿、烟草和番茄等植物的种子属于这种类型（图 3-26）。

（2）双子叶植物无胚乳种子　豆类、瓜类、油菜、桃、棉和柑橘等植物的种子属于这种类型。它们的种子成熟时，胚乳也被吸收，营养物质贮藏在发达的子叶中（图 3-26）。

（3）单子叶植物有胚乳种子　洋葱、小麦、玉米和水稻等的种子为这种类型（图3-27）。

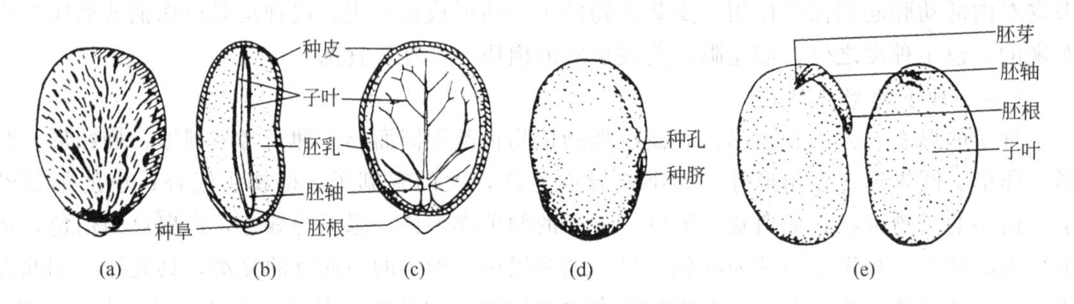

图 3-26　双子叶植物种子的结构

（a）～（c）蓖麻；（d），（e）大豆

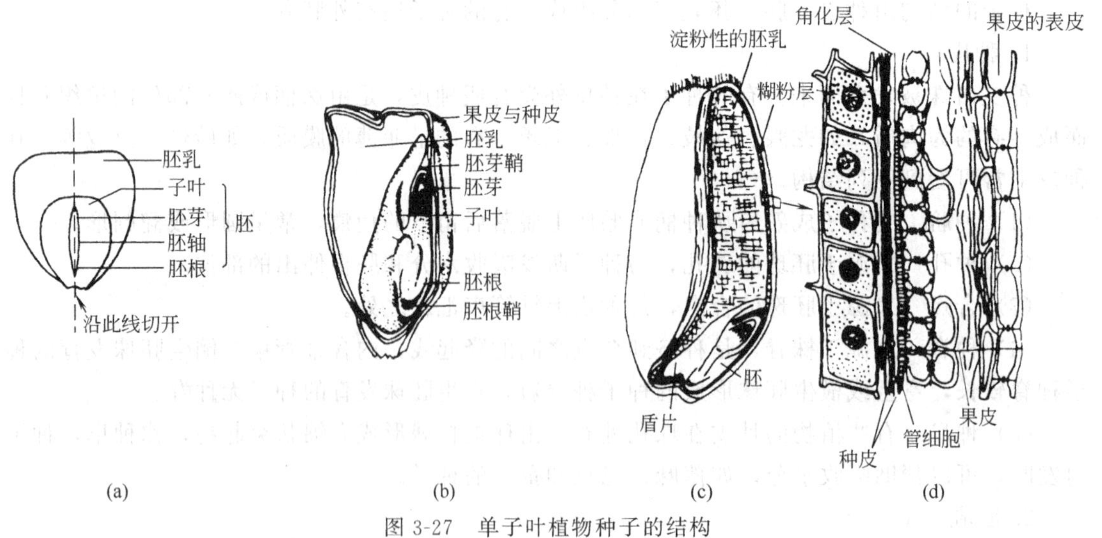

图 3-27　单子叶植物种子的结构

（a），（b）玉米；（c），（d）小麦

(4) 单子叶植物无胚乳种子　水生植物眼子菜、慈姑和泽泻等的种子为这种类型。慈姑的种子很小，仅有种皮和胚两部分，种皮薄，胚弯曲，长筒形子叶一片（图 3-28）。

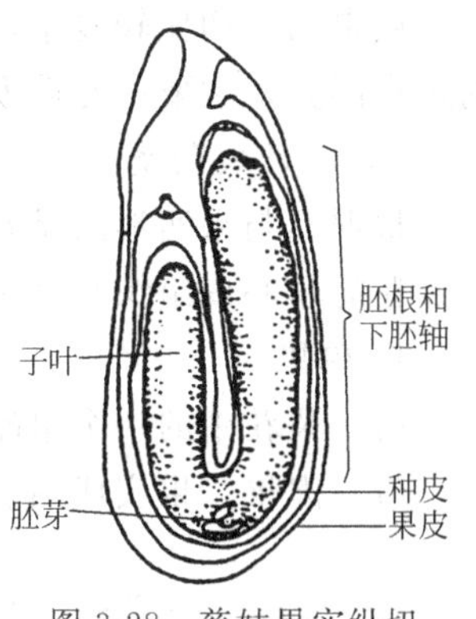

图 3-28　慈姑果实纵切

二、果实的形成、结构和类型

(一) 果实的形成与结构

受精作用完成之后，花的各部分变化显著。多数植物的花被枯萎脱落，但也有些植物的花萼可宿存于果实之上，柱头和花柱枯萎，仅子房连同胚珠生长膨大，发育成果实。这种单纯由子房发育而成的果实称为真果，如小麦、大豆、梅和李等的果实。也有一些植物的果实除子房外，还有花的其他部分参与果实的形成，如黄瓜、苹果、菠萝、梨等的果实，大部分是花托、花序轴参与形成的，这类果实称为假果（图 3-29）。

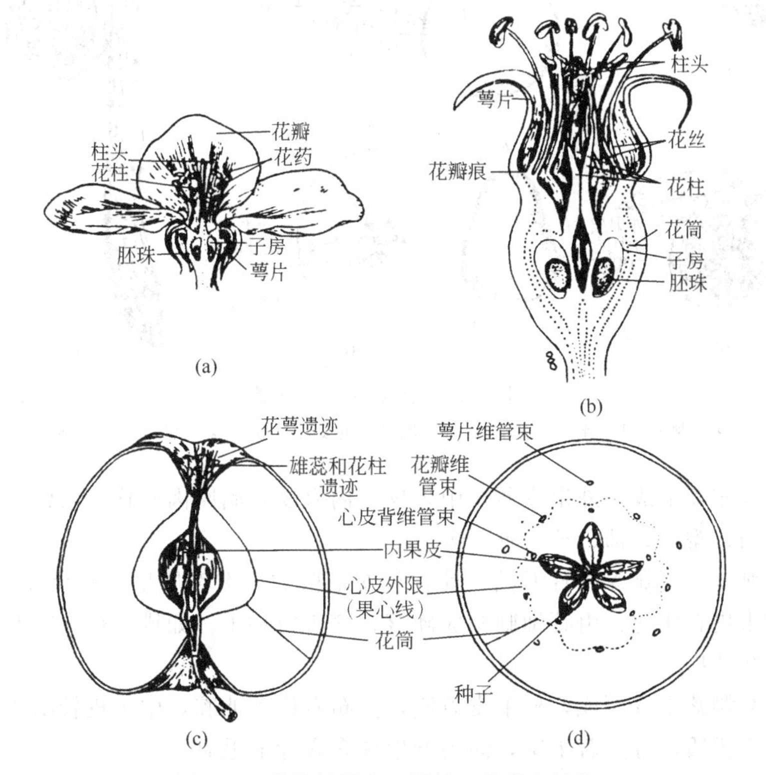

图 3-29　苹果的果实（假果）发育和结构

(a) 花的纵切面；(b) 发育中的果实纵切面；(c) 果实的纵切面；(d) 果实的横切面

真果的结构比较简单，外面为果皮，内含种子。果皮由子房发育而来，通常可分为外、中、内三层果皮。外果皮上有角质、蜡质和表皮毛，并有气孔分布。中果皮很厚，占整个果皮的大部分，在结构上各种植物差异很大，如桃、李、杏的中果皮肉质，刺槐的中果皮革质等。内果皮各种植物差异也很大，有的内果皮细胞木质化加厚，非常坚硬，如桃、李、核桃；有的内果皮变为肉质化的汁囊，如柑橘；有的内果皮分离成为单个的浆汁细胞，如葡萄、番茄等。

假果的结构比较复杂，果皮除了有子房外，还有其他部分参与果实的形成。如苹果、梨的可食部分，主要由花筒发育而成，由子房发育而成的部分很小，位于中央。

（二）果实的类型

根据参与果实形成是花或花序、雌蕊的类型、果实的质地、成熟果皮是否开裂和开裂方式、花的非心皮组织是否参与形成等，将果实分类如下。

1. 单果

由一朵花中的一个单雌蕊或复雌蕊参与形成的果实，分为肉果和干果两类。

（1）肉果　果实成熟后，肉质多汁，可分为下列几种（图 3-30）。

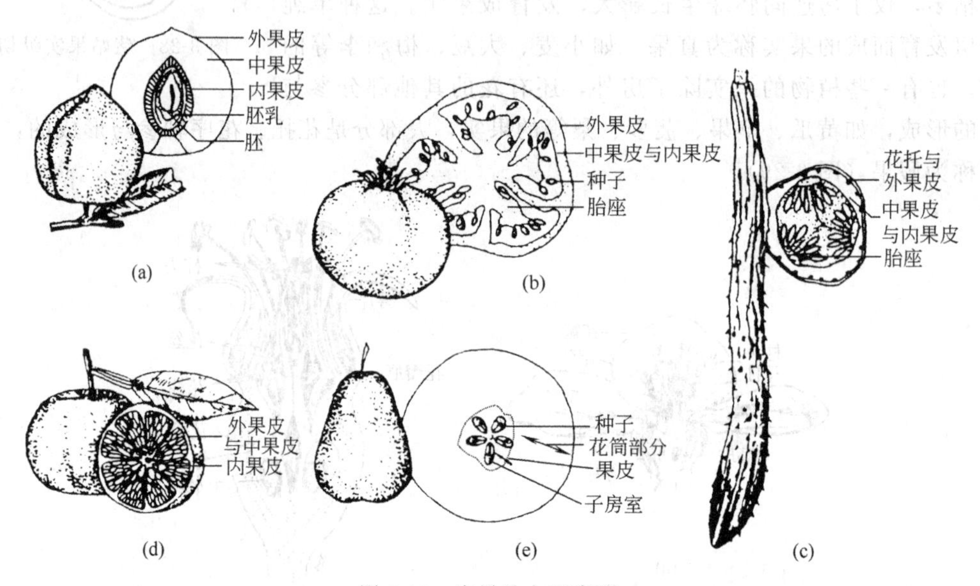

图 3-30　肉果的主要类型

（a）核果（桃）；（b）浆果（番茄）；（c）瓠果（黄瓜）；（d）柑果（柑橘）；（e）梨果（梨）

浆果。由复雌蕊形成，外果皮薄，中果皮、内果皮和胎座肉质化，浆汁丰富，含一至多粒种子，如葡萄、番茄、柿、茄、香蕉等。

核果。单雌蕊或复雌蕊发育形成，具有坚硬果核的一类肉质果。外果皮薄、中果皮厚、多为肉质，内果皮石质化，由石细胞构成硬核，含 1 粒种子，如桃、梅、杏和李等。核桃为 2 心皮发育成的核果。

柑果。由复雌蕊发育而成，外果皮革质，分布有许多油腔，中果皮较疏松，具多分枝的维管束，内果皮膜质，分为若干室，向内产生许多多汁的毛囊。

梨果。由复雌蕊的下位子房和花筒愈合发育而成的一类肉质假果。花筒与外、中果皮均肉质化，无明显分界，内果皮木质化，较易分辨。中轴胎座，常分隔为 5 室，每室含 2 粒种子，如梨、苹果和山楂等果实。

瓠果。由 3 心皮组成，具侧膜胎座的下位子房发育而成的假果，为葫芦科瓜类所特有的一种肉质果。其外面为花托与外果皮愈合形成的坚硬果壁。南瓜、冬瓜和黄瓜的食用部分为肉质的中果皮和内果皮，西瓜的主要食用部分为肉质化的胎座。

（2）干果　成熟时，果皮干燥，分为裂果和闭果两类。

① 裂果类。果实成熟时果皮开裂（图 3-31）。

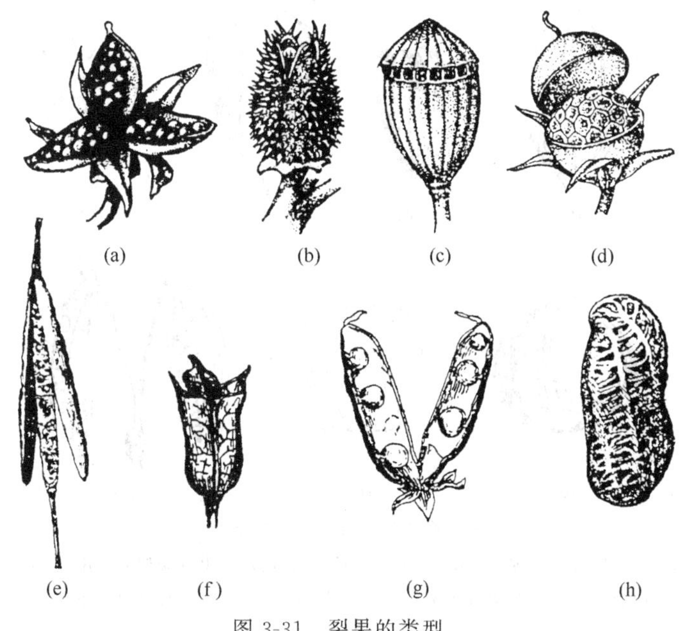

图 3-31　裂果的类型

(a) 紫堇的蒴果（纵裂）；(b) 曼陀罗的蒴果（纵裂）；(c) 罂粟的蒴果（孔裂）；(d) 海绿属的蒴果（盖裂）；(e) 油菜的长角果；(f) 飞燕草的蓇葖果；(g) 豌豆的荚果；(h) 落花生的荚果（不开裂）

荚果。由单雌蕊发育而来，子房 1 室，边缘胎座，成熟时沿背缝线和腹缝线同时开裂，如大豆、豌豆、菜豆等。也有不开裂的，如落花生和合欢的荚果。

蓇葖果。由单雌蕊或离生单雌蕊的子房发育而来的，成熟时沿背缝线或腹缝线开裂，如飞燕草、芍药、牡丹等。

角果。由 2 心皮复雌蕊的子房发育而来，侧膜胎座，子房 1 室，或从腹缝线合生出向中央生出假隔膜，将子房分隔为假 2 室。成熟时果实沿 2 条腹缝线开裂，如白菜、萝卜、油菜等的角果很长，称为长角果；荠菜、独行菜的角果短阔，称为短角果。

蒴果。由复雌蕊发育而成，每室含有多粒种子，成熟时有几种开裂方式。如背裂（棉花、百合）、腹裂（烟草、牵牛）、孔裂（罂粟）、齿裂（石竹）和盖裂（马齿苋、车前）等。

② 闭果类。果实成熟时果皮不开裂（图 3-32）。

瘦果。由 1 室子房形成，含 1 粒种子，果皮和种皮分离。如 1 心皮的白头翁，2 心皮的向日葵，3 心皮的荞麦的果实等。

颖果。由 2～3 心皮组成，含 1 粒种子，果皮与种皮愈合，不能分离，为禾本科植物特有的一类不裂干果，如小麦、水稻和玉米的果实等。

坚果。复雌蕊发育而来，含 1 粒种子，果皮坚硬木质化。如榛子、栗子、橡子的果实等。

翅果。由单雌蕊或复雌蕊发育而成的，部分果皮向外扩延展而成翼翅。如榆、槭树、枫杨的果实等。

分果。由 2 个或 2 个以上心皮组成的复雌蕊组成，各室含 1 粒种子，成熟时各小果彼此分离，但小果并不开裂，如锦葵、蜀葵、苘麻等。胡萝卜、芹菜等伞形科植物的果实，成熟时分离成两个悬垂的果实，叫双悬果。

2. 聚合果

由一朵花中的多数离生单雌蕊聚集生长在花托上，并与花托共同发育成果实，称为聚合

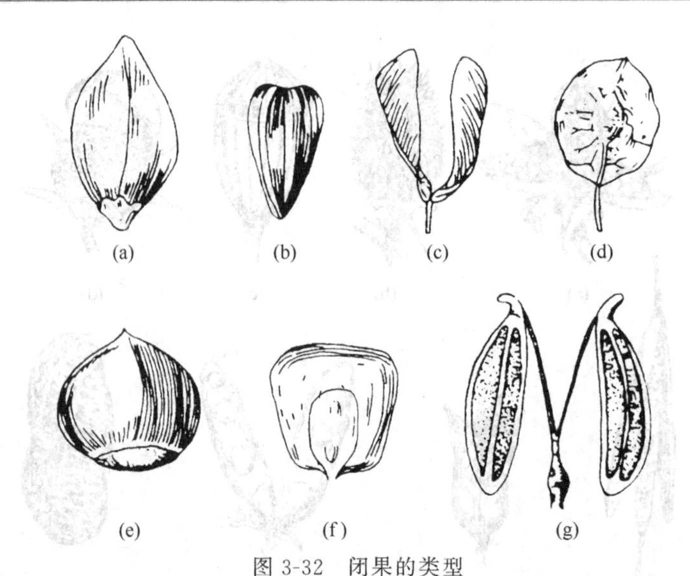

图 3-32 闭果的类型

(a) 瘦果(荞麦);(b) 瘦果(向日葵);(c) 翅果(槭树);(d) 翅果(榆树);(e) 坚果(板栗);(f) 颖果(玉米);(g) 双悬果(伞形科)

果。每一离生雌蕊各为一单果，根据小果的类型有可分为聚合瘦果(草莓)、聚合坚果(莲)、聚合核果(悬钩子)和聚合蓇葖果(八角、芍药)(图 3-33)。

3. 聚花果

由整个花序发育形成的果实，称为聚花果，也称复果。如菠萝、桑葚、无花果等(图 3-34)。

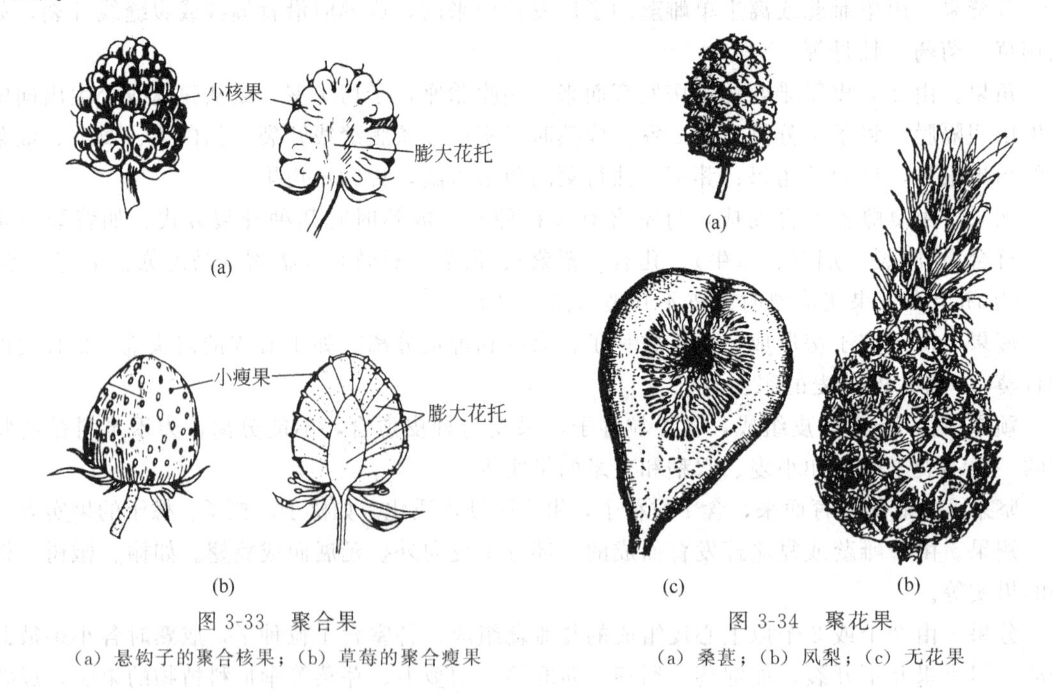

图 3-33 聚合果

(a) 悬钩子的聚合核果；(b) 草莓的聚合瘦果

图 3-34 聚花果

(a) 桑葚；(b) 凤梨；(c) 无花果

三、种子与果实的传播

植物在长期自然选择过程中，植物的果实和种子形成了适应不同传播媒介的多种形态特征，以利于果实和种子的散布，扩大后代植株生长分布的范围，使种族得以繁衍。

（一）借风力的传播

借风力传播的果实和种子，一般体积小而轻，通常具有毛、翅等附属物。如蒲公英的冠毛；白杨、柳种子外的细绒毛；榆、槭、枫杨果实的翅等（图 3-35）。

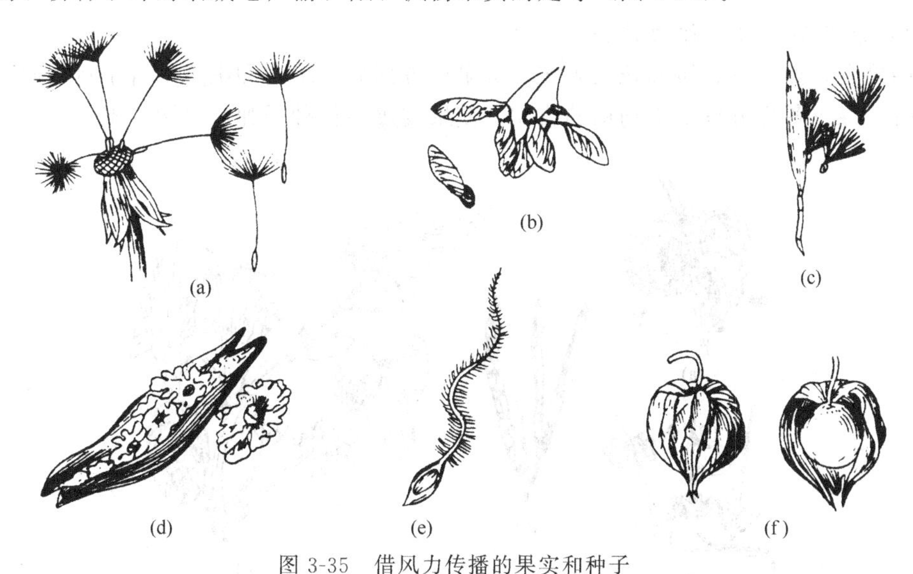

图 3-35　借风力传播的果实和种子

（a）蒲公英的果实；（b）槭树的果实；（c）马利筋的种子；（d）紫薇的种子；（e）铁线莲的果实；（f）酸浆的果实

（二）借水力传播

水生和沼泽地带植物，其果实或种子多形成漂浮结构，可借水力传播。如莲蓬、椰子等（图 3-36）。

（三）借动物和人的活动传播

此类植物果实和种子有不同的适应结构，有些植物，如窃衣、苍耳、鬼针草等果实外面

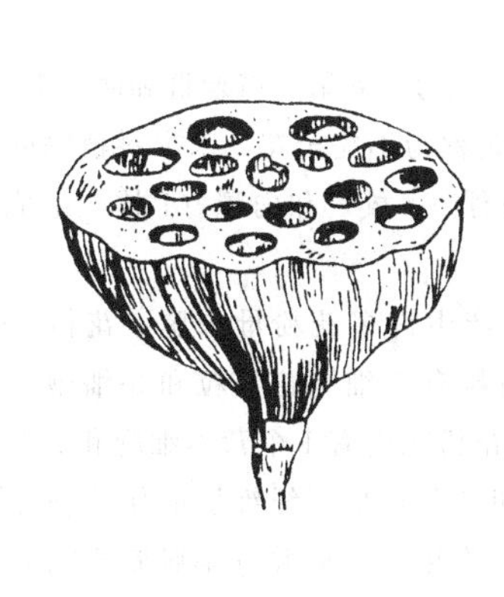

图 3-36　莲蓬的果实和种子借水力传播

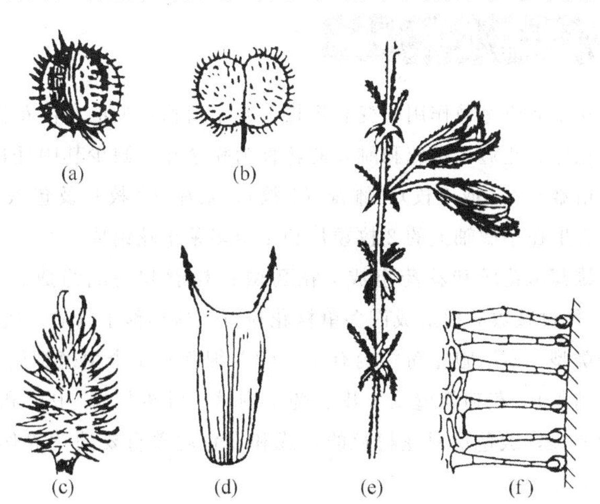

图 3-37　借动物和人的活动传播的果实

（a）蓖麻的果实；（b）葎草的果实；（c）苍耳的果实；（d）鬼针草的果实；（e）鼠尾草属的一种，萼有黏液腺；（f）黏液腺放大

具有钩刺，马鞭草、鼠尾草的一些种的果实具有宿存黏萼，能附于动物的皮毛上或人们的衣服上而传播。有的果实或种子具有坚硬的果皮或种皮，被动物吞食不被消化，随粪便排出体外。另外，有些杂草的果实和种子常与栽培植物同时成熟，借人类收获作物和播种活动而传播（图 3-37）。

（四）借果实开裂时弹力传播

有些果实，如大豆、凤仙花的果实，其果皮各部分的结构和细胞的含水量不同，果实成熟干燥时，果皮各部分发生不均衡的收缩，使果皮爆裂将种子弹出（图 3-38）。

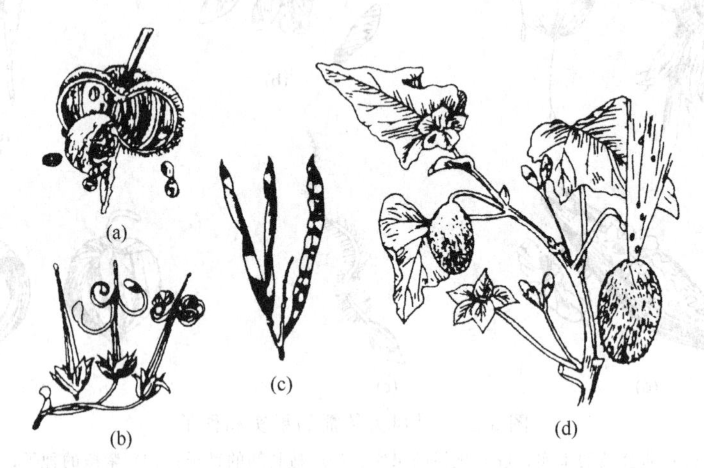

图 3-38　借果实开裂时弹力传播的种子

(a) 凤仙花；(b) 老鹳草；(c) 菜豆；(d) 喷瓜

（五）借助火力传播的种子

红松等球果成熟时种鳞通常彼此不能分开，致使里面的种子不能自由脱落，而森林大火过后，种子逃过一劫，并得以从烧焦开裂的种鳞中释放出来，为森林的恢复带来了希望。

本章小结

花是适应生殖作用的变态短枝。被子植物典型的花由花梗、花托、花萼、花冠、雄蕊群和雌蕊群组成。具有花萼、花冠、雄蕊和雌蕊的花称为完全花，缺少其中任何部分的花称为不完全花。禾本科植物的 1 朵小花由雄蕊（3 或 6 枚）、雌蕊（1 枚）、浆片（2 枚）及包被小花的外稃（1 枚）和内稃（1 枚）组成。小穗由着生在小穗轴上的 2 枚颖片和 1 至多朵小花组成。

雄蕊由花丝和花药组成。花药由花粉囊和药隔组成。花粉囊内产生许多花粉母细胞，花粉母细胞（2n）经过减数分裂形成许多单核花粉粒，即小孢子（n）。成熟的花粉粒有 2-细胞花粉粒和 3-细胞花粉粒两种类型。2-细胞花粉粒内有 1 个营养细胞和 1 个生殖细胞；3-细胞花粉粒内有 1 个营养细胞和 2 个精细胞（精子）。花粉囊壁由表皮、药室内壁（纤维层）、中层和绒毡层四部分组成。纤维层的作用与花药的开裂有关，绒毡层对花粉粒的形成和发育起着重要的营养作用和调节作用（合成并分泌胼胝质酶和识别蛋白）。

雌蕊由 1 至多个心皮卷合或并合而成。雌蕊在形态上可分为柱头、花柱和子房三部分。子房是果实的前身，子房由子房壁、子房室、胚珠和胎座四部分组成。子房室内着生胚珠。胚珠是种子的前身，由珠心、珠孔、合点和珠柄等部分组成。珠心内通常可产生 1 个胚囊母细胞。胚囊母细胞（2n）经过减数分裂形成 4 个大孢子（n），其中 1 个大孢子（近合点端）发育形成胚囊，其余 3 个大孢子（近珠孔端）退化消失。

大多数植物的胚囊发育方式为：大孢子经过 3 次有丝分裂后发育成为含有 8 个核或 7 个细胞的成熟胚囊，其珠孔端有 1 个卵细胞（n）和 2 个助细胞（n），合点端有 3 个反足细胞（n），胚囊的中部是 1 个大型的中央细胞（2n），其中含 2 个单倍体的极核（n）或 1 个二倍体的次生核（2n）。

当花中雌、雄蕊或其中之一成熟后，即可开花。花粉粒由花粉囊散出，借外力作用传到雌蕊的柱头上，称为传粉。传粉方式有自花传粉和异花传粉两种。异花传粉对后代有益，是较进化的传粉方式。

花粉粒与柱头识别后，生理性质亲和的则萌发形成花粉管。花粉管经花柱进入胚珠的胚囊并释放 2 个精子。其中 1 个与卵细胞融合形成合子（2n），1 个与极核（或次生核）融合，形成初生胚乳核（3n），这就是双受精作用，是被子植物所特有的受精现象，也是植物界有性生殖的最进化形式。

合子以不同方式发育成胚；初生胚乳核多以核型、细胞型方式发育成胚乳；珠被发育为种皮，整个胚珠发育成种子。胚乳若被胚所吸收，则形成无胚乳种子，否则为有胚乳种子。

受精后，子房发育成果实，其子房壁发育成果皮。仅由子房发育形成的果实称为真果；除子房外，还有花的其他部分或整个花序参与形成的果实称为假果。

一、名词解释

完全花；胎座；单性花；两性花；雌雄同株；雌雄异株；双受精

二、问答题

1. 典型的花由哪几部分组成？各有何特点？
2. 举例说明花冠的类型。
3. 雄蕊有哪些类型？举例说明。
4. 雌蕊有哪些类型？举例说明。
5. 以小麦、水稻为例，说明禾本科植物花的结构特点。
6. 举例说明花的性别，植株的性别。
7. 什么是花序？举例说明花序的类型和特点。
8. 列表解释花药和花粉粒的发育与结构。
9. 列表解释胚珠和胚囊的发育与结构。
10. 胎座有哪些类型？举例说明。
11. 什么是传粉？为什么异花传粉具有优越性？植物对异花传粉有哪些适应特点？
12. 说明被子植物双受精作用的过程和意义。
13. 以荠菜为例说明胚的发育过程。
14. 举例说明种子的类型。
15. 胚乳的发育有几种类型？举例说明。
16. 果实有哪些类型？各举一例。
17. 种子和果实有哪些传播方式？举例说明。

第四章　植物分类

了解植物分类的方法和植物分类单位，了解植物的科学命名。

了解植物界的主要类群，了解植物界的进化规律。

掌握与农业生产有关的常见被子植物科的主要特点。

掌握植物分类检索表的使用。

能熟练识别生产中常见植物。

自然界的植物类型繁多，现在生存在地球上的植物约50万种，为了认识、利用、改造这些植物资源，使之更好地为人类服务，就要分门别类进行研究。因此，认真学习和掌握植物分类的基本知识是很有必要的。

第一节　植物分类的基础知识

一、植物分类的方法

人们在认识植物和利用植物的历史过程中，逐步建立了两种植物分类的方法：一种是人为分类法；另一种是自然分类法。

人为分类法是人们为了方便，根据植物经济用途和形态、习性的一个或几个特点，作为分类标准的分类方法。如将植物分为木本植物、草本植物，粮食或经济植物，蔬菜和花卉等。此种方法简单易懂，便于掌握，但不能准确反映植物类群的进化规律与亲缘关系。

自然分类法是以植物进化过程中亲缘关系的远近作为分类标准的分类方法。判断亲缘关系的程度，是根据植物相同点的多少，例如小麦和水稻有许多相同点，因此亲缘关系就近，而小麦与油菜相同点少，则它们的亲缘关系必然远。这种方法科学性较强，在生产实践中也有重要意义。例如，可根据植物亲缘关系，选择亲本以进行人工杂交，培育新品种；也可根据亲缘关系，对植物资源开发利用。

二、植物分类的单位

植物分类的各级单位按照高低和从属关系顺序排列起来，主要有界、门、纲、目、科、属和种。种是植物分类的基本单位，同种植物的个体，起源于共同的祖先，具有相似的形态特征，且能进行自然交配，产生正常后代，并有其一定的地理分布区域。由相近的种集合为属，相近的属集合为科，依此类推。根据实际需要，在主要分类单位中还可插入一些亚单位，如亚种、亚科、亚纲等。每种植物都可在各级分类单位中找到它的位置和从属关系。现以水稻为例说明分类的各级单位。

界：植物界（Vegetabile）
  门：被子植物门（Angiospermae）
    纲：单子叶植物纲（Monocotyledoneae）
      亚纲：颖花亚纲（Glumifiorae）
        目：禾本目（Granminales）
          科：禾本科（Gramineae）
            属：稻属（*Oryza*）
              种：稻（*Oryza sativa* L.）

在栽培植物中，常划分为很多品种，品种不是分类学上的单位，而是经过人类培育出来的，它只用于栽培植物，品种不存在于野生植物中。品种大多是根据经济性状，如植株大小，果实的色、香、味及成熟期等类区分的。例如苹果的国光、红玉、鸡冠等都是品种。

三、植物的科学命名

每一种植物在不同的国家名称不一，即使在同一国家的不同地区也有不同的名称。例如马铃薯在我国的四川叫洋芋，山西叫山药蛋，东北叫土豆等，这是同物异名。另一方面是同名异物，例如谷子，在北方指碾成小米的是谷子，在四川是指水稻。这种名称上的不统一，对研究和利用植物都很不方便。在我国用汉语表示的国内通用的植物名称，简称中名，如甘薯、油菜、菊花等。国际上为了便于学术交流和应用，经国际植物学会统一规定，采用瑞典植物学家林奈所创立的“双名法”作为植物命名法规。用双名法定出的名称，叫做植物的学名。

双名法规定，植物的学名由两个拉丁文的词组成，第一个是属名，表示植物的特点、地点等，为名词，属名的第一个字母要大写；第二个是种加词，要小写，表示产地、习性或特征，为形容词，也可以是名词；一个完整的学名在末尾附加命名人的姓名或姓名缩写，第一个字母要大写。例如水稻的学名为（*Oryza sativa* L.），第一个词 *Oryza* 为属名，是稻的古希腊名，为名词；第二词 *sativa* 是种加词，为栽培的意思；后面的大写“L”是定名人林奈（Linnaeus）的缩写。如果是变种，在名称的后边，加上一个变种（varietas）的缩写（var.），然后再加上变种加词，最后仍然有定名人姓名的缩写。如糯稻（*Oryza sativa* L. var. *glutinosa* Matsum.）是稻的变种。

四、植物检索表的编制与使用

植物分类检索表是鉴别植物必需的工具，检索表不提供有关植物的描述，只是指出重要的识别特征和最显著而清晰的特征，借此可以鉴别分类群。检索表的编制是根据法国人拉马克的二歧分类原则，把各植物类群突出的形态特征进行比较，分成一对显著不同的两个分支，以相同的植物群为一分支，不相同的植物群为另一分支，在每个分支下面再找出不同点分为两个分支，依次下去，直编到科、属或种的检索表的终点为止。这种检索表称为定距（也叫等距）检索表。现以植物界主要类群分类检索表为例说明。

1. 植物体无根、茎叶的分化，雌性生殖器官由单细胞组成 …………………………………… 低等植物
  2. 植物体不为藻类和菌类所组成的共生体
    3. 植物体含有叶绿素或其他光合色素，为自养生活方式 …………………………… 藻类植物
    3. 植物体不含有叶绿素或其他光合色素，为异养生活方式 ………………………… 菌类植物
  2. 植物体为藻类和菌类所组成的共生体 …………………………………………………… 地衣植物

1. 植物体有根、茎叶的分化，雌性生殖器官由多细胞组成 …………………………… 高等植物
  2. 植物体有茎叶而无真根 …………………………………………………………… 苔藓植物
  2. 植物体有茎叶有真根
    3. 不产生种子 ………………………………………………………………………… 蕨类植物
    3. 产生种子 …………………………………………………………………………… 种子植物
      4. 胚珠裸露，无子房 ……………………………………………………………… 裸子植物
      4. 胚珠包于子房之内 ……………………………………………………………… 被子植物
        5. 具网状叶脉，胚有子叶 2 枚 ………………………………………………… 双子叶植物
        5. 具平行或弧形脉，胚有子叶 1 枚 …………………………………………… 单子叶植物

除此而外，还有平行检索表，相对应性状的两个分支平行排列，分支之尾为序号或名称，此序号重新写在相对应分支前。以上述检索表为例说明如下。

1. 植物体无根、茎叶的分化，雌性生殖器官由单细胞组成……………………………… 低等植物 2
1. 植物体有根、茎叶的分化，雌性生殖器官由多细胞组成……………………………… 高等植物 4
  2. 植物体不为藻类和菌类所组成共生体 ……………………………………………………… 3
  2. 植物体为藻类和菌类所组成共生体 …………………………………………………… 地衣植物
    3. 植物体内含有叶绿素或其他光合色素，生活方式为自养 ……………………… 藻类植物
    3. 植物体内不含有叶绿素或其他光合色素，生活方式为异养 …………………… 菌类植物
      4. 植物体有茎叶，无真根 ………………………………………………………… 苔藓植物
      4. 植物体有茎叶，有真根 ……………………………………………………………… 5
        5. 不产生种子 ………………………………………………………………… 蕨类植物
        5. 产生种子 …………………………………………………………………… 种子植物 6
        6. 胚珠裸露，无子房 ……………………………………………………………… 裸子植物
        6. 胚珠包于子房之内 ……………………………………………………………… 被子植物 7
        7. 具网状脉，胚有子叶 2 枚 ……………………………………………………… 双子叶植物
        7. 具平行脉，胚有子叶 1 枚 ……………………………………………………… 单子叶植物

通常有分科、分属和分种检索表，可以分别检索出植物的科、属和种名。当应用检索表鉴定植物时，被鉴定的植物应能满足检索表的需要，对被子植物类说，应具备花、果实和其他器官。要准确地掌握植物学方面术语的含义。然后对照检索表中次第出现的两个分支的形态特征和植物相对照，选定和植物相符合的一个分支。再从这个分支下面所属的两个分支中，继续选定和植物相符合的一个分支，如此检索下去，直到找出该种植物的科、属和种名为止。然后再对照该植物种的有关描述的插图，验证检索是否有误，最后确定植物的正确名称。

第二节　植物界的主要类群

根据植物之间形态结构、生活习性和亲缘关系等，通常可把植物分为低等植物和高等植物两大类，共 15 门。列表如下。

一、低等植物

低等植物在进化上是一类比较原始的类型。它们的主要特征是：植物体结构简单，有单细胞或多细胞组成，无根、茎、叶的分化。生殖器官常是单细胞，有性生殖时，合子不形成胚而直接发育成新植物体。常在水中或潮湿的地方生长。

根据植物体的结构和不同的营养方式，可将低等植物分为藻类植物、菌类植物和地衣植物。

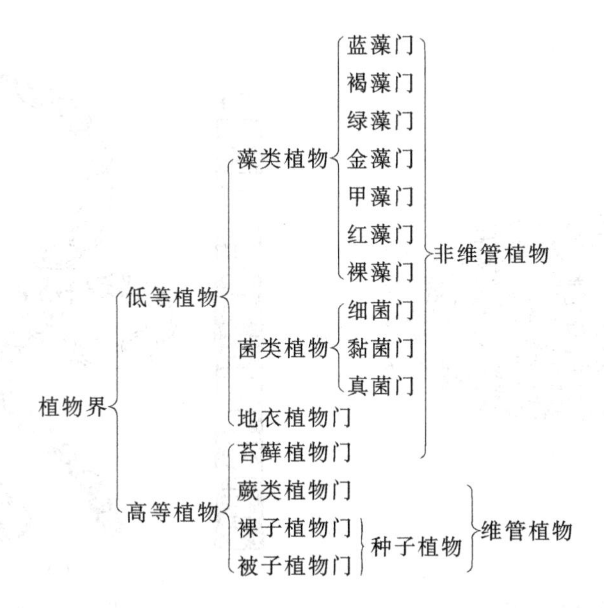

（一）藻类植物

藻类植物含有光合色素，能进行光合色素制造养分。生活方式自养，多生活在水中。植物体有单细胞、群体和多细胞个体等多种类型，在多细胞类型中，又有丝状体、片状体等，但都没有根、茎、叶的分化，植物体的营养细胞都有吸收水分、无机盐的作用。藻类植物有营养繁殖、无性繁殖和有性生殖多种繁殖方式。藻类分为蓝藻门、绿藻门、裸藻门、金藻门、甲藻门、红藻门、褐藻门共 7 门。下面仅介绍与人类关系较密切的三个门。

1. 蓝藻门

蓝藻门是简单的绿色植物，约 1500 种，分布很广，多生活于淡水中。植物体有单细胞、群体或丝状体。细胞无真正的细胞核，原生质体分化为周质和中央质两部分。周质位于细胞壁的内侧，含有叶绿素 a 和藻蓝素，但无载色体。中央质相当于细胞核的位置，没有核膜和核仁，但具有 DNA，称为原核。细胞壁分为内外两层，内层由纤维素构成，外层是果胶质组成的胶质鞘（图 4-1）。蓝藻无有性生殖，主要靠细胞分裂、群体破裂，丝状体断裂增加个体数目，少数种类有孢子。

蓝藻中的念球藻属的地木耳和发菜可供食用。鱼腥藻具有固氮能力，与满江红（红萍或绿萍）共生在一起，是稻田的速生绿肥植物（图 4-2）。

2. 绿藻门

绿藻约有 6700 种，植物体有单细胞个体、群体、多细胞丝状体、片状体等类型。绿藻为真核细胞，含有叶绿体，光合色素有叶绿素 a、叶绿素 b、叶黄素和胡萝卜素等，故植物体呈绿色。

繁殖方式有无性繁殖和有性繁殖。绿藻的分布很广，以淡水为多，常见于流水与静水中，陆地上阴湿处、海水中也有绿藻分布。

绿藻是藻类植物中最大的一门，现介绍常见的几个属。衣藻属（*Ghlamydomonas*）本属约 100 多种，生活在富含有机质的淡水和池塘中，早春和晚秋较多，常形成大片群落，使水变成绿色。衣藻是单细胞，呈卵圆形，细胞内有一个杯状的叶绿体和一个淀粉核。在细胞的中央有一个细胞核，细胞的前端有 2 个并列的伸缩泡，由伸缩泡处向前伸出两条等长的鞭毛。靠细胞前旁侧有一个感光作用的红色眼点。

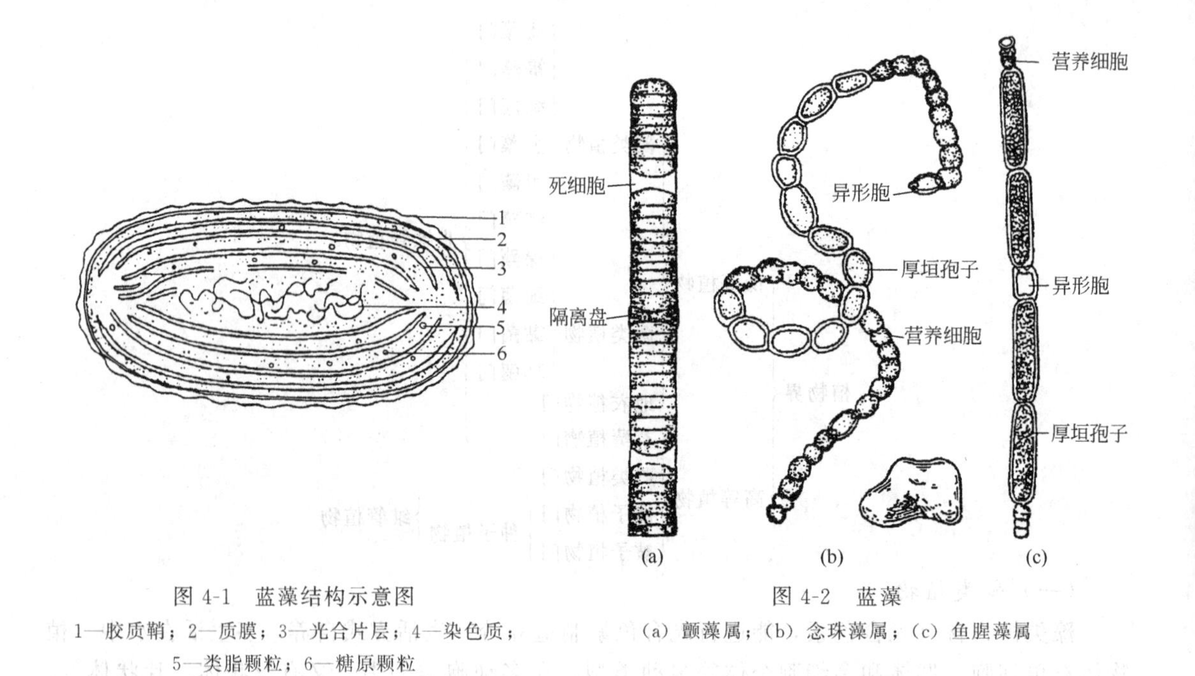

图 4-1　蓝藻结构示意图

1—胶质鞘；2—质膜；3—光合片层；4—染色质；5—类脂颗粒；6—糖原颗粒

图 4-2　蓝藻

(a) 颤藻属；(b) 念珠藻属；(c) 鱼腥藻属

衣藻进行无性繁殖时，营养细胞失去鞭毛，原生质分为 2、4、8、16 块，各形成具有两条鞭毛的游动孢子。游动孢子形成后，母细胞成为游动孢子囊，囊破后，各自发育成一个衣藻。有性生殖为同配或异配。同配生殖即形状相似，大小相同的两个配子的配合；异配生殖即形状相似，大小不同的两个配子的配合。在有性生殖时，原生质分为 8、16、32、64 个体形较小的配子。两个配子融合成为 4 条鞭毛的合子，休眠后进行减数分裂，产生四个有鞭毛的游动孢子，破壁，各自形成一个新的衣藻。有少种类的衣藻，互相融合的两个配子，一个特大呈圆形，不能游动的是卵，另一个小形，有鞭毛能活动的是精子，这样的有性生殖，叫卵式生殖（图 4-3）。

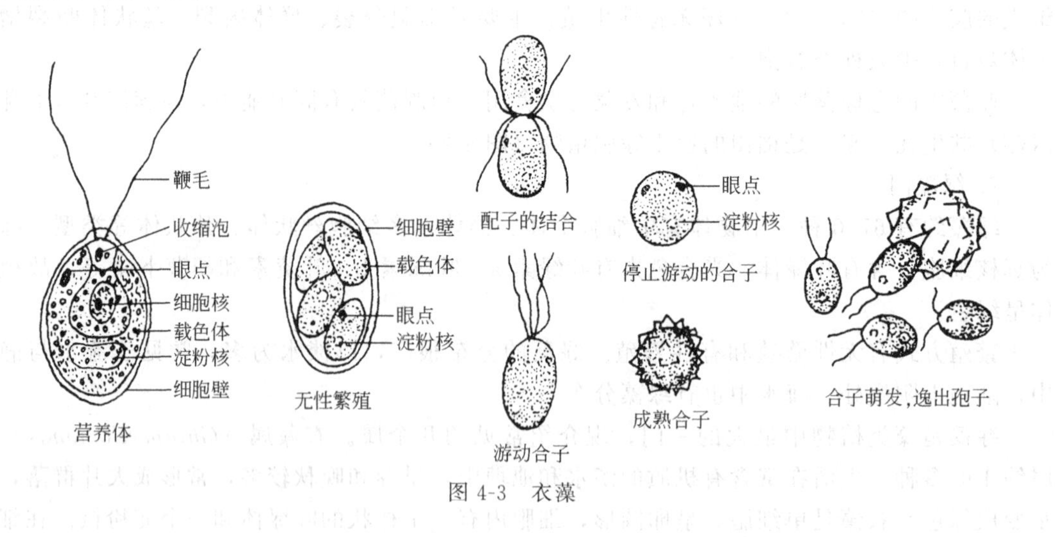

图 4-3　衣藻

水绵属（*Spirogyra*）是淡水中极为常见的绿藻。有一列细胞组的丝状体，鲜绿色，细胞呈圆柱形。细胞壁外层果胶质、内层纤维素构成。浮于水面，表面黏滑。细胞核由原生质牵制而悬于细胞中央，细胞内有叶绿体一至数条，作螺旋状环绕于原生质周围，上有一列蛋白核。

水绵的无性繁殖是以丝状体断裂的方式进行的，断裂的每一短段生长形成一个新丝状体。有性繁殖为接合生殖，生殖时两条丝状体平行靠近，两并列细胞相对的一侧发生突起，突起渐长至相互接触，接触处壁消失，连接成管，称接合管。各细胞中的原生质体收缩形成配子，其中一个细胞内的原生质体流入另一个细胞中，相互融合为合子。流出的细胞成空壁，其丝状体是雄性的，配子是雄配子，被流入的细胞中有合子，为雌性丝状体，配子为雌配子。两条丝状体的接合管，外观上似梯子，故又称为梯形接合。合子形成厚壁，随着死亡的母体沉入水底，待母细胞破裂后放出单独生活。合子渡过不良环境后开始萌发，进行减数分裂后形成新的丝状体（图 4-4）。水绵生活于池塘或稻田中，大量繁殖时造成危害。

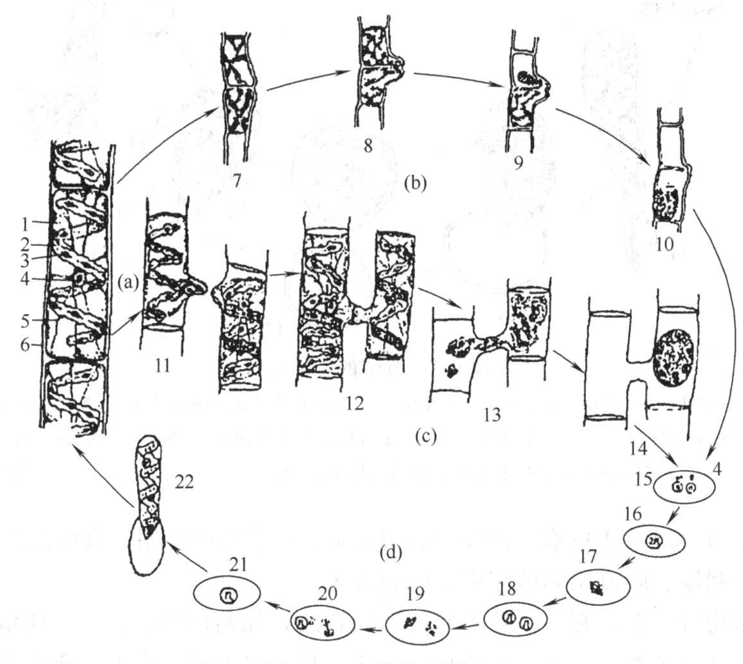

图 4-4　水绵的生活史

(a) 水绵的细胞构造；(b) 水绵的侧面接合；(c) 水绵的梯形结合；(d) 合子萌发

1—液泡；2—载色体；3—蛋白核；4—细胞核；5—原生质；6—细胞壁；7～10—侧面接合各时期；11～14—梯形接合各时期；15～22—合子萌发各时期

3. 褐藻门

褐藻是藻类中比较高级的类型，多生于海水中，属于多细胞植物。最常见的是海带（*Laminaria japonica*），海带体长约两米，分为固着器（假根）、柄、带片。柄没有分枝，呈圆柱形或略侧扁。带片生长于柄的顶端不分裂。海带的生活史比较复杂。孢子体成熟时，在带片的两面产生游动孢子囊，呈棒状，中间夹着长的细胞，叫隔丝。孢子囊内的孢子母细胞经减数分裂产生大量的游动孢子，成熟后散出，孢子落在基质上立即萌发为雌雄配子体，产生卵囊和精囊，当成熟精子随水游到卵囊时，精子与卵结合成为合子，再发育成新的海带（图 4-5）。

我国沿海各地多有海带养殖，本门除海带外，还有昆布（*Ecklonia kurome*）、裙带菜

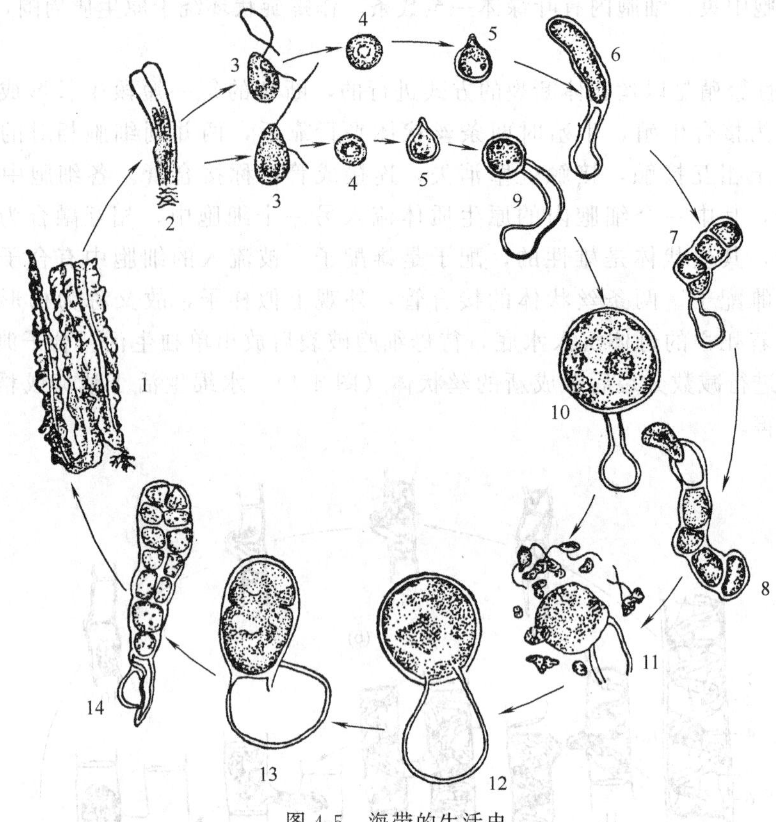

图 4-5　海带的生活史

1—孢子体外形；2—游动孢子囊；3—游动孢子；4—游动孢子的静止状态；5—游动孢子开始萌发；6—雄配子体初期；7—雄配子体；8—精子自精子囊中放出；9—雌配字体初期；10—雌配字体；11—停留在卵囊孔上的卵和聚集在周围的精子；12，13—合子开始分裂；14—幼孢子体

(*Undaria pinnatifida*)、鹿角菜（*Pelvetia siliquosa*）等均可食用。海带除作副食外，可入药消痰、清热、利尿、降血压和治疗甲状腺肿大等。

我国藻类植物种类多。有些藻是人们普通的食品，如葛仙米、海带、鹿角菜等营养价值很高。一些藻类又是鱼类和其他水生动物的主要食物，对发展水产养殖业有重要意义。藻类光合作用增加水中氧气，净化和氧化污水，清除水中的厌氧细菌。藻类还是工业的主要原料。藻类还能分解石灰岩，促进大气中碳素的循环。

（二）菌类植物

菌类植物是一个不具自然亲缘关系的类群。没有根、茎、叶的分化，一般无光合色素，营养方式为异养。异养的方式有寄生及腐生等。凡是从活的动植物体吸取养分叫寄生；从死的动植物体或无生命的有机物质吸取养分叫腐生。现有的菌类约 90000 种，通常分为细菌、黏菌、真菌三门。

1. 细菌门（Bchizomycophyta）

细菌为单细胞植物，属于原核生物，细胞壁极薄，一般不含纤维素。有些种类在细胞外具有一薄层透明的胶状物，称为荚膜，起保护作用（图 4-6）。细菌在形态上分为球菌、杆菌和螺旋菌三种类型（图 4-7）。分布极广，无论是水中、空气、土壤及动植物体表面或内部，都有细菌生活。

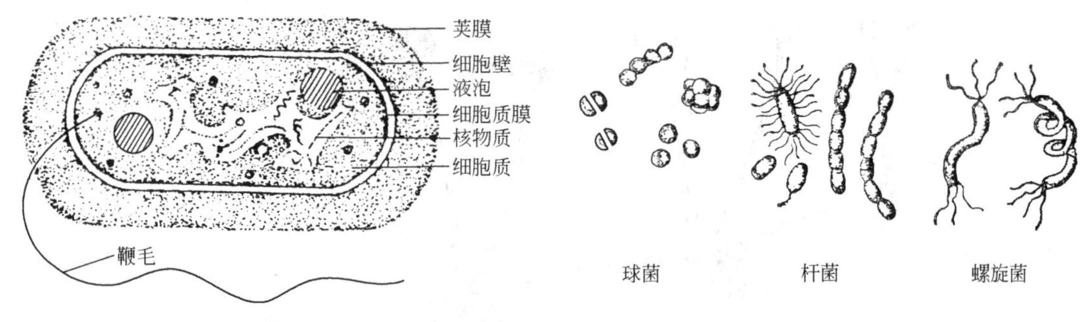

图 4-6 细菌的细胞结构模式

图 4-7 细菌的形态

细菌是以细胞分裂的方式进行繁殖，条件适宜时平均每 20～30min 就分裂一次。有些细胞生长到某一阶段，细胞内的细胞质失水浓缩，形成一个圆形或椭圆形的内生孢子，叫芽孢。芽孢具有很强的抗逆性，有的芽孢在 100℃沸水中经 1～2h 仍能萌发。所以芽孢是抵抗不良环境的休眠体。放线菌（*Actinomycetes*）也是细菌中的一类，属于高级类型。

大多数细菌对人类是有益的，如利用乳酸杆菌制乳酸。细菌能使有机质分解，在自然界物质循环中起重要作用。在工农业上利用也很广泛，如制药、纺织、化工、固氮等都与细菌的作用分不开，但细菌是许多动植物致病的病原菌，如人类的结核、伤寒、家畜的炭疽病，白菜的软腐病等均由细菌引起。

2. 黏菌门（Myxomycophyta）

黏菌是介于动物和植物之间的真核生物。其营养体无壁，为裸露的多核原生质团，可作变形虫运动，吞食固体食物，与动物相似。在繁殖时期则产生具有纤维素细胞壁的孢子，又表现为植物的性状。

3. 真菌门（Eumycophyt）

真菌都有细胞核，多数植物体是由一些细丝构成，每一根细丝称为菌丝，菌丝在显微镜下为管状，有的有横膈膜，有的没有。组成一个菌体的全部菌丝称为菌丝体（图 4-8）。

大多数真菌细胞壁是由几丁质组成，部分低等真菌的细胞壁是由纤维素组成。菌丝细胞内含有细胞核、细胞质、液泡，贮存有油滴、肝糖等养分。有些真菌细胞的原生质体含有色素而使菌丝（尤其是老的菌丝）呈现不同的颜色，但是这些色素是非光合色素。

真菌的生殖方式有营养繁殖、无性生殖和有性生殖三种，其中，无性生殖极为发达，形成各种各样的孢子。

真菌都为异养植物，营寄生或腐生生活。有的真菌和高等植物的根共生，形成菌根。

真菌在自然界和经济上具有重要意义。由于真菌异养，能使有机物变为无机物，可促进自然界物质循环。真菌在酿造发酵工业上有着广泛的应用，如酿酒、制酱油、做馒头和面包，要用到酵母菌、曲霉。石油工业中，利用酵母菌进行石油脱蜡；化学和医药工业中通过真菌的作用生产甘油、甘露醇、多种有机酸、核糖核酸、腺苷三磷酸等。食用菌在我国约有 300 种以上，著名的有木耳、香菇、蘑菇、猴头等。药用真菌如冬虫夏草、茯苓、灵芝等。近年来发现具有抗癌作用的真菌有 100 多种。

真菌也常给人类造成灾害，食品的腐烂，农作物和蔬菜、果树、林木的病害大多是由真菌的寄生引起的。如小麦锈病、玉米黑粉病、甘薯黑斑病、苹果腐烂病、棉花枯萎病、瓜类和葡萄霜霉病等。鱼类生病死亡也常常是某些水生真菌造成的。真菌中的黄曲霉可产生黄曲霉素，毒性很大，使人与动物致癌而死，所以被其感染的食物不能食用。

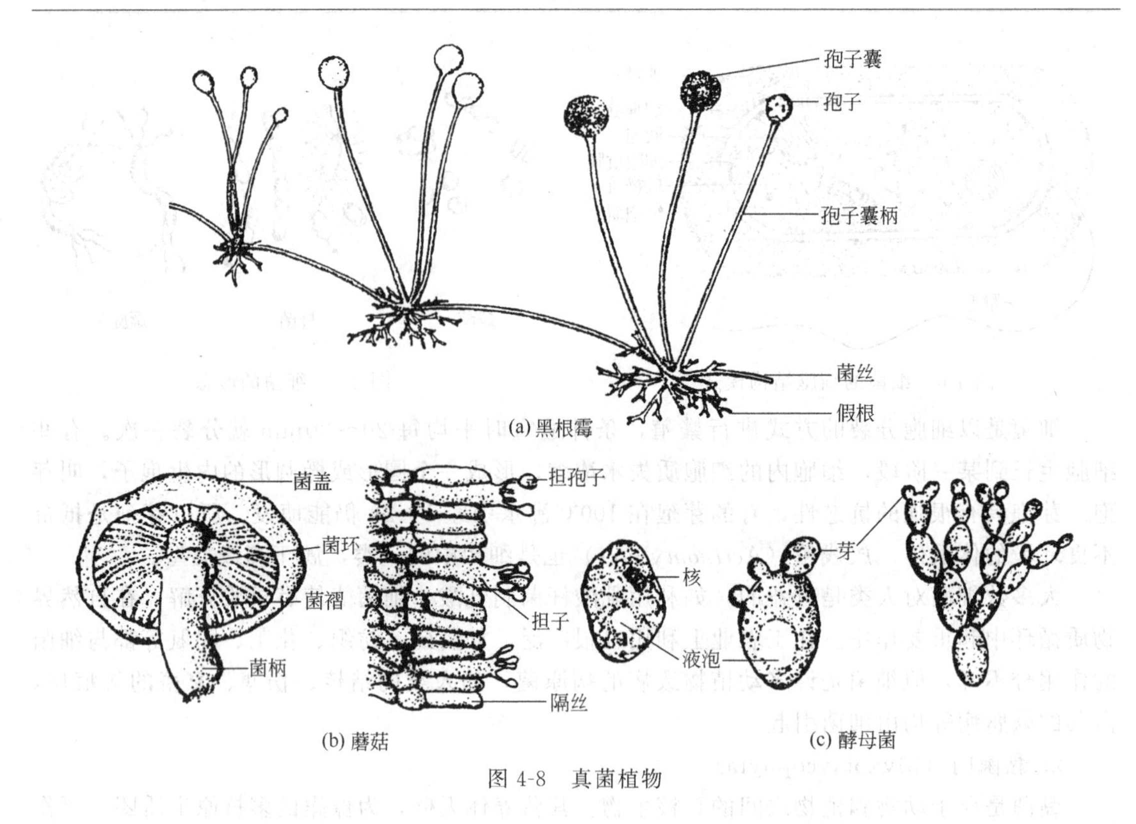

图 4-8　真菌植物

（三）地衣植物

地衣是藻类和真菌共生的共生植物。真菌菌丝包住藻类，一般菌在地衣中占大部分，藻则在共生体内成一层或若干团。藻制造有机物供菌利用，而菌则吸收水和无机盐，并围绕藻类防止其干燥，二者互为有利。地衣分为以下三种类型。

（1）壳状地衣　生长在岩石、砖瓦、树皮或土壤上，形成薄层的壳状物，紧贴基物上，难以分开。占地衣总数的 80%。

（2）叶状地衣　呈薄片状的扁平体，形似叶片，有胶性，以假根或脐部固着在基质上，易与基质分离。

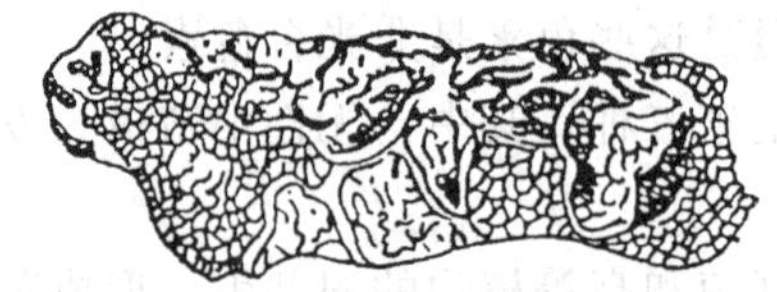

(a) 壳状地衣

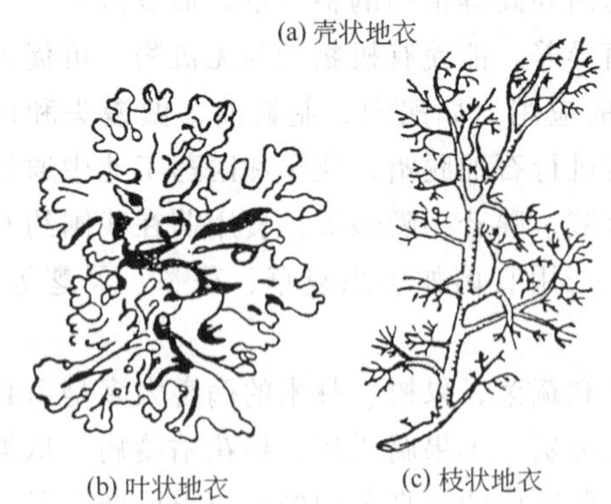

(b) 叶状地衣　(c) 枝状地衣

图 4-9　地衣形态

（3）枝状地衣　植物体向上直立，通常具有分枝，呈丛生状（图 4-9）。

地衣可进行营养繁殖，繁殖时叶状体断裂，形成数个碎片，每个碎片可发育成一个新个体。有性生殖是以其共生的真菌独立进行的。

地衣能生活在裸露的岩石、土壤或树干上，寒带积雪的冻原也能生长，它对于岩石风化、土壤形成都起促进作用，是其他植物的开路先锋。

地衣有的可作药用，如石蕊（*Cladonia cristella*）、松萝（*Usnea subyobusta*）等。地衣酸有抗菌作用；多种地衣体内的多糖有抗癌能力。地衣中含地衣淀粉，因此，多种地衣可供食用和作饲料。另外，地衣对 SO_2 反应敏锐，工业区附近地衣不能生长，所以地衣可作为对大气污染的监测指示植物。地衣也有危害的一面，如云杉、冷杉林中，树冠上常被松萝挂满，导致树木死亡。有的地衣生长在茶树和柑橘上，危害较大。

二、高等植物

高等植物是植物界的进化类群。植物体除苔藓植物外，都有根、茎、叶的分化，生殖器官为多细胞，合子（受精卵）先发育成胚，由胚长成新植物体，所以高等植物又称为有胚植物。生活史有明显的世代交替（即有性世代和无性世代相互更迭的过程）（图 4-10）。绝大多数高等植物都是陆生。高等植物分为四个门，即苔藓植物门、蕨类植物门、裸子植物门和被子植物门。

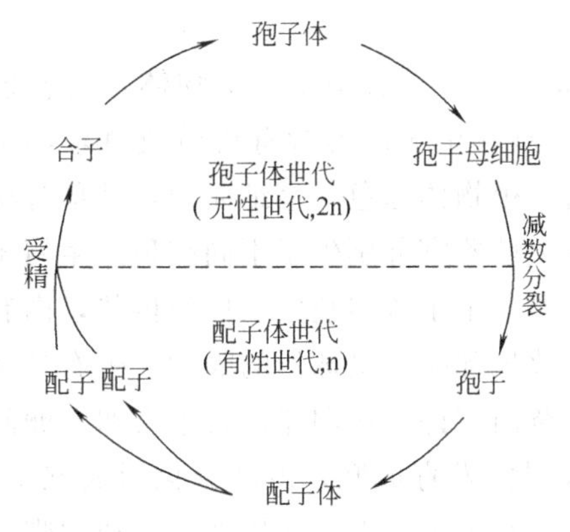

图 4-10　高等植物生活史（世代交替）示意图

（一）苔藓植物门（Bryophyta）

苔藓植物是高等植物中最原始的陆生类群，它们虽然脱离水生环境而进入陆地生活，但大多数仍生活在潮湿的环境中，所以说它们是从水生到陆生的过渡类型。植物体矮小，构造简单。较低等的（如地钱）常为扁平的叶状体，较高等的有茎、叶的分化，无真正的根，只有假根。茎中尚未分化出维管束的结构，通常所看到的苔藓植物体即是配子体，是它们的有性世代。在世代交替中占优势。无性世代即孢子体，不发达，不能独立生活，着生在配子体上，由配子体供给营养。苔藓植物是卵式生殖，产生卵细胞的器官叫颈卵器，产生精子的器官叫精子器。这两种生殖器官，都具有多细胞构成的外壁。卵受精后形成合子，合子在母体内发育成一个多细胞的幼体，称为胚，以后由胚发育成具有孢蒴、蒴柄、基足三部分的孢子体。精子器和颈卵器都是在配子体上产生的，雌雄同株或异株。苔藓植物现有 40000 余种，我国约有 2100 种。

大多数苔藓植物的孢子体萌发后，先产生一个简单的丝状体，叫原丝体，原丝体上再形成配子体。

苔藓植物大多数生活在阴湿的土壤、树皮和朽木上，少数生于水中或岩石上。它和地衣一样有促进岩石风化的作用。苔藓植物分为苔纲和藓纲。

1. 苔纲（Hepaticae）

苔纲植物体为叶状体，个别种类有茎、叶分化。叶状体有背腹之分，常为两侧对称，有单细胞的假根。代表植物为地钱（*Marchantia polymorpha*）（图 4-11）。地钱生于林内、井边、墙角等阴湿地。地钱是雌雄异株，有性生殖时在雌株植物体的中肋处生出颈卵器，在雄株植物体的中

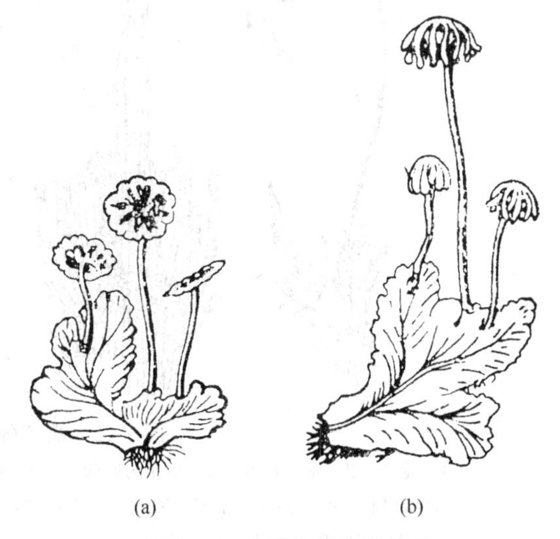

图 4-11　地钱的雌株和雄株

（a）地钱的雄株；（b）地钱的雌株

肋处生出精子器，它们均分为托盘和托柄两部分。精子器托盘边缘浅裂，背面生有许多小腔，每一个小腔内有一个精子器；颈卵器边缘深裂，呈星芒状，腹面倒悬着许多颈卵器。精子游入颈卵器中与卵细胞结合形成合子。合子在颈卵器内萌发成胚，长成孢子体。孢子体足部有基足，伸入配子体中吸收营养。上部球状孢子囊为孢蒴，孢蒴中孢子母细胞经过减数分裂形成孢子，孢蒴下为蒴柄。孢子在适宜的条件下，萌发成原丝体，进而分别生成雌雄配子体。

地钱除进行有性生殖外，也具有营养繁殖。营养繁殖时形成胞芽，胞芽生于叶状体上面的芽孢杯中。成熟后脱落，在土中萌发成新的植物体。

地钱有药用价值，全草入药，具有解毒、祛瘀、生肌功效，可治黄疸性肝炎。

2. 藓纲（Musci）

藓纲植物体有茎、叶分化，假根有单列细胞组成，叶通常有中肋。植物体多为辐射对称。常见的为葫芦藓（*Funaria hygrometrica*）。葫芦藓喜生于阴湿含有机质或氮素丰富的地方，如墙角、沟边、林下等地，成片生长犹如地毯。植物体绿色，茎细而短，基部分枝下生有多细胞的假根，叶小而薄，单层细胞组成。雌雄生殖器官分别生于不同枝顶。生精子器的枝顶密生较大的叶片，形似花状，称雄器苞。精子器丛生于雄器苞内，形似棒状，内有许多螺旋状弯曲前端有两条鞭毛的精子。精子器间有多数顶部膨大呈球形的隔丝。生有颈卵器的枝顶成为雌器苞，叶片紧紧包被，形状如芽。雌器苞内有许多颈卵器，腹中有卵，卵间有隔丝。精子游入颈卵器与卵结合成合子。合子在颈卵器内发育成胚，由胚分化形成孢子体。成熟的孢子体分基足、蒴柄、孢蒴三部分。孢子体寄生在配子体上，蒴柄伸长，顶端膨大为孢蒴。孢蒴内孢子母细胞经过减数分裂形成孢子，孢子成熟散出，萌发形成原丝体，由原丝体上的芽形成配子体（图 4-12）。

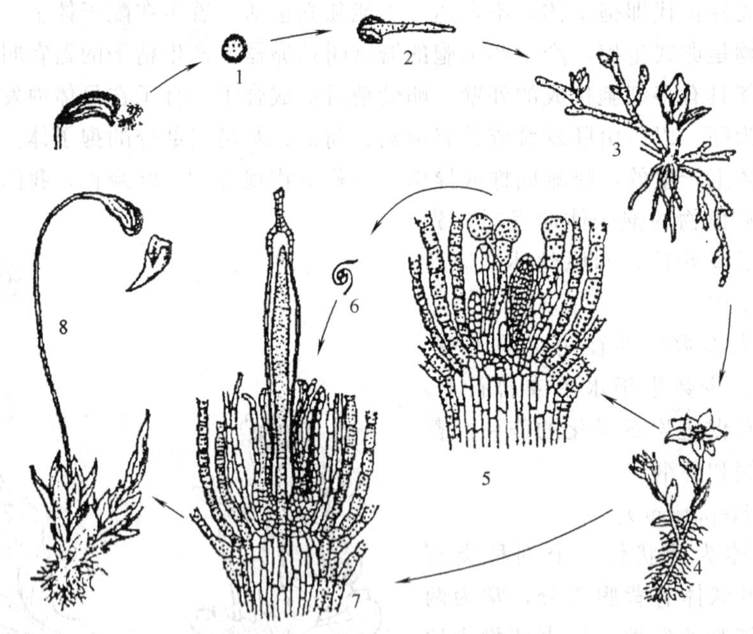

图 4-12　葫芦藓的生活史

1—孢子；2—孢子萌发；3—发芽的原丝体；4—成熟的植物体具有雌雄配子枝；5—雄器苞的纵切面，可见许多精子器和隔丝，外有许多苞叶；6—精子；7—雌器苞的纵切面，可见许多颈卵器和正在发育的孢子体；8—成熟的孢子体仍着生于配子体上（孢蒴中有大量的孢子，泡蒴的蒴盖脱落后，孢子散发出蒴外）

生长在岩石上的苔藓植物，能分泌一些酸性物质，缓慢地溶解石面，逐渐形成土壤。苔藓植物能蓄积大量水分，对土壤保持有很大的作用。泥炭藓能形成泥炭，可作肥料。苔藓包裹苗木可保持水分，长途运输不致干死。大金发藓（*Polytrichum commune*）等可药用消炎、镇痛、止血、止咳。

（二）蕨类植物门（Pteridophyta）

蕨类植物约12000种，我国有2600余种，其中大多数是草本植物，广布全球，以热带、亚热带和温带最多。水生或陆生，大多数生在林下、山野、溪旁、沼泽等潮湿的环境。

蕨类植物有明显的世代交替，孢子体占优势，人们见到的是它的孢子体，而配子体是小的叶状体。孢子体和配子体都能独立生活。孢子体是多年生的，有根、茎、叶及维管束的分化。根为须根状不定根，茎多为根状茎，在土中横走，上升或直立。叶有小型叶和大型叶之分，蕨类一部分种类为小型叶的，成针状或鳞片状；大部分种类为大型叶，常为羽状或多次羽状的叶。蕨类植物是现存最早的维管植物。

蕨类植物在繁殖时，在叶背面产生孢子囊群，里面集生孢子囊，囊内有孢子母细胞，经减数分裂后形成许多孢子，这时开始进入单倍体的配子体世代。孢子落在土壤上，萌发成心脏形的原叶体，这就是配子体。配子体呈绿色，有假根，能独立生活。成熟的原叶体在靠地的一面产生精子器和颈卵器。精子器内产生多鞭毛的精子，颈卵器内产生卵细胞。精、卵成熟后，精子借水游到颈卵器中，卵受精形成合子，于是开始了二倍体的孢子体世代。合子发育成胚，胚再长成具有根、茎、叶的孢子体，这时原叶体逐渐死亡（图4-13）。

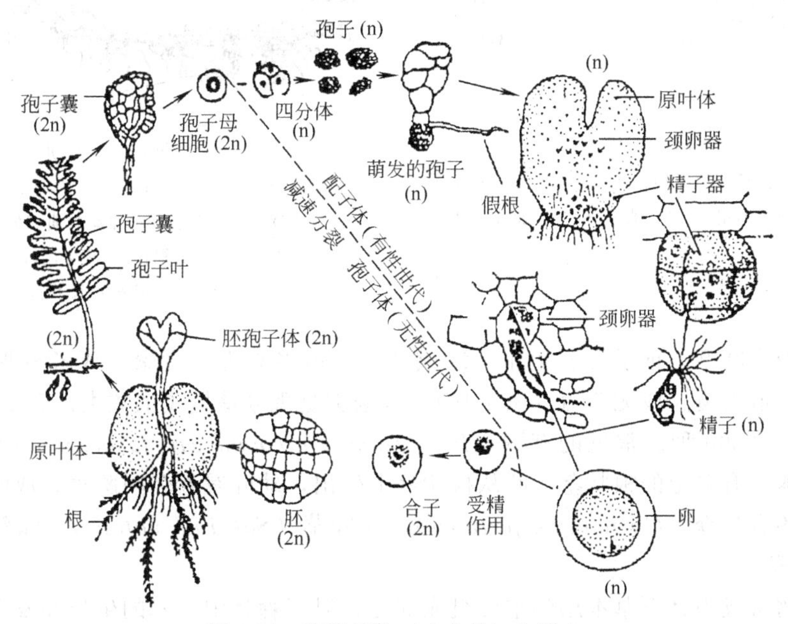

图4-13 蕨类植物（水龙骨）生活史

蕨类植物分5纲。石松纲（Lycopsida），常见的有石松（*Lycopodium clavatum*）（图4-14）、卷柏（*Selaginella tamariscina*）。水韭纲（Isoetopsida），代表植物有中华水韭（*Isoetes sinensis*）。松叶蕨纲（Psilotopsida），常见的是松叶蕨（*Psilotum nudum*）。木贼纲（Sphenopsida），常见的有木贼（*E. hiemale*）、问荆（*E. arvense*）（图4-15）。此外还有真蕨纲（Filicopsida）。

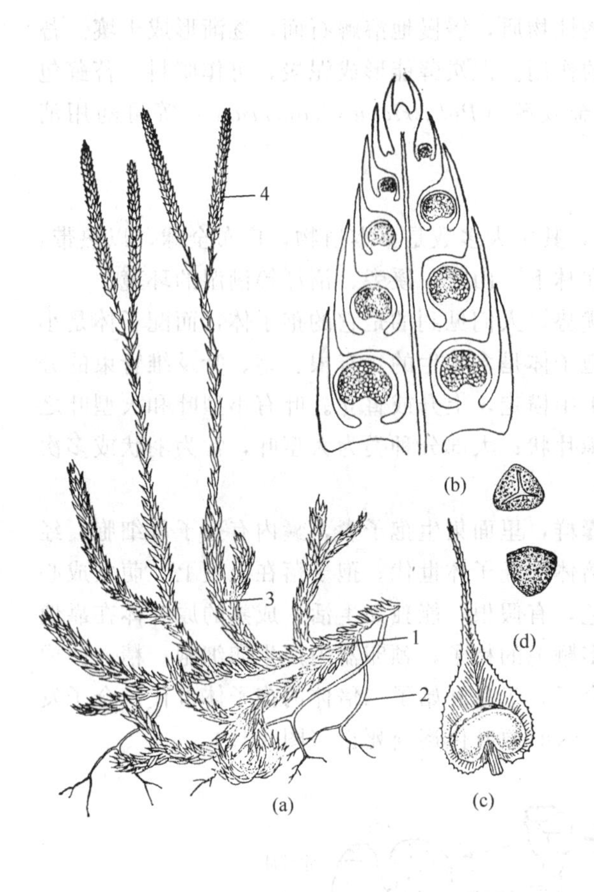

图 4-14　石松

（a）植株；（b）孢子叶穗纵切；（c）孢子叶；（d）孢子

1—匍匐茎；2—不定根；3—直立茎；4—孢子叶穗

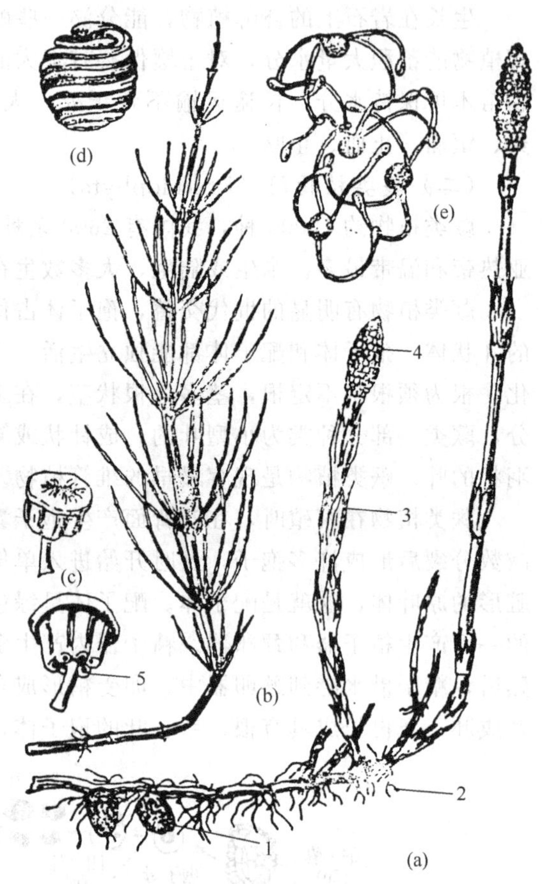

图 4-15　问荆

（a）根茎及生殖枝；（b）营养枝；（c）孢囊柄；

（d），（e）孢子（示弹丝卷曲和伸开的状态）

1—块茎；2—不定根；3—轮生的叶；4—孢子叶穗；

5—成熟的孢子囊

真蕨纲为大叶型，孢子囊着生于叶缘或叶背，由多数孢子囊聚集成各种形状的孢子囊群，外面有囊群盖覆盖或无覆盖（图 4-16）。真蕨类是现今最繁茂的蕨类。有 10000 种以上。我国有 40 科，2500 种。常见的有蕨（*Pteridium aquilinum var. latiusculum*）（图4-17），为多年生草本，有横走的根状茎，叶从根状茎上生出，幼叶拳卷名叫蕨菜。成叶平展为三回羽状复叶。还有贯众（*Cyrtomium fortunei*）、槐叶苹（*Salvinia natans*）、满江红（*Azolla imbricata*）等。

蕨类植物常成为林下草本层的重要组成部分，对于森林中树木的生长和发育有一定的影响，其中一些种类是土壤和气候的指示植物。贯众等生长于石灰岩及钙质土壤上，为石灰岩和钙质土的指示植物。石松等生长在酸性土壤中，很多蕨类是有名的药材，如贯众、石松、海金沙、卷柏等。古代蕨类植物形成了煤炭。真蕨的根状茎富含淀粉可供食用，蕨菜是宴席上的名菜。满江红等可作肥料和饲料。蕨类还有较好的观赏价值。

（三）裸子植物门（Gymnospermae）

裸子植物保留了颈卵器，能产生种子，孢子体发达，占绝对优势，配子体简化，不能脱离孢子体而独立生活。为多年生木本，没有草本。维管束中的木质部只有管胞而无导管，韧

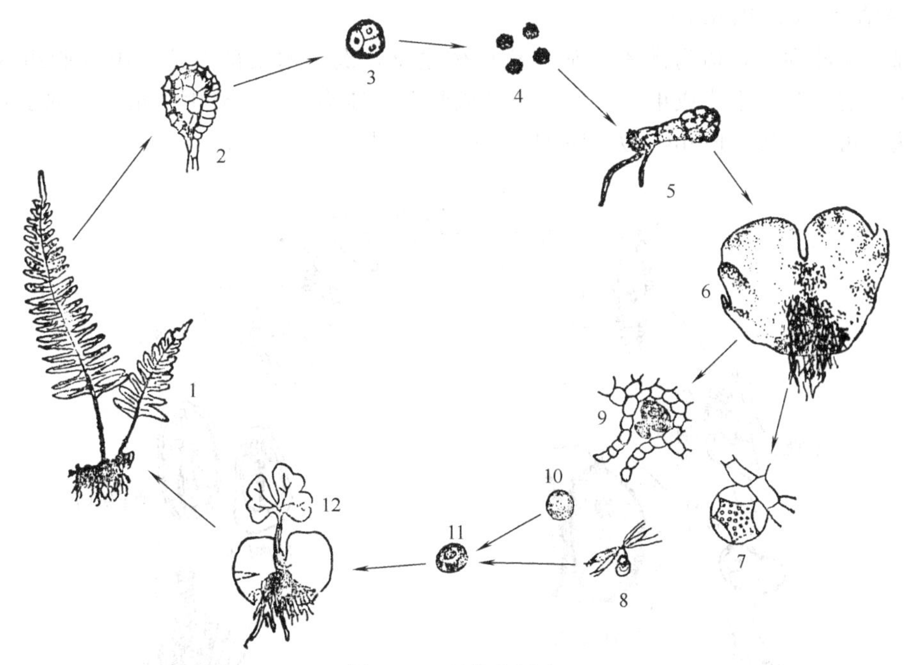

图 4-16 真蕨生活史

1—成熟的孢子体；2—孢子囊；3—四分体；4—孢子；5—孢子萌发；6—成熟配子体（具有精子器及颈卵器）；7—精子器；8—精子；9—颈卵器；10—卵；11—合子；12—幼孢子体

皮部中只有筛胞而无筛管和伴胞。叶多为针形、条形或鳞片状。无子房结构，胚珠裸露，生在大孢子叶上，不形成果实，故名裸子植物。花粉管的形成，使植物受精作用摆脱了水的限制，更适宜陆生生活。

我国裸子植物种类较多，资源较丰富，有 41 属 236 种，分为苏铁纲、银杏纲、松柏纲、红豆杉纲和买麻藤纲。

1. 苏铁纲（Cycadopsida）

常绿木本植物，茎干粗壮，常不分枝。叶螺旋状排列，有鳞叶及营养叶，鳞叶小，营养叶大。雌雄异株，大小孢子叶球均生于叶顶。大孢子叶球两侧有胚珠，成熟颈卵器中有 1 个卵子。小孢子叶上生有多数小孢子囊，内有很多小孢子，成熟的小孢子进入花粉室，生出花粉管，内有多数生有鞭毛的精卵结合形成的合子。

2. 银杏纲（Ginkgopsida）

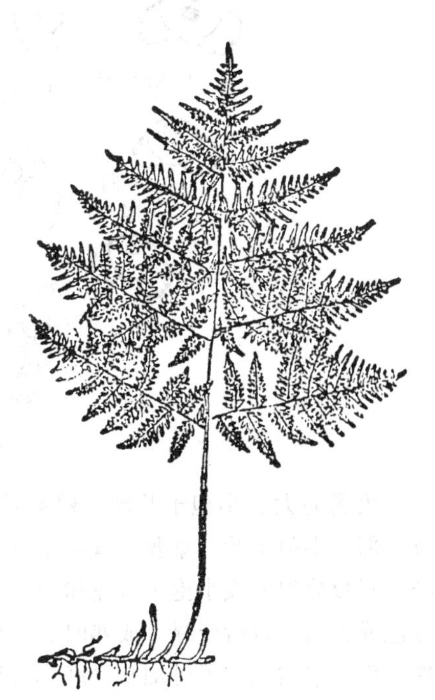

图 4-17 蕨

落叶乔木，枝条有长短枝之分，呈叶扇形，先端两列或波状缺刻，具分叉的脉序，在长枝上螺旋状散生，在短枝上簇生。球花单性，雌雄异株，小孢子叶球葇荑花序状，精子多纤毛；大孢子叶球简单，长柄上有两个环形的大孢子叶，上有两个胚珠，只有一个成熟。种子核果状，胚乳发达。代表植物是银杏（*Ginkgo bilobs* L.）。它是我国特有的树种，国内外广为栽培。

3．松柏纲（Coniferopsi-da）

常绿或落叶乔木，稀为灌木，常有长短枝之分，次生木质部发达，由管胞组成，无导管，具树脂道。叶单生或成束，针形、条形或刺形，螺旋着生或对生、轮生。孢子叶常排列成球果状。可以松属（Pinus）为例说明松科的生活史（图4-18）。

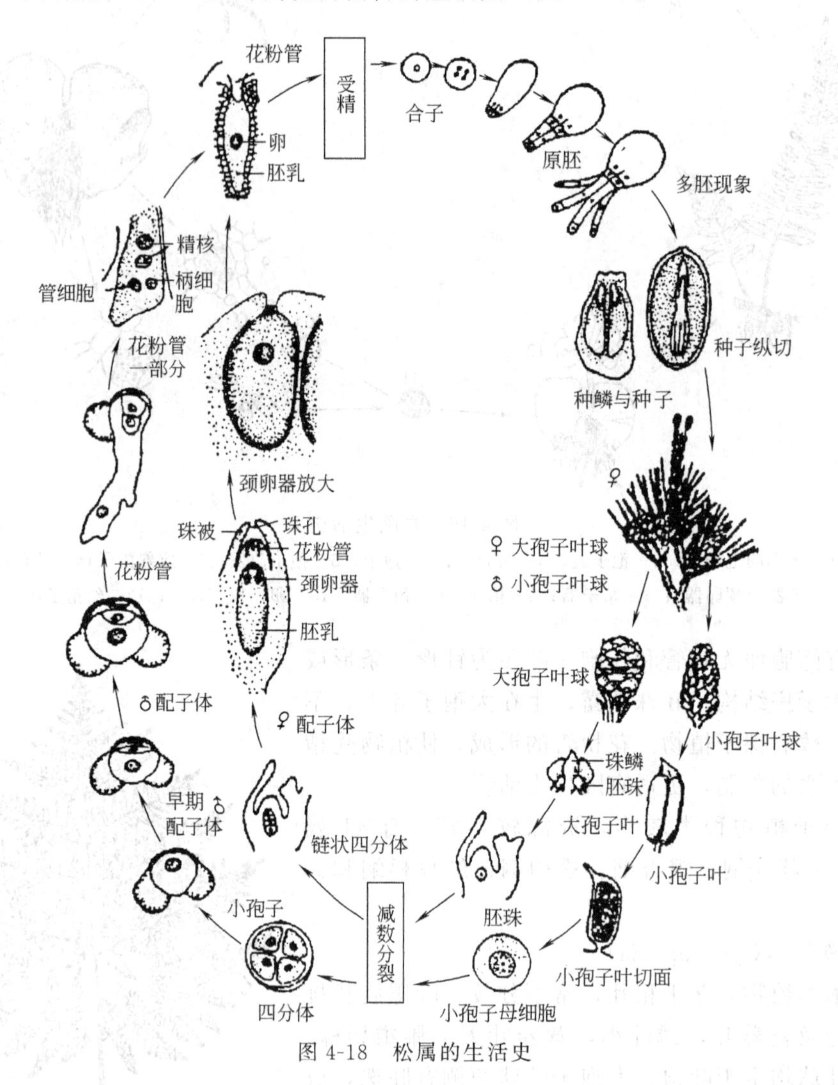

图4-18　松属的生活史

松属的大、小孢子叶球（雌雄球花）同株。小孢子叶球排列成穗状，着生在每年新的长枝基部，小孢子叶（雄蕊）背部生有两个小孢子囊（花药），其中小孢子母细胞（花粉母细胞）经过减数分裂形成小孢子（花粉粒）。大孢子叶球一个或数个着生于每年新枝的顶端，初时呈红色或紫色，以后变绿，成熟时为褐色。它由许多珠鳞（雌蕊）组成，其下有苞鳞，有两个胚珠，珠心中的大孢子母细胞（胚囊母细胞）经减数分裂，形成大孢子（胚囊），有2～7个颈卵器，其中各有一个卵子。传粉后，具有2个气囊的小孢子生长花粉管，其中有2个没有鞭毛的精子。每个颈卵器中的卵都可受精，但只有一个发育成胚，大孢子叶球发育成球果。松属传粉在第一年的春季，而受精在第二年的夏季，故受精作用通常是在受粉后13个月才进行。

松属常见的植物有红松（*Pinus koraiensis*）、马尾松（*Pinus massoniana*）、油松（*Pinus tabulae-formis*）等。

4. 红豆杉纲 (Taxopsida)

常绿乔木或灌木，多分枝。叶为条形、披针形等。孢子叶球单性异株，稀同株。种子具肉质的假种皮或外种皮。代表植物有红豆杉 (*Taxus chinensis*)、罗汉松 (*Podocarpus macropbyllus*) 等。

5. 买麻藤纲 (Gaxopsida)

灌木或木质藤本，稀乔木或草本状小灌木。次生木质部常有导管，无树脂道。叶对生或轮生，叶片有各种类型。代表植物有买麻藤 (*Gnetum montanum*)、麻黄 (*Ephedra sinica*) 等。

(四) 被子植物门 (Angiospermae)

被子植物门是植物界最高级最发达的类群，约 25 万种。和裸子植物一样，它能产生种子。被子植物和人类的关系非常密切，它是人类衣、食、住、行不可缺少的最基本的植物资源。园林植物、中草药材大多也是被子植物。

被子植物和裸子植物都能产生种子，因此通称为种子植物，借以和用孢子繁殖的藻类、菌类、苔藓、蕨类等孢子植物相区别。被子植物已具备非常适于有性生殖的构造完善的花，大孢子叶 (心皮) 卷成封闭囊状的雌蕊，胚珠着生在子房室内，受精后形成的种子便由果皮包被，所以叫被子植物。被子植物世代交替中配子体更退化，孢子体进一步发展，配子体完

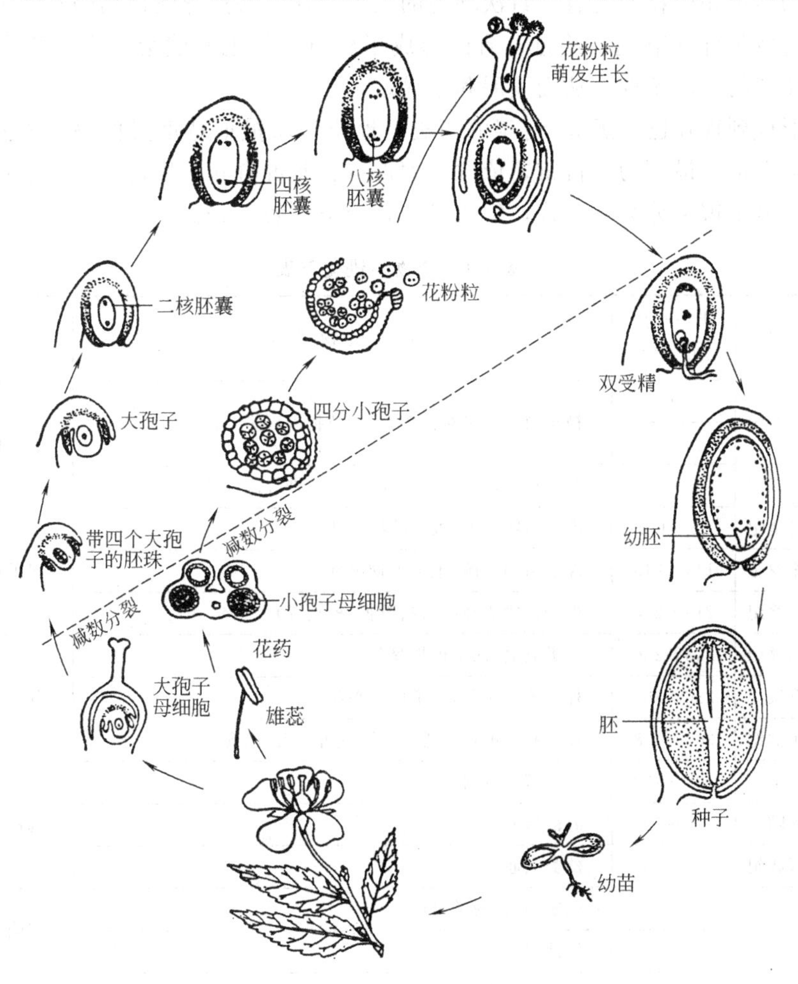

图 4-19 被子植物的生活史

全依赖孢子体而生活。

常见的被子植物是孢子体（2n，无性世代），当花粉母细胞（小孢子母细胞）和胚囊母细胞（大孢子母细胞）减数分裂，产生花粉粒（小孢子）和胚囊（大孢子）时，无性世代结束，有性世代开始。精子（雄配子）通过花粉管（雄配子体）送入成熟胚囊（雌配子体），使受精完全摆脱了水的控制。受精是生活史中有性世代结束，无性世代的开始，这时又由单倍体转入二倍体（图 4-19）。

被子植物具有双受精现象，有利于保持后代生活力和适应性。种子被果皮包被，更适于种子的传播和萌发。被子植物在结构上也更加进化，维管束中的输导组织和机械组织分化完整。木质部有了导管，韧皮部有了筛管和伴胞，加强了输导能力。

第三节　植物界的进化概述

一、植物界的发生阶段

植物界的发生与自然条件的改变紧密相关。从古代到现在，由于地质、气候的多次变迁和变化，植物界也相应在变化着。每次环境的巨大变迁，必然导致植物的某些种类由于不适应变化了的自然条件而衰退、绝迹，有的形成了化石。但也必然会出现某些生命力强的植物，适应变化了的自然条件，从而发展和繁盛。

地球自形成到现在已有近 50 亿年的历史。地质学家把地球度过的漫长岁月，划分成 4 个大期，即 4 个宙。最早为冥古宙，依次为太古宙、元古宙和显生宙。从 6 亿年以前到现在都属显生宙，显生宙又分为三个代，每代又分若干纪（表 4-1）。

表 4-1　植物界进化年表

宙	代	纪	距今年数/百万年	主要植物类型	优势植物
显生宙	新生代	第四纪	0.01	被子植物占绝对优势，草本植物进一步发展	被子植物
			2.5		
		第三纪	2～65	被子植物取代裸子植物，杨、柳、桦等成林植物	
	中生代	白垩纪	65～144	裸子植物衰退，被子植物发达	裸子植物
		侏罗纪	144～213	裸子植物繁茂，被子植物出现	
		三叠纪	213～248	裸子植物成林（苏铁、银杏、松柏等）	
	古生代	二叠纪	248～286	蕨类衰退，裸子植物繁茂	蕨类植物
		石炭纪	286～360	种子蕨类繁茂，裸子植物兴起	
		泥盆纪	360～408	裸蕨和木本蕨繁盛，种子蕨（古羊齿）出现	
		志留纪	408～438	裸蕨、陆生植物出现	真核藻类植物
		奥陶纪	438～505	海藻繁盛	
		寒武纪	505～509	藻类兴起	
元古宙			590	蓝藻、真核藻类出现	细菌和蓝藻
太古宙			3800	细菌出现	
冥古宙			4600	地球形成与化学进化，无生物	

二、植物界的进化规律

（一）形态结构由简单到复杂

在形态结构方面植物由简单进化为复杂，由单细胞到群体，再进化为多细胞个体，逐渐出现细胞的分工和组织的分化。随着环境条件的复杂化，形态结构也就发展得更加完善，更加复杂。

（二）生态习性由水生进化到陆生

在生态习性方面植物由水生进化到陆生。生命发生于水中，因此最原始的植物一般在水中生活。随着植物由水域向陆地发展，生态环境的变化越来越复杂，植物体也相应地发生了更适宜于陆地生活的形态结构。例如真根的出现与输导组织的形成和完善，有利于陆生植物对水分的吸收和输导；保护组织、机械组织的分化和加强，对调控水分蒸腾、支持植物体直立于地面有重要作用。

（三）繁殖方式由低级向高级发展

在繁殖方式方面，植物是由营养繁殖进化到无性繁殖，由无性繁殖进化到有性繁殖。在有性繁殖中，又由同配生殖发展到异配生殖以至于卵式生殖，由简单的卵囊到复杂的颈卵器，由无胚到有胚。

（四）孢子体逐渐发达和配子体逐渐退化

在生活史方面维管植物的孢子体逐渐发达，适应性逐渐增强，而配子体逐渐退化，最后完全寄生在孢子体上，不能独立生活。

第四节　被子植物的主要科

被子植物约 25 万种，隶属于 300 余科，我国约有 3 万种，250 余科，2700 余属。根据形态特征，被子植物分双子叶植物纲和单子叶植物纲。两个纲的主要区别如下表。

双子叶植物纲	单子叶植物纲
1. 胚具有两片子叶	1. 胚具有 1 片子叶
2. 主根发达，多为直根系	2. 主根不发达，由不定根形成须根系
3. 茎内维管束环状排列，具有形成层	3. 茎内维管束散生，无形成层
4. 叶具有网状脉	4. 叶具有平行脉或弧形脉
5. 花各部分基数为 5 或 4	5. 花各部分基数为 3

一、双子叶植物纲的主要科

（一）木兰科（Magnoliaiceae）

木兰科共 17 属，约 182 种，主要分布在热带和亚热带地区。我国有 11 属，约 130 种。

科的特征：乔木或灌木，单叶互生，托叶大，包被幼芽，叶脱落后有明显的托叶痕；花大，两性，单生于枝顶或叶腋；萼片与花瓣常相似，多数；雌雄蕊多数且分离，轮状或螺旋状排列于伸长的花托上；聚合蓇葖果。种子有胚乳。

识别要点：木本，单叶互生，有环状托叶痕。花单性，雌雄蕊多数，螺旋排列，聚合蓇葖果。

本科常见的植物有玉兰（*Magnolia denudata desr*）（图 4-20），又叫木兰、白玉兰。花白色或带紫色，先叶开放，各地栽培，供观赏；鹅掌楸（*Liriodendron chinense* Sarg.），落叶乔木，叶形奇特，顶端平截如马褂形，故又叫马褂木，果实为聚合翅果，是优美的行道树；五味子［*Schisandra chinensis*（Turcz.）Baill.］又叫北五味子，山花椒（黑龙江），果实成熟时红色（图4-21）。

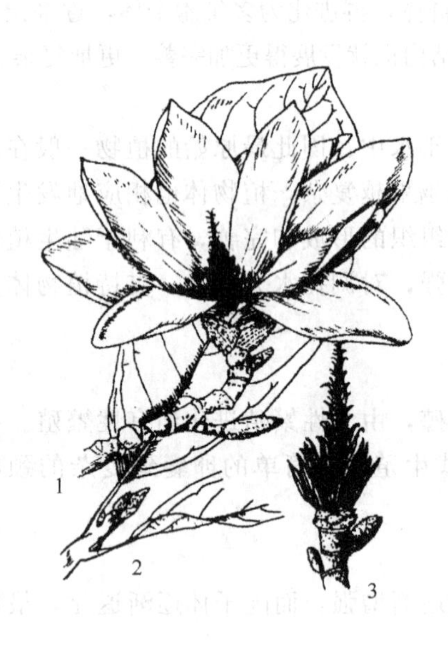

图4-20　玉兰

1—花；2—叶；3—雄蕊群和雌蕊群

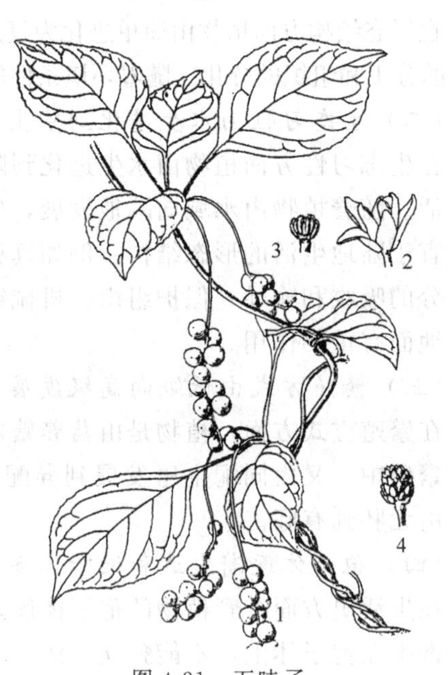

图4-21　五味子

1—植株；2—花；3—雄花；4—雌花心皮

此外，还有紫玉兰（*Magnolia liliflora*）、荷花玉兰（*Magnalia grandiflora*）等可作庭园观赏树种。厚朴（*M.officinalis*）、木莲［*M.fordiana*（Hemsl）Oliv.］均可药用，八角茴香（*I.verum* Hook.f.）（八角）的果为调味品。

（二）毛茛科（Ranunculaceae）

毛茛科共50属，约1900种。主产温带和寒带，我国有43属，700种，分布全国。

科的特征：草本，叶互生，少对生，无托叶；花两性，辐射对称或两侧对称，单生或排成聚伞花序、总状及圆锥花序等；萼片3～15片，常呈花瓣状，花瓣二到多片或缺；雌雄蕊通常多数，螺旋状排列，离生；子房上位，1心皮组成1室，每室内胚珠一至多枚；果为聚合蓇葖果或聚合瘦果，稀为浆果。

识别要点：草本，花两性，五基数，花萼和花瓣均离生；雌雄蕊多数，离生螺旋状排列；叶分裂或复叶；聚合蓇葖果或聚合瘦果。

常见植物；毛茛（*Ranunculus japonicus* Thun b.）（图4-22），有毒植物。黄连（*Coptis chinensis*）（图4-23），多年生草本，根状茎可作药用，为清热燥湿药。

此外，还有作为药用和观赏植物的牡丹（*Paeonia suffruticosa*）、芍药（*P.lactiftora*）、白头翁（*Pulsatilla chinensis*）、乌头（*Aconitum carmichaeli*）等。

（三）桑科（Moraceae）

桑科有53属，1400种，我国有12属，153种，分布我国各地。

科的特征：木本，带有乳汁，有的含橡胶；单叶互生，托叶早落；花小，单性、雌雄同株或异株，为头状、隐头、穗状或葇荑花序，花单被，萼片4个，雄蕊与萼片同数而对生；子房上位，聚花果有桑葚和榕果（隐花果）等。

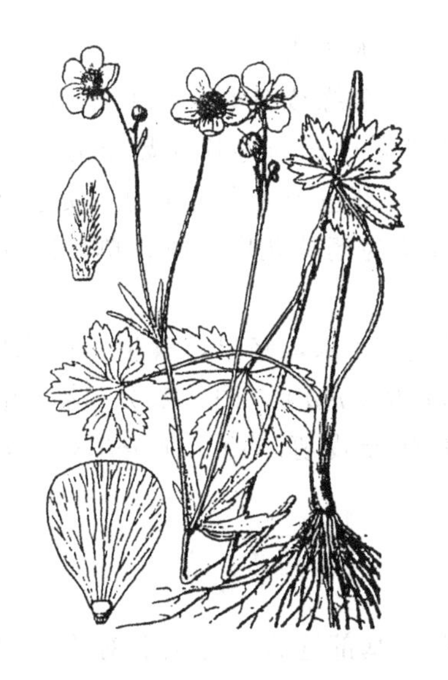

图 4-22 毛茛

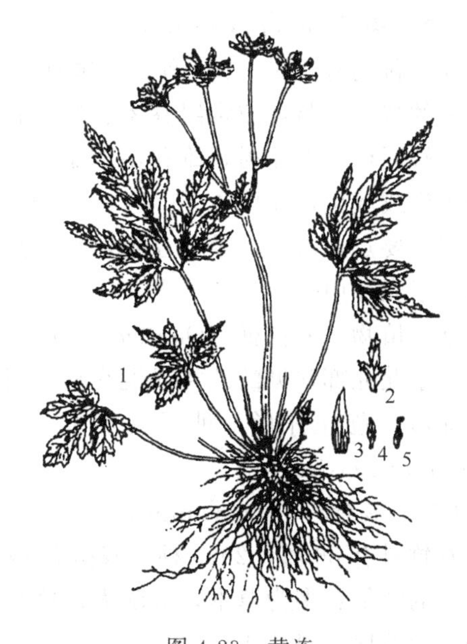

图 4-23 黄连

1—植株；2—苞片；3—萼片；4—花瓣；5—雌蕊

识别要点：木本，多有乳汁，单叶互生；花单性，单被。雄蕊与花萼同数而对生；子房上位，聚花果。

常见植物：桑（*Mors alba*）（图 4-24），落叶乔木，聚花果长 1～2cm，紫黑色、红色或白色，多汁味甜，花期 4 月，果熟期 5～7 月；无花果（*Ficus carica*），落叶灌木，叶掌状，隐花果熟时紫红色，药用可润肺止渴，清热润肠；榕树（*Ficus carica*），常绿大乔木，有气生根，树皮可药用，其纤维可制网或人造棉。

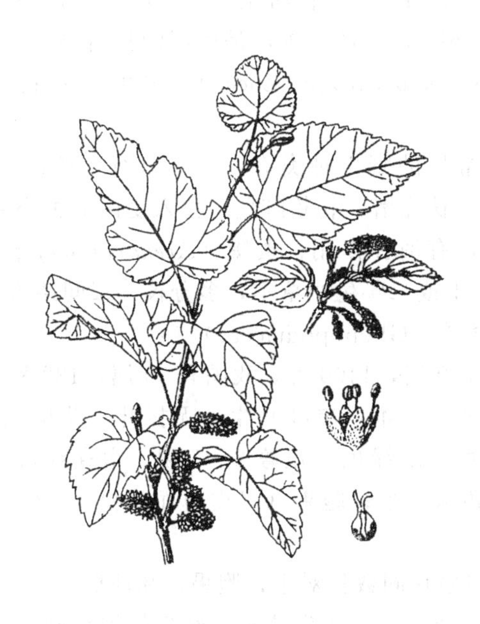

图 4-24 桑

图 4-25 板栗

（a）花枝；（b）果枝；（c）雄花

（四）壳斗科（Fagaceae）

壳斗科约有8属，900种。我国有6属，300种，分布全国各地。

科的特征：落叶或常绿乔木、灌木；单叶互生，革质，全缘或分裂，托叶早落；花单性，雌雄同株，无花瓣，雄花集成葇荑花序，花萼4～6裂，雄蕊与萼片同数或为其倍数，雌花单生或簇生，花萼4～6裂，子房下位；坚果，部分或全部包于成为壳斗的木质总苞内。

识别要点：木本，单叶互生，花单性，雌雄同株，雄花为葇荑花序，雌花单生或簇生，坚果位于壳斗中。

常见植物：蒙古栎（*Quercus mongolica*），乔木，高达30米，坚果，喜生于向阳的山坡，为东北北部常见的纯林或混交林；板栗（*Castanea mollissma*）（图4-25），落叶乔木，壳斗球形，苞片针形，种子含淀粉，可食。常见的还有栓皮栎（*Q. variabilis*）、麻栎（*Q. liaotungensis*）等。

（五）石竹科（Caryophyllaceae）

石竹科有86属，2000种。我国有22属，400种。

科的特征：多为草本，节膨大；单叶互生，全缘，常于基部连合；花辐射对称，两性，多为聚伞花序，萼片4～5片，分离或联合，花瓣4～5片，有爪；雄蕊多为花瓣的2倍；子房上位，4～5个心皮组成一室，胚珠多数，特立中央胎座；蒴果，少为浆果。

识别要点：草本，节膨大；单叶对生，全缘；雄蕊8～10个，特立中央胎座，蒴果。

图4-26　石竹

常见观赏种类有：石竹（*Dianthus chinensis*）（图4-26），花瓣5片，顶端齿裂，颜色多样；香石竹（康乃馨）（*Dianthus caryophyllus*），花通常单生，花色多样，重瓣花，是良好的切花材料；锥花丝石竹（满天星）（*Gypsophila paniculata*），花枝多，花小，白色，常为重瓣花，常作插花；剪夏罗（*Lychnis coronata* Thunb.），原产中国，是中国的特有种；剪秋罗（*Lychnis senno Sieb. et.* Zucc.），顶生聚伞花序，花深红色。

石竹科常见的野生种类有：王不留行（*Vaccaria segetalis*），全株光滑，花粉红色，侵入麦田危害小麦，种子可入药，有消肿作用；蚤缀（*Arenaria serpglli-folia*），一年生或二年生小草本，多分枝，田间杂草。

（六）藜科（Ghenopodiaceae）

藜科共100属，1400种。我国有39属，188种。

科的特征：草本，单叶互生，无托叶。花单生或簇生，呈穗状、圆锥状或聚伞花序。花单性或两性，淡绿色，花萼2～5裂，宿存或没有，无花瓣；雄蕊常与萼片同数且对生；上位子房，胚珠1个；胞果（果皮薄而疏松，呈囊状，内含1粒种子）或瘦果，呈胚环形。

识别要点：草本，单叶互生。单被花，雄蕊与萼片同数且对生；胞果，胚环形。

栽培植物有：菠菜（*Spinacia oleracea*）（图4-27），一年生草本，红色的根呈圆锥形，花单性，雌雄异株，种子扁圆，全国各地都有栽培，是我国常见的蔬菜之一；甜菜（*Beta vul-garis*），根肥厚，呈纺锤形，用以榨糖；地肤（*Kochia scoparia*），嫩叶为蔬菜，老后可做扫帚，种子药用。常见杂草有：灰绿藜（*Ghenopodium glaucum*），叶缘有波状牙齿，表面绿，背面灰绿色，为盐碱地指示植物；猪毛菜（*Salsola collina*），全草药用，有降压功效；藜（*Ghenopodium album*）（图 4-28），为田间常见杂草。

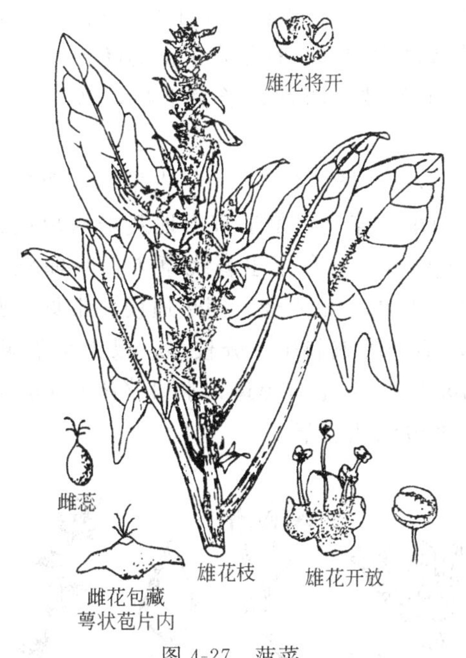

图 4-27 菠菜

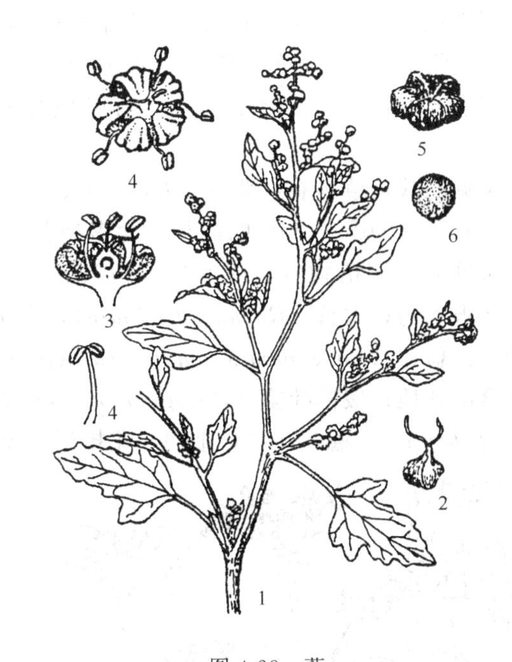

图 4-28 藜

1—花果枝；2—花；3—花纵剖；4—雄蕊；5—雌蕊；6—果实

（七）苋科（Amaranthaceae）

苋科约有 60 属，850 种。我国有 13 属，39 种。

科的特征：草本，单叶互生或对生，无托叶；花小，常为两性，单生或排成疏散或密集穗状、头状或圆锥状聚伞花序；单被花，花被常为干膜质，常有色彩；子房上位，由 2～3 心皮合成 1 室，1 胚珠；胞果常盖裂，种子有胚乳。

图 4-29 苋

识别要点：草本，单叶，无托叶，花小，雄蕊 5 枚与膜质的花被对生，胞果。

苋科栽培蔬菜用和药用及观赏的种类较多。常见的有：苋（*Amaranthus tricolor*）（图 4-29），又叫雁来红，一年生草本，单叶互生，嫩茎、叶可作蔬菜；繁穗苋（*Amaranthus paniculatus*），圆锥花序直立；尾穗苋（*Amaranthus caudatus*），圆锥状花序下垂，均可作蔬菜。常见的花卉有：鸡冠花（*Celosia cristata*），顶生穗状花序扁平若鸡冠，通常有淡红色、红色、紫色及黄色等；千日红（*Gomphrena globosa*），叶对生，花序头状球形，红色，既可栽培观赏，又可作干花材料。常见的田间杂草有：反枝苋（*Amaranthus retroflexus*），全株有短柔毛；凹头苋（*Amaranthus lividus*）无毛，叶先端有凹缺；刺苋（*Amaranthus spinosus*）叶柄基部两侧各有 1 刺。

（八）蓼科（Polygonaceae）

蓼科共40属，800种。我国约200多种。

科的特征：多为草本，茎节部通常膨大；单叶互生，有膜质托叶鞘；花两性，花序呈穗状或圆锥状等；单被花，无花瓣，萼片3～6个，雄蕊通常3～9枚；子房上位，由2～3枚心皮合生组成1室，1个胚珠；瘦果或小坚果，三棱或两面突起，种子含丰富的胚乳。

识别要点：草本，茎节膨大，有膜质托叶鞘；花单被，两性；子房上位，瘦果或小坚果。

常见的栽培植物有：荞麦（*Fagopyrum esculentum*）（图4-30），一年生草本，瘦果三棱形，种子含60%～70%的淀粉，含多种营养元素和维生素B，是适宜山地栽培的短期作物。常见的药用植物有：何首乌（*Polygonum multiflorm*），多年生缠绕草本，叶卵状心形，块根入药；大黄（*Rheum officinale*），多年生粗壮草本，根入药，泻热通便。常见的野生杂草：萹蓄（*Polygonm aviculare* L.）（图4-31），茎平卧或斜生，分枝多，果为小坚果。分布全国各地；酸模叶蓼（*Polygonum lapathifolium* L.），叶上有黑斑；水蓼（*Polygonum hydropiper* L.），穗状花序，细弱，花排列稀疏，为水边湿地杂草。

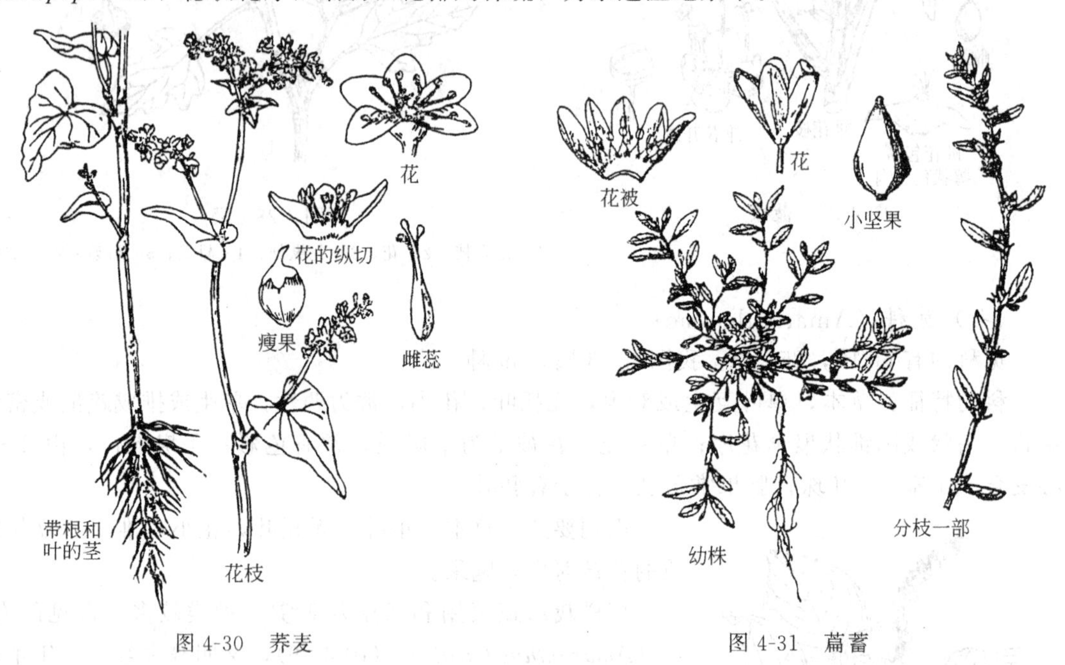

图4-30　荞麦　　　图4-31　萹蓄

（九）山茶科（Theaceae）

山茶科有30属，约750种。我国有15属，500种。

科的特征：乔木或灌木，多为常绿；单叶互生，革质，无托叶；花两性，稀见单性，辐射对称，单生于叶腋，萼4片或更多，覆瓦状排列，花瓣5片，稀见他数者，分离或微连合。雄蕊多枚，多轮或数组，子房上位，稀见下位，中轴胎座，3～5室，稀见10室，胚珠多个，至少2个。蒴果、核果、或浆果状，果皮革质。

识别要点：木本，单叶革质、常绿、无托叶，萼片花瓣各5，雄蕊多数，蒴果。

常见植物：茶（*Camellia sinensis*）（图4-32），为世界四大饮料之一，我国已有2500年的栽培和制茶历史，闻名世界；油茶（*Camellia oleifera*）种子油可食，为华南地区主要的木本油料植物；山茶（*Camellia chrysantha*），花大而美丽，花瓣圆形，常见为红色，为我国四大名花之一；金花茶（*Camellia chrysantha*），花金黄色，仅产于广西南部，是新发现的珍惜种，为国家一级保护植物。

（十）锦葵科（Malvaceae）

锦葵科有50属，1000种。我国有16属81种。

科的特征：草本或木本，常被星状毛或鳞片状毛；单叶互生，托叶早落，一般为掌状脉；花辐射对称，两性，稀见单性，单生或聚伞花序，萼5片，常有副萼，花瓣5片，螺旋状排列。雄蕊多数，花丝连合成管，为单体雄蕊；花药一室，子房上位，雌蕊有2个或多个心皮合生；蒴果或分果。

识别要点：单叶，单体雄蕊，花药一室，常有副萼，蒴果或分果。

常见的栽培植物：陆地棉（*Gossypiumhirsutum*）（图4-33），我国普遍栽培；树棉（中棉）（*Gossypium arboreum*）广植于黄河以南地区。海岛棉（木棉）（*Gossypium barbadense*），我国南方有栽培；洋麻（*Hibiscus cannabinus*）和苘麻（*Abutilon theophrasti*），均是重要的纤维植物，茎韧皮纤维可织麻袋、渔网及纺绳等。

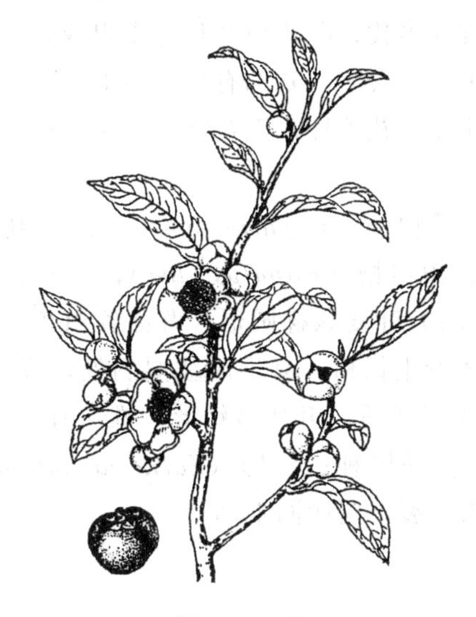

图4-32　茶

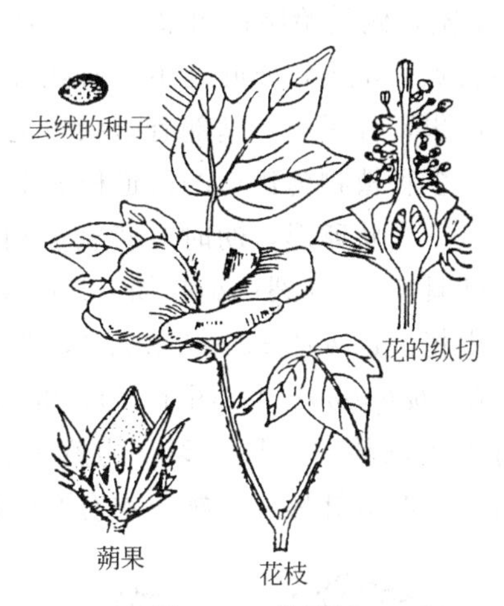

图4-33　陆地棉

常见的观赏植物：木槿（*Hibiscus syriacus*），落叶灌木，花冠白色、粉红色或紫色，常见公园或庭院栽培；扶桑（朱槿）（*Hibiscus rosea-sinensis*），常绿小灌木，花大，红色，单生于叶腋，雄蕊柱超出花冠，通常盆栽观赏。木芙蓉（*Hibiscus cannabinus*），木本，植株密被星状毛，叶掌状5裂，花梗短，花直立，花粉红色，花瓣不裂；锦葵（*Malva sinensis*），直立草本，叶肾形，花、叶可入药；蜀葵（*Althaea rosea*），直立草本，高可达3m。花大而鲜艳，颜色多样；冬葵（*Malva verticillata*），为常见植物，嫩叶可食；野西瓜苗（*Hibiscus trionum*）一年生草本，全株具粗毛，叶形似西瓜叶，为常见田间杂草。

（十一）葫芦科（*Cucurbitaceae*）

葫芦科约有100属，800种。我国有20属，130种。

科的特征：一年或多年生草质藤本，全株被毛，粗糙，常有卷须；单叶互生，掌状分裂。花单性，同株或异株，萼片和花瓣各5枚，合瓣或离瓣；雄蕊5枚，常两两连合，一枚单独，成为3组，花药常折叠弯曲，雌蕊3片心皮；子房下位，瓠果。

识别要点：具卷须的草质藤本，叶掌状分裂，花单性，雄蕊5枚，连合成3组，花药折叠，子房下位，侧膜胎座，瓠果。

常见的瓜类蔬菜：黄瓜（*Cucumis sativus*）（图4-34），果实通常有刺或有疣状突起；苦瓜（*Mo-mordica charantia*），果实表面有疣状突起，果味稍苦，种子有红色假种皮；丝瓜（*Luffa cylindrical*），冬瓜（*Benincasa hispida*），西葫芦（*Cucurbita pepo*），南瓜（*Cucurbita moschata*）等均为常见蔬菜。

常见的瓜类水果：西瓜（*Citrullus lanatus*）、香瓜（甜瓜）（*Cucumis melo*）。新疆的哈密瓜和甘肃的白兰瓜均是香瓜的不同变种和品系。

药用植物：栝楼（*Trichosanthes kirilowii*）根入药，可生津止渴，降火润燥，果入药清热化痰；种子入药润燥滑肠；罗汉果（*Siraitiagrosvenori*）果入药，可治咳嗽；绞股蓝（*Gynostenma pentaphyllum*），有镇静、催眠及降血压作用。

（十二）杨柳科（Salicacecae）

杨柳科约有3属，540种。我国有3属，约225种。

科的特征：乔木或灌木；单叶互生，有托叶；花单性，葇荑花序，初春先叶开放，雌雄异株；无花被，花生于苞片腋内；雄花有雄蕊2枚或多枚；雌蕊由2片心皮组成，合生，子房上位，1室，侧膜胎座；蒴果，2～4瓣裂，种子小，极多，基部有丝状白毛。

识别要点：木本，单叶互生，有托叶；葇荑花序，花单性，无花被，雌雄异株，有花盘或腺体；蒴果，种子小，基部有丝状长毛。

本科中多种植物为优良的行道树和造林用树：毛白杨（*Populus tomentosa*），树皮淡绿白色，叶呈三角状卵形，幼时叶背密生白色绒毛；银白杨（*Populus alba*），叶背密生银白色绵毛，叶具有3～5裂；小叶杨（*Populus simonii*）叶菱状椭圆形，背面苍白色，广布我国各地；山杨（*Populus davidiana*），为北方山区野生杨树，喜生阴坡湿润处，成片生长；垂柳（*Solix babylonica*）（图4-35），乔木，小枝细长下垂，叶狭披针形，雄花有2个腺体，雌花只有1个腺体，蒴果2裂，为庭园、行道、固堤树种；旱柳（*Salixmatsudana*），乔木，枝直立，叶披针形，雌雄花均有2腺体，蒴果2裂，用途同垂柳。

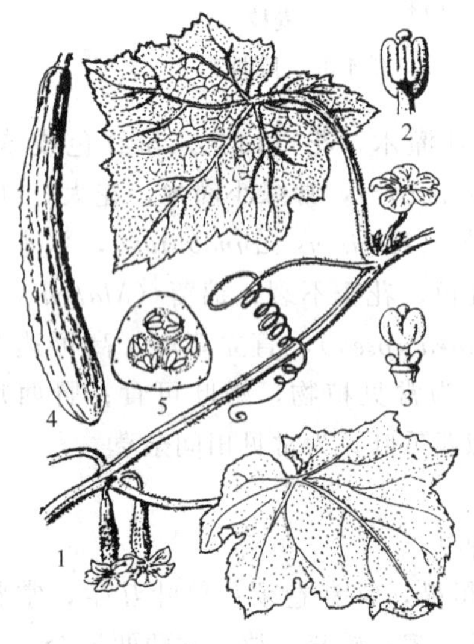

图4-34 黄瓜

1—花枝；2—雄蕊；3—雌蕊；4—瓠果；5—果实横切面

图4-35 垂柳

（十三）十字花科（Cruciferae）

十字花科约有 350 属，3200 种。广布世界各地，主产北温带。我国 96 属，425 种。自南向北，逐渐增多。

科的特征：一年或多年生草本；叶互生，无托叶，茎生叶呈螺旋状，有柄，一般羽状分裂，茎生叶无柄或有柄，有些抱茎而生；花两性，辐射对生，总状花序，萼和花瓣各 4 片，花瓣排列成十字形；雄蕊 6 枚，4 长 2 短，为四强雄蕊，子房上位，雌蕊由 2 个心皮构成，被假隔膜分为二室，侧膜胎座；果实有长短角果之分。

识别要点：十字形花冠，四强雄蕊，角果，侧膜胎座，有假隔膜。

本科植物用途很广，如栽培蔬菜甘蓝（*Brassica caulorapa*）、白菜（*B. pekinensis*）、萝卜（*Raphanus sativus*）；油料作物油菜（*Brassica campestris*）（图 4-36）；观赏花卉紫罗兰（*Matthiola incana*）、桂竹香（*Cheiranthus cheiri*）、香雪球（*Lob-ularia maritime*）；药用植物菘蓝（*Isatis tinctoria*），根称板蓝根，叶称大青叶，均可入药，治疗病毒性感染。田间杂草有独行菜（*Lepidium apetalum*）、荠菜（*Capsella bur-sa pastoris*）、蔊菜（*Rorippa Montana*）、葶苈（*Praba nemorsa*）等。

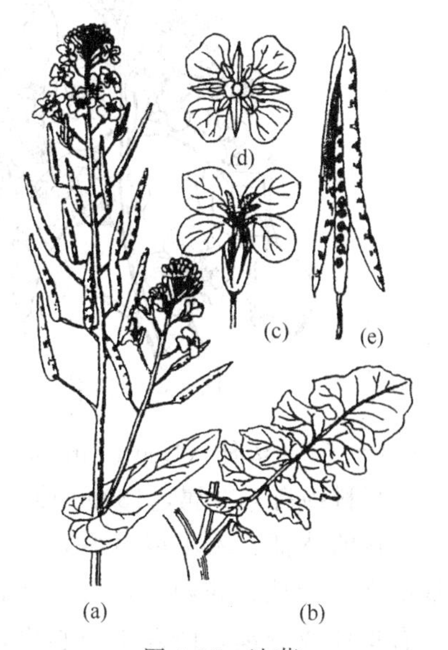

图 4-36 油菜

(a) 花果枝；(b) 茎生叶；(c) 花；(d) 花的俯视图；(e) 裂开的长角果

（十四）蔷薇科（Rosaceae）

蔷薇科约有 125 属，3300 种。我国 51 属，1000 余种。

科的特征：灌木、乔木或草本；单叶或复叶，多互生，常有托叶；花两性，辐射对称，花托突起，下陷或平展，萼片或花瓣常为 5 基数；雄蕊多个，着生于花托的边缘或花筒的上面，雌蕊心皮 1 个或多个，离生或合生，子房上位，有的子房和花托愈合成子房下位；蓇葖果、瘦果、核果或梨果，极少蒴果。

识别要点：有托叶，花托凸起或凹陷，花为 5 基数，心皮合生或离生，子房上位或下位，果实为核果、梨果或瘦果。

蔷薇科是经济价值高，种类繁多的大科，根据花托、雌蕊群、心皮数目和果实类型分为四个亚科。

1. 绣线菊亚科（Spiraeoideae）

木本。常无托叶。心皮通常 5 个离生，蓇葖果或蒴果。常见的植物有珍珠梅（*Sorbaria kirilowii*）和光叶绣线菊（*Spirea japonica var. fortunei*），供庭院栽培观赏。

2. 蔷薇亚科（Rosoideae）

木本或草本。叶互生，托叶发达。子房上位，心皮多个，分离。聚合瘦果。常见植物有：地榆（*Sanguisorba officinalis*）根入药收敛止血；龙牙草（仙鹤草）（*Agrimonia pilosa*）全草药用止血；草莓（*Fragaria ananassa*）原产南美洲，栽培，聚合果，食用。

3. 苹果亚科（Maloideae）

木本。有托叶。心皮 2～5 个，合生，子房下位。梨果。常见植物有苹果（*Malus pumila*）、白梨（*Pyrus bretschneideri*）（图 4-37）、山楂（*Crataegus pinnatifida*），为常见水果。

4. 梅亚科（Prunoideae）

木本。有托叶。心皮1枚，子房上位，核果。常见植物有桃（*Prunus persica*）（图4-38）、李（*Prunus salicina*）、杏（*Prunus armeniaca*）、樱桃（*Prunus pseudocerasus*），为常见水果；榆叶梅（*Prunus triloba*）、梅（*Prunus mume*），为常见的庭院观赏植物。

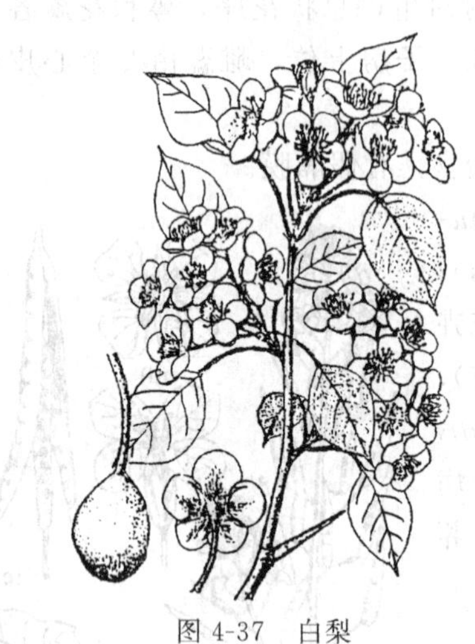

图4-37　白梨

图4-38　桃

（十五）豆科（Leguminosae）

豆科约有650属，18000种。我国有172属，1485种。南北各地都有分布。

科的特征：木本或草本，叶多为羽状复叶或三出复叶，通常互生，具有托叶，叶柄基部常有叶枕；花两性，萼片和花瓣均为5片，多为蝶形花；雄蕊10枚，多呈二体雄蕊，少有单体或分离，雌蕊1个心皮，子房上位，胚珠1个或多个，边缘胎座；荚果，种子无胚乳。

识别要点：多为复叶，有叶枕；花冠多为蝶形或假蝶形，二体雄蕊，也有单体或分离；假果。

根据花的形状和花瓣的排列方式，分为三个亚科。

1. 含羞草亚科（Mimossideae）

木本，稀见草本。叶1～2回羽状复叶。花辐射对称，穗状或头状花序。花瓣幼时为镊合状排列。雄蕊多数，合生或分离。荚果横裂或不裂。常见植物有：合欢（*Albizzia julibrissin*）（图4-39），乔木，二回羽状复叶，头状花序再聚成伞房状，淡红色，树皮和花可入药，是优美的行道树；含羞草（*Mimosa pudica*），二回羽状复叶，羽片2～4个，掌状排列，触动即闭合下垂，可观赏及药用。

图4-39　合欢

2. 云实亚科（Caesalpinioideae）

木本。花两侧对称，花瓣覆瓦状排列，假蝶形花冠。雄蕊10枚或较少，分离或各式连合。荚果。常见植物有：紫荆（*Cercis chinensis*），单叶，心形，花簇生，紫色，栽培观赏及药用；洋紫荆（*Bauhina* blakeana)，乔木，叶片阔心形，顶端两裂，花大而美丽，为观赏植物，香港市花；皂荚(*Gleditsiaregia*)，落叶乔木，树干上常有枝刺，荚果可代肥皂；决明（*Gassia tora*），草本，羽状复叶，小叶6枚，种子药用。

3．蝶形花亚科（Papilionoideae）

木本和草本。单叶，3小叶复叶或一至多回羽状复叶，有托叶，叶枕发达。花两侧对称。蝶形花冠，花瓣最上方一瓣为旗瓣。雄蕊10枚，多为二体雄蕊。

蝶形花亚科植物种类多，用途广。常见的栽培作物有豌豆（*Pisum sativum*）（图4-40）、大豆（*Glycinemax*）、落花生（*Arachis hypogaea*）、菜豆（*Phaseolus vulgaris*）、蚕豆（*Vicia faba*）和豇豆（*Vigna sinensis*）等。观赏、绿化和蜜源植物有紫藤（*Wisteriasinensis*）、槐（*Sophora japonica*）和洋槐（*Robinia pseudoacacia*）等。牧草有紫苜蓿（*Medicago sativa*）和白三叶（*Trifolium repens*）等。药用植物有甘草（*Glycyrrhiza uralensis*）和内蒙黄芪（*Astragalus mongholicus*）等。常见野生植物有歪头菜（*Vicia unijuga*）、多花胡枝子（*Lespedeza floribunda*）、草木樨（*Melilotus suaveolens*）、锦鸡儿（*Caragana rosea*）等。

（十六）鼠李科（Rhamnaceae）

鼠李科约有58属，900种。我国有14属，约130种。南北均有分布，主产长江以南地区。

科的特征：多为乔木或灌木，直立或攀缘状，多有刺；单叶，多互生有托叶；花小，稀见单性，辐射对称，多排列成聚伞或圆锥花序或簇生；花萼、花瓣4～5裂，雄蕊4～5枚，有花瓣缺者，雄蕊与花瓣对生，有肉质花盘；子房上位，少下位，2～4室，多为核果，少蒴果或翅果。

识别要点：多木本，有刺，单叶，花4～5数，两性，雄蕊与花瓣对生，子房上位，多为核果。

常见植物有：枣（*Ziziphusjujuba*）（图4-41），乔木，小枝有细长刺，小花黄绿色，核果大，熟时深红色，为我国特色，各地都有栽培，果味甘甜，食用有滋补强壮的作用，根及树皮亦入药；酸枣（*Zizyphus jujuba* var. *spinosa*），灌木多刺，核果短、味酸，种仁入药

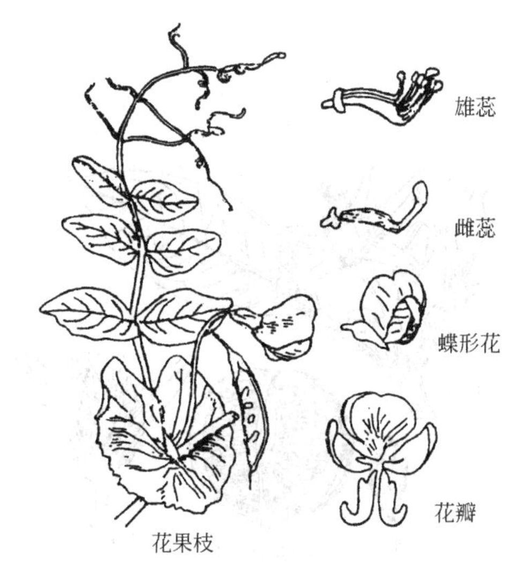

图4-40　豌豆

图4-41　枣树

名“酸枣仁”，补肝肾，养心安神，敛汗生津；鼠李（*Rhamnus davurica*），果肉药用清热泻下，软坚散结。

（十七）葡萄科（Vitaceae）

葡萄科共有11属，约700种。我国有100种。

科的特征：木质藤本或草本，以卷须攀缘它物向上生长，卷须与叶对生，单叶或复叶，互生，聚伞花序或圆锥花序，常与叶对生，花小，绿色，两性或单性异株，有时为杂性，花4～5基数，雄蕊与花瓣对生，子房上位，通常2室，中轴胎座，每室有2胚珠，浆果。

识别要点：木质藤本，卷须与叶对生，花4～5数，子房上位，2室或多室，浆果。

常见植物：葡萄（*Vitis vinifera*）（图4-42），木质藤本，叶掌状3～5裂，圆锥花序，花瓣顶端合生，并成帽状，整体脱落，果实为著名水果；爬山虎（*Parthenocisissus tricuspidata*），木质藤本，叶通常3裂，浆果蓝色，卷须顶端形成吸盘，攀缘墙壁及岩石之上，是城市立体绿化的优良材料；野葡萄（*Vitis adstricta*），果实可食或酿酒；白蔹（*Ampelopsis japonica*），三出复叶，叶轴有宽翅，浆果白色或蓝色，块根可入药。

（十八）芸香科（Rutaceae）

芸香科约有150属，1000余种。我国28属，约150多种。

科的特征：常木本，有的有刺；叶为复叶或单身复叶，有透明腺点，无托叶；花辐射对称，通常两性，稀见单性，组成聚伞或总状花序；萼片4～5枚，常合生，花瓣4～5片，分离；雄蕊与花瓣同数或为其二倍或更多，常排成二轮；子房上位，4～5室，也有更多室的，柑果或核果。

识别要点：茎常有刺，叶有透明油点，无托叶，多为羽状复叶或单身复叶；花整齐，萼片、花瓣4～5片，花盘明显，果多为柑果或浆果。

常见植物：橘（*Citrus madurensis*），果皮平滑，易剥离；柑（*Citrus reticulata*）果皮易剥离，但表面粗糙；橙（甜橙）（*Citrus sinensis*）（图4-43），果皮平滑，不易与果肉分离；柚（*Citrus grandis*），果大，直径10cm以上，果皮黄色或黄青色。在北方常见的植物：花椒（*Zanthoxylum bungeanum*），灌木，具有皮刺，奇数羽状复叶，蓇葖果，果皮作调味品；黄檗（*Phellodendron amurense*），落叶大乔木，树皮厚，内层黄色，树皮入药，能清热泻火，燥湿解毒。

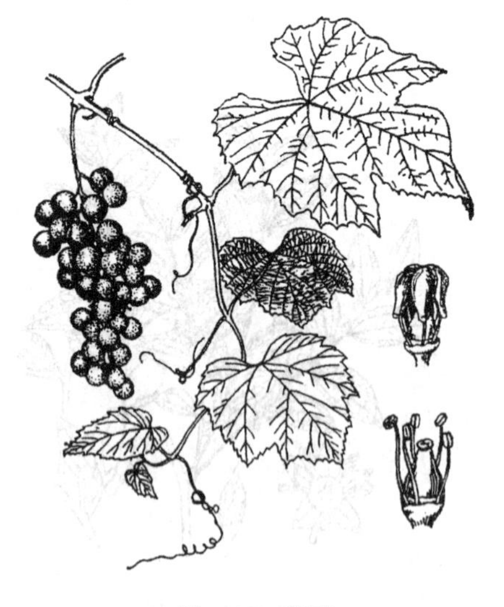

图4-42 葡萄

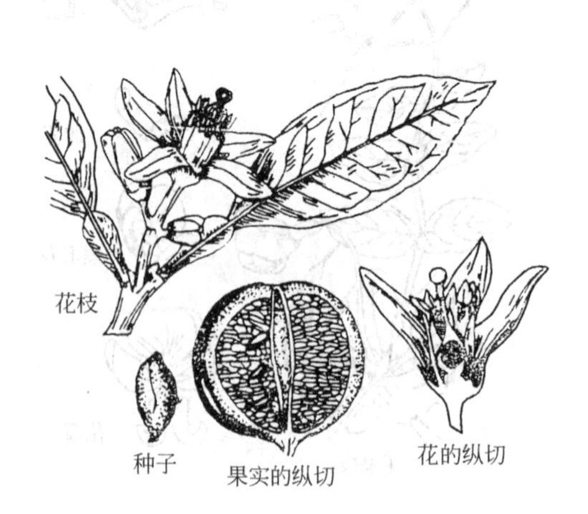

图4-43 橙

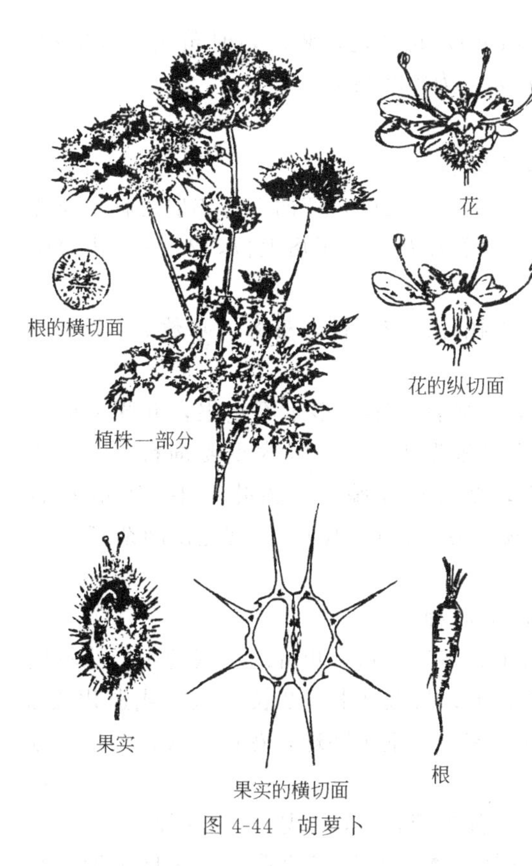

图 4-44　胡萝卜

（十九）伞形科（Umbelliferae）

伞形科共有 275 属，约 2850 种。我国有 95 属，约 525 种。

科的特征：草本，茎常中空，有纵棱。叶多分裂或为多裂的复叶，互生，叶柄基部扩大成鞘状抱茎；复伞形花序，稀见伞形花序，花序基部或有苞片或无苞片，花小，两性或杂性，花基数 5，雄蕊与花瓣互生，着生于上位花盘的周围，雌蕊由 2 心皮组成，子房下位，2 室，每室 1 胚珠，双悬果。

识别要点：草本，叶柄基部成鞘状抱茎，复伞形或伞形花序，子房下位，双悬果。

常见植物：胡萝卜（*Daucus carota var. sativus*）（图 4-44），直根，橙红色，可食；芹菜（*Api-um graveolens*），主要食用其嫩的叶柄及叶；茴香（*Foeniculumvulgre*），叶 3～4 回羽状全裂，裂片丝状，嫩茎叶作蔬菜，果实可作调味香料；芫荽（香菜）（*Coriandrum sativum*），茎叶作调味蔬菜。常见药用植物：当归（*Angelica sinensis*），防风（*Saposhnikovia divaricata*），独活（*Heracleum hemsleyanum*）等。

（二十）茄科（Solanaaceae）

茄科有 30 属，3000 多种。我国有 24 属，约 105 种。

科的特征：草本或灌木，叶互生，无托叶；花两性，辐射对称，多为聚伞花序或丛生，有时单生。花萼多为 5 裂，宿存，花冠多为 5 裂，轮状；雄蕊与花冠裂片同数且彼此互生；花药多黏合，纵裂或孔裂，子房上位，2 心皮合成 2 室，胚珠极多，果为浆果或蒴果。

识别要点：花萼宿存，花冠轮状，雄蕊 5 个生于花冠基部，与花冠裂片互生，花药多黏合，孔裂。

常见植物：马铃薯（*Solanum tuberosum*），草本，具块茎，叶为奇数羽状复叶，花白色或淡紫色，浆果球形，为常见的栽培植物之一，块茎富含淀粉，可作粮食和蔬菜；番茄（*Lycopersicon esculentum*），一年生草本，聚伞花序，花黄色，下垂，生于具节的柄上，浆果肉质，为重要蔬菜之一；烟草（*Nicotiana tabacum*），为一年生粗壮草本，全株有腺毛，叶极大，为制卷烟和烟丝的原料。

图 4-45　茄

1—花枝；2—花；3—花冠及雄蕊；4—花萼及雌蕊；5—果实

茄（*Solanum melongena*）（图 4-45）、辣椒（*Capsicum frutescens*）为常见蔬菜。枸杞（*Iycium chinense*），浆果熟时鲜红色，可食用和药用。酸浆（*Physalis alkekengi*），

浆果红色，可食用或药用。毛酸浆（*Physalis pubescens*），花黄色，浆果熟时黄色，可生食。龙葵（*Solanum nigrum*）、曼陀罗（*Datura stramonium*）为田间杂草。

（二十一）旋花科（Convolvulaceae）

旋花科约有56属，1800余种。我国有22属，120多种。

科的特征：多为缠绕草本，有时具乳汁；单叶互生，无托叶；花两性，辐射对称；花萼5裂，宿存，漏斗状花冠，5浅裂，雄蕊5枚，与花冠裂片互生，子房上位，2～3心皮合生为2～3室，每室2胚珠；蒴果，种子有胚乳。

识别要点：茎缠绕，有时具乳汁；单叶互生，无托叶；花两性，整齐，基数5；漏斗状花冠；子房上位，蒴果。

甘薯（红薯）（*Ipomoea batatas*），蔓生草本，具乳汁，茎节多生不定根，并膨大成块根。果为蒴果。块根富含淀粉，为主要杂粮。常用块根繁殖。茎、叶为重要饲料。空心菜（*Ipomaea aquatica*）为水生或陆生草本，茎中空，茎叶用作蔬菜。圆叶牵牛（*Pharbitis purpurea*），供栽培观赏。田旋花（*Convolvulus arvensis*）（图4-46），为常见田间杂草。

（二十二）唇形科（Labiatae）

唇形科约有220属，3500种。我国约有99属，800种。

科的特征：多为草本，稀见灌木，通常含芳香油；茎四棱形，单叶对生或轮生。花轮生于叶腋。花萼4～5裂或二唇形，宿存；花冠多为唇形；雄蕊4枚，2长2短，或退化成2枚，生于花冠上；子房上位，由2心皮组成，裂为4室，每室1胚珠，花柱1枚，插生于分裂子房的基部，花盘明显；果裂为4个小坚果。

识别要点：茎四棱形，单叶对生，花冠唇形，二强雄蕊，2个心皮，4个小坚果。

常见植物：薄荷（*Mentha haplocalyx*），多分枝草本，有强烈的香气，叶具短柄，对生，果为小坚果，可作药用和香料；藿香（*Agastache rugosus*）、益母草（*Leonurus artemisia*）（图4-47）、紫苏（*Perilla frutescens*）、黄芩（*Scutellaria baicalensis*）等是重要的药用植物；观赏植物有圆叶牵牛（*Pharbitis purpurea*）、裂叶牵牛（*Pharbitis nil*）、茑萝（*Quamoclit pennata*）、一串红（*Salvia splendens*）、五彩苏（彩叶草）（*Coleus scutellarioides*）等。

图4-46　田旋花

图4-47　益母草

（二十三）菊科（Compositae）

菊科是被子植物中最大的一个科，约有1000属，25000～30000种，广布于全世界。我国有230属，2300多种。

科的特征：多为草本，稀见灌木，有的具乳汁或具芳香油；叶常互生，少有对生或轮生，单叶，可成各种分裂，无托叶；花密集成头状花序，花序外有一至多列总苞片；头状花序的小花，有的全为舌状花或管状花，有的花序中央为管状花（盘花），而花序边缘的花（边花）为舌状花，小花的萼片变为冠毛或鳞片状；花两性或单性、中性，雄蕊5枚，花药连合为聚药雄蕊，花丝分离，雌蕊由2心皮合生；子房下位，1室，花柱顶端2裂，果为瘦果。

识别要点：头状花序，聚药雄蕊，瘦果顶端常具冠毛或鳞片。

根据头状花序中，花冠类型的不同及植物体是否含有乳汁，可分为筒状花亚科和舌状花亚科。

1. 筒状花亚科

整个花序为筒状花，或盘花为筒状而边花为舌状花。植物体不含乳汁，但多具芳香油。

常见植物：向日葵（*Helianthus annuus*）（图4-48），为一年生高大草本，茎直立，瘦果大，种子无胚乳，是重要的油料作物，种子含油量达55%，可食用，也可榨油供食用或作工业原料；菊芋（*H. tuberosus*），多分枝，块茎含淀粉或菊糖，可腌食或作饲料；茼蒿（*Chrysanthemum coronarium* var. *spatiosum*），为常见的蔬菜；红花（*Carthamus tinctorius*）、青蒿（*Artemisia apiacea*）等是常见的药用植物。

菊（*Dendranthema morifolium*），为我国原产的观赏植物，栽培历史悠久，品种极多。大丽菊（*dahlia pinnata*）、万寿菊（*Tagetes erecta*）、孔雀草（*Tagetes patula*）等均是常见的花卉。

常见田间杂草有苍耳（*Xanthius strumarium*）、刺儿菜（*Ciysium segetum var. spatiosum*）等。

2. 舌状花亚科

整个头状花序全由舌状花组成，植物体常含乳汁。

常见植物：莴苣（*Lactuca sativa*），为一年或两年生草本，具乳汁，叶质薄而软，边缘有褶或卷曲，叶无柄，基生叶丛生，茎生叶抱茎。头状花序小而多，全为两性花，花冠黄色，萼片退化成一层冠毛，瘦果，茎叶供菜用；其品种很多，食用莴苣（*L. sativa var. angustata*）和生菜（*L. sativa var. romana*）均是其变种。

常见田间杂草有蒲公英（*Taraxacum mongolieum*）（图4-49）、苦荬菜（*Sonchus oleraceus*）、黄鹌菜（*Youngia japonica*）、苦菜（*Ixeris chinensis*）等。

二、单子叶植物纲的主要科

（一）泽泻科（Alismataceae）

泽泻科有12属，75种。我国有5属，13种。

科的特征：水生或生于沼泽地，草本，具球茎或根状茎；叶长基生，有鞘，变化较大；花两性或单性，轮生于花茎上；萼片和花瓣均3枚；雄蕊6枚或更多，稀见3枚；雌蕊的心皮6片或更多，瘦果。

识别要点：生于水中或沼泽地，花在花轴上轮状排列，雌雄蕊均为6枚或更多，瘦果。

图 4-48　向日葵

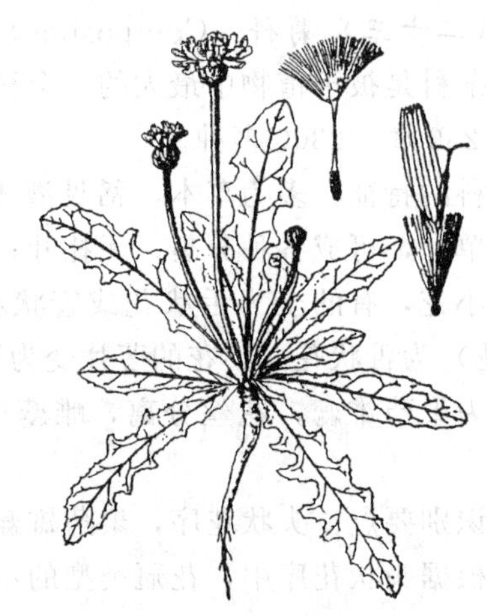

图 4-49　蒲公英

常见植物：泽泻（*Alisma orientalis*），多年生沼生草本，具地下根茎和球茎，球茎入药；慈姑（*Sagittaria sagittifolia*）（图 4-50），多年生沼生草本，球茎，水上叶片呈箭形，沉水叶带形。其球茎可食。

（二）天南星科（Araceae）

天南星科有 115 属，2000 多种。我国有 35 属，206 种。

科的特征：多年生草本，具根茎或块茎，常有乳状汁液；叶通常基生，茎生者为互生；肉穗花序，外有佛焰苞包围；花两性或单性，辐射对称，无花被或花被呈鳞片状，4～8 个，雄蕊 1～6 枚，分离或合生成雄蕊柱；子房上位，1 至多室，浆果。

识别要点：植物常具乳汁，花小，肉穗花序，花序外或花序下有 1 片佛焰苞。

常见植物：马蹄莲（*Zantedeschia aethiopica*），佛焰苞白色，美观，可作鲜切花或盆栽观赏；龟背竹（*Monstera delicioa*），为大藤本，有绳状气生根，叶大型，羽状裂并有穿孔，形似龟背，为观叶植物；红鹤芋（*Anthurium andreanum*），叶鲜绿色，呈长椭圆状心脏形，表面有像漆一样具有光泽的鲜朱红色，十分美丽，常作切花或盆花栽培。

药用植物：半夏（*Pinellia ternate*），块茎为小圆形，叶1～2 片，柄细长，小叶 3 片，佛焰苞顶部闭合，其块茎有毒，加工后入药，有开胃健脾、止呕的功效；天南星（*Arisaema consanguineum*）（图 4-51），块茎扁球形，叶单一，有小叶 7 至多片，辐射状排列，花雌雄异株，成熟浆果鲜红色，其块茎有毒，加工后入药，有镇痛、祛痰之效。

经济植物：芋（水芋）（*Colocasia esculenta*），块茎可食；魔芋（*Amorphallus rivieyi*），块茎大，既可食用，又可药用。

（三）禾本科（Gramineae）

禾本科有 500 余属，8000 多种。我国约 220 属，1200 多种。

科的特征：除竹类为木本外，多为一年生、二年生或多年生草本；茎圆，有明显的节和节间，节间中空、很少实心（如玉米、高粱、甘蔗），茎基部常产生分蘖。单叶互生，成 2 列，由叶片和叶鞘组成，叶鞘包秆，通常一侧开裂，叶片扁平，多狭长，脉平行，常有叶耳、叶舌；花序由小穗排列成复穗状、圆锥状等，小穗有小花 1 至多朵，排列于小穗轴上，通常基部有 2 片不孕的苞片，称为颖，生在下面（或外面）的 1 片称为第一颖，生在上面（或里面）的 1 片称为第二颖；小花两性、单性或中性，由外稃和内稃及其包被的浆片（鳞

图 4-50 慈姑

图 4-51 天南星

片)、雄蕊和雌蕊组成；浆片通常 2 枚，雄蕊通常 3 枚或 6 枚，雄蕊 1 枚由 2～3 心皮构成，花柱通常 2 枚为羽毛状；子房上位，1 室，有 1 胚珠，颖果。

识别要点：茎秆圆形，叶子排列成二列，叶鞘开口，有叶耳、叶舌。雄蕊 3 枚或 6 枚，雌蕊柱头常二裂羽毛状，颖果。

常见植物：小麦（*Triticum aestivum*）（图 4-52），二年生或一年生草本，复穗状花序直立，花两性，具外稃和内稃，雄蕊 3 枚，雌蕊 1 枚，颖果；水稻（*Oryza sativa*）（图 4-53），一年生草本，圆锥花序下垂，花两性，具外稃和内稃，雄蕊 6 枚，雌蕊 1 枚，颖果；玉蜀黍（玉米）（*Zea mays*），一年生高大草本，秆实心，花单性同株，秆顶着生雄性的圆锥花序，雌花序生于叶腋，肉穗状，外有数层苞片，颖果；高粱（*Soyghum vulgare*），一年生高大草本，秆实心，圆锥花序顶生，具柄小穗雄性，无柄小穗两性，颖果；甘蔗（*Saccharum sinense*）多年生高大草本，茎粗壮，含糖量高，为重要的糖源植物；芦苇（*Phragmites communis*）、

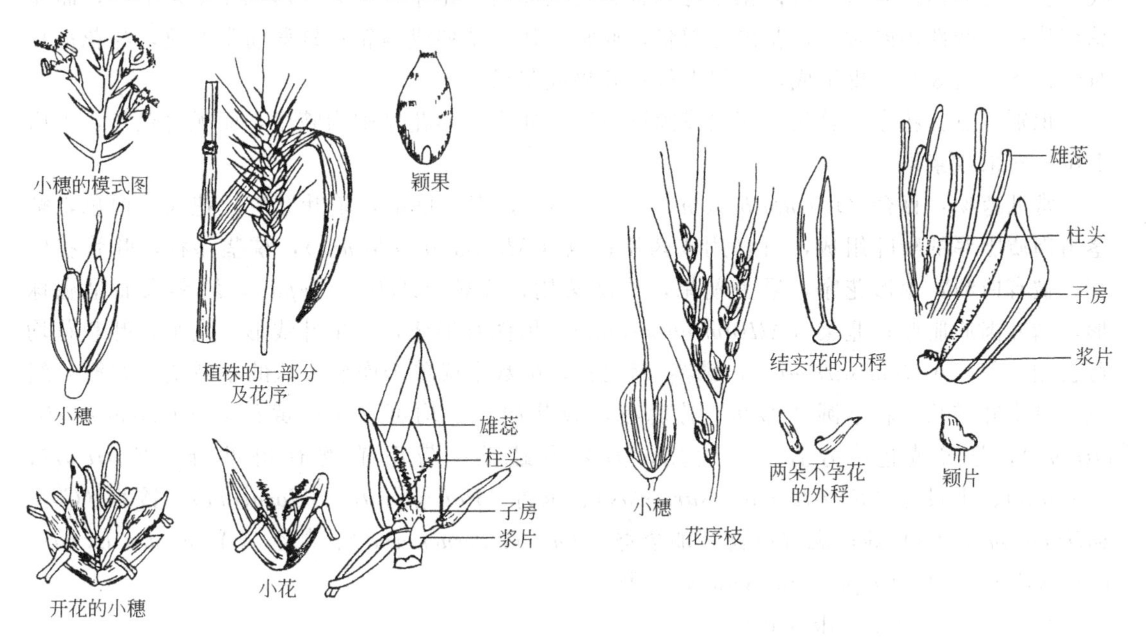

图 4-52 小麦　　图 4-53 水稻

草地早熟禾（*Poa pratensis*）、狗牙根（*Cynodon dactylon*）、羊茅（*Festuca ovina*）、结缕草（*Zoysia japonica*）等，均为经济植物。

常见杂草：稗（*Echinochloa crusgalli*），常生长于稻田，无叶舌；狗尾草（*Setaria viridis*）、马唐（*Digitaria adscendens*）、看麦娘（*Alopecurus aequalis*）、虎尾草（*Chloris virgata*）等。

（四）莎草科（Cyperaceae）

莎草科有80余属，4000种。我国有31属，670种。

科的特征：一年生或多年生草本；杆实心，常为三棱形，无节；叶通常3列，有时缺，叶片狭长，有封闭的叶鞘；花小，两性或单性，生于鳞片（称为颖）腋内，2至多个带花鳞片组成小穗，小穗复排成穗状、总状、圆锥状、头状或聚伞等各种花序；无花被或花被退化为下位刚毛、丝毛或鳞片；雄蕊1～3枚，子房上位，1室，柱头2～3个，瘦果或小坚果。

识别要点：杆多为三棱形、实心；叶通常3列，叶鞘多闭合；小穗由带花鳞片组成，小穗再组成各种花序；多为小坚果。

常见植物：荸荠（*Eleocharis tuberosa*），又名马蹄，具球茎，可食用或药用；香附子（*Cyperus rotundus*）（图4-54），黑褐色块茎称为“香附”，可提取香料或作药用；水葱（*Scirpus tabernaemontani*）、旱伞草（*Cyperus alternifolius*）等为栽培观赏植物；白颖苔草（细叶苔草，羊胡子草）（*Carex rigescens*）、异穗苔草（*Carex heterostachya*）、扁穗苔草（*Cyperus compressus*）等为常见草坪植物；水莎草（*Jnucellus serotinus*）、牛毛毡（*Eleocharis yokoscensis*）等为田间杂草。

（五）百合科（Liliaceae）

百合科有175属，2000种以上，广布全球。我国有51属，334种。

科的特征：草本，具根茎、鳞茎、球茎，茎直立或攀缘状；单叶互生，少数对生、轮生或基生，有的退化成鳞片状；花序为总状、穗状或圆锥花序，如为伞形花序则是腋生，而无总苞片；花两性辐射对称，花被花瓣状，通常6片，排列成两轮；雄蕊通常6枚，与花被片对生；雌蕊由3个心皮组成，子房上位；蒴果或浆果。

识别要点：花序为总状、穗状或圆锥花序，如为伞形花序则为腋生，而无总苞片，子房上位，蒴果或浆果。

常见植物：百合（*Lilium brownii*）（图4-55），直立草本，单叶互生，花大，白色，鳞茎由肉质肥厚的鳞叶组成，可食用或药用；葱（*Allium fistulosum*），鳞茎棒状，叶管状中空，被有白粉，伞形花序，果为蒴果，作蔬菜用；洋葱（*Allium cepa*），鳞茎大而呈扁球形，鳞叶肉质肥厚；韭菜（*Alliumtuberosum*），植株有根茎，基生叶线形，扁平，叶和花均可食用；蒜（*Allium sativum*），鳞茎（蒜头），由数个或单个肉质瓣状的小鳞茎（蒜瓣）组成，基生叶带状，花葶圆柱形状，称蒜薹，鳞茎和蒜薹均可食用；黄花菜（*Hemerocallis citrina*），花瓣黄色，芳香。供食用，为名贵蔬菜；药用植物有川贝母（*Fritillaria cirrhosa*）、平贝母（*Fritillaria ussuriensis*）、玉竹（*Polygonatum odoratum*）、铃兰（*Convallaria majalis*）等；观赏植物有郁金香（*Tulipa gesneriana*）、芦荟（*Aloe vera L. var. chinensis*）、文竹（*asparagus setaeus*）等。

（六）兰科（Orchidaceae）

兰科为种子植物第二大科，约有750属，1.7万种。我国约有150属，1000余种。

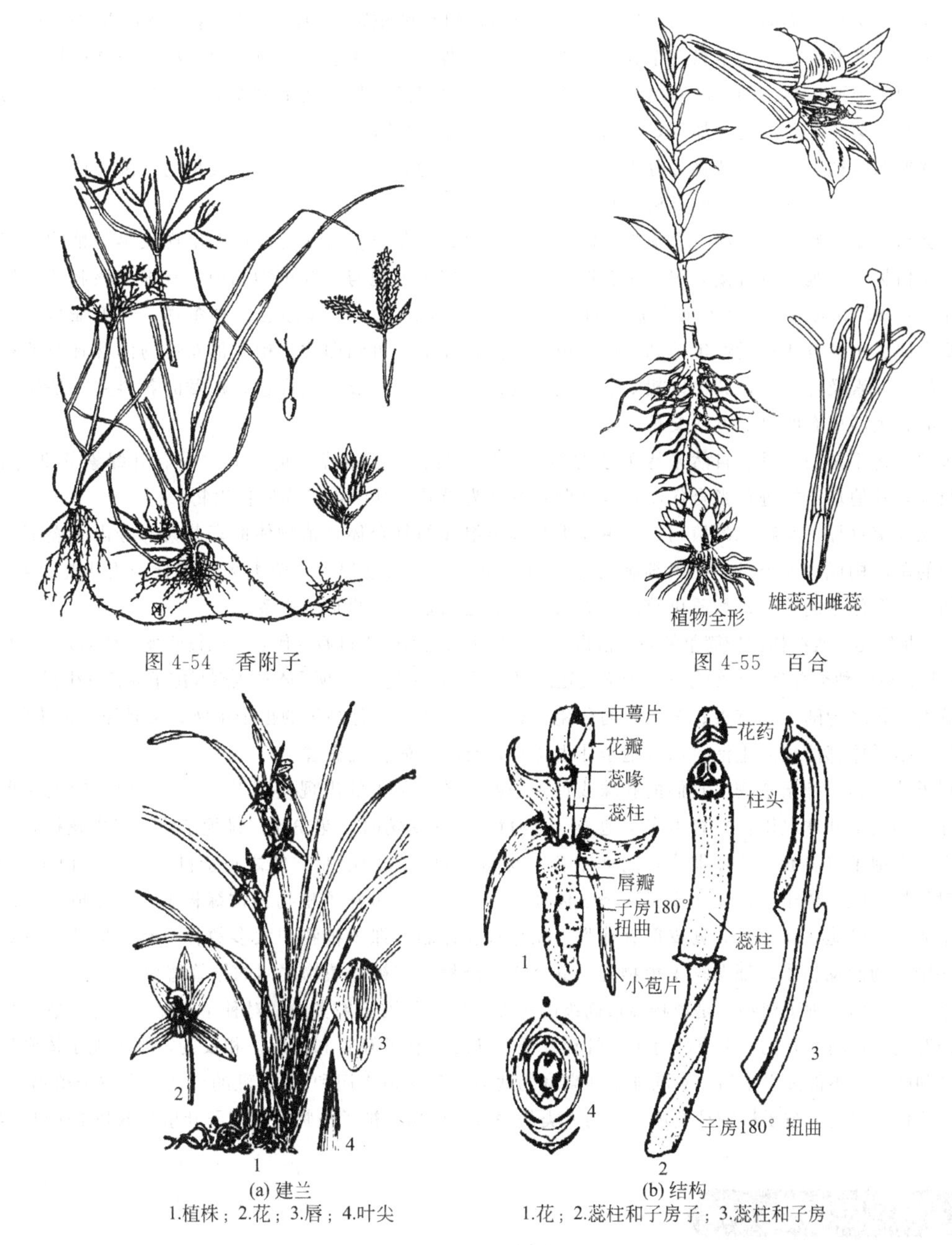

图 4-54　香附子

图 4-55　百合

图 4-56　兰属花

识别要点：陆生、附生或腐生草本；叶互生或退化成鳞片；花两性，两侧对称，花被 6 片 2 轮，雄蕊 2 或 1，雄蕊和花柱结合成合蕊柱，子房下位，侧膜胎座，蒴果，种子微小。

兰科的植物有寒兰、建兰、存兰、墨兰、独蒜兰、蝴蝶兰、文心兰等。其药用植物有白芨、石斛、天麻等。参见图 4-56。

本章小结

植物分类的方法有两种：一是人们依自己的方便或用途进行分类的方法，叫人为分类法；二是根据植物的亲缘关系进行分类的方法，叫自然分类法，该方法可反映植物之间的亲缘关系和植物界的进化过程。

植物分类的各单位，以亲缘关系远近为根据，分为界、门、纲、目、科、属、种。种是植物分类的基本单位。国际上通用林奈创立的双名法为植物的命名，即用两个拉丁文单词作为一种植物的学名，第一个单词是属名，第二个单词是种加词，后面加上命名人的姓氏缩写。

根据形态结构等特点，植物界分为低等植物和高等植物。低等植物包括藻类植物、菌类植物和地衣植物；高等植物包括苔藓植物、蕨类植物和种子植物。

藻类植物中，蓝藻、绿藻、褐藻与人们生产密切相关的藻类。蓝藻是地球上出现最早的植物。蓝藻植物为原核植物。细胞进行直接分裂，无有性生殖。绿藻植物细胞与高等植物相似，有细胞核和叶绿体，叶绿素 a、叶绿素 b 为最多，还有叶黄素和胡萝卜素，因而呈绿色。个体形态多种多样，有单细胞、群体和多细胞个体。生殖方式从无性生殖到有性生殖的同配、异配，再到卵式生殖。褐藻植物体含有的色素是叶绿素、胡萝卜素及叶黄素，其中以胡萝卜素及叶黄素含量较多，故呈黄褐色；贮藏的养料主要是褐藻淀粉和甘露醇；生活史有明显的世代交替。

菌类植物不是一个具有自然亲缘关系的类群，是一群没有根、茎、叶分化，没有叶绿素的低等植物。除少数外，其他均不能进行光合作用，故其营养方式为异养。其中细菌为原核生物。

地衣是植物界一类特殊的植物，是由藻类和菌类组成的复合体。植物体的真菌大部分由子囊菌或少数担子菌的菌丝构成。藻类是一些单细胞的绿藻和蓝藻。在生长过程中，菌类吸收水分和无机盐供给藻类，藻类通过光合作用制造有机物质供给菌类养料。它们之间是互惠的共生关系。

苔藓植物是一类结构比较简单的高等植物，是植物从水生到陆生过渡的代表。比较低级的种类为扁平的叶状体，比较高级的种类有茎、叶的分化，但无真正的根。配子体占优势，孢子体不能离开配子体独立生活。

蕨类植物多为陆生，有根、茎、叶的分化，有维管系统，既是高等的孢子植物，又是原始的维管植物。配子体与孢子体都能独立生活，而且孢子体占优势，有明显的世代交替。

裸子植物属于种子植物，它们的胚珠或种子是裸露的。种子的出现使胚得到保护。孢子叶大多聚成孢子叶球，小孢子叶球（雄性）有很多小孢子（花粉粒）。在受精时，花粉粒（雄配子体）产生花粉管，可将精子送到大孢子（胚囊）颈卵器中，与卵结合。受精摆脱了水的限制，使之适应陆地生活。孢子体发达，占绝对优势，配子体十分简化而不脱离孢子体独立生活。绝大多裸子植物为常绿树木，有形成层和次生结构。木质部有管胞，无导管；韧皮部有筛胞，无筛管和伴胞。裸子植物中大多数种类有颈卵器，少数种类仍有多鞭毛的游动精子，证明裸子植物是一群介于蕨类植物与被子植物之间的维管植物。

被子植物属于种子植物，是植物界最高级的一类。种子包被于果实中，对种子起保护作用。它们的孢子体占绝对优势，高度分化。木质部有了导管和纤维，韧皮部有了筛管和伴胞。相反的，雌雄配子体则简化为花粉粒和胚囊，不能独立生活。对陆地生活高度的适应，双受精作用和 3n 胚乳的出现，为被子植物所特有，有利于后代的繁衍。被子植物种类最多，与人类的关系最密切。被子植物分为双子叶植物纲和单子叶植物纲。

复习思考题

一、名词解释

人为分类法；自然分类法；世代交替；种子植物；非维管植物；维管植物

二、问答题

1. 植物自然分类法的单位有哪些？
2. 植物的学名由哪几部分组成，书写中应注意什么？
3. 低等植物和高等植物的主要区别有哪些？
4. 被子植物和裸子植物有哪些主要区别？
5. 说明植物界进化的一般规律。
6. 说明单子叶植物纲和双子叶植物纲的主要区别。

第五章 植物的水分代谢

学习目的

了解水分在植物生命活动中的作用。

了解植物细胞和根系对水分的吸收方式。

理解植物细胞和根系吸水动力的形成机理及气孔的运动机理。

掌握农作物合理灌溉的生理基础。

水是生命起源的先决条件，没有水就没有生命。植物的一切正常生命活动都必须在细胞含有一定水分的状况下才能进行。农作物产量对供水的依赖性也往往超过了任何其他因素，"有收无收在于水"和"水利是农业的命脉"的道理就在这里。

植物对水分的吸收、运输、利用和散失的过程，称为植物的水分代谢。研究植物水分代谢的基本规律，掌握合理灌溉的生理基础，满足作物生长发育对水分的需要，为作物提供良好的生态环境，这对农作物的高产、稳产、优质、高效有着重要意义。

第一节 水在植物生命中的重要性

一、植物的含水量

任何植物都含有一定量的水分。但含水量因植物种类、环境条件、年龄和器官组织的不同而有巨大差异。一般来说，水生植物的含水量最高占鲜重的98%以上；沙漠植物的含水量最低，有的只占鲜重的6%；草本植物的含水量通常占鲜重的70%～85%；木本植物的含水量较低，但也占鲜重的50%以上。植物生理活动旺盛的幼嫩器官含水较多，嫩茎、幼根的含水量可达80%～90%，随着器官的成熟和衰老，含水量就逐步下降。木材的含水量为40%～50%，其中边材的含水量显著大于心材。休眠芽的含水量为40%左右。成熟种子的含水量为12%～14%（表5-1）。

表5-1 几种植物不同器官的含水量

器官	植物及部位	含水量/%	器官	植物及部位	含水量/%
根、茎	大麦根尖	93.0	果实	苹果	84.0
	向日葵(7周龄)的全部茎平均	87.5	种子	花生脱皮种子	5.1
叶	玉米的成熟叶子	77.0			

二、水分在植物生命活动中的作用

水分对于植物生命活动的作用可概括为以下几方面。

（一）水是细胞的重要组成成分

水是植物体的重要组成成分，一般植物组织含水量占鲜重的75%～90%，水生植物含水量可达95%。细胞中的水可分为两类：一类是与细胞组分紧密结合而不能自由移动、不易蒸发散失的水，称为束缚水；另一类是与细胞组分之间吸附力较弱，可以自由移动的水，称为自由水。自由水可直接参与各种代谢活动，因此，当自由水/束缚水比值高时，细胞原生质呈溶胶状态，植物代谢旺盛，生长较快，抗逆性弱；反之，细胞原生质呈凝胶状态，代谢活性低，生长迟缓，但抗逆性强。

（二）水是代谢过程的反应物质

水是光合作用的原料。在呼吸作用以及许多有机物质的合成和分解过程中都有水分子参与，没有水，这些重要的生化过程都不能进行。

（三）水是各种生理生化反应和运输物质的介质

植物体内的各种生理生化过程，如矿质元素的吸收、运输，气体交换，光合产物的合成、转化和运输等都需以水作为介质。

（四）水能使植物保持固有的姿态

植物细胞含有大量水分，以维持细胞的紧张度，使枝叶挺立，花朵开放，根系得以伸展，从而有利于植物捕获光能、交换气体、传粉受精以及对水肥的吸收。

（五）水能调节植物的体温

由于水有很高的汽化热和比热容，所以植物通过蒸腾散热调节体温，以减轻烈日的伤害。

第二节　植物细胞对水分的吸收

植物细胞对水分的吸收有吸胀作用和渗透作用两种方式。吸胀作用是无液泡的植物细胞的吸水方式；而有液泡的植物细胞则是通过渗透作用来吸水。渗透吸水是植物细胞的主要吸水方式。

一、植物细胞的水势

要讨论植物细胞的水势，先要讨论一下一个开放的溶液体系的水势问题。

根据热力学原理，系统中物质的总能量是由束缚能和自由能两部分组成的。束缚能不能转化为用于做功的能量。而自由能是指在等温等压条件下能够做最大有用功的能量。在等温等压条件下，1mol物质，不论是纯的或存在于任何体系中所具有的自由能，称为该物质的化学势。每偏摩尔体积水的化学势称为水势。在纯水中，水分子的自由能最大，水势也最高，任何溶液由于溶质的存在，使水分子运动受阻，从而降低了水的自由能，其水势就低于纯水。水势的绝对值无法测定，现在人为规定，纯水的水势为零，其他任何体系的水势都是和其相比较而得来的，因此，都是相对值。溶液浓度愈高，自由能愈少，水势也就愈低。水势通常用符号 Ψ_w 表示，其单位为帕斯卡（简称Pa）或兆帕（MPa）。

植物细胞与一个开放的溶液体系有所不同，它外有细胞壁，内有大的中央液泡，液泡中有溶质，细胞中还有多种亲水衬质，这些都会对细胞水势产生影响。因此植物细胞水势比纯溶液的水势要复杂得多，至少要受到三个组分的影响，即溶质势 Ψ_s、压力 Ψ_p 和衬质势 Ψ_m。

（一）细胞的溶质势

溶质势是指由于细胞中溶质的存在而引起细胞水势下降的值，通常用符号（Ψ_s）表示。植物细胞中含有大量溶质，其中主要有无机离子、糖类、有机酸、色素等，悬浮在细胞液中的蛋白质、核酸等高分子物质也可视为溶质。细胞液所具有的溶质势是各种溶质势的总和。细胞液中溶质的质点数愈多，细胞液的溶质势就越低。植物细胞的溶质势会因植物种类而不同。一般陆生植物叶片细胞的溶质势是－2～－1MPa，旱生植物叶片细胞的溶质势可以低到－10MPa。溶质势主要受细胞液浓度的影响，因此，凡是影响细胞液浓度的内外条件，都可引起溶质势的改变。例如干旱时，细胞液浓度高，溶质势较低。

（二）细胞的压力势

原生质体吸水膨胀，对细胞壁产生的压力称为膨压。细胞壁在受到膨压作用的同时会产生一种与膨压大小相等、方向相反的压力称为壁压，即压力势。压力势一般为正值，它提高了细胞的水势。草本植物叶肉细胞的压力势，在温暖天气的午后为0.3～0.5MPa，晚上则达1.5MPa。

（三）细胞的衬质势

细胞的衬质势是指细胞中的亲水物质如蛋白质（体）、淀粉粒、纤维素等衬质对自由水的束缚而引起水势的降低值。衬质势为负值。

（四）细胞的水势组成

细胞的水势等于各种影响值的代数和。即 $\Psi_w = \Psi_m + \Psi_s + \Psi_p$。

有液泡的细胞和无液泡的细胞因体系的组成不同，在水势组成上也有差异。

未形成液泡的细胞水势组成 $\Psi_w = \Psi_m$，其中 Ψ_s 和 Ψ_p 为0。

已形成液泡的细胞衬质势趋于0，可忽略不计，水势组成 $\Psi_w = \Psi_s + \Psi_p$。

二、植物细胞的渗透作用

渗透作用是水分进出细胞的基本过程，渗透现象的存在可以用下列实验来证明。

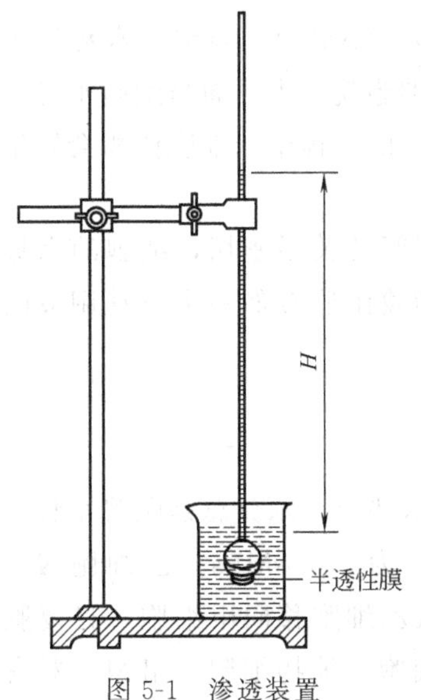

图5-1　渗透装置

用一个半透性膜（猪膀胱或蚕豆种皮）紧扎在漏斗或试管下，做成一个渗透装置（图5-1），内注入糖液，放入盛有清水的烧杯中，糖液的高度做上标记。过一段时间后，可看到糖液液面升高。这是由于烧杯中水分子通过半透膜进入糖液中的数量，远远超过糖液中的水分进入烧杯中的数量而造成的。这种水分通过半透性膜从水势高的一方向水势低的一方移动的现象叫渗透作用。玻管内溶液与外液的高度差所造成的压力叫该溶液的渗透压。溶液浓度越高，渗透压越大，反之便越小。当液面不再升高时，膜内外的水分进出速度相等，呈动态平衡。

具有液泡的细胞，主要靠渗透吸水，当与外界溶液接触时，细胞能否吸水，取决于两者的水势差，现将植物细胞与外液的水分关系总结如下。

当外界溶液 Ψ_w ＞细胞 Ψ_w 时，表现为内渗透，细胞正常吸水。

当外界溶液 Ψ_w < 细胞 Ψ_w 时，表现为反渗透，细胞失水。

当细胞严重脱水时，液泡体积变小，原生质和细胞壁跟着收缩，但由于细胞壁的伸缩性有限，当原生质继续收缩而细胞壁已停止收缩时，原生质便慢慢脱离细胞壁，这种现象叫做质壁分离（图 5-2）。如果把发生了分离的细胞放在水势较高的稀溶液或清水中，外面的水分便进入细胞，液泡变大，使整个原生质慢慢恢复原来的状态，这种现象叫做质壁分离复原。以上两种现象只能发生在活细胞中。因为死细胞原生质失去了选择透性的性质，不会发生质壁分离。由此，质壁分离与复原现象可以用来判断细胞的死活。

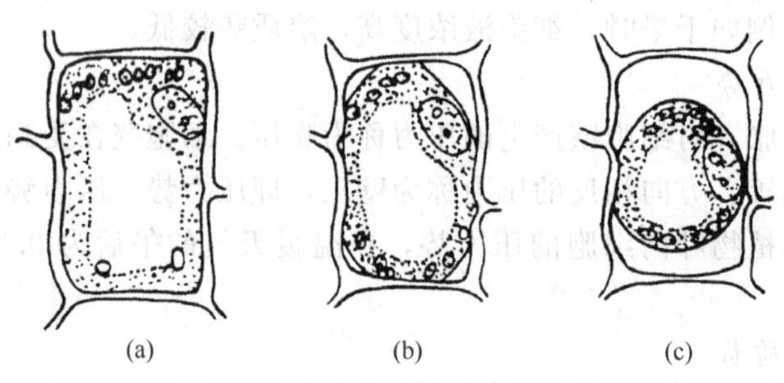

图 5-2 植物细胞的质壁分离现象

(a) 正常细胞；(b)，(c) 进行质壁分离中的细胞

当外界溶液 Ψ_w = 细胞 Ψ_w 时，表现为等渗透，细胞既不吸水也不失水，处于动态平衡。

在一般情况下，植物根细胞的水势总是低于土壤溶液的水势，所以根能从土壤中吸收水分。但当施肥过多，而使土壤溶液浓度过大，其水势低于根细胞的水势时，根细胞的水分便会反渗透到土壤中，使根细胞乃至整个植物体脱水，细胞发生质壁分离现象。由于细胞失去了应有的紧张度，地上叶片表现为萎蔫状态，严重时产生烧根现象而死亡。

三、细胞吸水过程中水势组分的变化

植物细胞吸水与失水取决于细胞与外界环境之间的水势差（$\Delta\Psi_w$）。当细胞水势低于外界的水势时，细胞就吸水；当细胞水势高于外界的水势时，细胞就失水；而当细胞水势等于外界水势时，水分交换达到动态平衡。植物细胞在吸水和失水的过程中，细胞体积会发生变化，其水势、溶质势和压力势等都会随之改变（图 5-3）。

以上表明，细胞 Ψ_w 及其组分 Ψ_p、Ψ_s 与细胞相对体积间的关系密切，细胞的水势不是固定不变的，Ψ_s、Ψ_p、Ψ_w 会随含水量的增加而增高，植物细胞颇似一个自动调节的渗透系统。

四、植物细胞间的水分移动

相邻两个细胞之间水分移动的方向，取决于两细胞间的水势差，水分总是顺着水势梯度移动。如甲细胞 Ψ_s 为 −1.5MPa，Ψ_p 为 0.7MPa，其 Ψ_w 为 −0.8MPa；乙细胞 Ψ_s 为 −1.2MPa，Ψ_p 为 0.6MPa，其 Ψ_w 为 −0.6MPa，则水分从乙细胞移向甲细胞，只要胞间存在着水势梯度，水分就会由水势高的细胞移向水势低的细胞。植物细胞、组织、器官之间，以及土壤-植物-大气连续体中，水分的转移也都符合这一基本规律。通常土壤的水势＞植物根的水势＞茎木质部水势＞叶片的水势＞大气的水势（图 5-4），使根系吸收的水分可以源源不断地向地上部分输送。

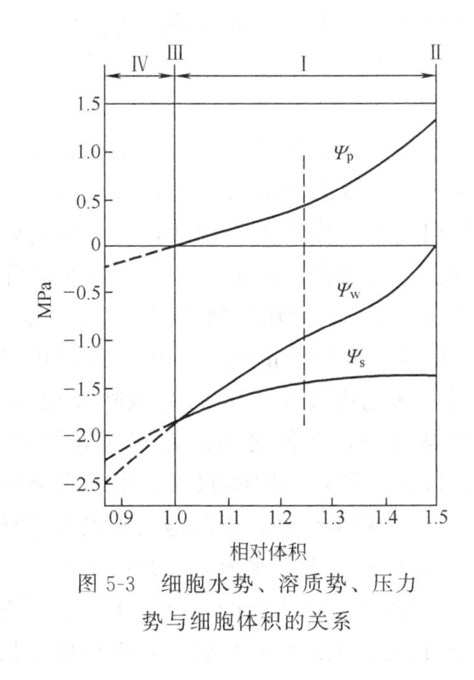

图 5-3　细胞水势、溶质势、压力势与细胞体积的关系

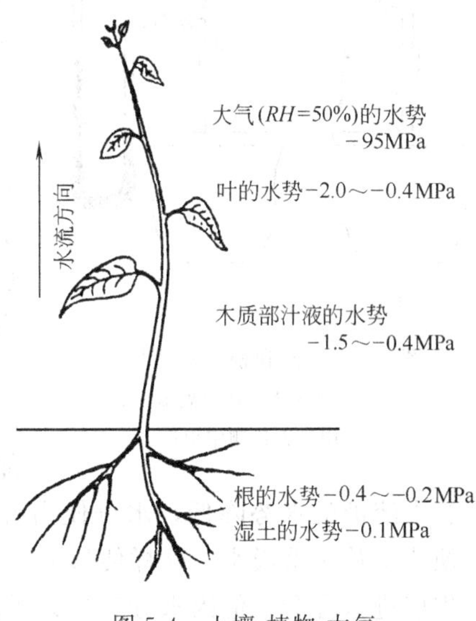

图 5-4　土壤-植物-大气连续体中的水势

第三节　植物根系对水分的吸收

根系吸水的部位主要在根的尖端，从根尖开始向上约 10mm 的范围内，包括根冠、根毛区、伸长区和分生区，其中以根毛区的吸水能力最强。这是因为：①根毛区有许多根毛，这增大了根的吸收面积（约 5～10 倍）；②根毛细胞壁的外层由果胶质覆盖，黏性较强，亲水性好，从而有利于和土壤胶体颗粒的黏着和吸水；③根毛区的输导组织发达，对水移动的阻力小，所以水分转移的速度快。由于植物吸水主要靠根尖，因此，在移栽时尽量保留细根，以减轻移栽后植株的萎蔫程度。

一、根系吸水的机理

植物根系吸水，按其吸水动力不同可分为主动吸水和被动吸水两类。

（一）主动吸水

由植物根系生理活动而引起的吸水过程称为主动吸水，它与地上部分的活动无关。根的主动吸水具体反映在根压上。所谓根压，是指由于植物根系生理活动而促使液流从根部上升的压力。根压可使根部吸进的水分沿导管输送到地上部分，同时土壤中的水分又不断地补充到根部，这样就形成了根系的主动吸水。大多数植物的根压为 0.1～0.2MPa，有些木本植物可达 0.6～0.7MPa。

伤流和吐水是证实根压存在的两种生理现象。

1. 伤流

从受伤或折断的植物组织伤口处溢出液体的现象称为伤流（图 5-5）。伤流是由根压引起的。若把丝瓜茎在近地面处切断后、伤流现象可持续数日。从伤口流出的汁液叫伤流液。其中除含有大量水分之外，还含有各种无机物、有机物和植物激素等。凡是能影响植物根系生

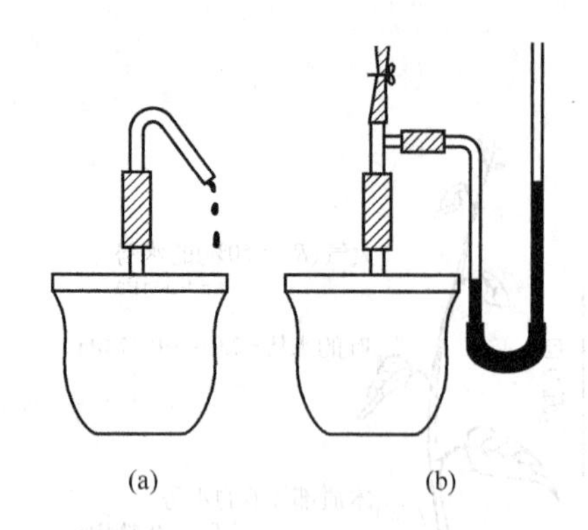

图 5-5 伤流和根压示意图
(a) 伤流液从茎部切口处流出；
(b) 用压力计测定根压

理活动的因素都会影响伤流液的数量和成分。所以，伤流液的数量和成分，可作为根系活动能力强弱的生理指标。

2. 吐水

生长在土壤水分充足、潮湿环境中的植株，叶片尖端或边缘的水孔向外溢出液滴的现象称为吐水。吐水也是由根压所引起的。作物生长健壮，根系活动较强，吐水量也较多，所以在生产上，吐水现象可以作为根系生理活动的指标，并能用以判断苗长势的强弱。

一般认为，根内皮层以外的细胞，供氧较内皮层以内的细胞充足。因此内皮层以外的细胞呼吸较强，能不断吸收无机盐离子，并使之向内转移至导管内，使导管内溶液的水势降低，水分便由导管周围的细胞进入导管，周围细胞因失水，水势降低，便依次从土壤吸水，这样便形成一个水势梯度。水分沿着水势差，不断地由土壤经过根毛、皮层进入导管。但因水分经过共质体的阻力很大，所以实际上，水分主要是由土壤经过根毛和皮层部分质外体的自由空间来运行。通过内皮层时由于有凯氏带的阻挡，水分必须通过内皮层的细胞质而进入中柱导管。水分从许许多多的根毛汇集到中柱导管内，就形成了强大的根压。这种压力使水分沿着茎的木质部导管向上流动。

(二) 被动吸水

植物根系以蒸腾拉力为动力的吸水过程称为被动吸水。

蒸腾拉力是指因叶片蒸腾作用而产生的使导管中水分上升的力量。当叶片蒸腾时，气孔下腔周围细胞的水以水蒸气形式扩散到水势低的大气中，从而导致叶片细胞水势下降，这样就产生了一系列相邻细胞间的水分运输，使叶脉导管失水而压力势下降，并造成根冠间导管中的压力梯度，在压力梯度下，根导管中水分向上输送，其结果造成根部细胞水分亏缺，水势降低，从而使根部细胞从周围土壤中吸水。这种吸水完全是由蒸腾失水而产生的蒸腾拉力所引起，只要蒸腾作用一停止，根系的这种吸水就会减慢或停止。将切掉根系的枝条插入水中，仍然能吸水，就可证明这一点（图 5-6）。在一般情况下，土壤水分的水势很高，很容易被植物吸收，并输送到数米，甚至上百米高的枝叶中去。

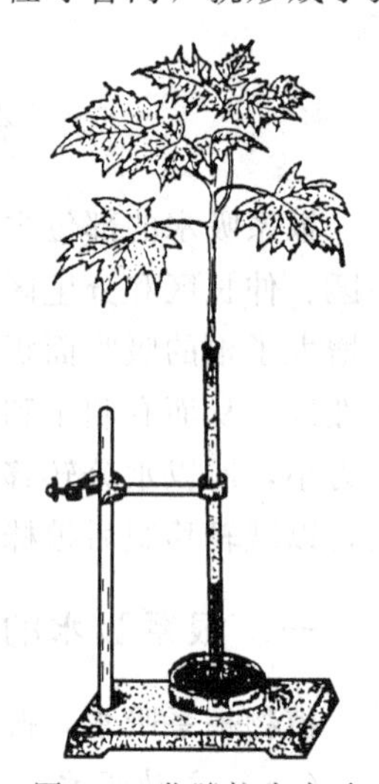
图 5-6 蒸腾拉力实验

主动吸水和被动吸水在植物吸水过程中所占的比重，因植物生长状况和蒸腾速率而异。通常正在蒸腾着的植株，尤其是高大的树木，其吸水的主要方式是被动吸水。只有春季叶片未展开或树木落叶以后以及蒸腾速率很低的夜晚，主动吸水才成为主要的吸水方式。

二、影响根系吸水的土壤条件

植株根系生长在土壤中，土壤因子必然影响植物的吸水。

(一) 土壤水分状况

土壤水分状况与植物吸水有密切关系。缺水时，植物细胞失水，膨压下降，叶片、幼茎下垂，这种现象称为萎蔫。如果当蒸腾速率降低后，萎蔫植株可恢复正常，则这种萎蔫称为暂时萎蔫。暂时萎蔫常发生在气温高、湿度低的夏天中午，此时土壤中即使有可利用的水，也会因蒸腾强烈而供不应求，使植株出现萎蔫。傍晚，气温下降，湿度上升，蒸腾速率下降，植株又可恢复原状。若蒸腾降低以后仍不能使萎蔫植物恢复正常，这样的萎蔫就称永久萎蔫。永久萎蔫的实质是土壤的水势等于或低于植物根系的水势，植物根系已无法从土壤中吸到水，只有增加土壤可利用水分，提高土壤水势，才能消除萎蔫。永久萎蔫如果持续下去就会引起植株死亡。

（二）土壤温度

土壤温度与根系吸水关系很大。低温会使根系吸水下降，其原因：一是水分在低温下黏度增加，扩散速率降低，同时由于细胞原生质黏度增加，水分扩散阻力加大；二是根呼吸速率下降，影响根压产生，主动吸水减弱；三是根系生长缓慢，不发达，有碍吸水面积的扩大。土壤温度过高对根系吸水也不利，其原因是土壤温度过高会提高根的木质化程度，加速根的老化进程，还会使根细胞中的各种酶蛋白变性失活。

（三）土壤通气状况

土壤中的 O_2 和 CO_2 浓度对植物根系吸水的影响很大。用 CO_2 处理小麦、水稻幼苗根部，其吸水量降低 14%～50%；如通 O_2 处理，则吸水量增加。这是因为 O_2 充足，会促进根系有氧呼吸，这不但有利于根系主动吸水，而且也有利于根尖细胞分裂、根系生长和吸水面积的扩大。但如果 CO_2 浓度过高或 O_2 不足，则根的呼吸减弱，能量释放减少，这不但会影响根压的产生和根系吸水，而且还会因无氧呼吸累积较多的乙醇而使根系中毒。

（四）土壤溶液浓度

在一般情况下，土壤溶液浓度较低，水势较高，根系易于吸水。但在盐碱地上，水中的盐分浓度高，水势低（有时低于−10MPa），作物吸水困难。在栽培管理中，如施用肥料过多或过于集中，也可使土壤溶液浓度骤然升高，水势下降，阻碍根系吸水，甚至还会导致根细胞水分外流，而产生“烧苗”。

第四节 植物的蒸腾作用

蒸腾作用是指植物体内的水分以气态散失到大气中的过程。与一般的蒸发不同，蒸腾作用是一个生理过程，受到植物体结构和气孔行为的调节。

一、蒸腾作用的生理意义和方式

（一）蒸腾作用的生理意义

陆生植物在进行光合和呼吸的过程中，以伸展在空中的枝叶与周围环境发生气体交换，然而随之而来的是大量地丢失水分。蒸腾作用消耗水分，这对陆生植物来说是不可避免的，它既会引起水分亏缺，破坏植物的水分平衡，甚至引起植物伤害，但同时，它又对植物的生命活动具有一定的意义。

（1）蒸腾作用能产生蒸腾拉力　蒸腾拉力是植物被动吸水与转运水分的主要动力，这对高大的乔木尤为重要。

（2）蒸腾作用促进木质部汁液中物质的运输　土壤中的矿质盐类和根系合成的物质可随着水分的吸收和集流而被运输和分布到植物体各部分去。

（3）降低植物体的温度　这是因为水的汽化热高，在蒸腾过程中可以散失掉大量的辐射热。

（二）蒸腾作用的方式

蒸腾作用有多种方式。幼小的植物，暴露在地上部分的全部表面都能蒸腾。植物长大后，茎枝表面形成木栓，未木栓化的部位有皮孔，可以进行皮孔蒸腾。但皮孔蒸腾的量甚微，仅占全部蒸腾量的0.1%左右，由此可知，植物蒸腾作用绝大部分是靠叶片进行的。

叶片的蒸腾作用方式有两种：一是通过角质层的蒸腾，称为角质蒸腾；二是通过气孔的蒸腾，称为气孔蒸腾。角质层蒸腾和气孔蒸腾在叶片蒸腾中所占的比重，与植物的生态条件和叶片年龄有关，实质上也就是和角质层厚薄有关。阴生和湿生植物的角质蒸腾往往超过气孔蒸腾。幼嫩叶子的角质蒸腾可达总蒸腾量的1/3～1/2。一般植物成熟叶片的角质蒸腾仅占总蒸腾量的3%～5%。因此，气孔蒸腾是中生和旱生植物蒸腾作用的主要方式。

二、气孔蒸腾

气孔是植物进行体内外气体交换的重要门户。水蒸气、CO_2、O_2 都要共用气孔这个通道，气孔的开闭会影响植物的蒸腾、光合、呼吸等生理过程。

（一）气孔的形态结构及生理特点

1. 气孔的形态结构

气孔是植物叶片表皮组织的小孔，一般由成对的保卫细胞组成。保卫细胞四周环绕着表皮细胞，毗连的表皮细胞如在形态上和其他表皮细胞相同，就称之为邻近细胞，如有明显区别，则称为副卫细胞。保卫细胞与邻近细胞或副卫细胞构成气孔复合体。保卫细胞在形态上和生理上与表皮细胞有显著的差异。

2. 气孔数目多、分布广

气孔的大小、数目和分布因植物种类和生长环境而异（表5-2）。气孔分布在叶的下表面较多。每平方厘米叶面上少则几千，多则可达到10万个以上。如苹果叶每平方厘米有4万个气孔，禾本科植物叶较直立，叶的两面都可受光，气孔在上下两面分布较接近；双子叶植物如棉花、蚕豆等，下表面上的气孔数较多，而上表面较少。浮水植物如菱角，叶片上气孔只分布在上表面。一株植物上部叶片的气孔较下部多，叶片气孔多分布在叶缘、叶尖部分，阳性植物气孔较阴性植物多。

表5-2 不同类型植物的气孔数目和大小

植物类型	叶面气孔数/mm^2	气孔口径/μm		气孔面积占叶面积/%
		长	宽	
阳性植物	100～200	10～20	4～5	0.8～1.0
阴性植物	40～100	15～20	5～6	0.8～1.2
禾本科植物	50～100	20～30	3～4	0.5～0.7
冬季落叶植物	100～500	7～15	1～6	0.5～1.2

3. 气孔面积小，蒸腾速率高

气孔一般长约7～30μm，宽约1～6μm。而进出气孔的CO_2和H_2O分子的直径分别只有0.46nm和0.54nm，因而气体交换畅通。气孔在叶面上所占的面积，一般不到叶面积的1%，气孔完全张开也只占1%～2%，但气孔的蒸腾量却相当于所在叶面积蒸发量的10%～50%，甚至达到100%。也就是说，经过气孔的蒸腾速率要比同面积的自由水面快几十倍，甚至100倍。这是因为气体通过多孔表面扩散的速率，不与小孔的面积成正比，而与小孔的周长成正比。这就是所谓的小孔扩散律。这是因为在任何蒸发面上，气体分子除经过表面向外扩散外，还沿边缘向外扩散。在边缘处，扩散分子相互碰撞的机会少，因此扩散速率就比在中间部分的要快些。扩散表面的面积较大时（例如大孔），周长与面积的比值小，扩散主要在表面上进行，经过大孔的扩散速率与孔的面积成正比。然而当扩散表面减小时，周长与面积的比值即增大，经边缘的扩散量就占较大的比例，且孔越小，所占的比例越大，扩散的速度就越快（表 5-3）。

表 5-3　相同条件下水蒸气通过各种小孔的扩散

小孔直径/mm	扩散失水/g	相对失水量	小孔相对面积	小孔相对周长	同面积相对失水量
2.64	2.56	1.00	1.00	1.00	1.00
1.60	1.58	0.59	0.37	0.61	1.62
0.95	0.93	0.35	0.13	0.36	2.17
0.31	0.76	0.29	0.09	0.31	3.05
0.56	0.43	0.13	0.05	0.21	4.04
0.35	0.36	0.14	0.01	0.13	7.16

（二）气孔运动机理

气孔的开闭决定于保卫细胞的膨胀度，保卫细胞吸水膨胀时气孔张开，失水萎缩时气孔关闭。保卫细胞水分的得失，是由水势的变化引起的，水势的变化则与保卫细胞的光合作用有关。这些关系，早为许多试验所证明。气孔运动机理的关键问题，是光合作用如何引起保卫细胞水势变化的。多年来，对这个问题提出过许多假说，这些假说可归纳为两大类，即淀粉与糖互变说和无机离子吸收说。

淀粉与糖互变说是长期以来占主导地位的经典性假说，其梗概如下。

在光下保卫细胞开始进行光合作用，引起细胞中的二氧化碳浓度降低，从而使细胞的pH由5左右增至7左右；光合作用产生的淀粉，在pH7下会转化为葡萄糖-1-磷酸，原因是保卫细胞中有淀粉磷酸化酶，这种酶在pH7下催化淀粉的磷酸化反应，而在pH5下催化其逆反应

$$\text{淀粉}+H_3PO_4 \underset{\text{pH5.0 淀粉磷酸化酶}}{\overset{\text{pH7.0 淀粉磷酸化酶}}{\rightleftharpoons}} \text{葡萄糖-1-磷酸}$$

形成的葡萄糖-1-磷酸进一步转变成葡萄糖-6-磷酸，后者再水解为葡萄糖和磷酸，这样就降低了保卫细胞的渗透势，使得保卫细胞水势降低，周围表皮细胞中的水分就进入保卫细胞，导致气孔张开。在黑暗中则光合作用停止，保卫细胞进行呼吸作用，二氧化碳积累，使pH下降，葡萄糖-1-磷酸缩合成淀粉，渗透势提高，水势上升水分外渗，结果气孔关闭。

无机离子吸收说认为保卫细胞水势的变化是由无机离子所调节的，特别是 K^+ 的作用最为明显。已在许多植物中证明，在照光后气孔开始张开时，有大量 K^+ 从邻近的表皮细胞中流入保卫细胞；当气孔在黑暗中关闭时，则 K^+ 从保卫细胞排出。植物缺钾时，气孔的张开就受到抑制。

三、蒸腾作用的指标

蒸腾作用的强弱，可以反映出植物体内水分代谢的状况或植物对水分利用的效率。

（一）蒸腾速率

又称蒸腾强度或蒸腾率。指植物在单位时间内、单位叶面积上通过蒸腾作用散失的水量。常用单位为 $g\cdot m^{-2}\cdot h^{-1}$、$mg\cdot dm^{-2}\cdot h^{-1}$。大多数植物白天的蒸腾速率是15～250

$g \cdot m^{-2} \cdot h^{-1}$，夜晚是 $1 \sim 20g \cdot m^{-2} \cdot h^{-1}$。

（二）蒸腾效率

指植物每蒸腾 1kg 水时所形成的干物质的克数。常用单位 $g \cdot kg^{-1}$。一般植物的蒸腾效率为 $1 \sim 8g \cdot kg^{-1}$。

（三）蒸腾系数

又称需水量。指植物每制造 1g 干物质所消耗水分的克数，它是蒸腾效率的倒数。大多数植物的蒸腾系数在 125～1000 之间。木本植物的蒸腾系数比较低，白蜡树约为 85，松树约为 40；草本植物蒸腾系数较高，玉米为 370，小麦为 540。蒸腾系数越小，则表示该植物利用水分的效率越高。

四、影响蒸腾作用的环境因素

蒸腾速率取决于叶片内外的水蒸气压差和扩散途径阻力的大小。所以，凡是影响叶片内外水蒸气压差和扩散途径阻力的外界条件，都会影响蒸腾速率的高低。

（一）光照

光对蒸腾作用的影响首先是引起气孔的开放，减少气孔阻力，从而增强蒸腾作用。其次，光可以提高大气与叶片温度，增加叶内外水蒸气压差，加快蒸腾速率。

（二）温度

温度对蒸腾速率影响很大。当大气温度升高时，叶温比气温高出 2～10℃，因而，气孔下腔水蒸气压的增加大于空气水蒸气压的增加，这样叶内外水蒸气压差加大，蒸腾加强。当气温过高时，叶片过度失水，气孔会关闭，使蒸腾减弱。

（三）湿度

在温度相同时，大气的相对湿度越大，其水蒸气压就越大，叶内外水蒸气压差就变小，气孔下腔的水蒸气不易扩散出去，蒸腾减弱；反之，大气相对湿度较低，则蒸腾速度加快。

（四）风速

风速较大时，可将叶面气孔外水蒸气扩散层吹散，而代之以相对湿度较低的空气，既减少了扩散阻力，又增大了叶内外水蒸气压差，可以加速蒸腾。强风可能会引起气孔关闭或开度减小，内部阻力加大，蒸腾减弱。

蒸腾作用的昼夜变化主要是由外界条件所决定的。以水稻为例，在一天当中，早上 7 时开始逐渐增大，到上午 10 时迅速上升，中午 13 时左右达到高峰，而下午 14 时后逐渐下降，18 时后则迅速下降。蒸腾强度的这种日变化是与光强和气温变化是一致的，特别是与光强的关系更为密切。

第五节 植物体内的水分运输

一、水分运输的途径

植物的根部从土壤吸收水分，通过茎转运到叶子及其他器官，少部分参与代谢和构建植物体，绝大部分通过蒸腾作用，以水蒸气状态散失到大气中。水分在整个植物体内运输的途径为：

土壤水—根毛—根皮层—根中柱鞘—根导管—茎导管—叶柄导管—叶脉导管—叶肉细

胞—叶细胞间隙—气孔下室—气孔—空气。

二、水分沿导管或管胞上升的动力

在导管或管胞中，水分向上转运的动力依然是由导管两端的水势差决定的。由于叶片因蒸腾作用不断失水，叶片与根系之间形成一水势梯度。在这一水势梯度的推动下，水分源源不断沿导管上升。蒸腾作用越强，此水势梯度越大，则水分运转也越快。

在植物体内运输过程中，输导组织内的水分可以和周围薄壁组织内的水分相互交换，周围薄壁细胞可向输导组织内排出水分或吸取水分，所以水分的运输是一个非常复杂的过程，但无论侧向还是纵向运输，都是由水势梯度引起的。根部本身的生理活动对木质流的上升也有一定的推动作用。在早春植物叶片未展开前或空气相对湿度较大，土温较高及土壤供水良好的条件下，根系生理活性相对较高，矿质离子吸收加快，渗透势降低，导致根系吸水量增大，使根与地上部的水势差增大，即增大了木质部水流上升的驱动力。

第六节　作物的水分平衡

合理灌溉是农作物正常生长发育并获得高产的重要保证。合理灌溉的基本原则是用最少量的水取得最大的效果。中国水资源总量并不算少，但人均水资源量仅是世界平均数的26%，而灌溉用水量偏多又是存在多年的一个突出问题。因此节约用水，合理灌溉，发展节水农业，是带有战略性的。要做到这些，深入了解作物需水规律，掌握合理灌溉的时期、指标和方法，实行科学供水是非常重要的。

一、作物的需水规律

（一）不同作物对水分的需要量不同

一般可根据蒸腾系数的大小来估计某作物对水分的需要量，即以作物的生物产量乘以蒸腾系数作为理论最低需水量。例如某作物的生物产量为15000kg·hm^{-2}，其蒸腾系数为500，则1hm^2该作物的总需水量为7500000kg。但实际应用时，还应考虑土壤保水能力的大小、降雨量的多少以及生态需水等。因此，实际需要的灌水量要比上述数字大得多。不同作物的蒸腾系数如表5-4所示。

表5-4　不同作物的蒸腾系数

作　物	小麦	玉米	水稻	高粱	向日葵	棉花	豌豆	西瓜	南瓜
蒸腾系数	540	368	680	322	683	570	788	600	834

（二）同一作物不同生育期对水分的需要量不同

同一作物在不同发育时期对水分的需要量也有很大差别。小麦一生中对水分的需要大致可分为四个时期：①种子萌发到分蘖前期，消耗水分不多；②分蘖末期到抽穗期，消耗水分最多；③抽穗到乳熟末期，消耗水分较多，缺水会严重减产；④乳熟末期到完熟期，消耗水分较少，如此时供水过多，反而会使小麦贪青迟熟，籽粒含水量增高，影响品质。

（三）作物的水分临界期

水分临界期是指植物在生命周期中对水分缺乏最敏感、最易受害的时期。一般而言，植物的水分临界期多处于花粉母细胞四分体形成期，这个时期一旦缺水，就使性器官发育不正常。小麦一生中有两个水分临界期，第一个水分临界期是孕穗期，这期间小穗分化，代谢旺盛，性器官的细胞质黏性与弹性均下降，细胞液浓度很低，抗旱能力最弱，如缺水，则小穗发育不良，特别是雄性生殖器官发育受阻或畸形发展。第二个水分临界期是从开始灌浆到乳熟末期。这个时期营养物质从母体各部输送到籽粒，如果缺水，一方面影响旗叶的光合速率和寿命，减少有机物的制造；另一方面使有机物质液流运输变慢，造成灌浆困难，空瘪粒增多，产量下降。其他农作物也有各自的水分临界期，如大麦在孕穗期，玉米在开花至乳熟期，高粱、黍在抽花序到灌浆期，豆类、花生、油菜在开花期，向日葵在花盘形成至灌浆期。由于水分临界期缺水对产量影响很大，因此，应确保农作物水分临界期的水分供应。

二、合理灌溉指标

作物是否需要灌溉可依据气候特点、土壤墒情、作物的形态、生理性状和指标加以判断。

（一）土壤指标

一般来说，适宜作物正常生长发育的根系活动层（0～90cm），其土壤含水量为田间持水量的60%～80%，如果低于此含水量时，应及时进行灌溉。土壤含水量对灌溉有一定的参考价值，但是由于灌溉的对象是作物，而不是土壤，所以最好应以作物本身的情况作为灌溉的直接依据。

（二）形态指标

我国农民自古以来就有看苗灌水的经验，即根据作物在干旱条件下外部形态发生的变化来确定是否进行灌溉。作物缺水的形态表现为，幼嫩的茎叶在中午前后易发生萎蔫；生长速度下降；叶、茎颜色由于生长缓慢，叶绿素浓度相对增大，而呈暗绿色；茎、叶颜色有时变红。如棉花在中午上部叶片萎蔫至下午4时仍不能恢复正常，或在中午用手折叶柄不易折断，或当上部3～4节茎变红时，就应灌水。由于从缺水到引起作物形态变化有一个滞后期，当形态上出现上述缺水症状时，生理上事实已受到一定程度的伤害。

（三）生理指标

生理指标可以比形态指标更及时、更灵敏地反映植物体的水分状况。植物叶片的细胞汁液浓度、渗透势、水势和气孔开度等均可作为灌溉的生理指标。植株在缺水时，叶片是反映植株体生理变化最敏感的部位，叶片水势下降，细胞汁液浓度升高，溶质势下降，气孔开度减小，甚至关闭。当有关生理指标达到临界值时，就应及时进行灌溉。例如棉花花铃期，倒数第4片功能叶的水势值达到－1.4MPa时就应灌溉。不同作物的灌溉生理指标的临界值见表5-5。

表5-5 不同作物的灌溉生理指标的临界值

作物生育期	叶片渗透势/10^5Pa	叶片水势/10^5Pa	叶片细胞液浓度/%	气孔开度/μm
冬小麦				
分蘖-孕穗期	－11～－10	－9～－8	5.5～6.5	
孕穗-抽穗期	－12～－11	－10～－9	6.5～7.5	
灌浆期	－15～－13	－12～－11	8～9	
成熟期	－16～－13	－15～－14	11～12	
春小麦				
分蘖-拔节期	－11～－10	－9～－8	5.5～6.5	6.5
拔节-抽穗期	－12～－10	－10～－9	6.5～7.5	6.5
灌浆期	－15～－13	－12～－11	8～9	5.5

续表

作物生育期	叶片渗透势/10^5Pa	叶片水势/10^5Pa	叶片细胞液浓度/%	气孔开度/μm
棉花				
花前期		−12		
花期-棉铃形成期		−14		
成熟期		−16		
蔬菜整个生长期			10	

本章小结

水分在植物生命活动中具有十分重要的意义，植物细胞间水分移动由高水势向低水势移动，植物根系的吸水有主动吸水和被动吸水两种方式，以被动吸水为主，蒸腾拉力是植物被动吸水以及水分在植物体内水分移动的主要动力。

蒸腾作用是植物体内的水分以气态散失到大气中的过程，受到植物体结构和气孔行为的调节。气孔开闭机理以淀粉与糖互变说占主导。

不同农作物对水分的需求不同，同一作物不同生育期对水分的需要量也不同。在植物的生命周期中，对水分的缺乏最为敏感、最易受到伤害的时期为水分临界期。

对作物合理灌溉需要依靠气候特点、土壤墒情、作物的形态、生理形状和指标来判断。

复习思考题

一、名词解释

水势；溶质势；衬质势；压力势；渗透作用；根压；伤流；吐水；蒸腾作用；蒸腾速率；蒸腾效率；蒸腾系数；水分临界期

二、问答题

1. 简述水分在植物生命活动中的作用。
2. 植物体内水分存在的形式与植物的代谢、抗逆性有什么关系？
3. 植物吸水有哪几种方式？
4. 温度为什么会影响根系吸水？
5. 以下论点是否正确，为什么？

(1) 一个细胞的溶质势与所处外界溶液的溶质势相等，则细胞体积不变。

(2) 若细胞的 $\Psi_p = -\Psi_s$，将其放入某一溶液中时，则体积不变。

(3) 若细胞的 $\Psi_w = \Psi_s$，将其放入纯水中，则体积不变。

6. 解释当化肥施用过多，植物会“烧苗”的原因。
7. 说明蒸腾作用的方式及生理意义。
8. 合理灌溉在节水农业中的意义何在？合理灌溉为何可以增产和改善农产品品质？

第六章　植物的矿质营养

掌握植物生命活动中的必需元素的种类及其生理作用。

掌握植物对矿质元素的吸收、利用方式、途径和特点。

理解农作物的需肥规律。

掌握必需元素的缺素症状及诊断，为合理施肥提供生理基础。

植物除了从土壤中吸收水分外，还要从中吸收各种矿质元素和氮素，以维持正常的生命活动。植物吸收的这些元素，有的作为植物体的组成成分，有的参与调节生命活动，有的兼具这两种功能。通常把植物对矿质和氮素的吸收、转运和同化以及它们在生命活动中的作用称为植物的矿质营养。

矿质营养对植物生长发育非常重要，了解矿质的生理作用、植物对矿质的吸收转运以及氮素的同化规律，可以用来指导合理施肥，增加作物产量和改善品质。

第一节　植物体内的必需元素

一、矿质元素与必需元素

将植物材料放在105℃下烘干称量，可测得蒸发的水分约占植物组织的10%～95%，而干物质占5%～90%。干物质中包括有机物和无机物，将干物质放在600℃灼烧时，有机物中的碳、氢、氧、氮等元素以二氧化碳、水、分子态氮、NH_3 和氮的氧化物形式挥发掉，一小部分硫变为 H_2S 和 SO_2 的形式散失，余下一些不能挥发的灰白色残渣称为灰分。灰分中的物质为各种矿质的氧化物、硫酸盐、磷酸盐、硅酸盐等。构成灰分的元素称为灰分元素。它们直接或间接地来自土壤矿质，故又称为矿质元素。

植物材料 —105℃→ { 水分（10%～95%）；干物质（5%～90%） —600℃→ { 有机物质（90%～95%）挥发；灰分（5%～10%）残烬 } }

不同植物体内矿质含量不同，同种植物的不同器官、不同年龄，甚至同种植物生活在不同环境中，其体内矿质含量也不同。一般水生植物矿质含量只有干重的1%左右，中生植物占干重的5%～10%，而盐生植物最高，有时达45%以上。不同器官的矿质含量差异也很大，一般木质部约为1%，种子约为3%，草本植物的茎和根为4%～5%，叶则为10%～15%。此外，植株年龄愈大，矿质元素含量亦愈高。

植物体内的矿质元素种类很多。据分析，地壳中存在的元素几乎都可在不同的植物中找到，现已发现70种以上的元素存在于不同的植物中，然而，并不是每种元素对植物都是必需的，有些元素在植物生活中并不太需要，但在体内大量积累；有些元素在植物体内含量较少却是植物所必需的。

必需元素是指植物生长发育必不可少的元素。国际植物营养学会规定的植物必需元素的三条标准是：第一，由于缺乏该元素，植物生长发育受阻，不能完成其生活史；第二，除去该元素，表现为专一的病症，这种缺素病症可用加入该元素的方法预防或恢复正常；第三，该元素在植物营养生理上能表现直接的效果，而不是由于土壤的物理、化学、微生物条件的改善而产生的间接效果。根据上述标准，现已确定植物必需的矿质元素有 14 种，它们是氮、磷、钾、钙、镁、硫、铁、铜、硼、锌、锰、钼、氯、镍。再加上从空气中和水中得到的碳、氢、氧，构成植物体的必需元素共 17 种。根据植物对这些元素的需要量，把它们分为如下两大类。

(1) 大量元素　植物对此类元素需要的量较多。它们约占植物体干质量的 0.01%～10%，有 C、H、O、N、P、K、Ca、Mg、S 等。

(2) 微量元素　约占植物体干质量的 $10^{-5}\%$～$10^{-3}\%$。它们是 Fe、B、Mn、Zn、Cu、Mo、Cl、Ni 等。植物对这类元素的需要量很少，但缺乏时植物不能正常生长；若稍有逾量，反而对植物有害，甚至致其死亡。

二、确定植物必需矿质元素的方法

要确定是否是必需矿质元素，仅仅分析植物灰分是不够的。因为灰分中大量存在的元素不一定是植物生活所必需的，而含量很少的却可能是植物所必需的。天然土壤成分复杂，其中的元素成分无法控制，因此用土培法无法确定植物必需的矿质元素。通常用水培养法、气培法等来确定植物必需的矿质元素以及它们对植物的功用（图 6-1）。

1. 水培法

是指植物部分根系直接浸在营养液液层中的方法，营养液中含有植物生长所需的全部或部分营养元素。在溶液中放入洗净的石英砂或玻璃球等基质来固定植株并保持营养供应和通气的方法可称为砂培法［图 6-1 (a)、(b)］。

进行植物水培时，首先必须保证所加溶液是平衡溶液，同时要注意它的总盐浓度和 pH 必须符合植物生长的要求。在水培时还要注意通气和防止光线对根系的直接照射。

近年来发展起来的营养膜技术，植株直接种植在槽底，根系在槽底生长，而营养液以一浅层在槽底流动［图 6-1 (d)］。

2. 气培法

将根系置于营养液气雾中培养植物的方法称为气培法，如［图 6-1 (c)］所示。也可用硬塑料箱作培养容器，容器内放入一块与塑料箱底面积差不多的塑料纤维板，仅在箱底存有培养液。培养液在箱内蒸发，或通过雾化器雾化，或经纤维板吸附后蒸发，形成气雾。将所培养植物的基部固定在纤维板上，由于根系在箱内沿纤维板扁平生长，因而很容易观察或拍摄到根系的生长状况。

研究植物必需的矿质元素时，可在配制的营养液中除去或加入某一元素，观察植物的生长发育和生理生化变化。如果在植物生长发育正常的培养液中除去某一元素，植物生长发育不良，并出现特有的病症，后加入该元素时，病症消失，说明该元素为植物的必需元素。反之，减去某一元素对植物生长发育无不良影响时，即表示该元素为植物非必需元素。

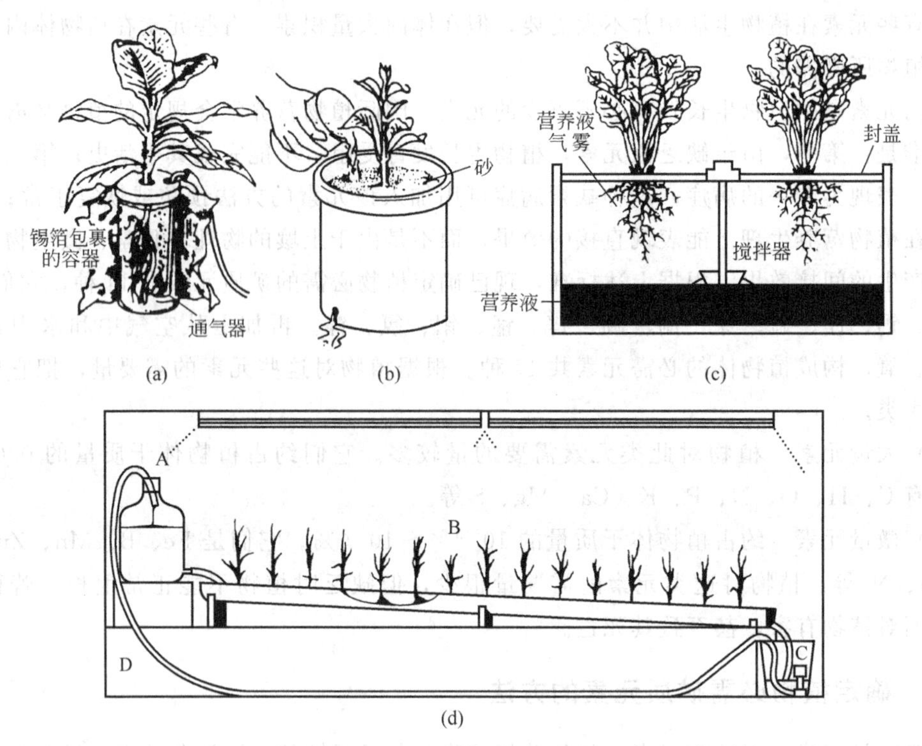

图 6-1　几种营养液培养法

（a）水培法：使用不透明的容器（或用锡箔包裹容器），以防止光照及避免藻类的繁殖，并经常通气；（b）砂培法；（c）气培法：根悬于营养液上方，营养液被搅起成雾状；（d）营养膜法：营养液从容器 A 流进长着植株的浅槽 B，未被吸收的营养液流进容器 C，并经管 D 泵回 A；营养液 pH 和成分均可控制

（引自 Salisubry Ross，1992）

三、必需元素的生理功能与植物的缺素病症

必需元素在植物体内的生理功能概括起来有三个方面：一是细胞结构物质的组成成分；二是生命活动的调节者，如酶的成分和酶的活化剂；三是起电化学作用，如渗透调节、胶体稳定和电荷中和等。以下介绍各必需矿质元素的生理功能和植物的缺素病症。

（一）氮

根系吸收的氮主要是无机态氮，即铵态氮和硝态氮，也可吸收一部分有机态氮，如尿素。氮是蛋白质、核酸、磷脂的主要成分，而这三者又是原生质、细胞核和生物膜的重要组成部分，它们在生命活动中占有特殊作用。因此，氮被称为生命元素。酶以及许多辅酶和辅基如 NAD^+、$NADP^+$、FAD 等的构成也都有氮参与。氮还是某些植物激素（如生长素和细胞分裂素）、维生素（如 B_1、B_2、B_6、PP 等）的成分，它们对生命活动起调节作用。此外，氮是叶绿素的成分，与光合作用有密切关系。由于氮具有上述功能，所以氮的多少会直接影响细胞的分裂和生长。当氮肥供应充足时，植株枝叶繁茂，躯体高大，分蘖、分枝能力强，籽粒中含蛋白质高。植物必需元素中，除碳、氢、氧外，氮的需要量最大。因此，在农业生产中应特别注意氮肥的供应。

缺氮时，蛋白质、核酸、磷脂等物质的合成受阻，植物生长矮小，分枝、分蘖很少，叶片小而薄，花果少且易脱落；缺氮还会影响叶绿素的合成，使枝叶变黄，叶片早衰甚至干枯，从而导致产量降低。因为植物体内的氮移动性大，老叶中的氮化物分解后可运到幼嫩组织中而被重复利用，所以缺氮时叶片发黄，并由下部叶片开始逐渐向上发展，这是缺氮症状的显著特点。

氮过多时，叶片大而深绿，植株徒长。茎秆中的机械组织不发达，易倒伏和被病虫害侵害。

（二）磷

磷主要以 $H_2PO_4^-$ 或 HPO_4^{2-} 的形式被植物吸收。

磷是核酸、核蛋白和磷脂的主要成分，它与蛋白质合成、细胞分裂、细胞生长有密切关系；磷是许多辅酶如 NAD^+、$NADP^+$ 等的成分，它们参与了光合、呼吸过程；磷是 AMP、ADP 和 ATP 的成分；磷还参与碳水化合物的代谢和运输；磷对氮代谢和脂肪转化也有重要作用，由于磷参与多种代谢过程，而且在生命活动最旺盛的分生组织中含量很高，因此施磷对分蘖、分枝以及根系生长都有良好作用。由于磷促进碳水化合物的合成、转化和运输，对种子、块根、块茎的生长有利，故马铃薯、甘薯和禾谷类作物施磷后有明显的增产效果。由于磷与氮有密切关系，所以缺氮时，磷肥的效果就不能充分发挥。只有氮磷配合施用，才能充分发挥磷肥效果。总之，磷对植物生长发育有很大的作用，是仅次于氮的第二个重要元素。

缺磷会影响细胞分裂，使分蘖、分枝减少，幼芽、幼叶生长停滞，茎、根纤细，植株矮小，花果脱落，成熟延迟；缺磷时，蛋白质合成下降，糖的运输受阻，从而使营养器官中糖的含量相对提高，这有利于花青素的形成，故缺磷时叶子呈现不正常的暗绿色或紫红色，这是缺磷的病症。

磷在体内易移动，也能重复利用，缺磷时老叶中的磷能大部分转移到正在生长的幼嫩组织中去。因此，缺磷的症状首先在下部老叶出现，并逐渐向上发展。

（三）钾

钾在土壤中以 KCl、K_2SO_4 等盐类形式存在，在水中解离成 K^+ 而被根系吸收。在植物体内钾呈离子状态。钾主要集中在生命活动最旺盛的部位，如生长点、形成层、幼叶等。

钾在细胞内可作为 60 多种酶的活化剂，如丙酮酸激酶、果糖激酶、苹果酸脱氢酶、琥珀酸脱氢酶、淀粉合成酶、琥珀酰 CoA 合成酶等。因此钾在碳水化合物代谢、呼吸作用及蛋白质代谢中起重要作用。钾能促进蛋白质的合成，钾充足时，形成的蛋白质较多，从而使可溶性氮减少。钾与糖类的合成有关。钾能促进糖类运输到贮藏器官中，所以在富含糖类的贮藏器官（如马铃薯块茎、甜菜根和淀粉种子）中钾含量较多。此外，K^+ 对气孔开放有直接作用，故施钾肥能提高作物的抗旱性。

缺钾时，植株茎秆柔弱，易倒伏，抗旱、抗寒性降低，叶片失水，蛋白质、叶绿素破坏，叶色变黄而逐渐坏死。缺钾时还会出现叶缘焦枯，生长缓慢等现象，整个叶子会形成杯状弯曲，或发生皱缩。钾也是易移动而被重复利用的元素，故缺素病症首先出现在下部老叶。

N、P、K 是植物需要量大，且土壤易缺乏的元素，故称它们为“肥料三要素”。农业上的施肥主要为了满足植物对三要素的需要。

（四）钙

植物从土壤中吸收 $CaCl_2$、$CaSO_4$ 等盐类中的钙离子。

钙是植物细胞壁胞间层中果胶酸钙的成分，钙也是一些酶的活化剂，如由 ATP 水解酶、磷脂水解酶等酶催化的反应都需要钙离子的参与。

缺钙初期，顶芽、幼叶呈淡绿色，继而叶尖出现典型的钩状，随后坏死。钙是难移动不易被重复利用的元素，故缺素症状首先表现在上部幼茎幼叶上，如大白菜缺钙时心叶呈褐色。

（五）镁

镁以离子状态进入植物体，它在体内一部分形成有机化合物，一部分仍以离子状态存在。

镁是叶绿素的成分，又是RuBP羧化酶、5-磷酸核酮糖激酶等酶的活化剂，对光合作用十分重要。

缺镁最明显的病症是叶片贫绿，其特点是首先从下部叶片开始，往往是叶肉变黄而叶脉仍然是绿色，这是与缺氮病症的主要区别。严重缺镁时可引起叶片的早衰与脱落。

（六）硫

硫主要以SO_4^{2-}形式被植物吸收。SO_4^{2-}进入植物体后，一部分仍保持不变，而大部分则被还原成S，进而同化为含硫氨基酸。这些氨基酸是蛋白质的组成成分，所以硫也是原生质的构成元素。

硫不易移动，缺乏时一般在幼叶表现缺绿症状，且新叶均衡失绿，呈黄白色并易脱落。缺硫情况在农业上很少遇到，因为土壤中有足够的硫满足植物需要。

（七）铁

铁主要以Fe^{2+}的螯合物被吸收。铁进入植物体内就处于被固定状态而不易移动。铁是许多酶的辅基，如细胞色素、细胞色素氧化酶、过氧化物酶和过氧化氢酶等。它在呼吸电子传递中起重要作用。细胞色素也是光合电子传递链中的成员，光合链中的铁硫蛋白和铁氧还蛋白都是含铁蛋白，它们都参与了光合作用中的电子传递。

铁是不易重复利用的元素，因而缺铁最明显的症状是幼芽幼叶缺绿呈金黄，甚至变为黄白色，而下部叶片仍为绿色。土壤中含铁较多，一般情况下植物不缺铁。但在碱性土或石灰质土壤中，铁易形成不溶性的化合物而使植物缺铁。

（八）铜

在通气良好的土壤中，铜多以Cu^{2+}的形式被吸收。而在潮湿缺氧的土壤中，则多以Cu^{+}的形式被吸收。铜为多酚氧化酶、抗坏血酸氧化酶的成分，在呼吸的氧化还原中起重要作用。

植物缺铜时，叶片生长缓慢，呈现蓝绿色，幼叶缺绿，随之出现枯斑，最后死亡脱落。

（九）硼

硼以硼酸（H_3BO_4）的形式被植物吸收。高等植物体内硼的含量较少。硼与花粉形成、花粉管萌发和受精有密切关系。

缺硼时，受精不良，籽粒减少。小麦出现的“花而不实”和棉花上出现的“蕾而不花”等现象也都是缺硼的缘故。

（十）锌

锌以Zn^{2+}形式被植物吸收。锌是合成生长素前体——色氨酸的必需元素。因为锌是色氨酸合成酶的必要成分，缺锌时就不能合成生长素，从而导致植物生长受阻，出现通常所说的“小叶病”，如苹果、桃、梨等果树缺锌时叶片小而脆，且丛生在一起，叶上还出现黄色斑点。北方果园在春季易出现此病。

（十一）锰

锰主要以 Mn^{2+} 形式被植物吸收。锰是光合放氧复合体的主要成员，缺锰时光合放氧受到抑制。锰为形成叶绿素和维持叶绿素正常结构的必需元素。锰也是许多酶的活化剂，如三羧酸循环中的柠檬酸脱氢酶、苹果酸脱氢酶、柠檬酸合成酶等，都需锰的活化，故锰与光合和呼吸均有关系。

缺锰时植物不能形成叶绿素，叶脉间失绿褪色，但叶脉仍保持绿色，此为缺锰与缺铁的主要区别。

（十二）钼

钼以钼酸盐的形式被植物吸收，当吸收的钼酸盐较多时，可与一种特殊的蛋白质结合而被贮存。钼是硝酸还原酶的组成成分，缺钼则硝酸不能还原，呈现出缺氮病症。

缺钼时叶较小，叶脉间失绿，有坏死斑点，且叶边缘焦枯，向内卷曲。十字花科植物缺钼时叶片卷曲畸形，老叶变厚且枯焦。禾谷类作物缺钼则籽粒皱缩或不能形成籽粒。

（十三）氯

氯以 Cl^- 的形式被植物吸收。植物对氯的需要量很小，仅需不足 $10mg \cdot L^{-1}$。在光合作用中 Cl^- 参加水的光解，叶和根细胞的分裂也需要 Cl^- 的参与，Cl^- 还与 K^+ 等离子一起参与渗透势的调节。

缺氯时，叶片萎蔫，失绿坏死，最后变为褐色；同时根系生长受阻、变粗，根尖变为棒状（表 6-1）。

（十四）镍

镍也是大多数植物的必需元素。植物以 Ni^{2+} 的形式吸收镍。镍是脲酶、氢酶的金属辅基。镍还有激活大麦中 α-淀粉酶的作用。镍对于植物氮代谢及生长发育的正常进行都是必需的。缺镍时，植物体内的尿素会积累过多，叶尖坏死，而对植物产生毒害，不能完成生活周期。

当植物缺乏上述必需元素中的任何一种元素时，植物体内的代谢都会受到影响，进而在植物体外观上产生可见的症状。这就是所谓的营养缺乏症或称缺素症。有些元素在缺乏时，从老的器官转运到生长发育快的幼嫩器官，供给其需要，因此缺素症首先表现在老叶等器官，这类元素叫可移动的元素，如 N、Mg^{2+}、K^+ 等。而其他元素一旦定位于某一器官，则难以移动，这些元素缺乏时，首先表现在幼嫩器官，如幼叶和茎尖等，这类元素称为非移动元素，如 Fe^{2+} 和 Ca^{2+} 等。为便于检索，现将植物缺乏各种必需矿质元素的主要症状归纳如表 6-1。

必须注意，植物缺素症状会随植物种类、发育阶段及缺素程度的不同而有不同的表现，同时缺乏几种必需元素会使病症复杂化。另外，各种逆境、病虫害也会产生与营养缺乏类似的症状。因此，在判断植物缺乏哪种元素时，在参考表 6-1 的基础上，通过植物组织及土壤成分的化学分析等，进行综合判断，初步判定缺乏某种元素，通过喷洒或补施该元素观察症状是否消失即可最终确定植物所缺乏的元素。

在植物体内，某些矿质元素不符合植物必需元素的标准，因而不属于植物所必需的矿质元素。但这些元素对于某些植物的生长发育能产生一些有利的影响，或能部分代替某些必需元素的生理作用而减缓其缺乏症。这样的一些元素被称为有益元素或有利元素。常见的有益元素有钠（Na）、硅（Si）、钴（Co）、硒（Se）、钒（V）、镓（Ga）等。除钠和硅在一些植物体内含量较高外，其他几种有益元素在植物体内的含量或需要量都很小（微量），稍多即会发生毒害效应。另外，植物体内普遍含有稀土元素，低浓度的稀土元素可促进种子萌发和幼苗生长。如用稀土拌种，冬小麦种子萌发率可提高 8%～9%。稀土元素对植物扦插生根有特殊的促进作用，同时还可以提高植物叶绿素含量和光合速率。稀土元素可促进大豆根系生长，增加结瘤数，提高根瘤的固氮活性等。

表 6-1　作物营养元素缺乏症检索简表

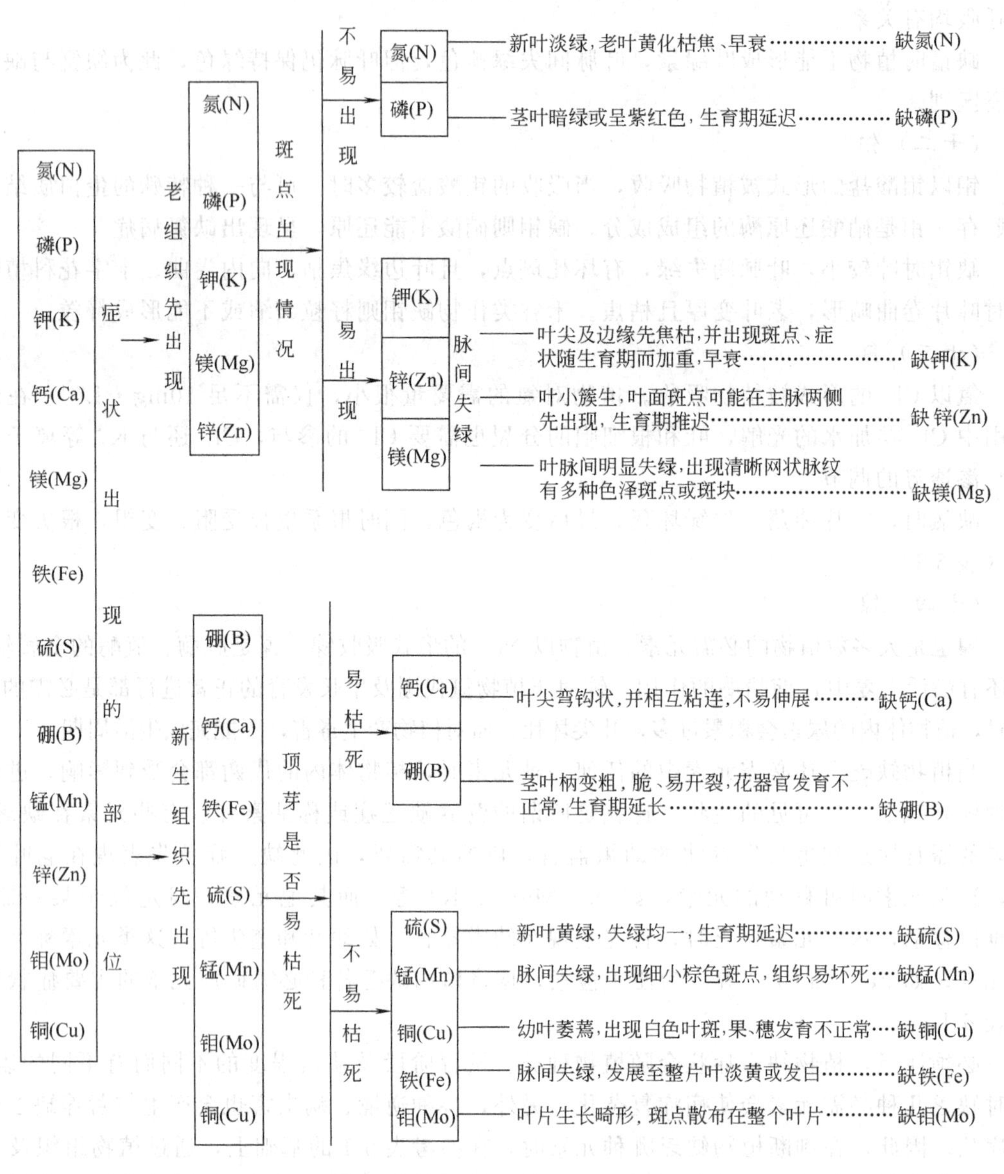

第二节　植物对矿质元素的吸收和利用

一、植物根系对矿质元素的吸收

（一）植物根系吸收矿质元素的特点

1. 根系吸收矿质与吸收水分相关联

矿质元素必须溶于水后，才能被植物吸收。过去认为植物吸收矿质是被水分带入植物体的。按照这种见解，水分和盐分进入植物体的数量，应该是成正比例的。但后来的大量研究证明，植物吸水和吸收盐分的数量会因植物和环境条件的不同而变化很大。有人用大麦做试验，通过光照来控制蒸腾，然后测定溶液中矿质元素的变化。结果发现，光下比暗中的蒸腾失水大 2.5 倍左右，但矿质吸收并不与水分吸收成比例（表 6-2）。如 PO_4^{3-} 和 K^+ 在光下比暗中的吸收速率快，而其他矿质元素或无机盐，如 Ca^{2+}、Mg^{2+}、SO_4^{2-}、NO_3^- 等，在光下反而吸收少。

表 6-2　大麦在光和暗中的蒸腾失水与矿质吸收的关系

实验条件	水分消耗	Ca^{2+}	K^+	Mg^{2+}	NO_3^-	PO_4^{3-}	SO_4^{2-}
光下	1090mL	135	27	175	104	3	187
暗中	435mL	105	35	113	77	54	115

注：表中各离子下的数据按在溶液中原始浓度的%表示。

总之，植物对水分和矿质的吸收是既相互关联，又相对独立。盐分一定要溶于水中，才能被根系吸收，并随水流进入根部的质外体，矿质的吸收降低了细胞的渗透势，促进了植物的吸水。但两者的吸收比例和吸收机理不同：水分吸收主要是以蒸腾作用引起的被动吸水为主，而矿质吸收则是以消耗代谢能的主动吸收为主。另外，两者的分配方向也不同，水分主要被分配到叶片，而矿质主要被分配到当时的生长中心。

2. 根系对离子吸收具有选择性

离子的选择吸收是指植物对同一溶液中不同离子或同一盐的阳离子和阴离子吸收的比例不同的现象。例如供给 $NaNO_3$，植物对其阴离子（NO_3^-）的吸收大于阳离子（Na^+）。由于植物细胞内总的正负电荷数必须保持平衡，因此就必须有 OH^- 或 HCO_3^- 排出细胞。植物在选择性吸收 NO_3^- 时，环境中会积累 Na^+，同时也积累了 OH^- 或 HCO_3^-，从而使介质 pH 升高，故称这种盐类为生理碱性盐。同理，如供给 $(NH_4)_2SO_4$，植物对其阳离子（NH_4^+）的吸收大于阴离子（SO_4^{2-}），根细胞会向外释放 H^+，因此在环境中积累 SO_4^{2-} 的同时，也大量地积累 H^+，使介质 pH 下降，故称这种盐类为生理酸性盐。如供给 NH_4NO_3，则会因为根系吸收其阴、阳离子的量很相近，而不改变周围介质的 pH，所以称其为生理中性盐。生理酸性盐和生理碱性盐是由于植物的选择吸收而引起外界溶液逐渐变酸或变碱。如果在土壤中长期施用某一种化学肥料，就可能引起土壤酸碱度的改变，从而破坏土壤结构，所以施化肥应注意肥料类型的合理搭配。

3. 根系吸收单盐会受毒害

任何植物，假若培养在某一单盐溶液中，不久即呈现不正常状态，最后死亡，这种现象称单盐毒害。单盐毒害无论是营养元素或非营养元素都可发生，而且在溶液浓度很低时植物就会受害。例如把海水中生活的植物，放在与海水浓度相同的 NaCl 溶液中，植物会很快死亡。许多陆生植物的根系浸入 Ca、Mg、Na、K 等任何一种单盐溶液中，根系都会停止生长，且分生区的细胞壁黏液化，细胞破坏，最后变为一团无结构的细胞团。若在单盐溶液中加入少量其他盐类，这种毒害现象就会消除。这种离子间能够互相消除毒害的现象，称离子拮抗。所以，植物只有在含有适当比例的多盐溶液中才能良好生长，这种溶液称平衡溶液。对于海藻来说，海水就是平衡溶液。对于陆生植物而言，土壤溶液一般也是平衡溶液，但并非理想的平衡溶液，而施肥的目的就是使土壤中各种矿质元素达到平衡，以利于植物的正常生长发育。金属离子间的拮抗作用因离子而异，钠不能拮抗钾，钡不能拮抗钙，而钠和钾是可以拮抗钙和钡的。

（二）根系吸收矿质元素的区域和过程

1. 根系吸收矿质元素的区域

根系是植物吸收矿质的主要器官，它吸收矿质的部位和吸水的部位都是根尖。过去不少人分析过进入根尖的矿质元素，发现根尖分生区积累最多，由此以为根尖分生区是吸收矿质元素最活跃的部位。后来更细致的研究发现，根尖分生区大量积累离子是因为该区域无输导组织，离子不能很快运出而积累的结果；而实际上根毛区才是吸收矿质离子最快的区域，根毛区积累离子较少是由于离子能很快运出根毛区的缘故。

2. 根系吸收矿质的过程

根系吸收矿质要经过以下步骤。

（1）离子被吸附在根系细胞的表面　根部细胞呼吸作用产生 CO_2 和 H_2O。CO_2 溶于水生成 H_2CO_3，H_2CO_3 能解离出 H^+ 和 HCO_3^-，这些离子可作为根系细胞的交换离子，同土壤溶液和土壤胶粒上吸附的离子进行离子交换，离子交换有以下两种方式。

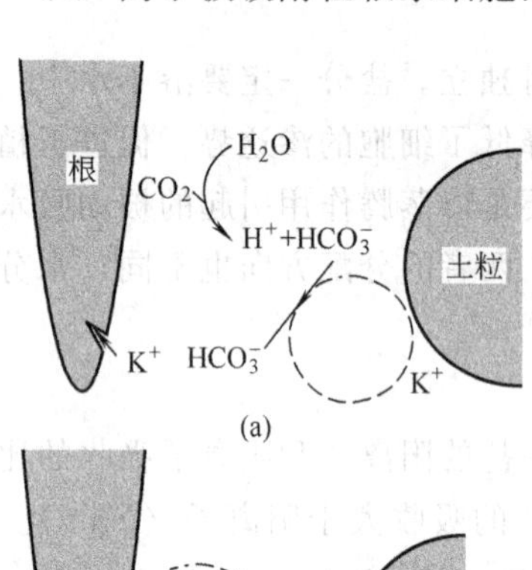

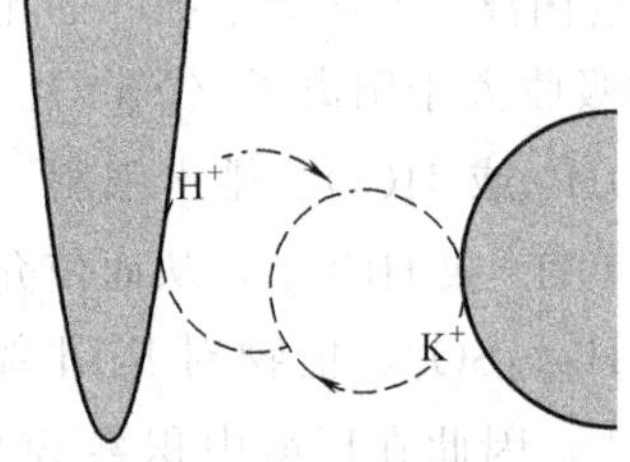

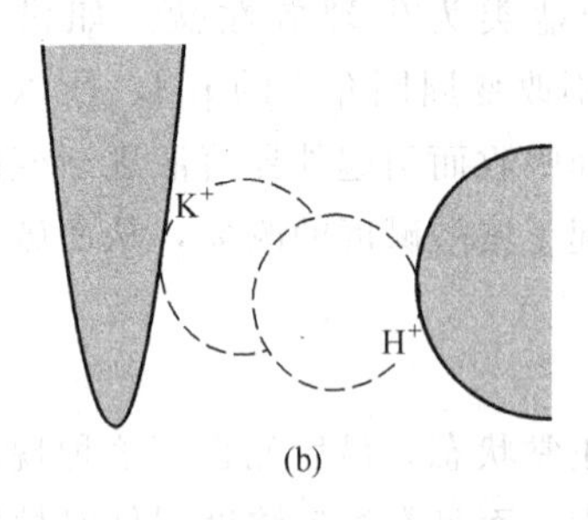

图 6-2　根系对离子的吸附

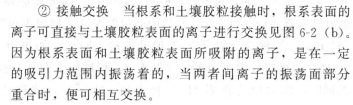

（a）根与土壤溶液的离子交换；（b）离子的接触交换

① 根与土壤溶液的离子交换　根呼吸产生的 CO_2 溶于水后可形成 CO_3^{2-}、H^+、HCO_3^- 等离子，这些离子可以和根外土壤溶液中以及土壤胶粒上的一些离子如 K^+、Cl^- 等发生交换，结果土壤溶液中的离子或土壤胶粒上的离子被转移到根表面。如此往复，根系便可不断吸收矿质，如图 6-2（a）所示。

② 接触交换　当根系和土壤胶粒接触时，根系表面的离子可直接与土壤胶粒表面的离子进行交换见图 6-2（b）。因为根系表面和土壤胶粒表面所吸附的离子，是在一定的吸引力范围内振荡着的，当两者间离子的振荡面部分重合时，便可相互交换。

离子交换按“同荷（同性电荷）等价”的原理进行，即阳离子只同阳离子交换，阴离子只能同阴离子交换，而且价数必须相等。

由于 H^+ 和 HCO_3^- 分别与周围溶液和土壤胶粒的阳离子和阴离子迅速地进行交换，因此盐类离子就会被吸附在根表面。

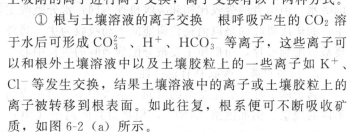

（2）离子进入根部导管

离子从根表面进入根导管有质外体和共质体两种途径（图 6-3）。

① 质外体途径　根部有一个与外界溶液保持扩散平衡、自由出入的外部区域称为质外体，又称自由空间。各种离子通过扩散作用进入根部自由空间，但是因为内皮层细胞上有凯氏带，离子和水分都不能通过，因此自由空间运输只限于根的内皮层以外，而不能通过中柱鞘。离子和水只有转入共质体后才能进入维管束组织。不过根的幼嫩部分，其内皮层细胞尚未形成凯氏带前，离子和水分可经过质外体到达导管。另外在内皮层中有个别细胞（通道细胞）胞壁不加厚，也可作为离子和水分的通道。

② 共质体途径　离子通过自由空间到达原生质表面后，可通过主动吸收或被动吸收的

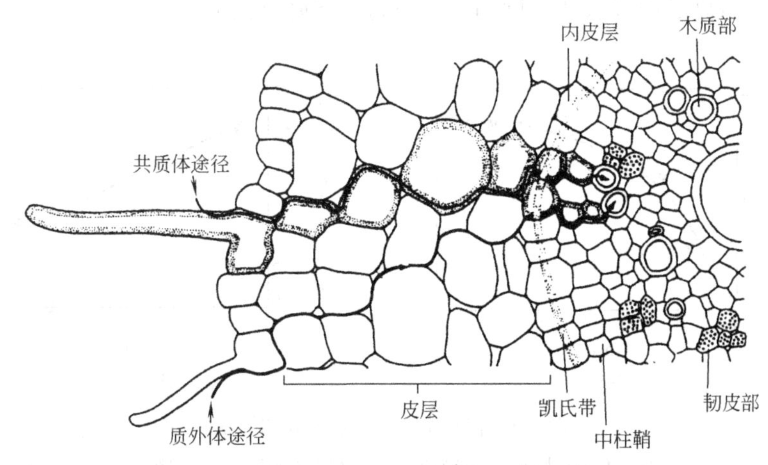

图 6-3　根毛区离子吸收的共质体和质外体途径

（引自 Salisbur Ross，1992）

方式进入原生质。在细胞内离子可以通过内质网及胞间连丝从表皮细胞进入木质部薄壁细胞，然后再从木质部薄壁细胞释放到导管中。离子进入导管后，主要靠水的集流而运到地上器官，其动力为压力梯度，即蒸腾拉力和根压。

（三）影响根系吸收矿质元素的因素

植物对矿质元素的吸收受环境条件的影响。其中以温度、氧气、土壤酸碱度和土壤溶液浓度的影响最为显著。

1. 温度

在一定范围内，根系吸收矿质元素的速率，随土壤温度的升高而加快，当超过一定温度时，吸收速率反而下降。这是由于土壤温度能通过影响根系呼吸而影响根对矿质元素的主动吸收。温度也影响到酶的活性，在适宜的温度下，各种代谢加强，需要矿质元素的量增加，根吸收也相应增多。原生质胶体状况也能影响根系对矿质元素的吸收，低温下原生质胶体黏性增加，透性降低，吸收减少；而在适宜温度下原生质黏性降低，透性增加，对离子的吸收加快。高温（40℃以上）可使根吸收矿质元素的速率下降，其原因可能是高温使酶钝化。

2. 通气状况

土壤通气状况直接影响到根系的呼吸作用，通气良好时根系吸收矿质元素速率快。根据离体根的试验，水稻在含氧量达 3%时吸收钾的速率最快，而番茄必须达到 5%～10%时，才能出现吸收高峰。若再增加氧浓度时，吸收速率不再增加。但缺氧时，根系的生命活动受影响，从而会降低对矿质的吸收。因此，增施有机肥料，改善土壤结构，加强中耕松土等改善土壤通气状况的措施能增强植物根部对矿质元素的吸收。

3. 土壤溶液浓度

据试验，当土壤溶液浓度很低时，根系吸收矿质元素的速度，随着浓度的增加而增加，但达到某一浓度时，再增加离子浓度，根系对离子的吸收速率不再增加。浓度过高，会引起水分的反渗透，导致“烧苗”。所以，向土壤中施用化肥过度，或叶面喷施化肥及农药的浓度过大，都会引起植物死亡，应当注意避免。

4. 土壤 pH

土壤 pH 对矿质元素吸收的影响，因离子性质不同而异，一般阳离子的吸收速率随 pH

升高而加速；而阴离子的吸收速率则随 pH 增高而下降（图 6-4）。

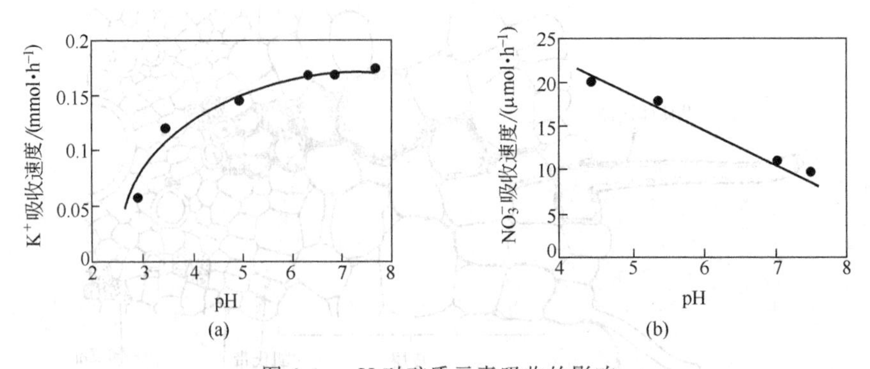

图 6-4　pH 对矿质元素吸收的影响

(a) 对燕麦吸收 K^+ 的影响；(b) 对小麦吸收 NO_3^- 的影响

pH 对阴阳离子吸收影响不同的原因与组成细胞质的蛋白质为两性电解质有关，在酸性环境中，氨基酸带阳电荷，根易吸收外界溶液中的阴离子；在碱性环境中，氨基酸带阴电荷，根易吸收外部的阳离子。一般认为土壤溶液 pH 对植物营养的间接影响比直接影响大得多。例如，当土壤的碱性逐渐增加时，Fe、Ca、Mg、Cu、Zn 等元素逐渐变成不溶性化合物，植物吸收它们的量也逐渐减少；在酸性环境中，$PO_4{}^{3-}$、K^+、Ca^{2+}、Mg^{2+} 等溶解性增加，植物来不及吸收，便被雨水冲走。故在酸性红壤土中，常缺乏上述元素。另外，土壤酸性过强时，Al、Fe、Mn 等溶解度增大，当其数量超过一定限度时，就可引起植物中毒。一般植物最适生长的 pH 在 6～7 之间，但有些植物喜酸性环境，如茶、马铃薯、烟草等，还有一些植物喜偏碱环境，如甘蔗和甜菜等。

二、地上部对矿质元素的吸收

植物除了根系以外，地上部分（茎叶）也能吸收矿质元素。生产上常把速效性肥料直接喷施在叶面上以供植物吸收，这种施肥方法称为根外施肥或叶面营养。

溶于水中的营养物质喷施叶面以后，主要通过气孔，也可通过湿润的角质层进入叶内。

根外施肥具有肥料用量省、肥效快等特点，特别是在作物生长后期根系活力降低、吸肥能力衰退时；或因干旱土壤缺少有效水、土壤施肥难以发挥效益时；或因某些矿质元素在土壤施肥效果差时，如铁在碱性土壤中有效性很低、Mo 在酸性土壤中被固定等情况下，采用根外追肥可以收到明显效果。常用于叶面喷施的肥料有尿素、磷酸二氢钾及微量元素。谷类作物生长后期喷施氮肥，可有效地增加种子蛋白质含量。

根外施肥的不足之处是对角质层厚的叶片（如柑橘类）效果较差；喷施浓度稍高，易造成叶片伤害。

三、矿质元素在体内的运输和利用

吸入根部的矿质元素，其中少部分留存在根内，大部分运输到植物的其他部位去。被叶片吸收的矿质元素的去向也与此相同。

（一）矿质元素运输形式

根吸收的氮素，大部分在根内转变成氨基酸和酰胺，如天冬氨酸、天冬酰胺、谷氨酸、谷氨酰胺等，然后这些有机物再向上运输。磷酸盐主要以无机离子形式运输，但可能有少量先在根内合成磷酰胆碱和 ATP、ADP、AMP、6-磷酸葡萄糖等化合物后再上运。金属离子如 K^+、Ca^{2+} 等以离子态上运，硫则以 SO_4^{2-} 形式上运。

（二）矿质元素的利用

当矿质元素分布到植物体各部位以后，大部分进一步合成复杂的有机物，如由氨合成氨基酸、蛋白质、叶绿素等。磷合成核酸、磷脂等，继而形成植物结构物质。未形成有机物的元素，仍以离子状态存在，有的作为酶的活化剂，如 Mg^{2+}、Mn^{2+}，有的作为渗透物质参与水分吸收的调节。已参加到植物生命活动中去的元素，经过一定时间后，也可分解并运到其他部位加以重复利用。氮、磷、钾、镁等易被重复利用，因而缺素症状首先出现在下部老叶；铜、锌等有一定程度的重复利用；硫、锰、钼等较难重复利用；钙、铁不能重复利用，所以它们的缺素症首先出现在幼嫩的茎尖和幼叶。氮、磷可多次重复利用，它们从衰老部位转移到幼嫩的叶、芽、种子、休眠芽或根茎中，供当年或来年使用。

第三节　合理施肥的生理基础

施肥的目的是为了满足作物对矿质元素的需要，肥料要施得及时而合理，首先应了解作物需肥规律，方能达到预期效果。

一、作物需肥特点

（一）不同作物或同种作物的不同品种需肥情况不同

禾谷类作物如小麦、水稻、玉米等需要氮肥较多，同时又要供给足够的 P、K，以使后期籽粒饱满；豆科作物如大豆、豌豆、花生等能固定空气中的氮素，故需 K、P 较多，但在根瘤尚未形成的幼苗期也可施少量氮肥；叶菜类则要多施氮肥，使叶片肥大，质地柔嫩；薯类作物和甜菜需要更多的磷、钾和一定量的氮；棉花、油菜等油料作物对氮、磷、钾的需要量都很大，要充分供给。另外油料作物对 Mg 有特殊需要。

（二）作物不同需肥形态不同

烟草和马铃薯用草木灰做钾肥比氯化钾好，因为氯可降低烟草的燃烧性和马铃薯的淀粉含量；水稻宜施铵态氮而不宜施硝态氮，因为水稻体内缺乏硝酸还原酶，所以难以利用硝态氮；而烟草则既需要铵态氮，又需要硝态氮，因为烟草需要有机酸来加强叶的燃烧性，又需要有香味。硝酸能使细胞内的氧化能力占优势，故有利于有机酸的形成，铵态氮则有利于芳香油的形成，因此烟草施用 NH_4NO_3 效果最好。

（三）同一作物在不同生育期需肥不同

一般情况下，植物对矿质营养的需要量与它们的生长量有密切关系。萌发期间，因种子内贮藏有丰富的养料，所以一般不吸收矿质元素；幼苗可吸收一部分矿质元素，但需要量少，且随着幼苗的长大，吸收矿质元素的量会逐渐增加；开花结实期，对矿质元素吸收达高峰；以后，随着生长的减弱，吸收量逐渐下降，至成熟期则停止吸收。但是不同作物对各种元素的吸收情况又有一定差异（表 6-3）。

综上所述，不同作物、不同品种、不同生育期对肥料要求不同。因此，要针对作物的具体特点，进行合理施肥。

表 6-3　几种作物各生育期的氮、磷、钾吸收量

作　物	生育期	N/%	P_2O_5/%	K_2O/%
早稻	移栽-分蘖期	35.5	18.7	21.9
	稻穗分化-出穗期	48.6	57.0	61.9
	结实成熟期	15.9	24.3	16.2
晚稻	移栽-分蘖期	22.3	13.9	20.5
	稻穗分化-出穗期	58.7	47.4	51.8
	结实成熟期	19.0	36.7	27.7
冬小麦	出苗-返青	15	7	11
	返青-拔节	27	23	32
	拔节-开花	42	49	51
	开花-成熟	16	21	6
棉花	出苗-现蕾	8.8	8.1	10.1
	现蕾-现铃	59.6	58.3	63.5
	现铃-成熟	31.1	33.6	26.4
花生	苗期	4.81	5.19	6.73
	开花期	23.54	22.64	22.25
	结荚期	41.94	49.52	66.35
	成熟期	29.65	22.64	4.67

二、施肥指标

要合理施肥，就要全面掌握土壤肥力和植物营养状况。有了这两方面的资料，方能根据土壤肥力，配施适量基肥；依据作物各生长阶段的营养状况，及时追肥。

（一）土壤营养丰缺指标

土壤肥力是个综合指标，根据中国农业科学院调查，每公顷产 6～7.5t 的小麦田，除了具有良好的物理性状外，还要求有机质含量达 1%，总氮含量在 0.06%以上，速效氮 30～40mg・L^{-1}，速效磷在 20mg・L^{-1}以上，速效钾 30～40mg・L^{-1}。由于各地的土壤、气候、耕作管理水平不同，所以对作物产量和土壤营养的要求也各异。因此，施肥指标也要因地因作物而异，不能盲目搬用外地经验，只有通过本地的大量试验和调查，才能确定当地土壤的营养丰缺指标。

（二）作物营养丰缺指标

土壤营养指标并不能完全反映作物对肥料的要求，而植物自身的表征，应该是最可靠最直接的指示。

1. 形态指标

根据作物的长势长相和叶色变化判断作物的营养状况，从而补充作物所缺肥料。

（1）长相　一般来说，氮肥多，生长快，叶片大，叶色浓，株形松散；氮不足，生长慢，叶短而直，叶色变淡，株形紧凑。

（2）叶色　功能叶的叶绿素含量与含氮量相关，叶色深，则表示氮和叶绿素含量都高。叶色对施肥的反应快，施无机肥料 3～5d，叶色即可反映出来，比生长反应快。

2. 生理指标

根据作物生理状况来判断作物营养水平的指标，称为生理指标。

（1）体内养分状况　在营养诊断中通常对“叶分析”比较重视，即测定叶片或叶鞘等组织中矿质元素含量，来判断营养的丰缺情况。

营养速测能够较客观地反映植物生长状况。例如在土壤肥沃的田块，小麦生长健壮，体内含 N、P 也高。另外，从可溶性糖含量看，旺苗和壮苗因将较多的糖用于生长，故含糖量反而下降（表 6-4）。

表 6-4 冬小麦拔节期不同苗相的植株营养状况

苗相	NO_3^-/(mg·L^{-1})		P_2O_5/(mg·L^{-1})		可溶性糖/(mg·L^{-1})	
	叶鞘	分蘖节	叶鞘	分蘖节	叶鞘	分蘖节
旺苗	600	800	150	600	1500	2500
壮苗	600	450	50	400	20000	4000
弱苗	100	25	25	50	120000	100000

（2）叶绿素含量　研究指出，南京地区的小麦返青期功能叶的叶绿素含量以占干质量的 1.7%～2.0%为宜，如果低于 1.7%就是缺肥；拔节期以 1.2%～1.5%为正常，低于 1.1%表示缺肥，高于 1.7%则表示太多，要控制拔节肥；孕穗期以 2.1%～2.5%为正常。

（3）酰胺和淀粉含量　水稻叶片中的天冬酰胺，可作为施肥的生理指标，若测到天冬酰胺，则表示氮肥充足，可不施穗肥；若测不到，则表示缺氮，必须立即追施穗肥。水稻叶鞘中淀粉含量，也可作为氮素的丰缺指标，氮肥不足，可使淀粉在叶鞘中累积，所以叶鞘内淀粉愈多，表示氮肥愈缺乏。其测定方法是将叶鞘劈开，浸入碘液，如被碘液染成的蓝黑色颜色深且占叶鞘面积的比例大，则表明土壤缺氮，需要追施氮肥。

（4）酶活性　某些酶的活性与其特有的元素多寡有密切关系，因为这些元素是酶的辅基或活化剂，当这些元素缺乏时，酶活性会下降。如缺铜时，抗坏血酸氧化酶和多酚氧化酶活性下降；缺铝时硝酸还原酶活性下降；缺锌时碳酸酐酶和核糖核酸酶活性降低；缺铁可引起过氧化物酶和过氧化氢酶活性的下降。因而，可根据某种酶活性的变化，来判断某一元素的丰缺情况。

三、发挥肥效的措施

除了合理施肥外，还应配合其他措施，使肥效发挥充分。

（一）以水调肥，肥水配合

水与矿质的关系很密切，水是矿质的溶剂和向上运输的媒介，对生长具有重要作用。还能防止肥过多而产生“烧苗”。所以水直接或间接地影响着矿质的吸收和利用。施肥时适量灌水或雨后施肥，能大大提高肥效，这就是以水促肥的道理。相反，如果氮肥过多，往往造成作物疯长，这时可适当减少水分供应，限制植物对矿质的吸收，从而达到以水控肥的效果。

（二）适当深耕，改良土壤环境

适当深耕，使土壤容纳更多的水和肥，且有利于根系的生长，增大吸收面积，利于根系对矿质的吸收。

（三）改善光照条件，提高光合效率

施肥能改善光合性能，提高作物光合效率。所以，为了发挥肥效，必须改善光照条件。合理密植，通风透气，有利于改善光照条件，有利于增产，反之，密度太大，田间荫蔽，植株光照不足，肥水虽足，不但起不到增产的效果，相反，还会造成疯长、倒伏、病虫害增多，最终导致减产。

（四）改变施肥方法，促进作物吸收

改表施为深施。表层施肥，氧化剧烈，氮、磷、钾易流失，氨态氮的转化，某些肥料的分解挥发，磷的固定等都很严重，造成植物的吸收率很低。而深施（根系周围 5～10cm 的土层)，肥料挥发、流失少，供肥稳定，由于根的趋肥性，促进了根系的下扎，有利于固着和吸收，所以也有利于增产。

本章小结

植物生长发育需要碳、氢、氧、氮、磷、钾、硫、钙、镁、铁、锰、硼、锌、铜、钼、氯、镍17种必需元素。其中碳、氢、氧是由 CO_2 和 H_2O 提供，其余14种由土壤提供，称为矿质元素，根据植物需要量的多少将必需元素分为大量元素和微量元素。

必需元素的生理功能为：①细胞结构物质的组成成分；②调节植物的生命活动，如酶的辅基或活化剂；③起电化学作用，如渗透调节、胶体稳定和电荷中和等。不同元素的功能不同，缺乏时会呈现不同的症状，当各种元素适当配合时，可使作物生长发育良好。

植物吸收矿质元素有被动吸收和主动吸收两种方式，通常以后者为主。

矿质元素只有溶解在水中才能被植物吸收，植物对水和矿质的吸收不成比例。根系对矿质元素的吸收具有选择性，对同一溶液中的不同离子或同种盐中阴阳离子的吸收速率也不同，导致生理酸性盐、生理碱性盐和生理中性盐的出现。施肥时一定要注意肥料的合理搭配。

影响植物吸收矿质元素的主要因素有温度、土壤通气状况、土壤溶液浓度、土壤pH、离子间相互作用等。

根系吸收的元素以无机离子和无机离子同化为有机物的形式向地上部运输，运输的主要途径为木质部。叶片吸收的离子在茎内向上或向下运输的途径主要通过韧皮部，木质部和韧皮部之间存在横向运输。

根系所吸收的溶质从根表皮运到中柱导管是通过共质体和质外体两条途径，二者可同时交互进行。矿质离子主要通过木质部导管随蒸腾流一起上升。

可重复利用的元素如氮、磷等多分布于代谢旺盛的幼嫩部分，不能重复利用的元素如Ca、Fe多分布于老叶和衰老的部位中。

生产上栽培作物时应给作物根系创造适宜的吸收养分的环境条件。施肥应根据作物的需肥规律以及收获物的需要采取相应措施，同时应注意各种养分间的平衡。

复习思考题

一、名词解释

矿质营养；灰分元素；必需元素；大量元素；微量元素；水培法；砂培法；气栽法；单盐毒害；离子拮抗；平衡溶液；生理酸性盐；生理碱性盐

二、问答题

1. 植物进行正常生命活动需要哪些矿质元素？是用什么方法、根据什么标准来确定的？
2. 试述氮、磷、钾的生理功能及植物相应的缺素病症。
3. 植物缺素病症有的出现在顶端幼嫩枝叶上，有的出现在下部老叶上，为什么？举例加以说明。
4. 植物根系吸收矿质有哪些特点？
5. 试分析植物失绿（发黄）的可能原因。
6. 为什么在叶菜类植物的栽培中常多施用氮肥，而栽培马铃薯和甘薯则较多施用钾肥？
7. 为什么水稻秧苗在栽插后有一个叶色先落黄后返青的过程？
8. 为什么长期单一使用一种化肥易造成土壤酸化或碱化？
9. 说明作物需肥规律及施肥增产的原因。
10. 生产中发挥肥效的措施有哪些？

第七章　光合作用

了解光合作用的概念、意义。

了解叶绿体的结构、光合色素的种类。

了解植物光合作用的过程及能量吸收、转换的途径。

了解光合碳同化的生理过程和类型及 C_3、C_4 植物的结构特点。

了解光呼吸基本过程和生理意义及控制措施。

理解光合作用与作物产量的关系，了解提高光能利用率的途径与措施。

光合作用是生物界获得能量、食物及氧气的根本途径，故它被称为"地球上最重要的化学反应"。没有光合作用就没有繁荣的生物世界。当今人类社会面临的食物不足、能源危机、资源匮乏、环境恶化等问题，无一不与植物的光合作用有关。

第一节　光合作用的概念

一、光合作用的定义和化学反应

光合作用是指绿色植物吸收光能，把二氧化碳和水合成有机物并释放氧气的过程。

光合作用产生的有机物主要是碳水化合物，其总反应式如下。

$$CO_2 + H_2O \xrightarrow[\text{叶绿体}]{\text{光}} (CH_2O) + O_2$$

式中，CH_2O 代表光合作用的最终产物碳水化合物。从反应式可看出，光合作用本质上是一个氧化还原过程：CO_2 是氧化剂，CO_2 中的碳是氧化态；生成物 CH_2O 中的碳是还原态，CO_2 被还原到糖的水平；H_2O 是还原剂，在反应中提供 CO_2 还原所需的氢质子，本身则被氧化。

二、光合作用的意义

光合作用对整个生物界产生着巨大的作用。

一是把无机物转变成有机物。光合作用一年约吸收碳素 2.0×10^{11}t（6400t/s），合成有机物 5×10^{11}t。人类生活所需的粮食、油料、纤维、木材、糖、水果、蔬菜、烟、茶等无不来自光合作用。

二是将光能转换为化学能。绿色植物在同化二氧化碳的过程中，把太阳能转变为化学能，并蓄积在形成的有机化合物中。人类生存所利用的能源如煤炭、天然气、木材等都是现在或过去的植物通过光合作用转化的。

三是维持大气 O_2 和 CO_2 的相对平衡。光合作用每年向大气释放 5.35×10^{11} t O_2，地球上生物呼吸和燃烧每年约消耗 3.15×10^{11} t O_2，一部分 O_2 转化成臭氧（O_3），在大气上层形成一个 O_3 层，能吸收阳光中的强紫外辐射，对生物起保护作用。

可见，光合作用是地球上规模最大的把太阳能转变为可贮存的化学能的过程，也是规模最大的将无机物合成有机物并释放氧气的过程。绿色植物的光合作用对人类以及整个生物世界都具有十分重大的意义。

第二节　叶绿体和光合色素

一、叶绿体

叶片是光合作用的主要器官，而叶绿体是光合作用最重要的细胞器，它是合成有机物的重要场所，也是细胞中代谢活动的活跃场所。

（一）叶绿体的形态及分布

高等植物的叶绿体多为扁平椭圆形，长约 3～7μm，厚约 2～3μm。

叶绿体主要分布在叶片的栅栏组织和海绵组织中，每个叶肉细胞内约有 50～200 个叶绿体。据统计，每平方毫米蓖麻叶片的叶绿体数量为 3×10^7～5×10^7 个，这样叶绿体的总表面积要比叶片大得多，从而有利于植物对光能的吸收。

叶绿体在细胞中不仅可随原生质环流运动，而且可随光照的方向和强度而运动。在弱光下，叶绿体以扁平的一面向光以接受较多的光能；而在强光下，叶绿体的扁平面与光照方向平行，不致吸收过多强光而引起结构破坏和功能丧失。

（二）叶绿体的基本结构

叶绿体是由叶绿体膜、基质和类囊体三部分组成（图 7-1）。

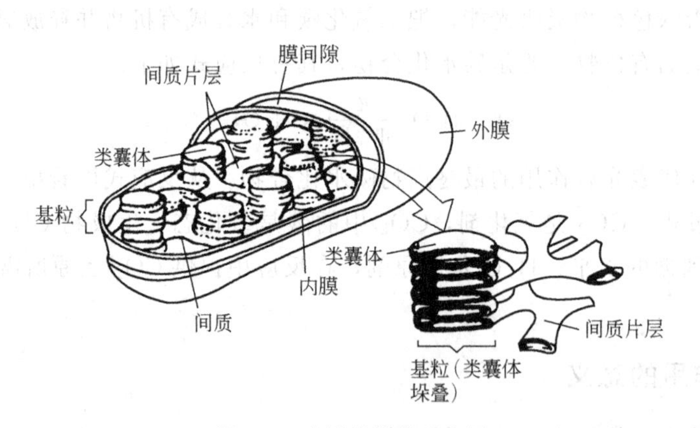

图 7-1　叶绿体结构示意图

1. 叶绿体膜

叶绿体膜由两层膜（内膜和外膜）组成（图 7-1），每层膜的厚度为 6～8 nm，两膜之间有 10～20nm 的间隙，称为膜间隙。叶绿体膜的主要功能是控制物质进出，维持光合作用的微环境。外膜通透性大，许多化合物如蔗糖、核酸、无机盐等能自由通过。内膜具有选择透性，是细胞质和叶绿体基质的功能屏障。内膜上有特殊转运载体称为运转器。

2. 叶绿体基质

叶绿体内膜以内的无定形物质称为叶绿体基质。基质以水为主体，内含多种离子、低分子有机物及可溶性蛋白质等，其中 RuBP 羧化酶加氧酶占可溶性蛋白总量的 60%。此外还有核糖体、DNA 和 RNA 等。基质是进行碳同化的场所，在基质中能进行多种多样复杂的生化反应。

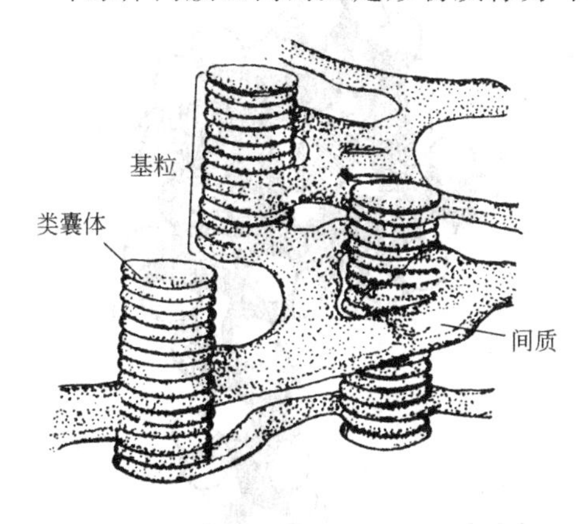

图 7-2 叶绿体中的基粒和间质结构示意图

3. 类囊体

叶绿体基质中有许多由单层膜围成的扁平小囊，称为类囊体。小囊片层伸展的方向与叶绿体的长轴平行。类囊体分为两类：一类是基质类囊体，又称基质片层，伸展在基质中彼此不重叠；另一类是基粒类囊体，或称基粒片层，可自身或与基质类囊体重叠，组成基粒。一个叶绿体中约含 40～80 个基粒（图 7-2）。

类囊体上分布着许多光合作用色素，它们是光合作用光反应的场所，所以又称类囊体为光合膜。类囊体膜的形成大大增加了膜片层的总面积，因而能更有效地收集光能、加速光反应。

在类囊体膜上还分布着许多电子载体蛋白，如质体醌（PQ）、质体蓝素（PC）和铁氧还蛋白（Fd）等，它们参与光合作用的电子传递。

（三）叶绿体的成分

叶绿体含水约 75%。干物质中以蛋白质、脂类、色素和无机盐为主，其中蛋白质约占 30%～45%，它是叶绿体的结构基础；脂类约 20%～40%，它是组成膜的主要成分之一；各种色素约占 10%，它们是光合作用的主体；镁、铁、铜、锌、锰、磷、钾和钙等元素约占 10%，其中以镁含量最高。此外，叶绿体中还含有 10%～20% 的贮藏物质，如糖类和维生素 A、E、K、D 等；也含有众多酶系统及担任电子传递功能的细胞色素系统。

二、光合色素

（一）光合色素的种类及性质

在光合作用反应中吸收光能的色素称为光合色素。高等植物的光合色素主要有两类：叶绿素和类胡萝卜素。

1. 叶绿素

是使植物呈现绿色的色素，包括叶绿素 a 和叶绿素 b 两种。叶绿素 a 呈蓝绿色，叶绿素 b 呈黄绿色。高等植物的叶绿体中，叶绿素含量可占全部色素的 2/3，而叶绿素 a 又占叶绿素含量的 3/4。叶绿素是一种双羧酸的酯，它的一个羧基为甲醇所酯化，另一个羧基为叶绿醇所酯化。其分子结构如图 7-3 所示。

叶绿素 a（$C_{55}H_{72}O_5N_4Mg$）和叶绿素 b（$C_{55}H_{70}O_6N_4Mg$）的基本结构相同，都具有一个卟啉环的“头部”和一条叶绿醇链的“尾巴”。“头部”具有亲脂性，可以和脂类结合，能伸入类囊体的拟脂层，故叶绿素能定向排列。

叶绿素分子是一个庞大的共轭系统，吸收光能形成激发态后，由于配对键结构的共轭，容易引起电子丢失，改变能量含量。故叶绿素分子可通过共轭传递的方式参与能量的传递过程。

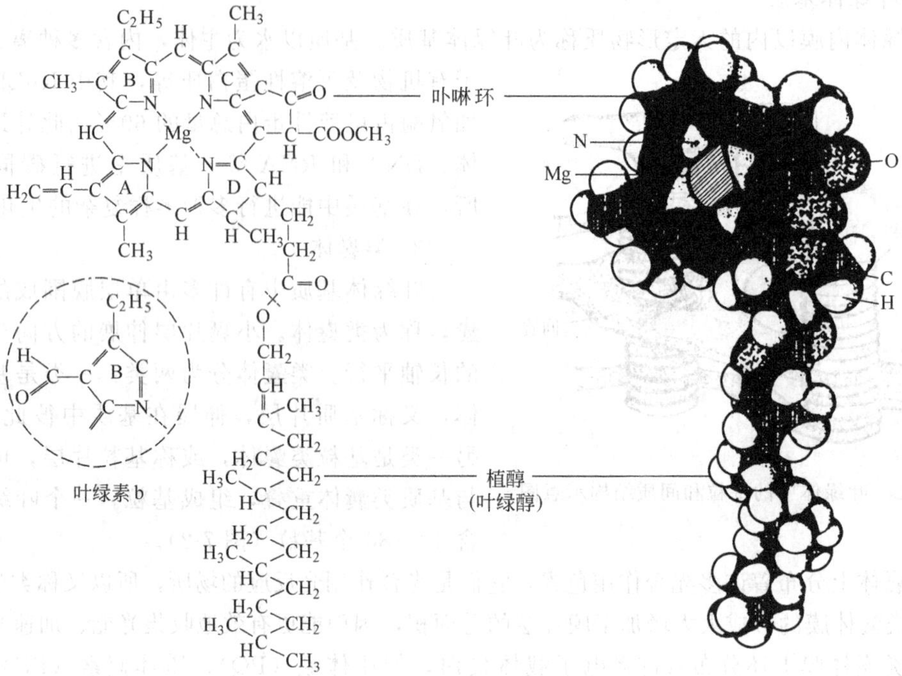

叶绿素b

叶绿素a

(a)

β-胡萝卜素

叶黄素

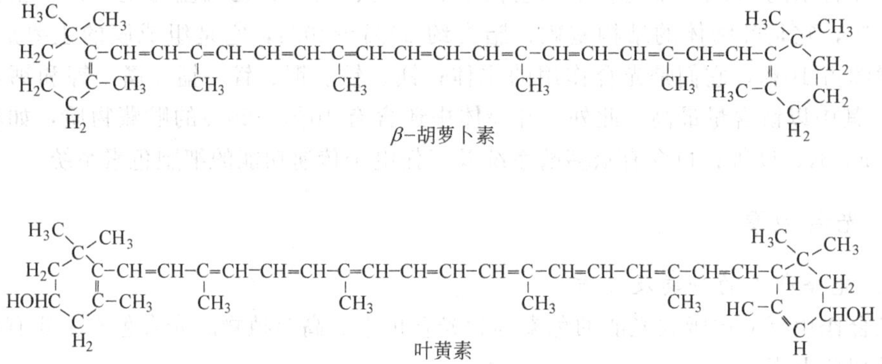

(b)

图 7-3　主要光合色素的结构式

(a) 叶绿素；(b) 类胡萝卜素

（引自 H. Mohr，P. Schopfer，1978）

叶绿素卟啉环中的 Mg 可被 H^+、Cu^{2+}、Zn^{2+} 等所置换。当被 H^+ 置换后，可形成褐色的去镁叶绿素。如当植物叶片受伤后，液泡中的 H^+ 渗入细胞质，置换了叶绿素分子中的 Mg 而形成去镁叶绿素，从而使叶片变成褐色。去镁叶绿素中的 H^+ 可再被 Cu^{2+} 取代形成铜代叶绿素，颜色比原来的叶绿素更鲜艳稳定。根据这一原理可用醋酸铜处理来保存绿色标本。

叶绿素是一种酯，它不溶于水，但能溶于酒精、丙酮和石油醚等有机溶剂。可用 80% 的丙酮，或 95% 的乙醇，或丙酮：乙醇：水为 4.5：4.5：1 的混合液来提取叶片中的叶绿素，用于测定叶绿素含量。

2. 类胡萝卜素

类胡萝卜素包括胡萝卜素和叶黄素两种，前者呈橙黄色，后者呈黄色。通常叶片中叶黄素与胡萝卜素的含量之比约为 2∶1，故秋天或在不良的环境中，叶片通常呈黄色。类胡萝卜素有吸收、传递光能的作用，还可在强光下逸散能量，使叶绿素免遭强光伤害。

类胡萝卜素总是和叶绿素一起存在于高等植物的叶绿体中，此外也存在于果实、花冠、花粉、柱头等器官的有色体中。

（二）光合色素的光学特性

1. 吸收光谱

到达地球的太阳光波长为 300～2600nm，其中只有波长在 390～760nm 之间的光是可见光。如在光源和光屏之间放一三棱镜，光即被分成红、橙、黄、绿、青、蓝、紫等单色光，这就是太阳光的连续光谱（图 7-4）。

色素物质可以对光进行吸收，如将光合色素提取液置于光源与分光镜之间，就可以看到光谱中有些波长的光线被吸收了。因此在光谱上就出现黑线或暗带，这种光谱叫做吸收光谱（图 7-5）。不同光合色素对不同波长的光吸收情况不同，所形成的吸收光谱也不一样。用分光光度计能精确测定光合色素的吸收光谱（图 7-6）。叶绿素最强的吸收区有两处：波长 640～660nm 的红光部分和 430～450nm 的蓝紫光部分。叶绿素对橙光、黄光吸收较少，尤以对绿光的吸收最少，所以叶绿素溶液呈绿色。

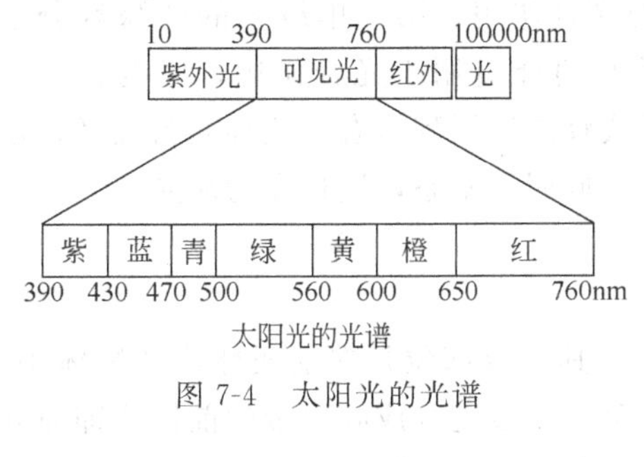

图 7-4　太阳光的光谱

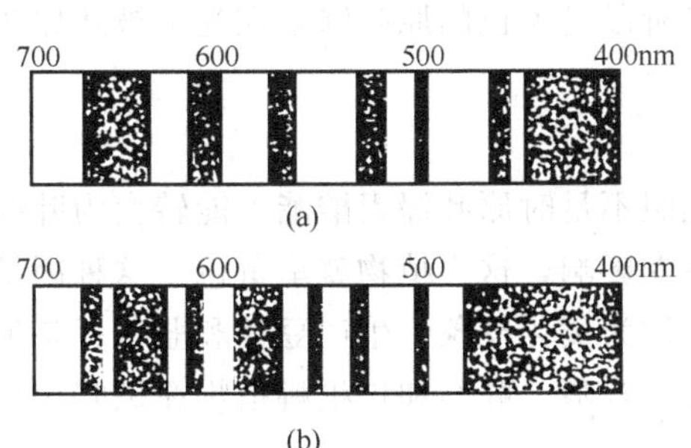

图 7-5　叶绿素的吸收光谱

（a）叶绿素 a；（b）叶绿素 b

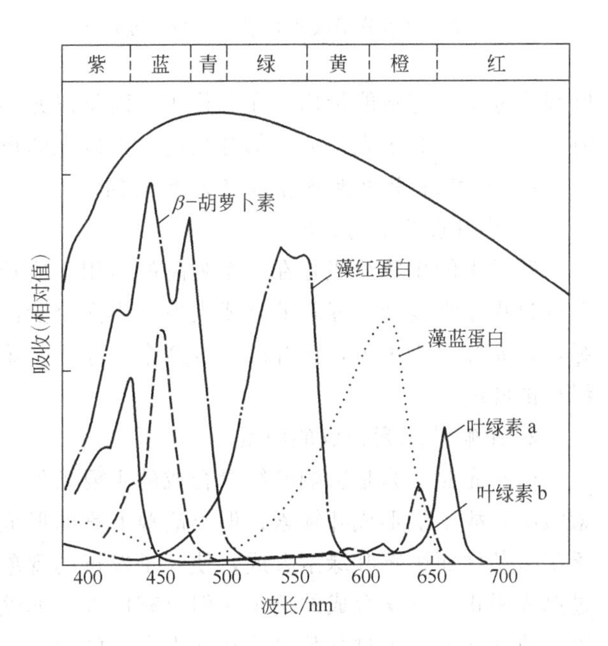

图 7-6　主要光合色素的吸收光谱

（吸收光谱上端显示地球上入射光的光谱）

叶绿素 a 和叶绿素 b 的吸收光谱很相似，但也稍有不同：叶绿素 a 在红光区的吸收峰比叶绿素 b 的高，而蓝紫光区的吸收峰则比叶绿素 b 的低，也就是说，叶绿素 b 吸收短波长光的能力比叶绿素 a 强。

类胡萝卜素的吸收带在400～500nm的蓝紫光区，它们基本不吸收红、橙、黄光，从而呈现橙黄色或黄色（图7-6）。

2. 荧光现象和磷光现象

叶绿素溶液在透射光下呈绿色，在反射光下呈暗红色，这种现象叫做荧光现象。类胡萝卜素没有荧光现象。叶绿素除产生荧光外，当去掉光源后，用精密仪器还能继续测量到微弱的红光，这个现象称为磷光现象。荧光与磷光都是由于叶绿素分子吸收光能后，重新以光的形式释放出来的能量（图7-7）。

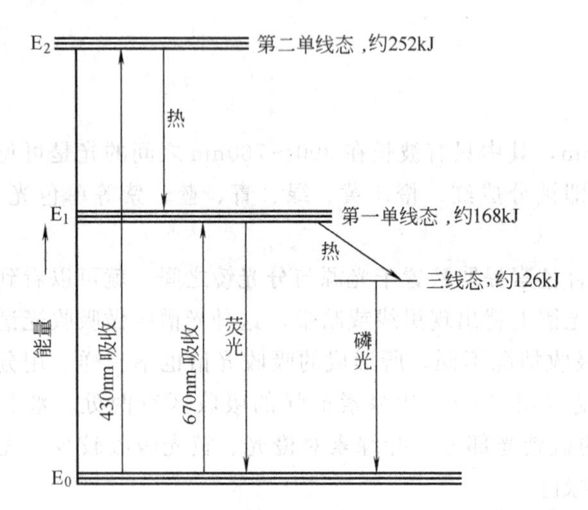

图7-7　色素分子吸收光能后能量转变图解

由图7-7看出，叶绿素分子吸收光能后，由最稳定的、能量最低的基态跃变为高能的、但极不稳定的激发态。叶绿素分子吸收不同波长的光，可以被激发到不同能级的激发态。如吸收430nm的蓝光，被激发到能级较高的第二单线态；吸收670nm的红光，被激发到能级较低的第一单线态。对光合作用有效的能级是第一单线态；第二单线态虽然能量较高，但多余的能量并不能用于光合作用。第二单线态的叶绿素分子通过释放部分能量，转到第一单线态后才能参与光合作用。第一单线态的叶绿素分子主要将能量用于光合作用，但也有一些叶绿素分子不能将能量用于光合作用，而是以光的形式释放后回到基态，此种光为荧光；还有一些叶绿素分子先释放一部分热能，再以光的形式释放回到基态，这种光为磷光。

（三）叶绿素的生物合成及其影响因素

1. 叶绿素的生物合成

叶绿素的生物合成是在一系列酶的作用下完成的，其合成部位是在前质体或叶绿体中，合成过程非常复杂叶绿素的合成大致分为两个阶段：第一阶段是合成叶绿素的前体物即原叶绿素，原叶绿素无色，比叶绿素少2个氢原子。第二阶段是无色的原叶绿素在光下被还原为绿色的叶绿素。

2. 影响叶绿素合成的因素

（1）光照　光是影响叶绿素合成的主要条件。光照不足时原叶绿素酸酯不能转变为叶绿素酸酯，故不能形成叶绿素；但类胡萝卜素的形成不受影响，这样植物就呈黄色。这种因缺乏某些条件而影响叶绿素合成，使叶子发黄的现象，称为黄化现象。生产豆芽和韭黄就是通过遮光阻止叶绿素合成的例子。但也有例外，如藻类、苔藓、蕨类和松柏科植物在黑暗中可以合成叶绿素，不过其数量比在光下合成的少。

（2）温度　叶绿素合成是一系列酶促反应过程，易受温度影响。叶绿素合成的最低温度约在2℃，最适温度约在30℃，最高温度约在40℃。秋天叶子变黄、早春寒潮过后秧苗变白及树木嫩芽转绿慢等，都是低温影响叶绿素合成的结果。高温下叶绿素分解大于合成，故夏天绿叶蔬菜存放不到一天就变黄；相反，温度较低时，叶绿素解体慢，这也是低温保鲜的原因之一。

(3) 营养元素　叶绿素的合成必须有一定的营养元素。如氮和镁是叶绿素的组成成分，铁是合成原叶绿素酸酯所必需的，锰、铜、锌等则可能是某些酶的催化剂或可起间接作用。因此，缺少这些元素时会引起缺绿症，其中尤以氮的影响最大，因而叶色深浅可作为衡量植株体内氮素水平高低的标志。

(4) 氧　缺氧时会引起 Mg-原卟啉Ⅸ及（或）Mg-原卟啉甲酯积累，从而影响叶绿素的合成。但一般情况下，地上部不会由于缺氧影响叶绿素合成。

(5) 水　缺水不但影响叶绿素生物合成，而且还促使原有叶绿素加速分解，所以干旱时叶片呈黄褐色。

此外，叶绿素的形成还受遗传因素控制，如水稻、玉米的白化苗以及花卉中的斑叶等，有些病毒也能引起斑叶。

第三节　光合作用的机理

光合作用是一系列光化学、光物理和生物化学转变的复杂过程，其实质是将光能转变成化学能。根据能量转变的性质，将光合作用分为三个阶段（表 7-1）：①光能的吸收、传递和转换成电能，主要由原初反应完成；②电能转变为活跃化学能，由电子传递和光合磷酸化完成；③活跃的化学能转变为稳定的化学能，由碳同化完成。其中①和②在光合膜上进行，且必须有光照条件，故又称之为光反应；③在叶绿体的基质中进行，有光无光都能进行，故称为暗反应。

表 7-1　光合作用中的能量转变情况

转变过程	原初反应	电子传递	光合磷酸化	碳同化
能量转变	光能→电能	电能→活跃的化学能		活跃的化学能→稳定的化学能
贮能物质	量子	电子	ATP、$NADPH_2$	碳水化合物等
时间跨度/s	$10^{-15}\sim10^{-9}$	$10^{-10}\sim10^{-4}$	$10^{0}\sim10^{1}$	$10^{1}\sim10^{2}$
反应部位	PSⅠ、PSⅡ颗粒	类囊体膜	类囊体	叶绿体间质
是否需光	需光	不一定，但受光促进		不一定，但受光促进

光合作用的过程及机理见图 7-8。

一、原初反应

原初反应是光合作用的起点，是指从光合色素分子被光激发到引起第一个光化学反应为止的过程，包括光能的吸收、传递与光化学反应（图 7-9）。其过程为：①聚光色素吸收光能成为激发态；②激发态色素分子将能量传递给反应中心色素；③反应中心产生电荷分离。原初反应速率非常快，时间只有 $10^{-12}\sim10^{-9}$s，不受温度影响。

（一）光能的吸收与传递

光能的传输单位为光子，光子所含的能量与光的波长有关，波长越短，所含能量越高。

光能的吸收与传递主要通过叶绿体色素分子完成。叶绿体色素分子整齐而紧密地排列在叶绿体的类囊体膜（光合膜）上，根据各种色素分子所起的作用不同，将其分为聚光色素和反应中心色素两大类。聚光色素亦称为集光色素、天线色素，包括大部分叶绿素 a，全部叶绿素 b 和类胡萝卜素，它们本身没有光化学活性，只能吸收和传递光能。反应中心色素亦称中心色素，是指少数特殊状态的叶绿素 a（P_{680} 和 P_{700}），有光化学特性，能接受聚光色素传递来的光能并通过光化学反应将其转换为电能。

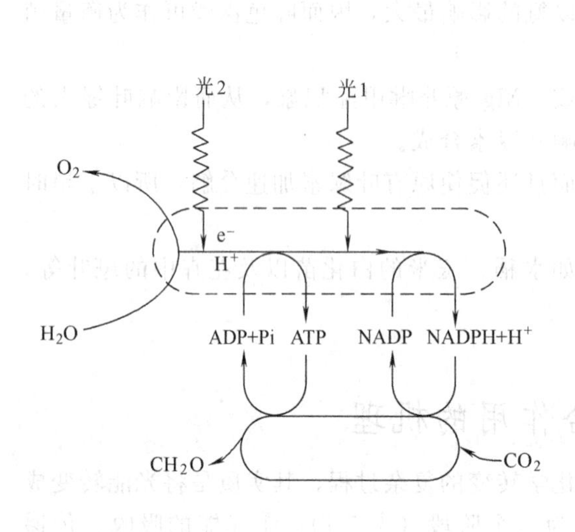

图 7-8　光合作用机理图解

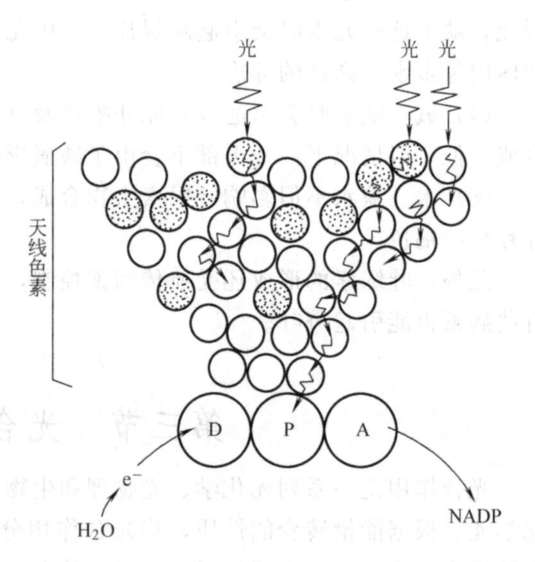

图 7-9　光能从天线色素传至作用中心色素分子
空心圆代表集光叶绿素分子，有黑点圆代表类胡萝卜素等辅助色素
D—原初电子供体；P—反应中心色素分子；A—原初电子受体

聚光色素分子吸收光能后，能量升高，从基态转变为激发态。激发态不稳定，经过一定时间后就会发生能量转变。如果能量以放热、发射荧光或磷光方式释放，叶绿素分子即回到原始的基态，所吸收的能量就被浪费掉了。如果能量通过“共轭传递”到达反应中心色素分子，就会推动光反应的进行。

（二）光化学反应

1. 反应中心

光化学反应是在反应中心进行的。反应中心是发生原初反应的最小单位，它是由反应中心色素分子、原初电子受体、原初电子供体，以及维持这些电子传递体的微环境所必需的蛋白质等组成。原初电子受体是指直接接受反应中心色素分子传来电子的电子传递体。原初电子供体是指直接供给作用中心色素分子电子的物体。

2. 光化学反应

光化学反应是指作用中心色素分子吸收光能后所引起的氧化还原反应。聚光色素分子吸收光能并将光能传递到反应中心，反应中心色素分子（P）被光激发成为激发态（P※），被激发的电子移交给原初电子受体（A），原初电子受体接受电子被还原带负电荷（A^-），反应中心色素分子失去电子被氧化带正电荷（P^+）。这样，反应中心就出现了电荷分离，作用中心色素分子失去的电子又可从原初电子供体（D）那里夺得，而原初电子受体得到电子后电位值升高，可将电子传给次级电子受体。这一过程在光合作用中不断反复进行，从而推动电子在电子传递体中传递。

光化学反应过程可用下式表示。

$$\mathrm{D\cdot P\cdot A}\ \xrightarrow[\text{聚光色素}]{h\nu(\text{光子})}\ \mathrm{D\cdot P^{※}\cdot A} \longrightarrow \mathrm{D^{+}\cdot P\cdot A^{-}}$$

（基态反应中心）　　（激发态反应中心）　　（电荷分离的反应中心）

3. 光系统

高等植物有两个光化学反应中心，其反应中心色素、原初电子受体、次级电子受体等组分各不相同，因而称为两个光系统，即 PSⅠ和 PSⅡ。PSⅠ的反应中心色素分子为 P_{700}，其吸收光谱在波长为 700nm 时变化最大；PSⅡ的反应中心色素分子为 P_{680}，其吸收光谱在波长为 680nm 时变化最大。

在原初反应中，受光激发的反应中心色素分子发射出高能电子，完成了光到电的转变，随后，高能电子将沿着光合电子传递链进一步传递。

二、电子传递与光合磷酸化

在原初反应中，反应中心色素发生电荷分离，产生高能电子推动光合膜上的电子传递。结果引起水裂解放氧及 $NADP^+$ 还原，同时启动光合磷酸化，形成 ATP，这样就完成了将电能转变为活跃化学能的过程。

（一）电子传递

1. 光合链

光合链是指在光合膜上由多个电子传递体组成的电子传递总轨道，也叫电子传递链。现在较公认的电子传递链是 Z 链，它由两个光系统串联配合完成，按电子传递体的氧化还原电位顺序作图，图形极像横写的英文字母“Z”，由此得名 Z 链（图 7-10）。

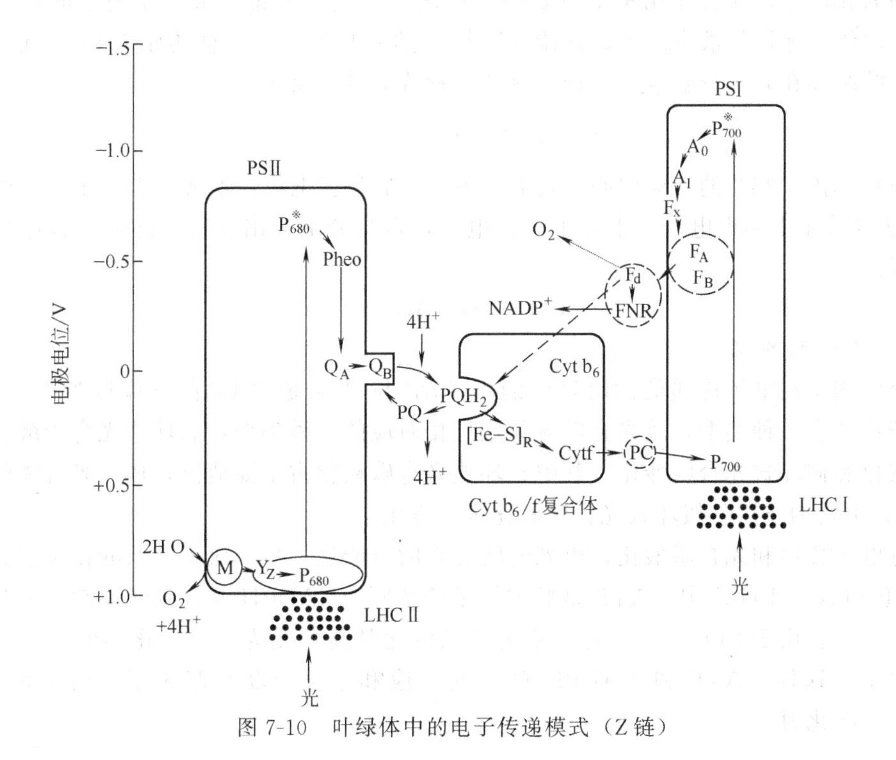

图 7-10　叶绿体中的电子传递模式（Z 链）

从图 7-10 看出，电子传递链主要由 PSⅡ、$Cytb_6/f$、PSⅠ三个复合体串联组成。整条链有两处逆电势梯度进行电子传递，故需要光能推动；其余电子传递都是顺电势梯度自发进行的。在Z链的起点，即PSⅡ一侧，水是电子的最终供体；在Z链的终点，即PSⅠ一侧，$NADP^+$是电子的最终受体；在Z链的中部，PQ（质体醌）形成跨膜质子动力势，以此推动ATP形成。

2. 光合电子传递

根据电子传递到Fd（铁氧还蛋白）后的去向（图7-10），可将光合电子传递分为三种类型。

（1）非环式电子传递　指水中的电子经PSⅡ和PSⅠ一直传递到$NADP^+$。其传递途径为H_2O→PSⅡ→Cytb6/f→PC→PSⅠ→F_d→FNR→$NADP^+$。通过非环式电子传递，可产生O_2、NADPH和ATP。非环式电子传递是光合电子传递的主要形式，在通常情况下占电子传递总量的70%以上。

（2）环式电子传递　指PSⅠ中的电子通过一系列电子传递体传递又返回到PSⅠ而构成的循环电子传递途径，即PSⅠ→Fd→PQ→Cytb6/f→PC→PSⅠ。通过环式电子传递，可产生ATP，但不产生和NADPH。环式电子传递是光合电子传递的补充形式，通常占电子传递总量的30%左右。

（3）假环式电子传递　指水中的电子经PSⅠ与PSⅡ传给F_d后再传给O_2的电子传递途径，即H_2O→PSⅡ→PQ→Cytb6/f→PC→PSⅠ→F_d→O_2。假环式电子传递的结果是造成O_2消耗和H_2O_2的形成，从而对植物产生伤害。这种电子传递只在过度强光或因低温等引起碳同化降低、$NADP^+$缺乏、NADPH积累时才发生。因此，发生的机会较少。

3. 氧的释放

水的氧化反应是光合作用中最重要的反应之一。英国人希尔最早发现水的光解放氧反应，他向离体叶绿体悬液中加入高铁盐（Fe^{3+}）然后照光，Fe^{3+}被还原为Fe^{2+}同时释放氧气。离体叶绿体在光下分解水，并释放氧的过程称为希尔反应。

$$2H_2O+4Fe^{3+} \longrightarrow 4Fe^{2+}+4H^++O_2$$

在植物体内，PSⅡ的反应中心色素P_{680}被激发后失去电子，形成一个带正电荷的P_{680^+}，P_{680^+}又从水分子中夺得电子，水分子失去电子，自身分解放出氧气。这是光合作用释放氧气的来源。

$$2H_2O \longrightarrow O_2+4H^++4e^-$$

（二）光合磷酸化

光合作用中在电子传递的同时发生的由ADP与Pi合成ATP的反应称为光合磷酸化。由于电子传递有三种类型，故光合磷酸化也有相对应的三种类型：非环式光合磷酸化、环式光合磷酸化和假环式光合磷酸化。其中非环式光合磷酸化占主要地位，环式光合磷酸化起着补充ATP不足的作用，假环式光合磷酸化很少发生。

通过电子传递和光合磷酸化，由光能转变来的电能进一步形成了活跃的化学能，暂时贮存在ATP和NADPH之中。ATP是贮藏能量的场所，NADPH是强的还原剂，氧化时会放出能量。两者将用于CO_2同化，进一步把活跃的化学能转变为稳定的化学能并贮存在有机化合物之中。这样，ATP和NADPH就把光反应和暗反应联系起来了。通常称ATP和NADPH为同化力。

三、碳同化

植物利用光反应中形成的NADPH和ATP将CO_2转化成稳定的碳水化合物的过程，

称为 CO_2 同化或碳同化。根据碳同化过程中最初产物所含碳原子数目的不同以及碳代谢的特点，将碳同化途径分为三类：C_3 途径（卡尔文循环）、C_4 途径和 CAM（景天酸代谢）途径。其中 C_3 途径是最基本和最普遍的碳素同化途径，它具备合成蔗糖、淀粉、脂肪和蛋白质等光合产物的能力；另外两种途径只起固定、运转或暂存 CO_2 的功能，不能单独形成碳水化合物。碳同化在叶绿体的基质里进行，有光或黑暗条件均可。

（一）C_3 途径

C_3 途径是指 CO_2 固定后形成的最初产物为三碳化合物的二氧化碳同化途径。这条途径最早由卡尔文和本森等提出，故又称为卡尔文循环。只具有 C_3 途径的植物称为 C_3 植物，它们占植物种类的大多数。如农作物中的水稻、棉花、小麦、油菜等，蔬菜中的菠菜、青菜、萝卜等，木本植物几乎全部都是 C_3 植物。

C_3 途径在叶绿体的基质中进行，其全过程可分为羧化、还原、再生 3 个阶段（图 7-11）。

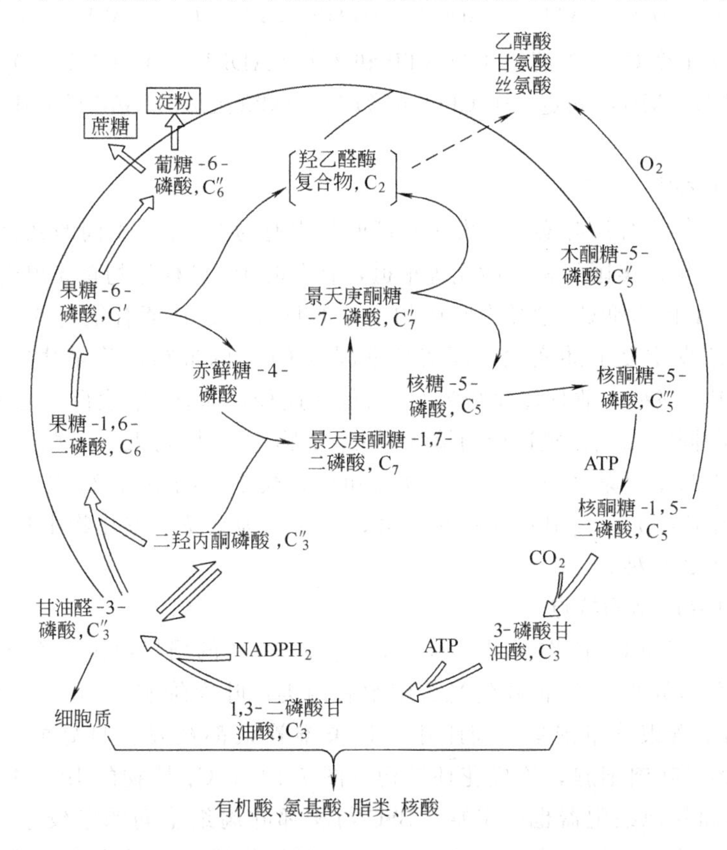

图 7-11 卡尔文循环各主要反应示意图

粗箭头表示二氧化碳转化为淀粉、蔗糖的途径

1. 羧化阶段

是指进入叶绿体的 CO_2 与受体 RuBP（核酮糖-1,5-二磷酸羧化酶/加氧酶）结合，并水解产生 PGA（3-磷酸甘油酸）的反应过程。以固定 3 分子 CO_2 为例，其反应式为

$$3RuBP+3CO_2+3H_2O \xrightarrow{Rubisco} 6PGA+6H^+$$

核酮糖-1,5-二磷酸羧化酶/加氧酶具有双重功能，既能使 RuBP 与 CO_2 起羧化反应，推

动 C_3 循环，又能使 RuBP 与 O_2 起加氧反应而引起光呼吸。

2. 还原阶段

指利用同化力将 PGA 还原为甘油醛-3-磷酸（GAP）的反应过程。其反应式为

$$6PGA+6ATP+6NADPH+6H^+ \longrightarrow 6GAP+6ADP+6NADP^+ +6Pi$$

ATP 与 NADPH 能使 PGA 的羧基转变成 GAP 的醛基。当 CO_2 被还原为 GAP 时，光合作用的贮能过程便基本完成。

3. 再生阶段

指由 GAP 重新形成 RuBP 的过程。通过此过程，RuBP 便源源不断地产生。反应式为

$$5GAP+3ATP+2H_2O \longrightarrow 3RuBP+3ADP+2Pi+3H^+$$

综合上述 3 个阶段，C_3 途径的总反应式可写为

$$3CO_2+5H_2O+9ATP+6NADPH \longrightarrow GAP+9ADP+8Pi+6NADP^+ +3H^+$$

可见，每同化 1 个 CO_2 需消耗 3 个 ATP 和 2 个 NADPH，还原 3 个 CO_2 可输出 1 个磷酸丙糖（GAP 或 DHAP），固定 6 个 CO_2 可形成 1 个磷酸己糖（G6P 或 F6P）。

（二）C_4 途径

1. C_4 途径的发现

1954 年，哈奇等用甘蔗叶实验，发现甘蔗叶片中有与 C_3 途径不同的光合最初产物，但未引起重视。1965 年，美国的科思谢克等报道，甘蔗叶中 ^{14}C 标记物首先出现于 C_4 二羧酸，以后才出现在 PGA 和其他 C_3 途径中间产物上，而且玉米、甘蔗有很高的光合速率。澳大利亚的哈奇和斯莱克重复上述实验，证实甘蔗固定 CO_2 的最初产物是草酰乙酸（OAA），由于 OAA 是四碳二羧酸，故称该途径为 C_4 二羧酸途径，简称 C_4 途径，也称 C_4 光合碳同化循环。具有这种固定二氧化碳途径的植物叫 C_4 植物。C_4 植物大多起源于热带或亚热带，适合在高温、强光与干旱条件下生长，至今已知道，被子植物中有 20 多个科约近 2000 种植物按 C_4 途径固定 CO_2，其中禾本科占 75%，大多数为杂草，农作物中只有玉米、甘蔗、高粱、黍、粟等少数几种。

2. C_4 植物叶片的结构特点

C_4 植物叶片具有与 C_3 植物不同的解剖特点。C_4 植物的栅栏组织与海绵组织分化不明显，叶片两侧颜色差异小；C_4 植物的光合细胞有两类：叶肉细胞（MC）和维管束鞘细胞（BSC）；C_4 植物维管束分布密集，间距小，每条维管束都被发育良好的大型 BSC 包围，外面又密接 1～2 层叶肉细胞，构成花环结构（图 7-12）；C_4 植物的 BSC 中含有大而多的叶绿体，线粒体和其他细胞器也较丰富；BSC 与相邻叶肉细胞间的壁较厚，壁中纹孔多，胞间连丝丰富。这些结构特点有利于 MC 与 BSC 间的物质交换及光合产物向维管束的就近转运。

此外，C_4 植物两类光合细胞含有不同的酶类，叶肉细胞含有磷酸烯醇式丙酮酸羧化酶（PEPC）以及与 C_4 二羧酸生成有关的酶，BSC 中则含有 Rubisco 等参与 C_3 途径的酶。这两类细胞中进行的生化反应是不同的。

3. C_4 途径的反应过程

C_4 途径的二氧化碳受体是磷酸烯醇式丙酮酸（PEP），在 PEP 羧化酶（PEPC）的催化下，CO_2 在叶肉细胞内被固定生成草酰乙酸。草酰乙酸在相应酶的催化下，分别转化为苹果酸或天冬氨酸，并从叶肉细胞转运到维管束鞘细胞。在苹果酸酶的作用下，苹果酸脱羧放

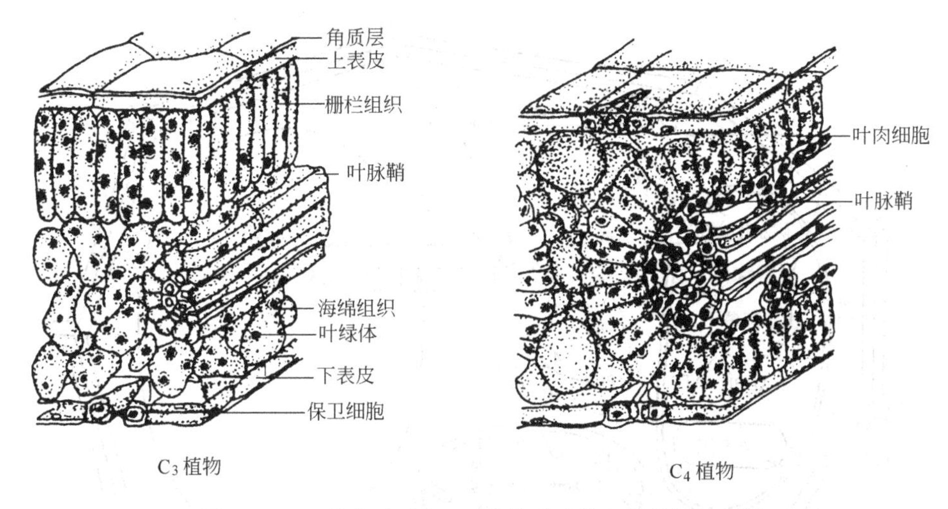

图 7-12　C_4 植物叶片与 C_3 植物叶片的解剖结构的差异

出 CO_2 转变为丙酮酸，放出的 CO_2 进入卡尔文循环，丙酮酸则转运回叶肉细胞，在 ATP 和酶的作用下，再生为 PEP，参与新的循环。如果是天冬氨酸，则在转氨酶作用下形成草酰乙酸，草酰乙酸再由羧激酶催化，脱羧放出 CO_2 进入卡尔文循环（图 7-13）。只有卡尔文循环才能使 CO_2 同化成糖，C_4 途径起了转运 CO_2 的作用。

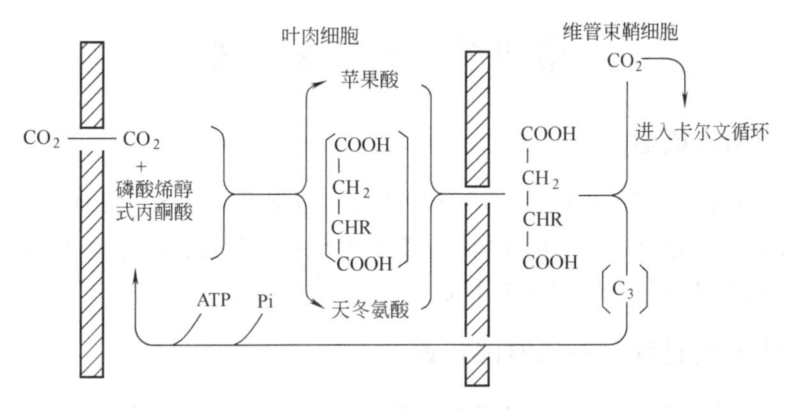

图 7-13　C_4 途径示意图

（三）景天酸代谢途径（CAM 途径）

在干旱的沙漠地区，有一类抗旱性极强的植物，如仙人掌、景天科、兰科和凤梨科等。它们具有一种类似 C_4 植物的碳素同化途径，称为景天酸代谢途径（CAM 途径）。这类植物白天气孔关闭减少蒸腾，夜间气孔开放大量吸收 CO_2，并将吸收的 CO_2 转化为苹果酸暂时贮存于大液泡中，所以这类植物夜间的酸度增加，pH 由 6 降到 4。白天时苹果酸脱羧放出 CO_2 进行光合作用形成光合产物，所以白天酸度减少而糖分增加，pH 由 4 上升为 6。CAM 植物与 C_4 植物途径与还原 CO_2 的途径基本相同，二者差异在于：C_4 植物的 C_3 和 C_4 途径是分别在维管束鞘细胞和叶肉细胞两个部位进行，从空间上把两个过程分开；CAM 植物没有特殊结构的维管束鞘，其 C_3 和 C_4 途径都是在具有叶绿体的叶肉细胞内进行，它们是通过时间把 CO_2 固定和还原巧妙地分开（图 7-14），从而达到贮水节水的效果，以适应极度干旱的环境。

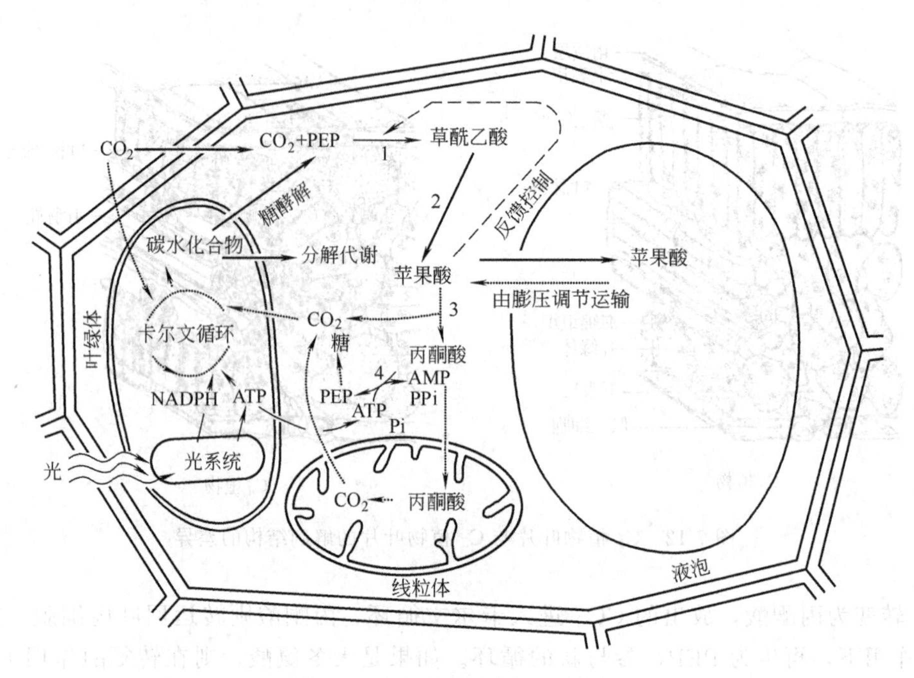

图 7-14　景天酸代谢途径示意图

第四节　光　呼　吸

一、光呼吸的概念

20 世纪 60 年代，应用红外线 CO_2 分析器及同位素示踪技术，发现绿色细胞在光下进行光合作用的同时，还存在一个吸收氧气、释放二氧化碳的过程，并且这个过程只有在光下才能进行，需叶绿体参与，故称为光呼吸。

二、光呼吸的过程——乙醇酸代谢

现已基本证明，光呼吸底物是乙醇酸，乙醇酸的合成与氧化过程就是光呼吸过程，也叫乙醇酸代谢。

前文提到卡尔文循环中的 RuBP 羧化酶（Rubisco），它具有羧化和加氧两种作用，既参与 C_3 途径固定 CO_2，又参与光呼吸作用，催化羧化反应时称为 RuBP 羧化酶，催化加氧反应时称为 RuBP 加氧酶；所以 Rubisco 被认为是与光合作用效率有关的关键酶。Rubisco 的催化方向主要由 CO_2/O_2 的值决定，当比值低时，Rubisco 催化加氧反应，使 RuBP 裂解产生 PGA 和乙醇酸，形成光呼吸底物；当比值高时，Rubisco 催化羧化反应，形成 2 分子 PGA，参与卡尔文循环。

通常认为，乙醇酸代谢要经过三种细胞器：叶绿体、过氧化体和线粒体。整个代谢过程如图 7-15 所示。乙醇酸在叶绿体中形成并从叶绿体进入过氧化体；在过氧化体中乙醇酸被氧化成乙醛酸，并经转氨作用转变为甘氨酸；甘氨酸进入线粒体，在线粒体中发生氧化脱羧反应转变为丝氨酸；丝氨酸再转回过氧化体，在过氧化体中转变为甘油酸；甘油酸转入叶绿体，在叶绿体中生成 3-磷酸甘油酸又进入 C_3 途径。整个过程构成一个循环。

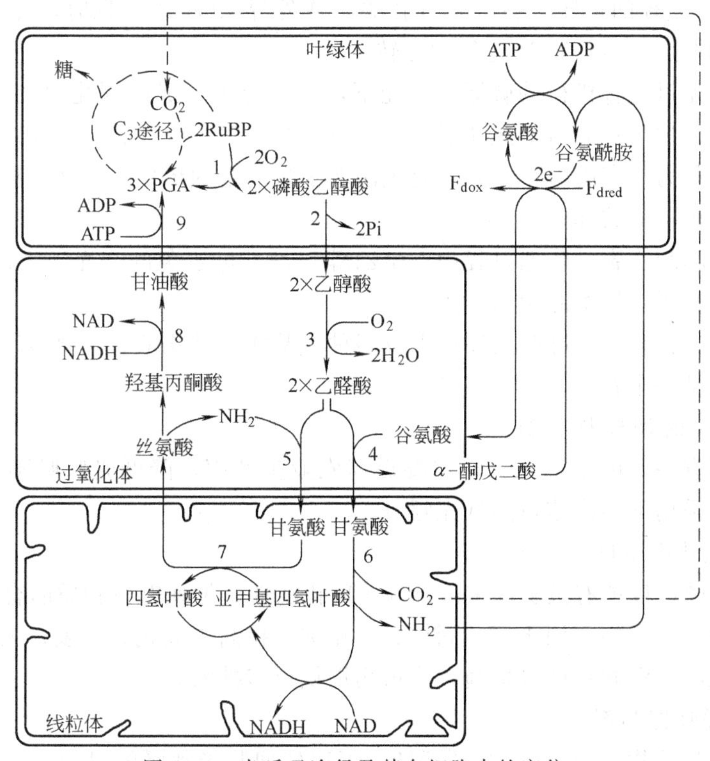

图 7-15 光呼吸途径及其在细胞内的定位

1—Rubisco；2—磷酸乙醇酸磷酸（酯）酶；3—乙醇酸氧化酶；4—谷氨酸-乙醛酸转氨酶；
5—丝氨酸-乙醛酸氨基转移酶；6—甘氨酸脱羧酶；7—丝氨酸羟甲基转移酶；
8—羟基丙酮酸还原酶；9—甘油酸激酶

经过乙醇酸代谢，把 2 分子乙醇酸（C_2）变成 1 分子 PGA（C_3），并放出 1 分子 CO_2，可见乙醇酸代谢消耗了光合作用固定的碳素，同时也消耗了能量。据估计，光呼吸氧化的碳素要占光合固定碳素的 30%（至少 C_3 植物如此）。

三、光呼吸的意义和调节

（一）光呼吸的意义

光呼吸与光合作用密切相关，是一种特殊的呼吸作用。关于光呼吸的生理功能，目前还有不同看法。从碳素角度看，光呼吸往往将光合作用固定的碳的 30%左右变为 CO_2 放出（C_3 植物）；从能量角度看，每释放 1 分子 CO_2 需消耗 6.8 个 ATP、3 个 NADPH 和 2 个高能电子。显然，光呼吸是一种浪费。那么，在长期的进化历程中光呼吸为什么未被消除掉？它在植物体内又有什么作用呢？

许多资料表明，光呼吸在高等植物中普遍存在，是不可避免的过程。从进化的观点看，光呼吸可能是对内部环境（消除过多的乙醇酸和氧）的代谢调整，也可能是对外部条件（高光强）的主动适应。因此对植物本身来说，光呼吸体系是一种自身防护体系。

光呼吸的意义可以归纳为如下五点。

(1) 回收碳素　通过 C_2 循环可回收乙醇酸中 3/4 的碳（2 个乙醇酸转化 1 个 PGA，释放 1 个 CO_2）。

（2）维持 C_3 途径的运转　在叶片气孔关闭或外界 CO_2 浓度低时，光呼吸释放的 CO_2 能被 C_3 途径再利用，以维持 C_3 途径的运转。

（3）防止强光对光合机构的破坏　强光下，光反应中形成的同化力会超过 CO_2 同化的需要，造成同化力过剩；同时形成超氧阴离子自由基，对光合膜、光合器产生伤害作用。而光呼吸可消耗同化力与高能电子，降低超氧阴离子自由基的形成，从而保护叶绿体，免除或减少强光对光合机构的破坏。

（4）消除乙醇酸毒害　代谢过程中产生乙醇酸是不可避免的，光呼吸以乙醇酸为底物，可以避免乙醇酸积累，使细胞免遭毒害。

（5）氮代谢的补充　光呼吸代谢中涉及多种氨基酸（甘氨酸、丝氨酸）的转变，这对绿色细胞的氮代谢是一个补充。

（二）光呼吸的调节与控制

尽管光呼吸有一定的生理意义，但要提高农业生产率，降低光呼吸不失为一条有效途径。一般认为，采用下列措施可降低光呼吸。

1. 提高二氧化碳浓度

提高二氧化碳浓度能有效提高 Rubisco 的羧化活性，加速有机物质的合成。生产上可在温室或大棚等封闭体系中，用干冰（固体二氧化碳）提高二氧化碳浓度；大田中可采取选好行向、增施有机肥、深施化肥等措施，为植物提供更多碳素。

2. 应用光呼吸抑制剂

施用某种化学药物，中断 C_2 循环运转，可达到抑制光呼吸的目的。主要抑制剂有如下三种。

（1）α-羟基磺酸盐　α-羟基磺酸盐能有效抑制乙醇酸被氧化成乙醛酸，明显加快二氧化碳固定速率。

（2）亚硫酸氢钠（$NaHSO_3$）　以 $NaHSO_3$ 100mg/kg 喷施大豆叶片，1～6d 后光合速率平均提高 15.6%，光呼吸受抑制 32.2%。在水稻、小麦、油菜等作物也有相似报道。

（3）2,3-环氧丙酸　可抑制乙醇酸生物合成，提高净光合率。

3. 筛选低光呼吸品种

可采用“同室效应法”筛选低光呼吸品种。具体做法是将 C_3 植物与 C_4 植物的幼苗一起培养在密闭的光合室内，保持室内温度 30～35℃。随着幼苗进行光合作用，室内的二氧化碳浓度逐渐降低，当浓度降至 C_3 植物的二氧化碳补偿点以下时，大部分 C_3 植物因消耗有机物过多而逐渐发黄死亡，但 C_4 植物仍能正常生长（其二氧化碳补偿点明显低于 C_3 植物）。如果 C_3 植物的极个别植株能够耐受低浓度二氧化碳而存活下来，这些植株就是具有低二氧化碳补偿点的植株，若通过育种手段就有希望培养出低光呼吸品种。

4. 改良 Rubisco

可通过基因工程的手段，通过突变、大小亚基杂交等方法改良 Rubisco，使其具有更高的二氧化碳亲和力和低的氧亲和力。

第五节　影响光合作用的因素

植物的光合作用经常受到外界环境和自身因素的影响。表示光合作用变化的指标有光合速率和光合生产率。

光合速率是指单位时间、单位叶面积吸收 CO_2 的量或释放 O_2 的量。常用单位有 $\mu mol \cdot m^{-2} \cdot s^{-1}$ 和 $\mu mol \cdot dm^{-2} \cdot h^{-1}$。$CO_2$ 吸收量用红外线 CO_2 气体分析仪测定，O_2 释放量用氧电极测氧装置测定。用这些方法测得的光合速率实际是净光合速率，因为它未包含与光合作用同时进行的呼吸消耗（光、暗呼吸），如果把净光合速率加上光、暗呼吸速率，便得到总光合速率或真光合速率，即：净光合速率＋呼吸速率＝总光合速率。

光合生产率又称净同化率，是指植物在较长时间（一昼夜或一周）内，单位叶面积生产干物质的量。它实际上是单位叶面积白天的净光合生产量与夜间呼吸所消耗量的差值。常用 $mg \cdot dm^{-2} \cdot h^{-1}$ 或 $g \cdot m^{-2} \cdot d^{-1}$ 表示。干物质积累量可用改良半叶法等方法测定。

一、自身因素对光合作用的影响

（一）叶龄与叶位的影响

1. 叶龄

叶片的光合速率与叶龄密切相关。新形成的嫩叶由于组织发育不健全、叶绿体片层结构不发达、光合色素含量少、光合酶含量少、活性弱、气孔开度低、细胞间隙小、呼吸作用旺盛等原因，净光合速率很低，需要从其他功能叶片输入同化物。随着叶片的成长，光合速率不断提高。当叶片伸展至叶面积最大和叶厚度最大时，光合速率达最大值。通常将叶片充分展开后光合速率维持较高水平的时期，称为叶片功能期，处于功能期的叶叫功能叶。功能期过后，随着叶片衰老，光合速率下降。

2. 叶位

同一生育期，着生在不同部位的叶片其相对光合速率不同。如处在营养生长期的禾谷类作物，心叶的光合速率较低，倒 3 叶的光合速率往往最高；而在结实期，叶片的光合速率自上而下衰减。

同一叶片，不同部位上测得的光合速率也不一致。例如，禾本科作物叶尖的光合速率比叶的中下部低，这是因为叶尖部较薄，且易早衰的缘故。

（二）光合产物的输出与积累的影响

光合产物从叶片中输出的快慢会影响叶片的光合速率。例如，摘去花或果实使光合产物的输出受阻，叶片的光合速率就随之下降。反之，摘除其他叶片，只留一张叶片和所有花果，留下叶片的光合速率就会急剧增加。对苹果等果树枝条进行环割，光合产物不能外运，则叶片光合速率明显下降。

光合产物积累到一定水平也会影响光合速率。其原因有：①反馈抑制，例如蔗糖积累会增加细胞质及叶绿体中磷酸丙糖的含量，从而影响 CO_2 固定；②淀粉粒的影响，叶肉细胞中蔗糖积累会促进叶绿体基质中淀粉的合成与淀粉粒的形成，过多淀粉粒会压迫与损伤类囊体并遮挡光线，从而阻碍光合膜对光的吸收。

二、外部因素对光合作用的影响

（一）光照

光是光合作用的能量来源，是形成叶绿素的必要条件，光还显著地调节光合酶的活性及气孔的开度，因此光是影响光合作用的重要因素。下面从光强（即光照度）和光质（即作用光谱）两方面予以分析。

1. 光强

(1) 光强-光合曲线　图 7-16 是光强与光合曲线图解。暗中叶片不进行光合作用，只有呼吸作用释放 CO_2（图中的 OD 为呼吸速率）。随着光强的增高，光合速率相应提高，当到达某一光强时，叶片的光合速率与呼吸速率相等，净光合速率为零，这时的光强称为光补偿点。此后，光合速率随光强的增强而呈比例增加（比例阶段，图中直线 A）；当超过一定光强时，光合速率增加就会转慢（曲线 B）；当达到某一光强时，光合速率就不再增加，这种现象称为光饱和现象。开始达到光合速率最大值时的光强称为光饱和点，此点以后的阶段称饱和阶段（直线 C）。

产生光饱和现象的原因主要有两方面：一是光合色素和光化学反应来不及利用过多的光能；二是固定及同化 CO_2 的速度较慢，不能与光反应、电子传递及光合磷酸化的速度相协调。

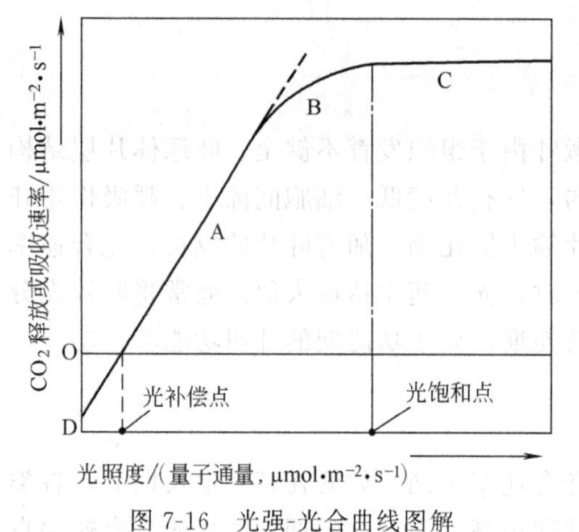

图 7-16　光强-光合曲线图解

A—比例阶段；B—比例向饱和过渡阶段；C—饱和阶段

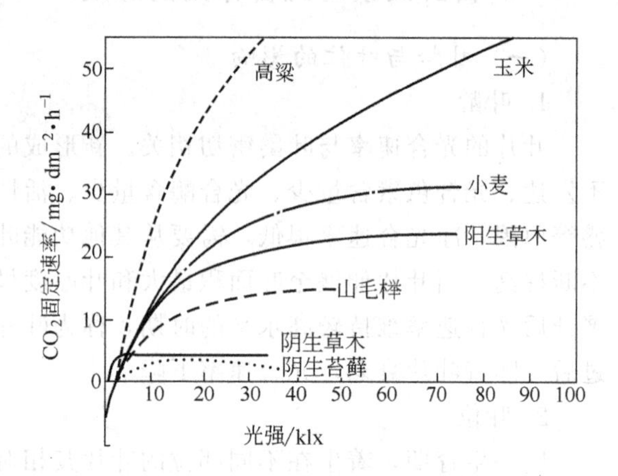

图 7-17　不同植物的光强-光合曲线

（引自 W. Larcher，1980）

不同植物的光补偿点和光饱和点不同（图 7-17、表 7-2）。一般来说，光补偿点高的植物其光饱和点也高。草本植物的光补偿点与光饱和点通常要高于木本植物；阳生植物的光补偿点与光饱和点高于阴生植物；C_4 植物的光饱和点高于 C_3 植物。例如，水稻和棉花的光饱和点为 40～50klx，小麦、菜豆、烟草的光饱和点为 30klx。

表 7-2　不同植物叶片在自然 CO_2 浓度及最适温度下的光补偿点和光饱和点

（引自 W. Larcher，Physiological Plant Ecology，1980）

植　物　类　群	光补偿点/klx	光饱和点/klx
1. 草本植物		
C_4 植物	1～3	>80
栽培 C_3 植物	1～2	30～80
草本阳生植物	1～2	50～80
草本阴生植物	0.2～0.3	5～10
2. 木本植物		
冬季落叶乔木和灌木		
阳生叶	1～1.5	25～50
阴生叶	0.3～0.6	10～15
常绿阔叶树和针叶树		
阳生叶	0.5～1.5	20～50
阴生叶	0.1～0.2	5～10
3. 苔藓和地衣	0.4～2	10～20

光补偿点和光饱和点是植物需光特性的两个主要生理指标。植物达到光饱和点以上时的光合速率表示植物同化二氧化碳的最大能力。在光补偿点时，光合生产和呼吸消耗相抵消，即光合作用形成的产物与呼吸作用氧化分解的有机物在数量上恰好相等，无光合产物积累；如果考虑夜间的呼吸消耗，则光合产物还有亏空。所以要维持植物生长，光强至少要高于光补偿点。光补偿点低的植物较耐阴，可在较低的光强度下形成较多的光合产物；光饱和点较高的植物在较强的光照下能形成更多的光合产物。如大豆光补偿点低于玉米，可与玉米间作。栽培作物时，由于密度过大或肥水过多，造成徒长，此时中下层叶片接受的光照常在光补偿点以下，这些叶片非但不能制造养分，反而消耗养分，生产上及时打去老叶，可改善透光通风条件，减少养分的无谓消耗。

植物的光补偿点和光饱和点往往会随外界条件的变化而改变，其中温度的影响较显著。温度高时呼吸作用增加，光补偿点提高。例如，在封闭的温室中，温度较高，CO_2 较少，光补偿点提高，这时须降低室温、通风换气或增施 CO_2，才能保证光合作用的顺利进行。

(2) 强光伤害——光抑制　光能不足可成为光合作用的限制因素，光能过剩也会对光合作用产生不利影响。当植物接受的光能超过它所需要的量时，过剩的光能会引起光合效率降低，这种现象叫光合作用的光抑制。

晴天中午的光强常超过植物的光饱和点，很多 C_3 植物如水稻、小麦、棉花、大豆等都会出现光抑制，轻者光合速率暂时降低，重者叶片变黄，光合活性丧失。当强光与其他不良环境（如高温、低温、干旱等）同时存在时，光抑制现象更为严重。

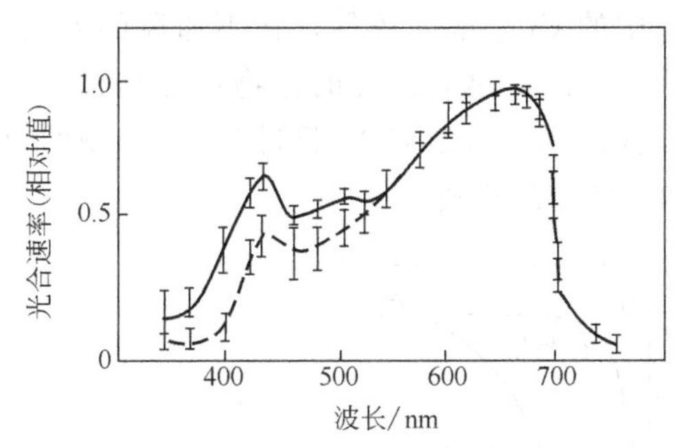

图 7-18　不同光波下植物的光合速率
实线为 26 种草本植物的平均值；
虚线为 7 种木本植物的平均值
（引自 Lnada，1976）

生产上保证作物生长良好，使叶片光合速率维持较高水平，这是减轻光抑制的前提。同时采取措施，避免强光下多种胁迫同时发生，如用塑料薄膜覆盖保温、用遮阳网或防虫网遮光等，均能有效减轻或防止光抑制的发生。

2. 光质

太阳辐射中，只有可见光部分被光合作用利用。用不同波长的可见光照射植物叶片，测到的光合速率不一样（图 7-18）。在 600～680nm 红光区，光合速率有一大的峰值，在 435nm 左右的蓝光区又有一小的峰值。可见，光合作用的作用光谱与叶绿体色素的吸收光谱大体吻合。

在自然条件下，植物或多或少会受到不同波长的光线照射。例如，阴天不仅光强减弱，而且蓝光和绿光的比例增高；树木冠层的叶片吸收红光和蓝光较多，故透过树冠的光线中绿光较多，由于绿光是光合作用的低效光，因而会使生长在树冠下的、本来就光照不足的植物对光能的利用效率更低，“大树底下无丰草”就是这个道理。

（二）CO_2

1. CO_2-光合曲线

CO_2-光合曲线（图 7-19）也有比例阶段与饱和阶段。光下 CO_2 浓度为零时叶片只有光、暗呼吸释放 CO_2。在比例阶段，光合速率随 CO_2 浓度增高而增加，当光合速率与呼吸速率相等时，环境中的 CO_2 浓度即为 CO_2 补偿点（图中 C 点）；当 CO_2 浓度继续提高，光合速率的增加速度变慢；当 CO_2 达到某一浓度（S）时，光合速率达到最大值（P_m），光合

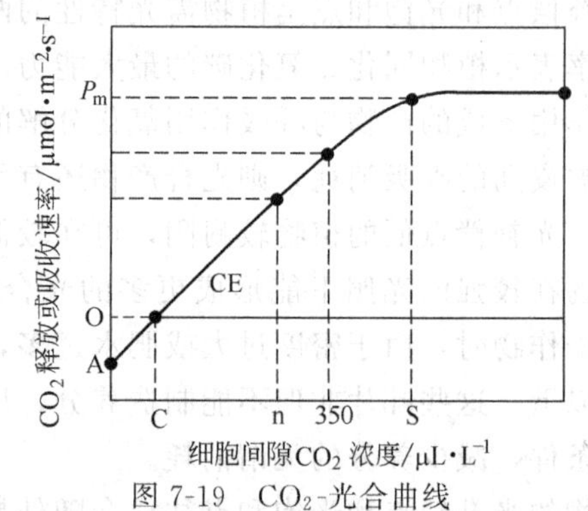

图 7-19　CO_2-光合曲线

曲线上四个点对应 CO_2 浓度分别为 CO_2 补偿点（C）；空气浓度下细胞间隙的 CO_2 浓度（n）；与空气浓度相同的细胞间隙 CO_2 浓度（350μL·L^{-1}左右）和 CO_2 饱和点（S）。P_m 为最大光合速率；CE 为比例阶段曲线斜率，代表羧化效率；OA 为光下叶片向无 CO_2 气体中的释放速率，可代表光呼吸速率

速率开始达到最大值时的 CO_2 浓度称为 CO_2 饱和点。在低 CO_2 浓度条件下，CO_2 浓度是光合作用的限制因子；在饱和阶段，CO_2 受体的量，即 RuBP 的再生速率是影响光合作用的主要因素。

C_4 植物的 CO_2 补偿点和 CO_2 饱和点均低于 C_3 植物（图 7-20）。表明 C_4 植物在低 CO_2 浓度下光合速率的增加比 C_3 植物快，CO_2 利用率高；C_4 植物在大气 CO_2 浓度下就能达到饱和，达到最大光合速率，而 C_3 植物 CO_2 饱和点不明显，光合速率在较高 CO_2 浓度下还会随浓度上升而提高。

在正常生理情况下，植物 CO_2 补偿点相对稳定。在温度上升、光强减弱、水分亏缺、氧浓度增加等条件下，CO_2 补偿点也随之上升。

2. CO_2 供应

陆生植物所需的 CO_2 主要从大气中获得。空气中的 CO_2 浓度较低，在不通风的温室、大棚和光合作用旺盛的作物冠层内，CO_2 浓度更低。因此，建立合理的作物群体结构，加强通风，增施 CO_2 肥料等，均能显著提高作物的光合速率。增施 CO_2 肥料对 C_3 植物的效果优于 C_4 植物，这是由于 CO_2 补偿点和 CO_2 饱和点较高的缘故。

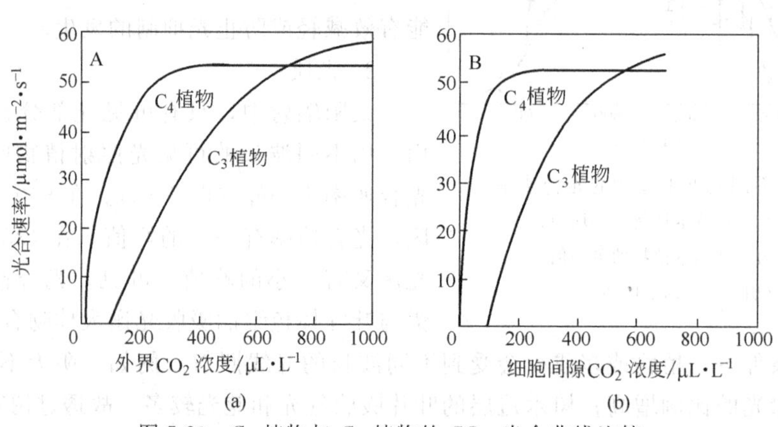

图 7-20　C_3 植物与 C_4 植物的 CO_2-光合曲线比较

（a）光合速率与外界 CO_2 浓度；（b）光合速率与细胞间隙 CO_2（计算值）

（引自 Berry，Downton，1982）

（三）温度

光合作用的暗反应是由酶催化的化学反应决定，其反应速率受温度影响。在强光、高 CO_2 浓度下，温度对光合速率的影响要比弱光、低 CO_2 浓度时大（图 7-21），因为高 CO_2 浓度有利于暗反应的进行。

光合作用有温度三基点，即最低、最适和最高温度。温度三基点因植物种类不同而有很大的差异（表 7-3）。耐寒植物的光合作用冷限与细胞结冰温度相近；而起源于热带的喜温植物，如玉米、高粱、番茄、黄瓜、橡胶树等在温度低于 10℃时，光合作用已受到明显抑制。低温抑制光合作用的主要原因是低温时膜脂呈凝胶相，叶绿体超微结构受到破坏，酶活性降低，酶促反应缓慢，气孔开闭失调等。

一般而言，光合作用的最适温度是 25～30℃，高于 35℃光合速率开始下降，40～50℃时，光合作用完全停止。高温造成光合速率下降的原因主要是：高温引起膜脂和酶蛋白热变性，叶绿体和细胞结构受到破坏；失水过多，影响气孔开度，二氧化碳供应减少；高温下光呼吸和暗呼吸加强，净光合速率下降等。

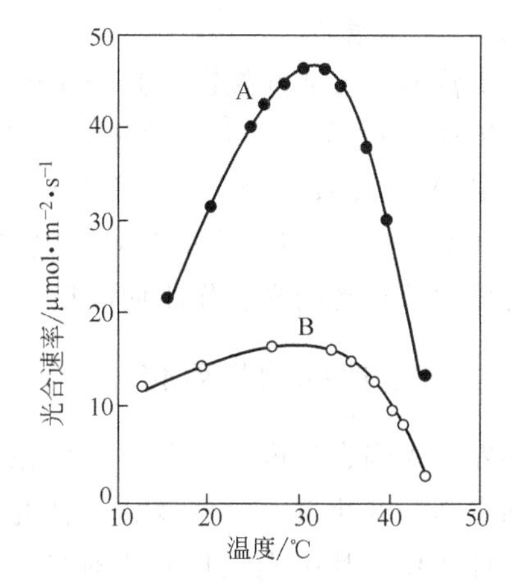

图 7-21　不同 CO_2 浓度下温度对光合速率的影响

A. 在饱和 CO_2 浓度下；B. 在大气 CO_2 浓度下

（引自 Berty and Bojorkman，1980）

表 7-3　在自然 CO_2 浓度和光饱和条件下，不同植物光合作用的温度三基点

（引自 W. Larcher，1980）

植　物　类　群		最低温度(冷限)/℃	最适温度/℃	最高温度(热限)/℃
草本植物	热带 C_4 植物	5～7	35～45	50～60
	C_3 农作物	－2～0	20～30	40～50
	阳生植物(温带)	－2～0	20～30	40～50
	阴生植物	－2～0	10～20	约 40
	CAM 植物(夜间固定 CO_2)	－2～0	5～15	25～30
	春天开花植物和高山植物	－7～－2	10～20	30～40
木本植物	热带和亚热带常绿阔叶乔木	0～5	25～30	45～50
	干旱地区硬叶乔木和灌木	－5～－1	15～35	42～55
	温带冬季落叶乔木	－3～－1	15～25	40～45
	常绿针叶乔木	－5～－3	10～25	35～42

昼夜温差对光合净同化率有很大影响。白天温度较高，日光充足，有利于光合作用进行；夜间温度较低，可降低呼吸消耗。因此，在一定温度范围内，昼夜温差大有利于光合产物积累。

农业实践中要注意控制环境温度，避免高温与低温对光合作用的不利影响。玻璃温室与塑料大棚具有保温、增温效能，能提高光合生产力，这已被普遍应用于冬春季蔬菜栽培。

（四）水分

水是光合作用的原料之一，没有水，光合作用就无法进行。但是用于光合作用的水不到蒸腾失水的 1%，因此缺水影响光合作用主要是间接的原因。

叶片接近水分饱和时才能进行光合作用，当叶片缺水达 20%左右时，光合作用受到明显抑制。水分亏缺使光合速率降低的原因主要有：①水分亏缺时，叶片中脱落酸含量增加，气孔关闭，进入叶片的 CO_2 减少；②水分亏缺使叶片中淀粉水解加强，糖类积累，光合产物输出变慢；③缺水时电子传递速率降低且与光合磷酸化解偶联，影响同化力形成，严重缺水还会使叶绿体变形，片层结构破坏，光合能力不能恢复；④缺水条件下植物生长受到抑制，叶面积扩展受到限制。

水分过多也影响光合作用。土壤水分太多，通气不良妨碍根系活动；雨水淋在叶片上，会遮挡气孔，影响气体交换，同时使叶肉细胞处于低渗状态，这些都会使光合速率降低。

（五）*矿质营养*

矿质营养直接或间接影响光合作用。N、P、S、Mg 是叶绿体结构的组成成分；Cu、Fe 是电子传递体的重要组分；磷酸基团在光、暗反应中均具有重要作用，它是构成同化力 ATP 和 NADPH 及光合碳还原循环中许多中间产物的成分；Mn 和 Cl 是光合放氧的必需因子；K 和 Ca 对气孔开闭和同化物运输具有调节作用。因此，农业生产上合理施肥的增产作用，是靠调节植物的光合作用而间接实现的。

三、光合速率的日变化

外界的光强、温度、水分、CO_2 浓度等每天都在不断变化着，这些变化会使光合速率发生日变化。其中光强日变化对光合速率日变化的影响最大。在温暖、晴暖、水分供应充足的天气，光合速率随光强而变化，呈单峰曲线。即日出后光合速率逐渐提高，中午前后达到高峰，以后逐渐降低，日落后净光合速率出现负值。在光强相同的情况下，通常下午的光合速率低于上午（图 7-22），这是由于经上午光合后，叶片中的光合产物有所积累，发生反馈抑制的缘故。如果光照强烈、气温过高，则光合速率日变化呈双峰曲线，大峰出现在上午，小峰出现在下午，中午前后光合速率下降，呈现“午睡”现象，且这种现象随土壤含水量的降低而加剧（图 7-23）。引起光合“午睡”的主要因素是大气干旱和土壤干旱。在干热的中午，叶片蒸腾失水加剧，如果此时土壤水分也亏缺，那么植株的失水大于吸水，就会引起萎蔫与气孔导度降低，使 CO_2 吸收减少。另外，中午及午后的强光、高温、低 CO_2 浓度等条件都会使光呼吸激增，光抑制产生，这些也都会使光合速率在中午或午后降低。

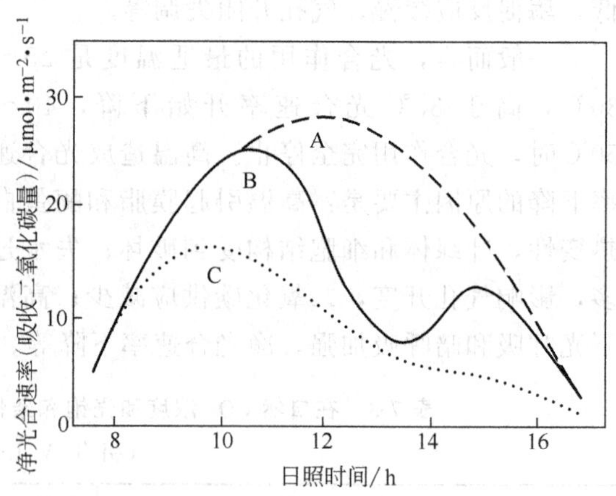

图 7-22 植物叶片净光合速率的日变化方式

A—单峰的日进程；B—双峰的日进程，具有明显的光合“午睡”现象；C—单峰的日进程，但是具有严重的光合“午睡”现象

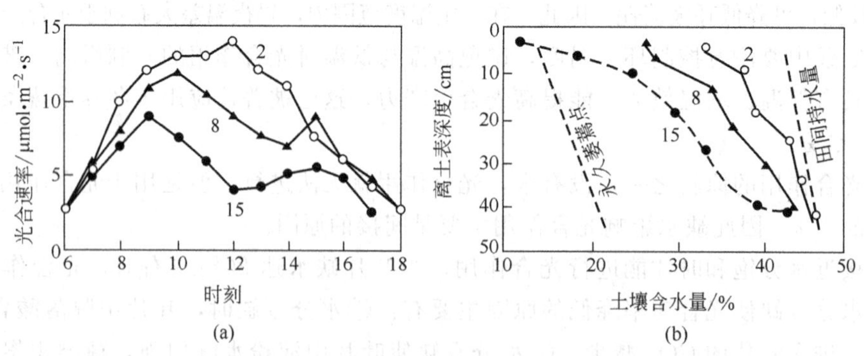

图 7-23 桑叶光合速率随着土壤水分减少的日变化（图中数字为降雨后的天数）

（a）光合日变化；（b）土壤含水量

（引自 Tazaki 等，1980）

光合“午睡”是植物遇干旱时普遍发生的现象，也是植物对环境缺水的一种适应方式。但是“午睡”造成的损失可达光合生产的 30%，甚至更多，所以在生产上应适时灌溉，或

选用抗旱品种，增强光合能力，以缓和“午睡”程度。

第六节 光合作用与作物产量

一、作物产量的构成因素

作物产量主要由光合产物转化而来，栽培学上常把作物产量区分为经济产量和生物产量两种。经济产量是指直接作为收获物的这部分产量，如禾谷类作物的籽粒、棉花的皮棉、叶菜的叶片、果树的果实、薯类的块根、块茎等。生物产量是指植物全部干物质的质量。人们栽培作物是为了经济目的，故通常所说的作物产量是指经济产量。经济产量占生物产量的比值称为经济系数。它们的关系为

经济系数＝经济产量/生物产量

或　　经济产量＝生物产量×经济系数

经济系数是较为稳定的品种性状，是由光合产物分配到不同器官的比例决定的，经济系数越高，经济产量就越高，但经济系数最大不超过 1。目前，主要农作物的经济系数均达到了较高水平，如水稻、小麦达到甚至超过 0.5；棉花按籽棉计可达 0.35～0.4；甜菜 0.6；薯类 0.7～0.85；叶菜类有的接近 1。生产上，农作物采用矮秆、半矮秆品种并适当增加种植密度；棉花、番茄、瓜果整枝打顶；甘薯提蔓；马铃薯摘花；果树采用矮化砧、矮化中间砧等措施，均可提高经济系数进而提高经济产量。

生物产量实际上是作物一生的光合产量减去呼吸消耗后的剩余部分。而光合产量是由光合生产率（净同化率）、光合面积、光合时间这三个因素构成，即

生物产量＝光合产量－光合产物消耗

＝净同化率×光合面积×光合时间－光合产物消耗

因此，要提高作物产量，就必须采取措施提高净同化率，增加光合面积，延长光合时间，减少光合产物消耗。

二、作物的光能利用率

地球上太阳辐射资源丰富，但农作物对光能的利用率却很低。因为到达地面的辐射能，只有可见光部分能被植物用于光合作用。对光合作用有效的可见光称为光合有效辐射。光合有效辐射也不能被植物全部利用，中间要经过几重损失。如果把到达叶面的日光全辐射能定为 100%，那么，经过表 7-4 所列的若干损失之后，最终转变为贮存在碳水化合物中的光能最多只有 5%。可见，光合作用对光能的利用率是很低的。

表 7-4　照射到叶片表面日光全辐射在光合过程中的能量损耗（引自 D. O. Hall，1987）

能量损耗	损耗占总能量/%	留下光能/%
1. 到叶片表面日光辐射	0	100
2. 光合无效辐射(＜40nm,＞700nm)	47	53
3. 吸收不完全(反射、透射)及非叶绿体组织吸收损失约 30%	16	37
4. 吸收的光能在传递到光合反应中心色素过程中损失约 24%	9	28
5. 反应中心色素激发态能量在转化成葡萄糖等过程中损失约 68%	19	9
6. 光、暗呼吸损失 34%～45%	4	5
7. 被光合作用固定的能量	5	0

通常把单位土地面积上作物光合作用积累的有机物所含的化学能，占同一期间入射光能量的百分率称为光能利用率。

$$Eu=\frac{\Delta WH}{\sum s}\times 100\%$$

式中 Eu——光能利用率；

ΔW——测定期间干物质的量，$g \cdot m^{-2}$；

H——每克干物质所含能量，可按碳水化合物含能量（$16.7 \sim 17.6 kJ \cdot g^{-1}$）的平均值 $17.2 kJ \cdot g^{-1}$ 计算；

$\sum s$——测定期间太阳能量累计值，$kJ \cdot m^{-2}$。

植物的光能利用率究竟有多大呢？以年产量 $15t \cdot hm^{-2}$ 为例，假定经济系数为0.5，则每公顷生物产量为30t（$3\times 10^7 g$，忽略含水率）；已知太阳辐射能为 $5.0\times 10^{10} kJ \cdot hm^{-2}$，则光能利用率为：

$$Eu=\frac{3\times 10^7 g \cdot m^{-2} \times 17.2 kJ \cdot g^{-1}}{5.0\times 10^{10} kJ \cdot hm^{-2}}\times 100\% \approx 1.03\%$$

按上述方法计算，光能利用率只有1%左右，如果作物最大光能利用率达到4%，则每公顷土地可年产粮食58t。但实际上，作物光能利用率很低，即便高产田也只有1%～2%。不过，世界上有些地区的作物光能利用率可达4%以上，说明进一步提高光能利用率是可能的。

目前生产上作物光能利用率不高有三个主要原因。①漏光损失。在作物生长初期，植株小，叶面积系数小，日光大部分直射地面而损失掉，据估计，水稻、小麦等作物漏光损失的光能可达50%以上，如果前茬作物收割后不能马上播种，漏光损失将更大。②光饱和浪费。夏季太阳有效辐射（是指400～700nm波长范围内的量子通量密度，即单位时间内辐射到单位面积上的量子数）可达 $1800 \sim 2000 \mu mol \cdot m^{-2} \cdot s^{-1}$，但大多数植物的光饱和点为 $540 \sim 900 \mu mol \cdot m^{-2} \cdot s^{-1}$，约有50%～70%的太阳辐射能被浪费掉。③环境条件不适及栽培管理不当。在作物生长期间，经常会遇到不适于生长发育和光合作用进行的环境条件，如干旱、水涝、高温、低温、强光、盐渍、缺肥、病虫及草害等，这些都会导致作物光能利用率的下降。

三、提高作物产量的途径

根据作物产量的构成因素，要提高作物产量，应从提高净同化率、增加光合面积、延长光合时间、减少光合产物消耗等方面入手。

（一）提高净同化率

净同化率实际上是单位叶面积上，白天的净光合生产量与夜间呼吸消耗量的差值。夜间作物的呼吸消耗在自然情况下难以改变，要提高净同化率就得提高白天的光合速率。生产上主要通过控制影响光合作用的光、温、水、气、肥等因素来达到提高净同化率的目的。

（1）选育高光效品种　高光效品种的特点是叶片挺厚，株型紧凑，单叶和群体的光合效率高，对强光和阴雨天气适应性好，光呼吸低。可通过分子生物学和遗传工程的手段改良Rubisco，或把 C_4 途径有关的酶引入 C_3 途径，进而培育成新品种。

（2）采用设施栽培　早春采用塑料小棚育苗或大棚栽培蔬菜，提高温度；夏秋季采用遮阳网或防虫网遮光，避免强光伤害；地膜覆盖可增加作物行间或树冠内的光强等。

（3）加强肥水管理　增施有机肥，实行秸秆还田，深施碳酸氢铵，温室内直接施放 CO_2 气体施肥，合理浇水、灌溉、防旱、排涝等。

（4）及时防治病虫草害　加强病虫监控，及时采取措施，防治病虫草害。

（二）增加光合面积

光合面积是指以叶片为主的植物绿色面积，它对作物产量影响最大同时又最容易控制。

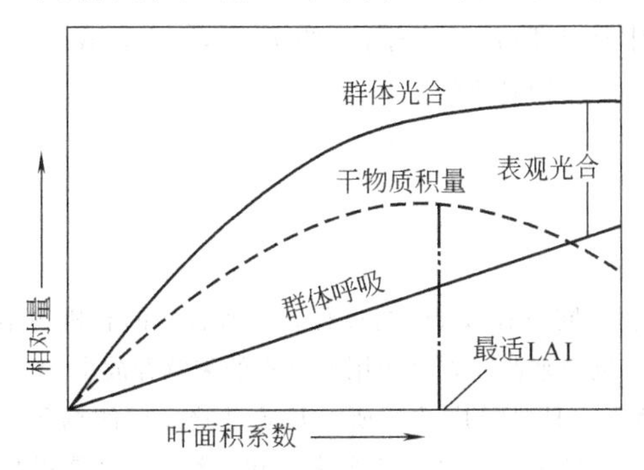

图 7-24　叶面积系数与群体光合作用、呼吸作用及干物质积累的关系示意图

1. 叶面积系数

光合面积通常用叶面积系数（LAI）表示。叶面积系数也叫叶面积指数，是指作物叶面积与土地面积的比值。如 LAI 为 3，就表示 $1m^2$ 土地上的叶面积为 $3m^2$。在一定范围内，作物 LAI 越大，光合产物积累越多，产量越高。但 LAI 太大会造成田间郁闭，群体呼吸加大，反而使干物质积累量减少（图 7-24）。

能使干物质积累或产量达到最大的 LAI 称为最适 LAI。不同作物其最适 LAI 是不同的，光补偿点较低的作物，LAI 可以高一些。不同生育期，LAI 也是不同的，一般当 LAI 低于 2.5 时，叶面积与产量成正比；LAI 超过 2.5 时，产量还可增加，但与面积已不成比例；LAI 在 4～5 以上时产量一般已不再增加了。多数资料表明，在目前生产水平下，水稻的最大 LAI 为 7 左右，小麦 5 左右，玉米 6 左右，通常能获得较高产量。

2. 增加光合面积的措施

通过合理密植或改变株型等措施，可增大光合面积。

（1）合理密植　合理密植就是通过调节种植密度，使作物群体得到合理发展，达到最适的光合面积，最高的光能利用率。种植过稀，虽然个体发育良好，但群体叶面积不足，光能利用率低。种植过密，下层叶子光照少，处在光补偿点以下，成为消费器官；同时通风不良，造成冠层内 CO_2 浓度过低而影响光合速率；此外，密度过大还易造成倒伏，加重病虫危害而减产。生产上可通过控制播种量、基本苗数、总茎蘖数、间苗定苗等来达到合理密植的目的。

（2）改变株型　近年来国内外培育出的水稻、小麦、玉米等高产新品种，多为矮秆、叶片挺厚、株型紧凑、耐肥抗倒的类型。种植此类品种可适当增加密度，提高叶面积系数，因而能提高光能利用率。

（三）延长光合时间

延长光合时间主要是指延长全年利用光能的时间，可通过提高复种指数、延长生育期及补充人工光照等措施来实现。

（1）提高复种指数　复种指数是指全年内农作物的收获面积与耕地面积之比。如水果一年一熟，复种指数是 1；南方“双季稻＋冬菜”一年三熟，复种指数就是 3。提高复种指数可增加收获面积，延长单位土地面积上的光合时间，减少漏光损失，充分利用光能。

（2）合理间作套种　利用不同作物在熟期、株高、生理、营养等方面的差异，在一年内合理搭配作物，从时间和空间上更好地利用光能。如玉米与花生、甘蔗与黄豆间种，小麦套玉米、晚稻套绿肥、大菜套小菜等。

(3) 延长生育期　在不影响耕作制度的前提下，适当延长生育期也能提高产量。如育苗移栽、覆膜栽培、防止叶片早衰等。

(4) 补充人工光照　在小面积栽培试验中，或要加速重要材料与品种的繁殖时，可采用生物灯或日光灯做人工光源，以延长光照时间。

(四) 减少有机物消耗

正常的呼吸消耗是植物生命活动所必需的，生产上应注意提高呼吸效率，尽量减少浪费型呼吸。如 C_3 植物的光呼吸是一种浪费型呼吸，应加以限制。

本章小结

光合作用是植物利用光能同化 CO_2，生成有机物的过程，同时释放 O_2 的过程。它所合成的有机物不仅满足植物本身生长发育的需要，同时也为整个生物界提供有机物来源。光合作用通过水的裂解释放出 O_2。

叶绿体是进行光合作用的细胞器。类囊体上有光合色素，是光反应的场所，基质是暗反应的场所，含有同化 CO_2 的全部酶类。高等植物的光合色素有两类：①叶绿素，主要是叶绿素 a 和叶绿素 b；②类胡萝卜素，有胡萝卜素和叶黄素。

根据能量转变性质将光合作用分为三个阶段：①光能的吸收、传递和转变。由原初反应完成；②电能转变为活跃的化学能，由电子传递和光合磷酸化作用完成；③活跃化学能转变为稳定的化学能，由碳同化完成。

原初反应是在 PSⅠ与 PSⅡ两个反应中心中进行。原初反应指天线色素吸收光能，通过分子间能量传递，把光能传给反应中心色素分子（少数特殊状态的叶绿素 a)，反应中心色素分子发生氧化-还原反应，使反应中心发生电荷分离，产生高能电子。高能电子用于驱动光合膜上的电子传递。

电子传递是在光合膜上的电子或 H^+ 传递体中进行的，非环式电子传递引起水氧化放氧，$NADP^+$ 还原，同时使基质中的 H^+ 向类囊体膜内转移，形成质子动力势，推动 ATP 合成。ATP 与 NADPH 合称同化力，用于 CO_2 的同化。

光合作用固定 CO_2 的途径可分为 C_3、C_4 和 CAM 途径，相对应的植物可分为 C_3 植物、C_4 植物和 CAM 植物。C_3 是碳同化的基本途径。

光呼吸是伴随光合作用发生的吸收 O_2 和释放 CO_2 的过程。整个途径有三种细胞器参与，即叶绿体、过氧化物酶体、线粒体。植物进行 C_3 途径固定 CO_2 还是进行光呼吸释放 CO_2，取决于 CO_2 和 O_2 的浓度比，因为 Rubisco 酶具有加氧和羧化的作用，在 O_2 浓度高时进行氧化反应，在 CO_2 浓度高时进行羧化反应。C_4 植物因为先有 PEP 羧化酶在叶肉细胞中进行 CO_2 固定，形成 C_4 二羧酸，并转运至维管束鞘细胞中脱羧，释放 CO_2，再有 C_3 途径进行碳同化。PEP 羧化酶对 CO_2 浓度要求低，故 C_4 植物为低光呼吸植物。

光合作用的进行受内外因素的影响，主要因素有叶结构、叶龄、光照、CO_2 浓度、温度和矿物质等。各个因素的影响是相互联系，相互制约的。

光能利用率是指植物光合产物中贮存的能量占光能投入量的百分比。合理的栽培措施，增加光合面积，延长照光时间，育种筛选低光呼吸的品种，可提高作物的净光合同化率、光能利用率和作物的光合产量。

复习思考题

一、名词解释

光合作用；光反应；暗反应；同化力；C_3 途径和 C_3 植物；C_4 途径和 C_4 植物；光呼吸；光合速率；

光补偿点；光饱和点；CO_2 补偿点；CO_2 饱和点；光合“午睡”现象；光能利用率

二、问答题

1. 何谓光合作用？光合作用有何重要意义？

2. 叶片为什么都是绿色？叶绿体色素对光谱选择吸收具有什么生物学意义？荧光和磷光现象说明什么问题？

3. 哪些因素影响叶绿素的生物合成？

4. 光合作用的光反应在叶绿体内哪部分进行？可分几个步骤？产生哪些物质？光合作用的暗反应在叶绿体的哪部分进行？可分几个步骤？产生哪些物质？

5. 光合机理可分哪几个阶段？为什么 C_3 途径是光合同化二氧化碳的最基本途径？

6. 为什么 C_4 植物的光呼吸速率低？

7. 试述光、温、水、气对光合作用的影响。

8. 产生光合作用“午睡”现象的可能原因有哪些？如何缓解“午睡”程度？

9. 生产上为什么要注意合理密植？

10. 影响光能利用率的因素有哪些？如何提高光能利用率？

第八章 呼吸作用

掌握呼吸作用的概念和生理意义，了解线粒体的结构和功能。

掌握糖酵解、三羧酸循环和戊糖磷酸等途径和特点。

了解电子传递与氧化磷酸化的概念及类型，了解末端氧化酶系统的多样性。

掌握呼吸作用中能量的利用和调节，呼吸作用的生理指标及影响因素。

掌握呼吸作用与农业生产的关系。

新陈代谢是生命的重要特征，它包括同化作用和异化作用两类反应。同化作用是把非生活物质转化为生活物质，异化作用则是把生活物质分解成非生活物质。光合作用属于同化作用，呼吸作用则属于异化作用。呼吸作用是一切生活细胞的共同特征，呼吸停止，也就意味着生命的终止。因此，了解植物呼吸作用的转变规律，对于调控植物生长发育，指导农业生产具有十分重要的意义。

第一节 呼吸作用的概念及生理意义

一、呼吸作用的概念

呼吸作用是指生活细胞内的有机物在酶的参与下，逐步氧化分解并释放能量的过程。呼吸作用并不一定伴随氧的吸收和二氧化碳释放，依据呼吸过程中是否有氧参与，可将呼吸作用分为有氧呼吸和无氧呼吸两大类型。

（一）有氧呼吸

有氧呼吸是指生活细胞利用分子氧（O_2），将某些有机物质彻底氧化分解，形成 CO_2 和 H_2O，同时释放能量的过程。呼吸作用中被氧化的有机物称为呼吸底物或呼吸基质，碳水化合物、有机酸、蛋白质、脂肪都可以作为呼吸底物。一般来说，淀粉、葡萄糖、果糖、蔗糖等碳水化合物是最常利用的呼吸底物。如以葡萄糖作为呼吸底物，则有氧呼吸的总反应式可表示为

$$C_6H_{12}O_6 + 6O_2 \xrightarrow{\text{酶}} 6CO_2 + 6H_2O \qquad \Delta G^{\ominus\prime} = -2870\text{kJ} \cdot \text{mol}^{-1}$$

$\Delta G^{\ominus\prime}$是指 pH 为 7 时标准自由能的变化。

上式表明，在有氧呼吸时，呼吸底物被彻底氧化为 CO_2 和 H_2O，O_2 被还原为 H_2O。有氧呼吸总反应式和燃烧反应式相同，但在呼吸作用中氧化反应分许多步骤进行，能量是逐渐释放的。呼吸作用释放的能量一部分以 ATP、NADH 和 NADPH 形式贮藏，另一部分以热的形式放出。

有氧呼吸是高等植物呼吸的主要形式，通常所说的呼吸作用，主要是指有氧呼吸。

（二）无氧呼吸

无氧呼吸是指生活细胞在无氧条件下，把某些有机物分解成不彻底的氧化产物，同时释放部分能量的过程。这个过程在微生物中称为发酵。酵母菌的发酵产物为酒精，称为酒精发酵，其反应式为

$$C_6H_{12}O_6 \xrightarrow{\text{酶}} 2C_2H_5OH + 2CO_2 \qquad \Delta G^{\ominus\prime} = -226\text{kJ} \cdot \text{mol}^{-1}$$

高等植物中甘薯、苹果、香蕉贮藏久了会产生酒味，稻种催芽时堆积过厚，也会产生酒味，这些都是酒精发酵的结果。

乳酸菌的发酵产物为乳酸，称为乳酸发酵，其反应式为

$$C_6H_{12}O_6 \xrightarrow{\text{酶}} 2CH_3CHOHCOOH \qquad \Delta G^{\ominus\prime} = -197\text{kJ} \cdot \text{mol}^{-1}$$

高等植物中马铃薯块茎、甜菜块根、玉米胚和青贮饲料在进行无氧呼吸时也产生乳酸。

无氧呼吸中没有分子氧参与，底物氧化降解不彻底，释放的能量比有氧呼吸少得多。高等植物的呼吸类型主要是有氧呼吸，但仍保留无氧呼吸能力，是植物适应生态多样性的表现。如种子吸水萌动、胚根胚芽在突破种皮之前主要进行无氧呼吸；成苗之后遇到水淹时，可进行短时期无氧呼吸，以适应缺氧条件。

二、呼吸作用的生理意义

（1）为生命活动提供能量　呼吸作用释放出的能量一部分以 ATP 形式贮存起来，不断满足植物体内各种生理过程对能量的需要（图 8-1），未被利用的能量就转变为热能而散失掉。呼吸放热，可提高植物体温，有利于种子萌发、幼苗生长、开花传粉、受精等。

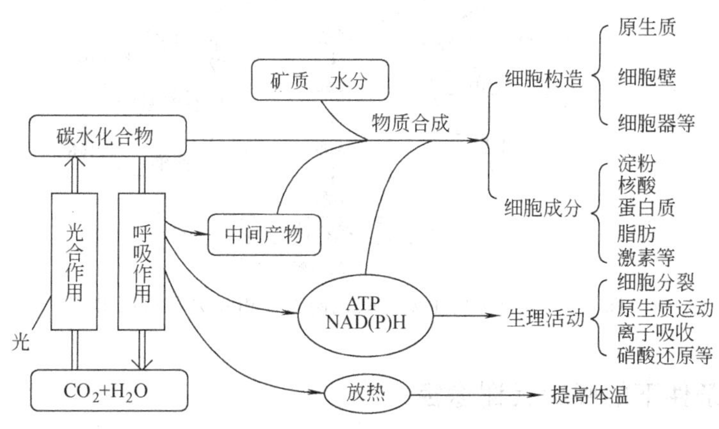

图 8-1　呼吸作用的主要功能示意图

（2）为代谢活动提供还原力　在呼吸底物降解过程中形成的 NADH、NADPH 等可为脂肪、蛋白质生物合成、硝酸盐还原等生理过程提供还原力。

（3）中间产物为重要有机物合成提供原料　呼吸作用在分解有机物质过程中产生许多中间产物，如丙酮酸、α-酮戊二酸、苹果酸、甘油醛磷酸等。它们可作为合成糖类、脂类、氨基酸、蛋白质、酶、核酸、色素、激素及维生素等各种细胞结构物质、生理活性物质及次生代谢物质的原料，用于形态建成、信息传递、物质贮存和生长发育的调节。因此，可以说呼吸作用是植物体内有机物代谢的中心。

（4）增强植物抗病免疫能力　植物受到病菌侵染时，该部位呼吸速率急剧上升，以通过

生物氧化分解有毒物质；植物受伤时，也通过旺盛的呼吸，促进伤口愈合，加速伤口木质化或栓质化，以阻止病菌侵染。呼吸作用的加强还可促进具有杀菌作用的绿原酸、咖啡酸等的合成，以增强植物的免疫能力。

第二节 高等植物的呼吸代谢途径

呼吸作用是所有生物的基本生理功能。研究发现，植物呼吸代谢并不是只有一种途径，不同的植物、同一植物的不同器官或组织在不同生育期或不同环境条件下，呼吸底物的氧化降解可走不同的途径。高等植物中存在并运行着的呼吸代谢途径有：在缺氧条件下进行的酒精发酵和乳酸发酵；在有氧条件下进行降解的三羧酸循环和戊糖磷酸途径；脂肪酸氧化分解的乙醛酸循环和乙醇酸氧化途径（图 8-2）。

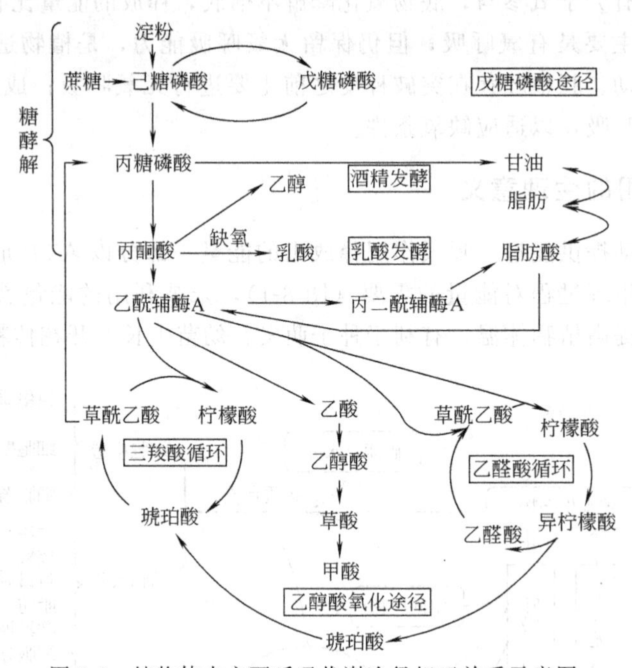

图 8-2 植物体内主要呼吸代谢途径相互关系示意图

一、无氧条件下的呼吸代谢途径

（一）糖酵解

在无氧条件下，酶将葡萄糖降解成丙酮酸并释放能量的过程，称为糖酵解。糖酵解途径又称为 EMP 途径。糖酵解普遍存在于动物、植物和微生物的细胞中，它是在细胞质中进行的。

1. 糖酵解的化学历程

糖酵解的化学历程包括己糖活化；果糖-1,6-二磷酸裂解成两分子的三碳糖；甘油醛-3-磷酸氧化脱氢形成磷酸甘油酸，再经脱水脱磷酸形成丙酮酸，并伴随有 ATP 和 $NADH+H^+$ 的生成（图 8-3）。以葡萄糖为呼吸底物，糖酵解的总反应式如下。

$$C_6H_{12}O_6+2NAD^++2ADP+2H_3PO_4 \longrightarrow 2CH_3COCOOH+2NADH+2H^++2H_2O+2ATP$$

糖酵解中，没有分子氧的参与，氧化分解所需要的氧来自组织内的含氧物质（水分子和被氧化的糖分子）。

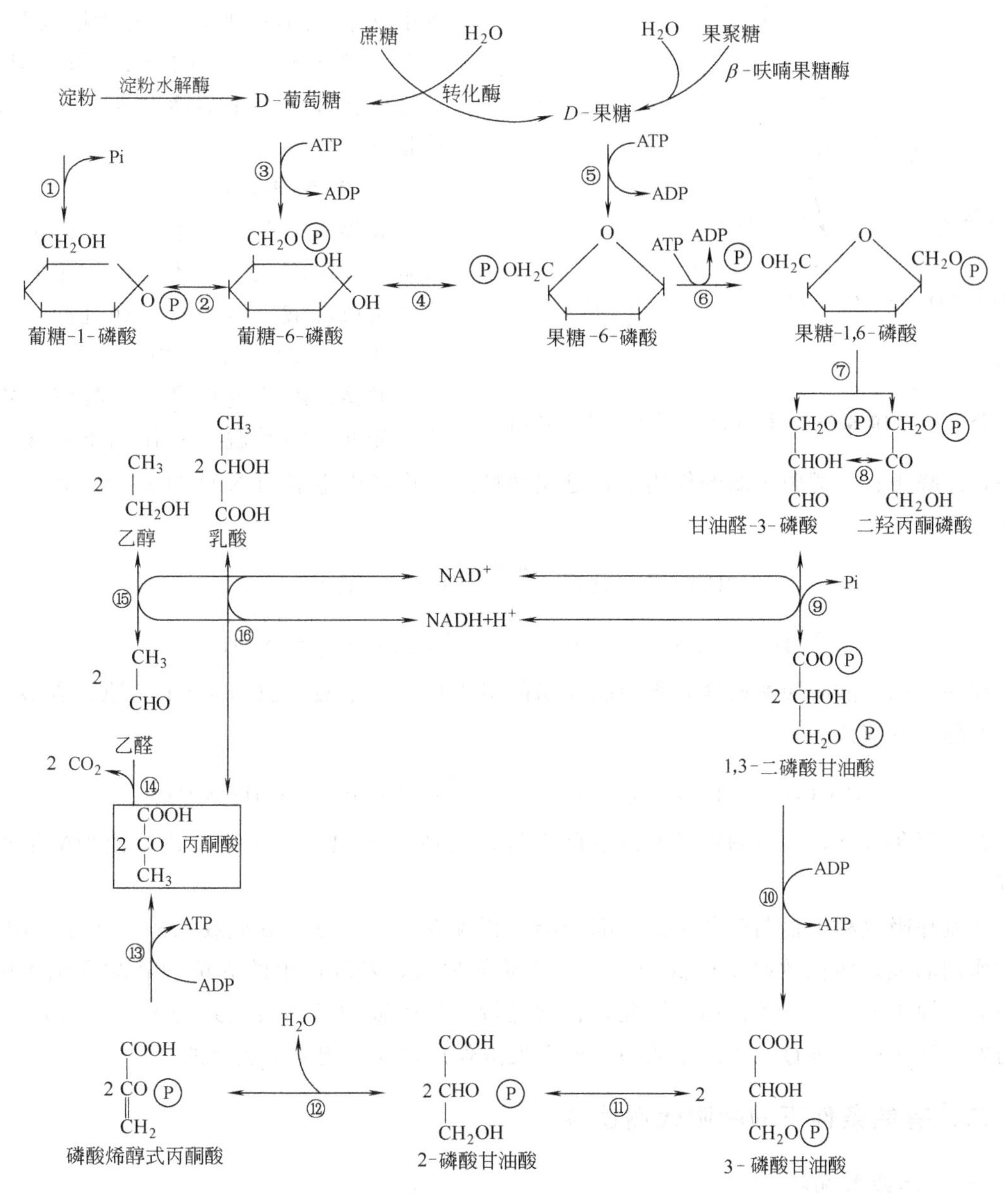

图 8-3 糖酵解途径

①淀粉磷酸化酶；②磷酸葡萄糖变位酶；③已糖激酶；④磷酸葡萄糖异构酶；⑤果糖激酶；⑥磷酸果糖激酶；⑦醛缩酶；⑧磷酸丙糖异构酶；⑨磷酸甘油醛脱氢酶；⑩磷酸甘油酸激酶；⑪磷酸甘油酸变位酶；⑫烯醇化酶；⑬丙酮酸激酶；⑭丙酮酸脱羧酶；⑮乙醇脱氢酶；⑯乳酸脱氢酶

2. 糖酵解的生理意义

糖酵解是有氧呼吸和无氧呼吸的共同途径。糖酵解的一些中间产物（如甘油醛-3-磷酸等）是合成其他有机物质的重要原料。其终产物丙酮酸在生化上十分活跃，可参与不同途径，进行不同生化反应（图 8-4），如丙酮酸通过氨基化作用可生成丙氨酸；丙酮酸在有氧

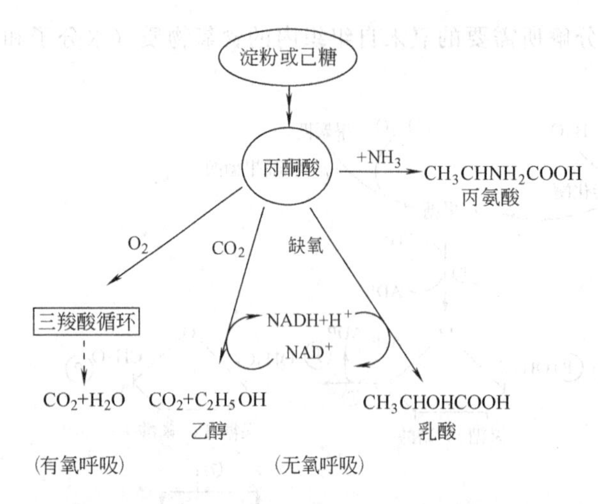

图 8-4　丙酮酸在呼吸代谢和物质转化中的作用

条件下进入三羧酸循环和呼吸链，被彻底氧化成 CO_2 和 H_2O；在无氧条件下丙酮酸进行无氧呼吸，生成酒精或乳酸。同时，糖酵解中生成的 ATP 和 NADH，可使生物体获得生命活动所需要的部分能量和还原力。

(二) 发酵作用

高等植物在无氧条件下，己糖经糖酵解形成丙酮酸后，还将进一步发酵形成酒精或乳酸。酒精发酵和乳酸发酵是生物体中重要的发酵作用。

酒精发酵的过程是：糖酵解产物丙酮酸先在丙酮酸脱羧酶作用下脱羧生成乙醛，乙醛再在乙醇脱氢酶的作用下，迅速被糖酵解途径中生成的 NADH 还原为乙醇。反应式为

$$CH_3COCOOH \xrightarrow{\text{丙酮酸脱羧酶}} CO_2 + CH_3CHO$$

$$CH_3CHO + NADH + H^+ \xrightarrow{\text{乙醇脱氢酶}} CH_3CH_2OH + NAD^+$$

在缺少丙酮酸脱羧酶而含有乳酸脱氢酶的组织里，丙酮酸便被 NADH 还原为乳酸，即乳酸发酵。反应式为

$$CH_3COCOOH + NADH + H^+ \xrightarrow{\text{乳酸脱氢酶}} CH_3CHOHCOOH + NAD^+$$

在无氧条件下，通过酒精发酵或乳酸发酵，实现了 NAD^+ 的再生，这就使糖酵解得以继续进行。

无氧呼吸过程中葡萄糖分子的大部分能量仍保存在丙酮酸、乳酸或乙醇分子中，因此，发酵作用的能量转化效率是很低的，有机物质耗损大，发酵产生的酒精和乳酸在细胞中累积，会对原生质产生毒害作用。因此，长期进行无氧呼吸的植物会受到伤害，甚至会死亡。参与发酵作用的酶都存在于细胞质中，所以发酵作用是在细胞质中进行的。

二、有氧条件下的呼吸代谢途径

(一) 三羧酸循环

糖酵解的最终产物丙酮酸，在有氧条件下进入线粒体，经过一个三羧酸和二羧酸的循环，逐步脱羧脱氢，彻底氧化分解，最终形成二氧化碳和水的过程，称为三羧酸循环(TCA 循环或 TCAC)，也叫柠檬酸循环。TCA 循环普遍存在于动物、植物、微生物细胞中，是在线粒体基质中进行的，它是糖、脂肪、蛋白质三大类物质的共同氧化途径。底物通过有氧呼吸分解，不但形成 ATP，还产生 NADH 和 $FADH_2$，因此三羧酸循环是呼吸代谢的主要途径。

1. 三羧酸循环的化学历程

在细胞质中形成的丙酮酸进入线粒体后，先在丙酮酸脱氢酶复合体催化下氧化脱羧形成乙酰 CoA，乙酰 CoA 再进入三羧酸循环。三羧酸循环从乙酰 CoA 与草酰乙酸缩合成含有 3

个羧基的柠檬酸开始，然后经过一系列氧化脱羧反应生成 CO_2、NADH、UQH_2（还原型泛醌）、ATP，直至草酰乙酸再生（图 8-5）。TCA 循环的总反应式为

$$CH_3COCOOH+4NAD^{+}+FAD+ADP+Pi+2H_2O \longrightarrow 3CO_2+4NADH+4H^{+}+FADH_2+ATP$$

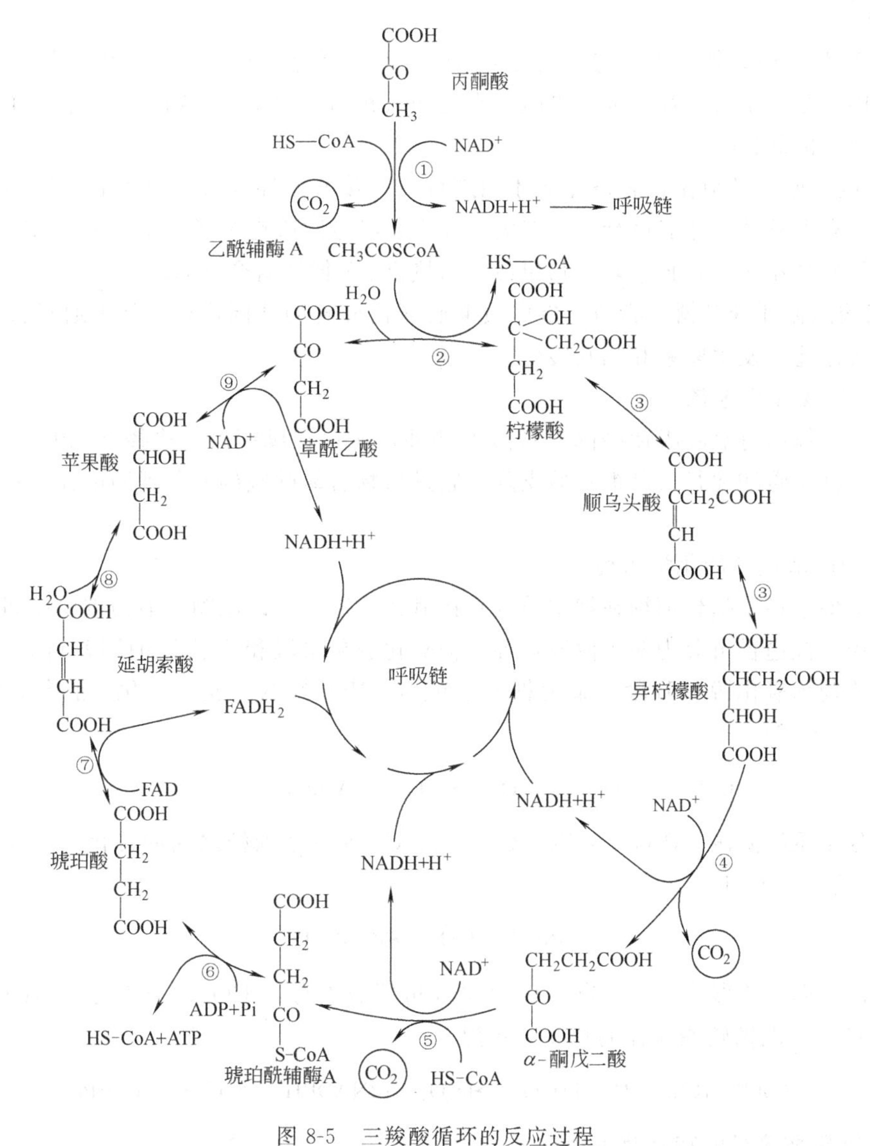

图 8-5 三羧酸循环的反应过程

①丙酮酸脱氢酶复合体；②柠檬酸合成酶或称缩合酶；③顺乌头酸酶；④异柠檬酸脱氢酶；⑤α-酮戊二酸脱氢酶复合体；⑥琥珀酸硫激酶；⑦琥珀酸脱氢酶；⑧延胡羧酸酶；⑨苹果酸脱氢酶

2. 三羧酸循环的特点及生理意义

① 三羧酸循环是生物体获得能量的有效途径。三羧酸循环中底物（含丙酮酸）脱下 5 对氢原子，其中 4 对氢在丙酮酸、异柠檬酸、α-酮戊二酸氧化脱羧和苹果酸氧化时用以还原 NAD^{+}，一对氢在琥珀酸氧化时用以还原 FAD，生成的 NADH 和 $FADH_2$ 经呼吸链将 H^{+} 和电子传给 O_2 生成 H_2O，同时偶联氧化磷酸化生成 ATP。此外，由琥珀酰 CoA 形成琥珀酸时通过底物水平磷酸化直接生成 ATP。这些 ATP 可为植物生命活动提供能量。

② 三羧酸循环是呼吸作用释放 CO_2 的来源。三羧酸循环中丙酮酸经氧化生成 3 分子 CO_2，这个过程是靠被氧化底物分子中的氧和水分子中的氧来实现的。该过程产生的 CO_2 就是有氧呼吸释放 CO_2 的来源。当外界环境中二氧化碳浓度增高时，脱羧反应受抑制，呼吸速率下降。

③ 三羧酸循环必须有水参与。在每次循环中消耗 2 分子水，1 分子用于柠檬酸的合成，另一分子用于延胡索酸加水生成苹果酸。水的加入相当于向中间产物注入了氧原子，促进了还原性碳原子的氧化。

④ 三羧酸循环必须在有氧条件下才能进行。三羧酸循环并没有原子氧直接参与，但该循环必须在有氧条件下才能进行。在有氧条件下，经过呼吸链电子传递，使 NAD^+、FAD、和 UQ 在线粒体中再生，该循环才可继续，否则 TCA 循环就会受阻。

⑤ 三羧酸循环既是糖、脂肪、蛋白质彻底氧化分解的共同途径，又可通过代谢中间产物与其他代谢途径发生联系和相互转变。

(二) 戊糖磷酸途径

高等植物体内有氧呼吸途径除三羧酸循环外，还存在戊糖磷酸途径（PPP），也叫磷酸戊糖途径、己糖磷酸途径或己糖磷酸支路。它是植物有氧呼吸的一条辅助途径，在细胞质内进行。

1. 戊糖磷酸途径的化学历程

戊糖磷酸途径是指葡萄糖在细胞质内直接氧化脱羧，并以戊糖磷酸为重要中间产物的有氧呼吸途径。该途径可分为两个阶段：葡萄糖氧化脱羧阶段和分子重组阶段（图 8-6）。

（1）葡萄糖氧化脱羧阶段　葡萄糖-6-磷酸（G6P）经两次脱氢氧化、脱羧，生成核酮糖-5-磷酸（Ru5P）。

$$G6P + 2NADP^+ + H_2O \longrightarrow CO_2 + 2NADPH + 2H^+ + Ru5P$$

（2）分子重组阶段　Ru5P 经 C_3、C_4、C_5、C_7 等一系列糖之间的转化，最终可将 6 个 Ru5P 转变为 5 个 G6P。

$$6Ru5P + H_2O \longrightarrow 5G6P + Pi$$

经过以上两个阶段运转，6 分子 G6P 最终可释放 6 分子 CO_2、12 分子 NADPH，并再生 5 分子 G6P。戊糖磷酸途径的总反应式为

$$6G6P + 12NADP^+ + 7H_2O \longrightarrow 6CO_2 + 12NADPH + 12H^+ + 5G6P + Pi$$

2. 戊糖磷酸途径的特点及生理意义

① 该途径有较高的能量转化效率。戊糖磷酸途径不需要经过糖酵解而对葡萄糖直接进行氧化分解，每氧化 1 分子葡萄糖可产生 12 分子 $NADPH + H^+$，因而能量转化效率较高。

② 该途径中生成的 NADPH 参与一些物质的合成与转化。脂肪酸、固醇等的生物合成，非光合细胞的硝酸盐、亚硝酸盐还原及氨同化，丙酮酸羧化还原成苹果酸。

③ 该途径中的一些中间产物是许多重要有机物质生物合成的原料。如 Ru5P 是合成核酸的原料；赤鲜糖-4-磷酸（E4P）和磷酸烯醇式丙酮酸（PEP）可以合成莽草酸，进而合成芳香族氨基酸，也可合成与植物生长、抗病性有关的生长素、木质素、绿原酸、咖啡酸等。植物在感病、受伤或处于逆境时，该途径明显加强，可占全部呼吸的 50%以上。

④ 该途径可以与光合作用联系起来。戊糖磷酸途径中的一些中间产物如丙糖、丁糖、

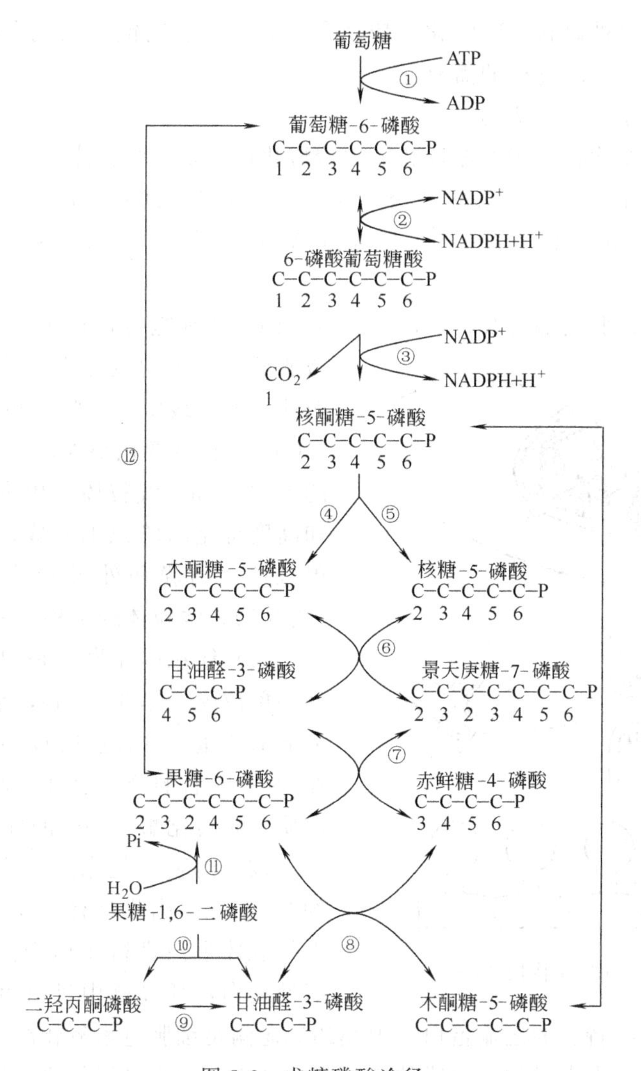

图 8-6 戊糖磷酸途径

①己糖激酶；②葡萄糖-6-磷酸脱氢酶；③6-磷酸葡萄糖酸脱氢酶；④木酮糖-5-磷酸表异构酶；⑤核糖-5-磷酸异构酶；⑥转羟乙醛基酶（即转酮醇酶）；⑦转二羟丙酮基酶（即转醛醇酶）；⑧转羟乙醛基酶；⑨磷酸丙糖异构酶；⑩醛缩酶；⑪磷酸果糖激酶；⑫磷酸己糖异构酶

戊糖、己糖和庚糖的磷酸酯及酶类也是卡尔文循环的中间产物，因而戊糖磷酸途径可以将呼吸作用与光合作用联系起来。

三、电子传递与氧化磷酸化

三羧酸循环等呼吸代谢过程中脱下的氢被 NAD^+ 或 FAD 所接受。细胞内的辅酶或辅基数量是有限的，它们必须将氢交给其他受体之后，才能再次接受氢。在需氧生物中，氧气便是这些氢的最终受体。这种在生物体内进行的氧化作用，称为生物氧化。生物氧化与非生物氧化的化学本质是相同的，都是脱氢、失去电子或与氧直接化合，并产生能量。然而生物氧化与非生物氧化不同，它是在生活细胞内，在常温、常压、接近中性的 pH 和有水的环境下，在一系列酶及中间传递体的共同作用下逐步完成的，而且能量是逐步释放的。生物氧化过程中释放的能量可被偶联的磷酸化反应所利用，贮存在高能磷酸化合物（如 ATP、GTP 等）中，以满足需能生理过程的需要。

（一）线粒体的功能与结构

呼吸代谢的主要途径三羧酸循环和氧化磷酸化过程是在线粒体中进行的。氧化磷酸化是将糖酵解、三羧酸循环、戊糖磷酸途径中脱氢生成的 $NADH+H^+$、$FADH_2$、$NADPH+H^+$ 中的电子和质子转移给分子氧并形成大量 ATP 的过程，所以线粒体犹如植物细胞的能量供应站。

所有高等植物细胞内都有线粒体，一个典型的植物细胞约有 500～2000 个线粒体，代谢微弱的衰老细胞或休眠细胞的线粒体较少。线粒体一般呈线状、粒状或短线状，直径约0.5～1.0μm，长度变化很大，一般为 1.5～3μm，长的可达 7μm。线粒体是由内、外两层彼此平行和高度特化的膜包围而成，内外膜都是典型的单位膜，内膜和外膜套叠在一起，互不相通（图 8-7）。线粒体的结构可分述如下。

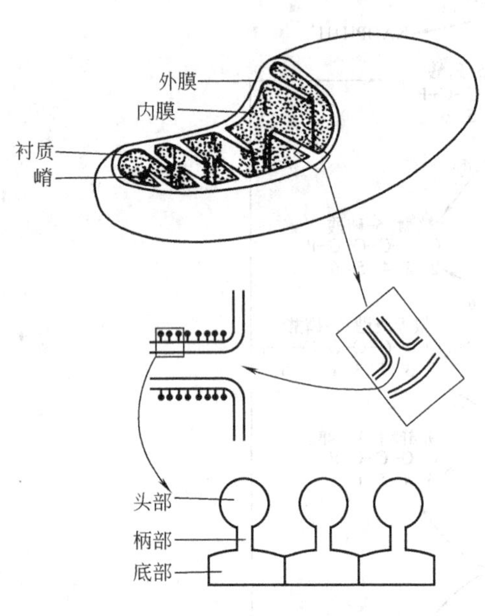

图 8-7　线粒体结构模式图

（1）线粒体外膜　是包围在线粒体外面的一层单位膜，厚 6～7nm，平整光滑，上面有较大的通道蛋白（孔蛋白），可允许相对分子质量在 5000 左右的分子通过。外膜上还有一些脂蛋白质及脂转化酶。外膜的标志酶是单胺氧化酶。

（2）内膜　是靠近基质的一层单位膜，厚约 5～6nm。内膜具有高度选择透性，需借助膜上的载体蛋白进行物质交换。内膜含有 3 类功能性蛋白：呼吸链中进行氧化反应的酶、ATP 合成酶复合物及一些特殊的运输蛋白。内膜的标志酶是细胞色素氧化酶。内膜向内折褶形成许多形状不同的嵴，大大增加了内膜的表面积。嵴内面为不光滑的膜结构，在膜上覆盖有很多称为基粒的圆球形颗粒。基粒实际上是 ATP 合成酶，又叫 F_0F_1ATP 酶复合体，它是一个多组分复合物，在结构上可分为头都、柄部和底部三部分。

（3）膜间隙　线粒体内膜和外膜之间的间隙为膜间隙，约 6～8nm，其中充满无定形液体，含有可溶性酶、底物和辅助因子。膜间隙中的标志酶是腺苷酸激酶。

（4）衬质　内膜和嵴包围着的线粒体内部空间为衬质。衬质中含有很多蛋白质、脂和催化三羧酸循环的酶类。此外，还含有线粒体 DNA、tRNA、rRNA 以及线粒体基因表达的各种酶。衬质中的标志酶是苹果酸脱氢酶。衬质中还有核糖体，它比细胞质中的核糖体稍小。

（二）呼吸链与电子传递

呼吸链即呼吸电子传递链，是线粒体内膜上由呼吸传递体组成的电子传递总轨道。呼吸链传递体能把代谢物脱下的电子有序地传递给氧，呼吸传递体有两大类：氢传递体与电子传递体。氢传递体包括一些脱氢酶的辅助因子，主要有 NAD^+、FMN、FAD、UQ 等，它们既传递电子，也传递质子。电子传递体包括细胞色素系统和某些黄素蛋白、铁硫蛋白。

呼吸链传递体传递电子的顺序是：代谢物→NAD^+→FAD→UQ→细胞色素系统→O_2（图 8-8）。

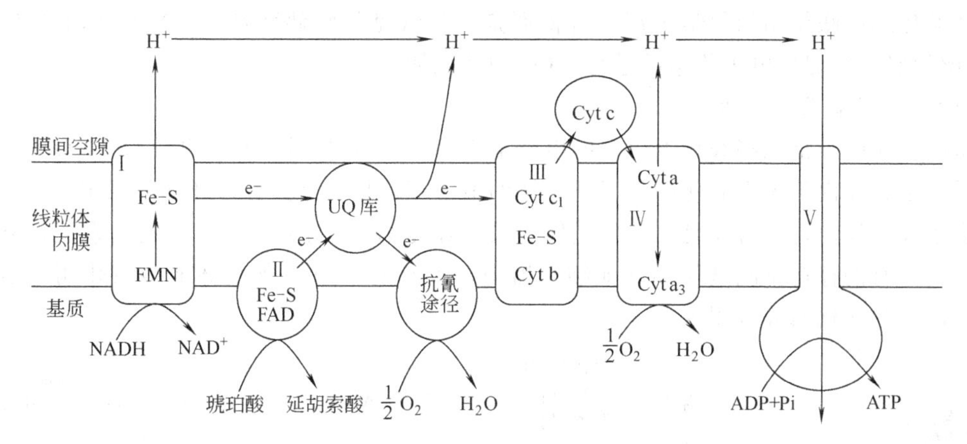

图 8-8 植物线粒体内膜上的复合体及其电子传递

Ⅰ、Ⅱ、Ⅲ、Ⅳ、Ⅴ分别代表复合体Ⅰ、Ⅱ、Ⅲ、Ⅳ、Ⅴ；UQ库代表存在于线粒体中的泛醌库

（三）磷酸化的概念及类型

生物氧化过程中释放的自由能，促使 ADP 形成 ATP 的方式。一般有两种类型，即底物水平的磷酸化和氧化磷酸化。

1. 底物水平磷酸化

指底物脱氢（或脱水），其分子内部所含有的能量重新分布，即可生成某些高能中间代谢物，再通过酶促磷酸基团转移反应直接偶联 ATP 的生成。在高等植物中以这种形式形成的 ATP 只占一小部分，糖酵解过程中有两个步骤发生底物水平磷酸化。

① 1,3 二磷酸甘油酸在磷酸甘油酸激酶的作用，脱下一高能磷酸键，其磷酸基团再转移到 ADP 上，形成 ATP。

② 2-磷酸甘油酸通过烯醇酶的作用，脱水生成高能中间化合物（PEP），经激酶催化转移磷酸基团到 ADP 上，生成 ATP。

在 TCA 循环中，只有一次底物水平磷酸化，即 α-酮戊二酸经氧化、脱羧，形成高能磷酸键，传递给 ADP 生成 ATP。

2. 氧化磷酸化

是指在生物氧化中电子从 NADH 脱下，经电子传递链传递给分子氧生成水，并偶联 ADP 与 Pi 合成 ATP 的过程。它是需氧生物合成 ATP 的主要途径。

氧化磷酸化作用的活力指标为 P/O 值，就是指每消耗一个氧原子有几个 ADP 变成 ATP。呼吸链中从 NADH 开始至氧化成水，可形成 3 分子 ATP，即 P/O 值为 3。

$$NADH+H^{+}+3ADP+3Pi+\frac{1}{2}O_2\longrightarrow NAD^{+}+3ATP+H_2O$$

如从 $FADH_2$ 通过泛醌进入呼吸链，则只形成 2 分子 ATP，即 P/O 值为 2。

$$FADH_2+2ADP+2Pi+\frac{1}{2}O_2\longrightarrow FAD+2ATP+H_2O$$

电子传递与氧化磷酸化常常是相伴发生的，通称为偶联。但植物在遇到干旱或某些化学物质作用时，会抑制 ADP 形成 ATP，但不抑制电子传递，电子传递产生的自由能以热的形式散失掉，即电子传递与磷酸化作用不偶联，或叫氧化磷酸化解偶联现象。能对呼吸链产生氧化磷酸化解偶联作用的化学试剂叫解偶联剂。最常见的解偶联剂有 DNP（2,4-二硝基苯酚）。解偶联时会促进电子传递的进行，O_2 的消耗加大。

（四）末端氧化酶系统

末端氧化酶是指能将底物上脱下的电子最终传给 O_2，使其活化，并形成 H_2O 或 H_2O_2 的酶类。植物体内的末端氧化酶处于呼吸链的最末端，是一个具有多样性的系统。这类酶有的存在于线粒体内，本身就是电子传递体成员，伴有 ATP 的形成，如细胞色素氧化酶和交替氧化酶；有的存在于胞基质和其他细胞器中，不产生 ATP，如抗坏血酸氧化酶、多酚氧化酶、乙醇酸氧化酶等（图 8-9）。

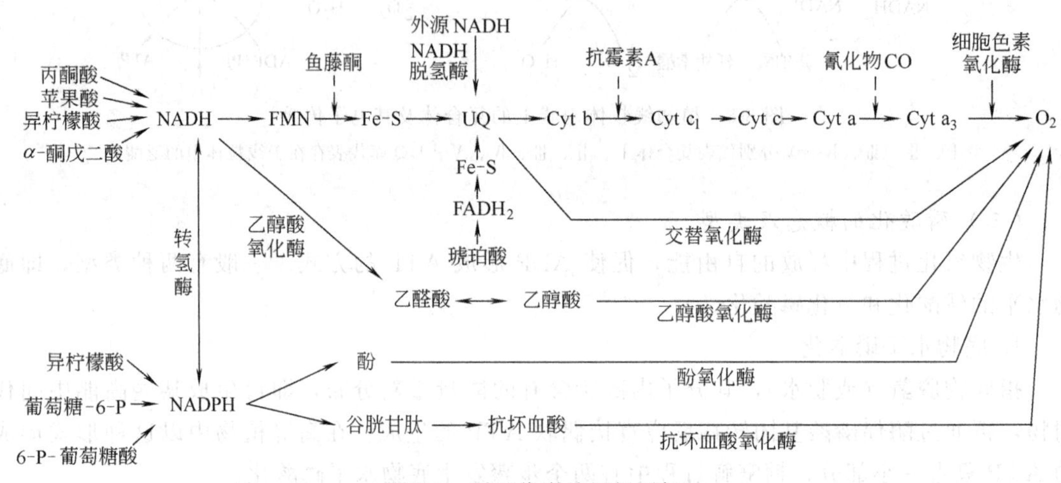

图 8-9　呼吸代谢的概括图解

1. 细胞色素氧化酶

是植物体内最主要的末端氧化酶，承担细胞内约 80% 的耗氧量。其作用是将 Cyta$_3$ 中的电子传给 O_2，生成 H_2O。该酶含铜和铁，在植物组织中普遍存在，以幼嫩组织中比较活跃，与氧的亲和力极高，易受氰化物、CO 的抑制。

2. 交替氧化酶

又称抗氰氧化酶。其功能是将 UQH_2 的电子经黄素蛋白（FP）传给 O_2 生成 H_2O。Fe^{2+} 是其活性中心金属。该酶对氧的亲和力高，易被水杨基氧肟酸所抑制。

抗氰氧化酶对氰化物不敏感，即使在氰化物存在条件下仍能进行呼吸作用，这种呼吸称为抗氰呼吸。抗氰呼吸在高等植物中广泛存在，例如天南星科、睡莲科和白星海芋科等植物的花器官与花粉，玉米、水稻、豌豆、绿豆和棉花的种子，马铃薯的块茎，甘薯的块根和胡萝卜的肥大直根等。许多真菌、藻类、酵母也有抗氰呼吸。最著名的抗氰呼吸例子是天南星科植物的佛焰花序，它的呼吸速率很高，可达 15000～20000$\mu L \cdot g^{-1} \cdot h^{-1}$（鲜重计），比一般植物呼吸速率高 100 倍以上，同时由于呼吸放热，可使组织温度比环境温度高 10～20℃。因此，抗氰呼吸又称为放热呼吸，它是植物适应性的一种表现。

3. 酚氧化酶

包括单酚氧化酶和多酚氧化酶。是一种含铜的氧化酶，存在于质体、微体中，它可催化分子氧对多种酚的氧化，酚氧化后变成醌，并进一步聚合成棕褐色物质。植物组织受伤后呼吸作用增强，这部分呼吸作用称为“伤呼吸”。伤呼吸把伤口处释放的酚类氧化为醌类，而醌类往往对微生物是有毒的，这样就可避免感染。当苹果或马铃薯被切伤后，伤口迅速变褐，就是酚氧化酶的作用。在没有受到伤害的组织细胞中，酚类大部分都在液泡中，与氧化酶类不在一处，所以酚类不被氧化。

在红茶制作中，茶叶的多酚氧化酶活性很高，制茶时茶叶先凋萎脱去20%～30%水分，然后揉捻引起创伤，在多酚氧化酶的作用下，使茶叶中的儿茶酚和单宁氧化，并聚合成红褐色的色素；而在制绿茶时，为保持茶色和清香，要将采下的茶叶立即焙火杀青，破坏多酚氧化酶的活性。在烤烟时，也要在烤烟达到黄末期采取迅速脱水措施，抑制多酚氧化酶活性，保持烟叶鲜黄，提高品质。

酚氧化酶对氧的亲和力中等，易受氰化物和CO的抑制。

4. 抗坏血酸氧化酶

是一种含铜的氧化酶，可以催化分子氧将抗坏血酸氧化并生成H_2O。抗坏血酸氧化酶位于细胞质中，在植物中普遍存在，以蔬菜和果实中较多，与植物的受精作用、能量代谢及物质合成有密切关系。该酶对氧的亲和力低，受氰化物抑制，对CO不敏感。

5. 乙醇酸氧化酶

是一种黄素蛋白酶，不含金属，催化乙醇酸氧化为乙醛酸并产生H_2O_2，它与甘氨酸和草酸生成有关。该酶与氧的亲和力极低，受氰化物抑制，对CO不敏感。

植物体内末端氧化酶的多样性，能使植物在一定范围内适应各种外界条件。如细胞色素氧化酶对氧的亲和力极高，所以在低氧浓度的情况下，仍能发挥良好的作用，而酚氧化酶对氧的亲和力弱，则可在较高氧浓度下顺利发挥作用。

四、呼吸作用中能量的贮存、利用及调节

（一）呼吸作用中能量的贮存和利用

呼吸作用中伴随着物质的氧化降解，不断地释放能量，这些能量除一部分以热能散失外，其余部分则主要以ATP形式贮存起来。以后当ATP分解成ADP和Pi时，就把贮存的能量再释放出来，供植物生长发育利用。

呼吸作用从葡萄糖开始。1mol葡萄糖通过糖酵解—三羧酸循环—电子传递链，被彻底氧化为CO_2和H_2O，可产生36molATP（表8-1）。每1molATP水解时可释放能量31.8kJ，

表8-1 1mol葡萄糖完全氧化时产生的ATP数

反应序列		ATP数量
糖酵解	葡萄糖到丙酮酸（在细胞质中）	
	葡萄糖的磷酸化作用	−1
	6-磷酸果糖的磷酸化作用	−1
	2分子1,3-BPGA的脱磷酸作用	+2
	2分子磷酸烯醇式丙酮酸的脱磷酸作用	+2
	2分子3-磷酸甘油醛氧化时生成的2NADH（由于往返过程的消耗，每NADH只能生成2ATP）①	+4
	丙酮酸转化为乙酰CoA（线粒体），形成2NADH	+6
三羧酸循环（线粒体内）		
	2分子琥珀酰CoA形成2分子ATP	+2
	2分子异柠檬酸、α-酮戊二酸和苹果酸氧化作用中生成6NADH	+18
	2分子琥珀酸的氧化作用中生成$2FADH_2$②	+4
合计		+36

① 糖酵解在细胞质中进行，它所生成的NADH必须先进入线粒体才能通过电子传递链生成ATP，而NAD^+和NADH不能直接进出线粒体，必须借助其他反应系统往返线粒体，在往返过程中要浪费1分子ATP，所以生成2分子ATP。

② 线粒体中$FADH_2$是在UQ处将电子转移到呼吸链的，因此只形成2分子ATP。

36molATP 共释放能量：36mol×31.8kJ·mol^{-1}=1144.8kJ。即呼吸作用能将 1mol 葡萄糖转化为 1144.8kJ 能量。已知 1mol 葡萄糖完全氧化时产生的自由能为 2870kJ，所以呼吸作用的能量转化效率为 1144.8/2870=39.8%，其余的以热的形式散失。可见，能量转换效率是比较高的。

在植物生命活动过程中，对矿质营养的吸收和运输、有机物合成和运输、细胞的分裂和分化、植物的生长、运动、开花、受精及结果等都依赖于 ATP 分解所释放的能量。

（二）呼吸作用的调节

生活细胞内呼吸作用的速率受各种因素的调节和控制，并不是均衡态进行。调节与控制的因素有环境的，生化的，生理的，范围很广。

植物呼吸作用的多条途径都具有自动调节和控制的能力。如当植物组织周围氧浓度增加时，糖酵解速度变慢，酒精发酵产物积累减少，即产生氧抑制酒精发酵的“巴斯德效应”。又如，当植物组织对 ATP 利用减少、ATP 积累、ADP 浓度降低时，呼吸速率相应降低；相反，ATP 转化为 ADP 越快，呼吸速率越高。植物活细胞内一般保持 ATP 与 ADP 的比率在 0.75～0.95 之间，也即细胞内 ADP 的量略大于 ATP 时，可保持放能与吸能代谢的正常关系。再如，呼吸代谢中两条主要电子传递途径（细胞色素途径和交替途径）之间可通过协同调节方式适应环境变化和发育进程的需要。

五、光合作用与呼吸作用的关系

光合作用把 CO_2 和 H_2O 合成为富含能量的有机物并释放氧气，呼吸作用则把有机物分解为 CO_2 和 H_2O 并释放能量供生命活动利用。光合作用和呼吸作用共同存在于统一的有机体中，既相互对立又相互依赖，两者在原料、产物、发生部位、发生条件以及物质、能量转换等方面有明显的区别（表 8-2）。

表 8-2　光合作用与呼吸作用的区别

项　目	光　合　作　用	呼　吸　作　用
原料	CO_2、H_2O	O_2、淀粉、己糖等有机物
产物	己糖、淀粉、蔗糖等有机物、O_2	CO_2、H_2O 等
能量转换	贮藏能量的过程 光能→电能→活跃化学能→稳定化学能	释放能量的过程 稳定化学能→活跃化学能
物质代谢类型	有机物质合成作用	有机物质降解作用
氧化还原反应	H_2O 被光解、CO_2 被还原	呼吸底物被氧化，生成 H_2O
发生部位	绿色细胞、叶绿体、细胞质	生活细胞、线粒体、细胞质
发生条件	光照下才可发生	光下、暗处都可发生

光合作用与呼吸作用互为原料与产物，光合作用释放的 O_2 可供呼吸作用利用，呼吸作用释放的 CO_2 也可被光合作用同化。光合作用的卡尔文循环与呼吸作用的戊糖磷酸途径基本上是正反对应的关系。它们的许多中间产物是相同的，催化诸糖之间相互转换的酶也是类同的。在能量代谢方面，光合作用中供光合磷酸化产生 ATP 所需的 ADP 和供产生 $NADPH+H^+$ 所需的 $NADP^+$，与呼吸作用所需的 ADP 和 $NADP^+$ 是相同的，它们可以通用（图 8-10）。

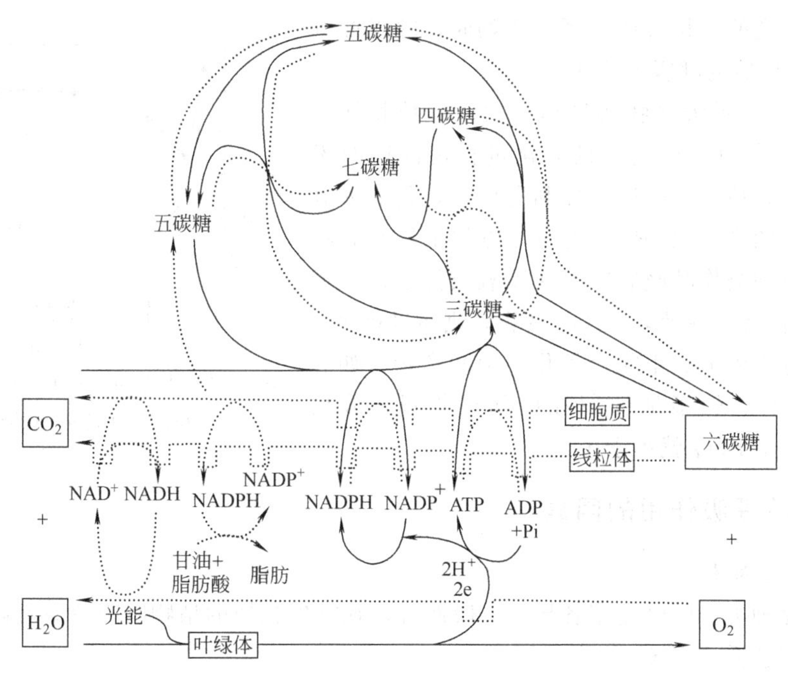

图 8-10 光合作用与呼吸作用的关系

——光合作用；……呼吸作用

第三节 呼吸作用的生理指标及影响因素

一、呼吸作用的生理指标

呼吸作用的强弱和性质一般可用呼吸速率和呼吸商两种生理指标来表示。

(一) 呼吸速率

又称呼吸强度，是最常用的生理指标。通常用单位时间内单位质量（干质量、鲜重、原生质）植物组织放出 CO_2 的量（Q_{CO_2}）或吸收 O_2 的量（Q_{O_2}）来表示。常用单位有 $\mu mol \cdot g^{-1} \cdot h^{-1}$，$\mu mol \cdot mg^{-1} \cdot h^{-1}$，$\mu L \cdot g^{-1} \cdot h^{-1}$等。

植物的呼吸速率随植物种类、年龄、器官和组织不同而有很大差异。如大麦种子为 $0.003\mu mol \cdot g^{-1} \cdot h^{-1}$，番茄根尖为 $300\mu mol \cdot g^{-1} \cdot h^{-1}$，海芋佛焰花序可高达 $2000\mu mol \cdot g^{-1} \cdot h^{-1}$。

(二) 呼吸商 (R. Q)

又称呼吸系数，是指植物组织在一定时间内，放出 CO_2 的量与吸收 O_2 的量的比值。

$$呼吸商=\frac{放出\ CO_2\ 的量}{吸收\ O_2\ 的量}$$

呼吸商的大小与呼吸底物的性质关系密切。以葡萄糖为呼吸底物且完全氧化时，呼吸商是 1，如禾谷类种子萌发时 R. Q 值接近 1。以富含氢的脂肪、蛋白质为呼吸底物，吸收的氧气多，呼吸商就小，如油料种子萌发初期，棕榈酸先氧化转变为蔗糖，其呼吸商约为 0.36。

以含氧多于糖类的有机酸作为呼吸底物时，呼吸商则大于1，如苹果酸的呼吸商为1.33。

虽然R.Q与呼吸底物的性质有关，但植物体内的呼吸底物是多种多样的，且氧化过程可能同时发生。一般而言，植物呼吸通常先利用糖类，稍后才利用其他物质（图8-11）。R.Q还与环境的供氧状态有关，如同样以糖类作呼吸底物，在无氧条件下进行酒精发酵，只有CO_2释放，无O_2吸收，则R.Q=∞。如果在呼吸进程中形成不完全氧化的中间产物（如有机酸），吸收的氧较多地保留在中间产物里，放出CO_2相对减少，R.Q就小于1。

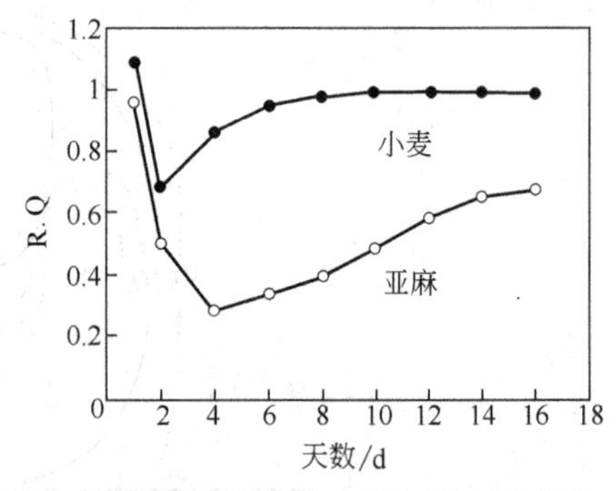

图8-11　小麦和亚麻种子萌发及幼苗生长过程中呼吸商的变化

二、影响呼吸作用的因素

（一）自身因素

不同植物种类，呼吸速率各异。一般而言，凡是生长快的植物呼吸速率就高，生长慢的植物呼吸速率就低（表8-3）。

表8-3　不同植物种类的呼吸速率

植物种类	呼吸速率(O_2)/($\mu L \cdot g^{-1} \cdot h^{-1}$)(鲜质量)	植物种类	呼吸速率(O_2)/($\mu L \cdot g^{-1} \cdot h^{-1}$)(鲜质量)
仙人掌	6.80	蚕豆	96.60
景天属	16.60	小麦	251.00
云杉属	44.10	细菌	10000.00

同一植物的不同器官或组织，呼吸速率有明显差异。例如生殖器官的呼吸较营养器官强；生长旺盛的、幼嫩的器官其呼吸速率较生长缓慢的、年老的器官为强；茎顶端的呼吸比基部强；种子内胚的呼吸速率比胚乳高（表8-4）。

表8-4　植物不同器官的呼吸速率

植物器官		呼吸速率(O_2)/($\mu L \cdot g^{-1} \cdot h^{-1}$)(鲜质量)	植物器官			呼吸速率(O_2)/($\mu L \cdot g^{-1} \cdot h^{-1}$)(鲜质量)
胡萝卜	根	25	大麦	种子（浸泡15h）	胚	715
	叶	440			胚乳	76
苹果	果肉	30		叶片		266
	果皮	95		根		960～1480

同一器官在不同的发育时期，呼吸速率也有较大变化。以叶片为例，幼嫩时呼吸较快，长成后下降，开始衰老时呼吸又上升，到衰老后期，呼吸已极其微弱（图8-12）。一年生整体植株也有类似情况，开始萌发时，呼吸迅速增强，随着植株生长变慢，呼吸逐渐平稳，并有所下降，开花时又有所提高（图8-13）。

多年生植物的呼吸速率还表现出季节周期性的变化，在温带生长的植物，春天呼吸速率最高，夏天略低，秋天又上升，以后一直下降，到冬天降到最低点，这种周期性变化除外界环境影响外，与植物体内的代谢强度、酶的活性及呼吸底物的多少有密切关系。

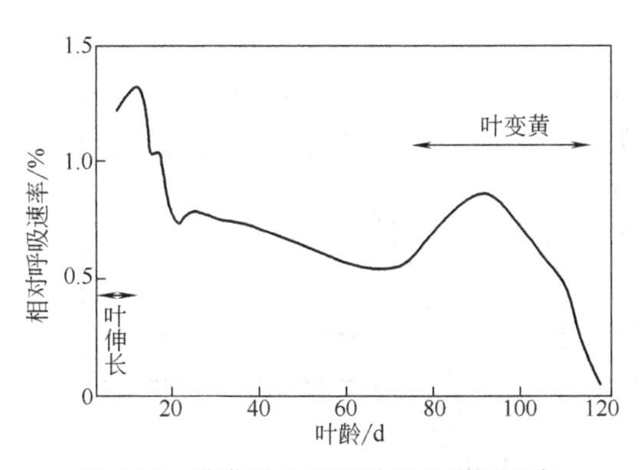

图 8-12　草莓叶片不同叶龄的呼吸速率

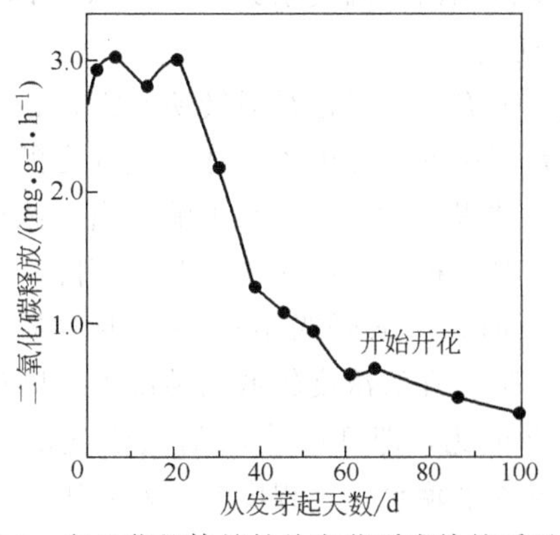

图 8-13　向日葵整体植株从发芽到成熟的呼吸速率

（二）外部因素

1. 温度

温度主要影响呼吸酶的活性进而影响呼吸速率。在一定范围内，呼吸速率随温度增高而增高，达到最高值后，继续增高温度，呼吸速率反而下降（图 8-14）。

温度对呼吸作用的影响表现出温度三基点，即最低、最适、最高点。最适温度是保持稳态的较高呼吸速率时的温度，一般温带植物为 25～30℃。呼吸作用的最适温度总是比光合作用的最适温度高，因此，当温度过高和光线不足时，呼吸作用强，光合作用弱，植物就会生长不良。呼吸作用的最低温度因植物种类不同而有很大差异。一般植物在接近 0℃时，呼吸作用进行得很微弱，但冬小麦在 0～－7℃下仍可进行呼吸作用；耐寒的松树针叶在－25℃下仍未停止呼吸。呼吸作用的最高温度一般在 35～45℃之间，最高温度在短时间内可使呼吸速率较最适温度时高，但时间稍长后，呼吸速率就会急剧下降（图 8-15），这是因为高温加速了酶的钝化或失活。

温度每升高 10℃所引起的呼吸速率增加的倍数，通常称为温度系数（Q_{10}）。在 0～35℃

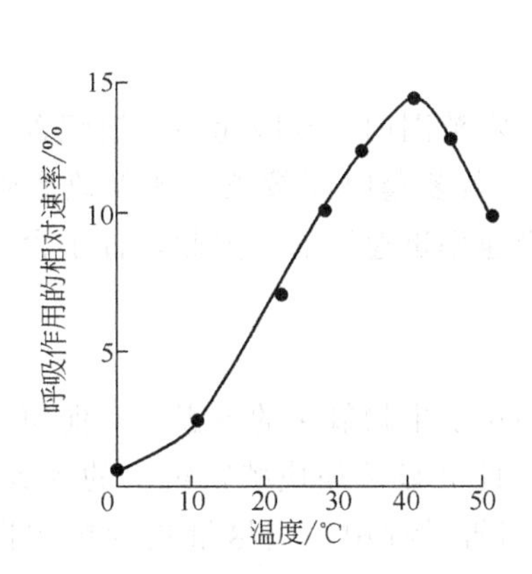

图 8-14　温度对豌豆幼苗呼吸速率的影响

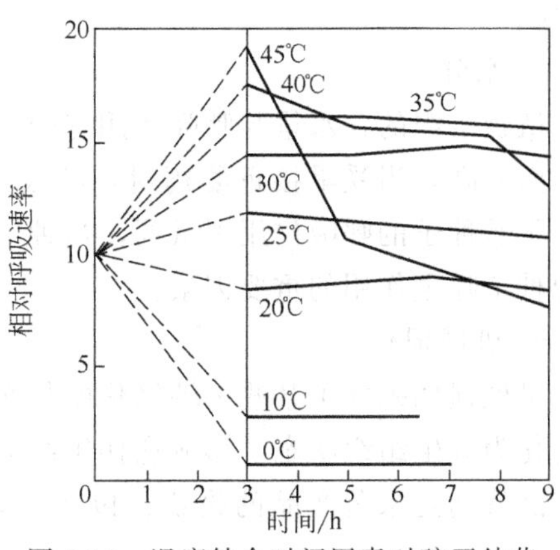

图 8-15　温度结合时间因素对豌豆幼苗呼吸速率的影响

预先在 25℃下培养 4d 的豌豆幼苗相对呼吸速率为 10，放到不同温度下，3h 后，测定相对呼吸速率的变化

生理温度范围内，温度系数为 2～2.5，即温度每增高 10℃，呼吸速率增加 2～2.5 倍。

2. 氧气

氧气为有氧呼吸途径运转所必需，也是呼吸电子传递系统中的最终电子受体，氧浓度的变化对呼吸速率、呼吸代谢途径都有影响。当氧浓度下降到 20%以下时，植物呼吸速率便开始下降；当氧浓度低于 10%时，无氧呼吸出现并逐步增强，有氧呼吸迅速下降。在氧浓度较低的情况下，呼吸速率与氧浓度成正比，即呼吸作用随氧浓度的增大而增强，但氧浓度增至一定程度时，对呼吸作用就没有促进作用了，这一氧浓度称为氧饱和点。氧饱和点与温度密切相关，一般是温度升高，氧饱和点也提高。例如洋葱根尖的呼吸作用，在 15℃和 20℃下，氧饱和点为 20%，在 30℃和 35℃下，氧饱和点则为 40%左右（图 8-16）。

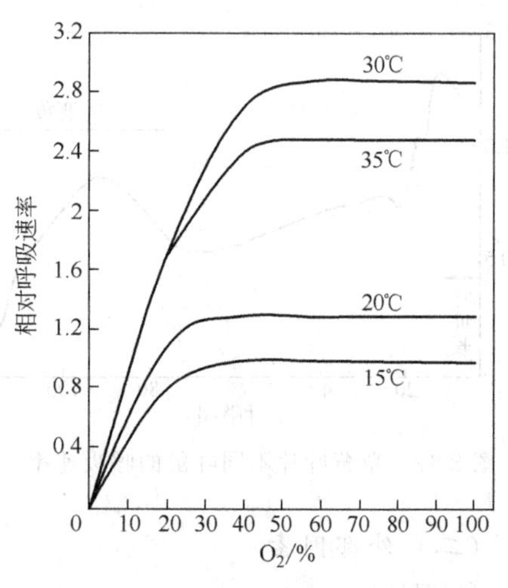

图 8-16　氧气和温度对洋葱根尖呼吸速率的影响

氧浓度过高（70%～100%）对植物有毒害，这可能与活性氧代谢形成自由基有关。相反，过低的氧浓度会导致无氧呼吸增强，过多消耗体内养料，甚至产生酒精中毒、原生质蛋白变性而导致植物受伤死亡。

3. 二氧化碳

二氧化碳是呼吸作用的最终产物，当外界环境中二氧化碳浓度增高时，脱羧反应减慢，呼吸作用受到抑制。实验证明，二氧化碳浓度高于 5%时，有明显抑制呼吸作用的效应，这可在果蔬、种子贮藏中加以利用；植物根系生活在土壤中，土壤微生物的呼吸作用会产生大量二氧化碳，加之土壤板结，深层通气不良，积累的二氧化碳可达 4%～10%，甚至更高，因此要及时中耕松土，以保证根系正常生长。一些植物（如豆科）的种子由于种皮限制，使呼吸作用释放的 CO_2 难以释出，种皮内积聚起高浓度的 CO_2 抑制了呼吸作用，从而导致种子休眠。

4. 水分

植物组织的含水量与呼吸作用有密切的关系。在一定范围内，呼吸速率随组织含水量的增加而升高，当受旱接近萎蔫时，呼吸速率有所增加，若萎蔫时间较长，呼吸速率则会下降。干燥种子的呼吸作用很微弱，当种子吸水后，呼吸速率迅速增加，因此，种子含水量是制约种子呼吸作用的重要因素。

5. 机械损伤

机械损伤破坏了某些末端氧化酶与底物的间隔，加快了生物氧化的进程；也促使某些细胞转化为分生组织状态，形成愈伤组织去修补伤处，因此会显著加快植物组织的呼吸速率。农产品特别是果蔬产品的收获、包装、运输、贮藏、销售过程中，应尽量减少机械损伤的发生。

6. 农药

植物呼吸还受到各种农药的影响，包括杀虫剂、杀菌剂、除草剂与生长调节剂等。它们的影响很复杂，有的促进呼吸，有的降低呼吸，在农药使用上一定要注意这些问题。

第四节　呼吸作用与农业生产的关系

一、呼吸作用与种子贮藏

干燥种子的呼吸作用与粮食贮藏有密切关系。当种子的含水量低于一定限度时，其呼吸速率微弱。一般油料种子含水量在8%～9%，淀粉种子含水量在12%～14%时，种子中所含水分都是束缚水，呼吸酶活性低，呼吸极微弱，可以安全贮藏，此时的含水量称之为安全含水量。当油料种子含水量达10%～11%，淀粉种子含水量达到15%～16%时，呼吸作用就显著增强。如果含水量继续增加，则呼吸速率几乎成直线上升（图8-17）。其原因是，种子含水量增高后，种子内出现自由水，呼吸酶活性大大增强，呼吸也就增强。淀粉种子安全含水量高于油料种子的原因，主要是淀粉种子中含淀粉等亲水物质多，干燥状态下束缚水含量要高一些；油料种子中含疏水的油脂较多，束缚水较少。

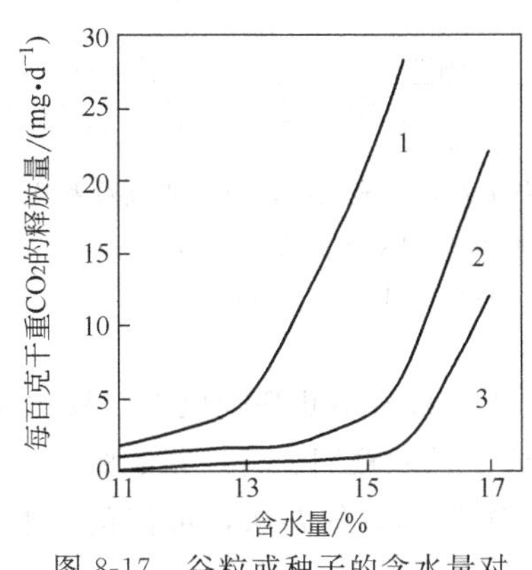

图8-17　谷粒或种子的含水量对呼吸速率的影响

1—亚麻；2—玉米；3—小麦

根据干燥种子呼吸作用的特点，贮藏中必须首先控制进仓种子的含水量，不得超过安全含水量。否则，由于呼吸旺盛，不仅大量消耗贮藏物质，而且由于呼吸散热提高粮堆温度，有利于微生物活动，易导致粮食变质、种子丧失发芽力。

其次还应注意库房的通风降温，控制库房内的空气成分，适当增高CO_2含量和降低O_2的含量。如水稻种子在14～15℃库温条件下贮藏2～3年，仍有80%以上的发芽率；国内外采用气调法进行粮食贮藏，将粮仓中空气抽出，充入氮气，达到抑制呼吸，安全贮藏的目的。

二、呼吸作用与果实、块根、块茎的贮藏保鲜

肉质果实或蔬菜成熟采收后，不能像粮油种子那样进行干燥贮藏，而是要进行保鲜贮藏，因此必须根据采收后的呼吸变化规律，采用适当的方法，才能达到贮藏保鲜的目的。

果实在生长发育过程中，伴随着大量有机物的运入和转化，果实体积不断膨大，当果实体积长到应有的大小，营养物质积累基本停止，此时果实生硬、酸涩，缺乏甜味。此后果实进入成熟阶段，按成熟过程中呼吸作用的变化情况，将果实大体分为两类：一类是呼吸跃变型，如苹果、梨、香蕉及番茄等，此类果实在成熟到一定时期，其呼吸速率突然增高，达到一小高峰后又迅速下降；另一类为非呼吸跃变型，如柑橘、葡萄、菠萝等，它们没有明显的呼吸高峰（图8-18）。

呼吸高峰的出现与果实中贮藏物质的水解是一致的，达到呼吸高峰时，果实进入完全成熟阶段，此时，果实的色、香、味俱佳，是食用的最好时期；过了呼吸高峰，果实就进入衰老阶段，很快便腐烂变质。显然，推迟呼吸高峰就能延长果实的贮藏期限。现已证明，呼吸高峰的出现与乙烯大量产生有关，乙烯可促使呼吸加强，从而加速果实成熟。呼吸高峰的出

现还与温度有很大关系，例如苹果贮藏过程中在22.5℃时呼吸跃变出现早而显著，在10℃下则出现稍迟且不显著，而在2.5℃下呼吸跃变则不出现。

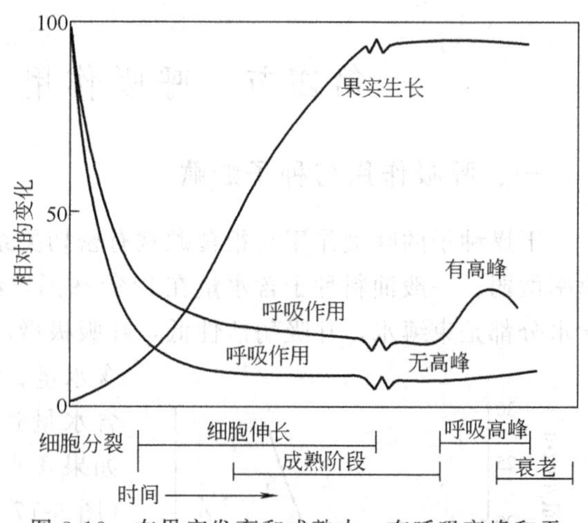

图8-18　在果实发育和成熟中，有呼吸高峰和无呼吸高峰的果实的发育进程

（引自J. Biale，1964）

果实贮藏保鲜，就是要设法推迟呼吸高峰的来临，延迟其成熟。措施一是降低温度，推迟呼吸跃变的发生。如苹果、梨、柑橘等果实在0～1℃贮藏可达几个月；荔枝不耐贮藏，在0～1℃只能贮藏10～20d，改用低温速冻法，使荔枝几分钟之内结冻，即可保存6～8个月，置于货架上5～10h不褐变。二是调节气体成分，增加周围环境中二氧化碳的浓度，降低氧浓度。如番茄装箱用塑料布密封，抽去空气，充以氮气，把氧浓度降至3%～6%，可贮藏1～3个月。三是采取“自体保藏法”，在密闭环境中贮藏果蔬，由于其自身不断呼吸放出二氧化碳，使环境中二氧化碳浓度增高，从而抑制呼吸作用，可以稍微延长贮藏期。将广柑贮藏在密闭的土窖中，贮藏时间可长达4～5个月，哈尔滨等地采用大窖套小窖的办法，可使黄瓜贮藏3个月不坏。

甘薯块根在收获后贮藏前有呼吸明显升高的现象，但不像果实呼吸跃变那样典型。马铃薯块茎在植株上成熟时，呼吸速率不断下降，收获后继续下降到一个最低值而进入贮藏期前休眠阶段。两者的贮藏措施主要是控制温度和气体成分。甘薯块根的安全贮藏温度为10～14℃，马铃薯为2～3℃，相对湿度均为90%左右。另外采用“自体保藏法”也有很好的贮藏效果。

三、呼吸作用与栽培技术

呼吸作用在作物的生长发育、物质吸收、运输和转变方面起着十分重要的作用，生产上许多栽培措施就是为了直接或间接地保证呼吸作用的正常进行。例如早稻浸种催芽时，用温水淋种，利用种子的呼吸热来提高温度，加快萌发。露白以后，种子进行有氧呼吸，要及时翻堆降温，防止烧芽。塑料薄膜覆盖育秧、各种地膜栽培、“三避”技术（避寒、避旱、避雨）等，都是为了创造良好的呼吸环境。

大田栽培中，要适时中耕松土，对地下水位较高的田块还需挖深沟排水，水稻要注意勤灌浅灌、适时晒田等，目的是保证根系的有氧呼吸，促进根的正常生长。

作物种植不能过密，封行不能过早，否则在高温和光线不足情况下，呼吸消耗过大，净同化率降低，影响产量的提高。早稻灌浆成熟期正处在高温季节，可以灌“跑马水”降温。温室和塑料大棚应及时揭膜，通风透光。

果树夏剪有利于调节营养生长与生殖生长的平衡，还有利于通风透光，降低冠层内温度，减少呼吸消耗，加强光合作用，增加物质积累，达到树体层层有果，上下有果，内外有果的立体结果目的。

本章小结

呼吸作用在植物的生命活动中，为植物各种代谢活动提供所需能量；为植物代谢活动提供还原力；为其他有机物质合成提供原料；还可增强植物的抗病能力。

依据是否有氧参加代谢，呼吸作用可分为有氧呼吸和无氧呼吸两类。

植物进行呼吸作用的场所是细胞质和线粒体，其中糖酵解、戊糖磷酸途径在细胞质中进行，而三羧酸循环、电子传递和氧化磷酸化是在线粒体内进行。

植物呼吸作用的底物主要是糖类物质，高等植物体内糖的氧化降解可以通过不同的途径进行。糖酵解是指葡萄糖在一系列酶的催化作用下，经脱氢氧化，逐步转变为丙酮酸的过程，是有氧呼吸和无氧呼吸共同要经历的途径。三羧酸循环是指丙酮酸在有氧条件下进入线粒体，继续逐步氧化分解，最终生成 CO_2 和 H_2O，并逐步释放能量的过程，它是植物彻底氧化分解有机物质而获得能量的主要途径。戊糖磷酸途径是指葡萄糖在细胞质中直接氧化脱羧，并以戊糖磷酸为重要中间产物的途径，这一途径在提高植物抗病力等方面有特殊作用。在缺氧条件下，细胞内中的呼吸底物葡萄糖进行无氧分解，逐步降解为乙醇、乳酸。无氧呼吸是植物对暂时缺氧的适应，但植物不能长期进行无氧呼吸。

呼吸代谢过程中脱下的氢，必须经呼吸链的传递，最后才能与氧结合生成水。电子在传递过程中，偶联发生的 ADP 磷酸化为 ATP。

高等植物呼吸代谢的多样性包括三个方面的内容：第一，呼吸底物氧化降解途径的多样性；第二，呼吸链电子传递途径的多样性；第三，末端氧化酶的多样性。植物依赖呼吸代谢的多样性，就能更好地适应复杂、多变的环境。

植物呼吸速率因植物种类、器官、组织、生长发育时期的不同而异。温度、水分、CO_2 和 O_2 浓度、机械损伤、重金属、有毒物质等外界因素对呼吸作用也有很大影响。

复习思考题

一、名词解释

呼吸作用；有氧呼吸；无氧呼吸；糖酵解；三羧酸循环；呼吸速率；呼吸跃变

二、问答题

1. 试述呼吸作用的生理意义。
2. 有氧呼吸与无氧呼吸有何异同点？
3. 陆生植物为什么不能长期浸泡在水中？
4. 呼吸作用与光合作用有何区别与联系？
5. 生长旺盛部位与成熟组织或器官在呼吸效率上有何差异？
6. 粮食入库贮藏前必须使其含水量降低至一定的水平，解释其原因。
7. 如何做好果蔬贮藏？
8. 机械伤害为什么会增强植物的呼吸作用？

第九章　同化物质的运输与分配

了解植物体内同化物质的运输系统、源库关系。

掌握同化物分配、再分配规律及其与产量形成的关系并能利用这些知识解决生产中的实际问题。

理解同化物运输的影响因素及其在生产中的应用。

不论是单细胞植物还是多细胞的高大树木，都必须一方面要从其环境中不断地吸收必要的营养，另一方面又必须不断地把体内的物质与能量相互传递，才能维持植物的生长与发育。通过物质流统一了器官与组织之间功能分工，保证了植物根、茎、叶等器官的互通有无，调节了各种代谢过程，实现了各种生理活动的进行，把各种生理活动从时间与空间上联成一整体。物质流体现了植物内部与环境的统一。

第一节　植物体内同化物质的运输

一、植物体内同化物质运输的主要形式

植物叶片中主要的光合产物有蔗糖、脂肪、蛋白质和有机酸。其中蔗糖是有机物运输的主要形式，约占筛管汁液干质量的90%。此外，棉子糖、水苏糖、毛蕊花糖等也是有机物的运输形式，它们都是蔗糖的衍生物，具有蔗糖的某些特点。木本蔷薇科植物中，山梨醇也是有机物运输的形式。

二、植物体内同化物质的运输系统

植物体内物质运输系统十分复杂，如果按照同化物在植物体内运输距离的长短，可以划分为短距离运输和长距离运输。两者虽然都是同化物在空间移动，但性质上却有很大的不同。短距离运输主要是指胞内与胞间运输，距离只有几个微米，主要靠扩散和原生质的吸收与分泌来完成。长距离运输指器官之间的运输。短距离运输和长距离运输是相互交替的过程，很难截然分开。

（一）短距离运输系统

1. 胞内运输

胞内运输指细胞内、细胞器之间的物质交换。主要方式有分子扩散、微丝推动原生质环流、细胞器膜内外的物质交换以及囊泡的形成与囊泡内物质的释放等。例如，叶绿体中的磷酸丙糖经过磷酸丙糖运输器从叶绿体转移到细胞质，细胞质中的蔗糖进入液泡等。

2. 胞间运输

胞间运输有共质体运输、质外体运输及共质体与质外体之间的交替运输。由细胞胞间连

丝把原生质体连成一体的体系称为共质体，而质外体一般指细胞壁间隙及胞间系统。

（1）共质体运输　共质体运输途径中，胞间连丝起着重要作用。无机离子、糖类、氨基酸、蛋白质、内源激素、核酸等均可通过胞间连丝进行转移。与质外体运输相比，共质体运输阻力大，速度慢。

（2）质外体运输　质外体是一个连续的自由空间，是一个开放系统。有机物在质外体的运输完全是靠自由扩散的物理过程，速度很快。但质外体内没有外围的保护，运输物质容易流向体外，同时运输速率也受到外力的影响。

（3）质外体与共质体间的交替运输　植物体物质的运输不限于某一种途径，共质体内的物质可以有选择地穿过质膜而进入质外体运输，质外体内的物质也可通过质膜重新进入共质体运输。物质进出质膜的方式有以下几种：①顺浓度梯度的被动转运，包括自由扩散、通过通道细胞等；②逆浓度梯度的主动运输；③以小囊泡方式进出质膜的被动转运，包括内吞、外排和出胞等（图 9-1、图 9-2）。

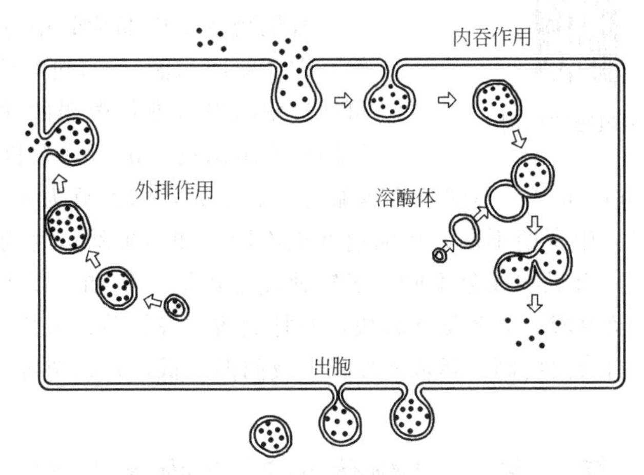

图 9-1　膜动转运

内吞作用，细胞外的物质通过吞噬（指内吞固体）或胞饮（指内吞液体）作用进入细胞的过程

外排作用，将溶酶体或消化泡等囊泡内的物质释放到细胞外的过程

出泡现象，通过出芽胞方式将胞内物质向外分泌的过程

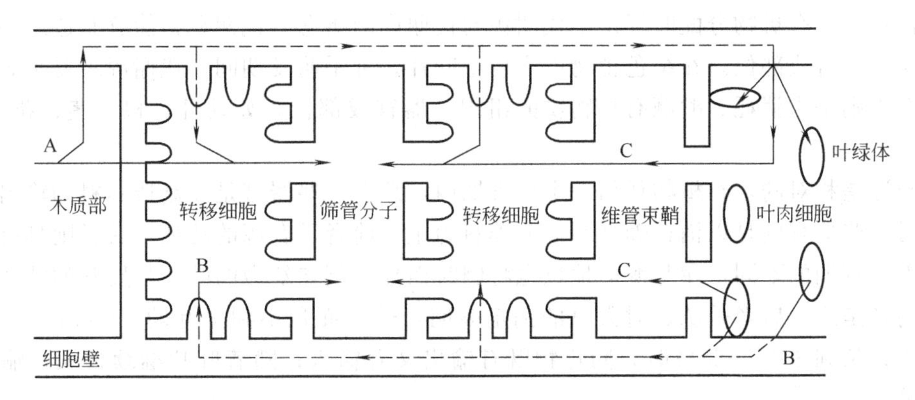

图 9-2　胞间运输途径示意图

实线箭头表示共质体途径；虚线箭头表示质外体途径

A 为蒸腾流；B 为同化物在共质体-质外体交替运输；C 为共质体运输

（二）长距离运输系统

用环割与同位素示踪的方法证明，有机物的长距离运输是通过韧皮部的筛管进行的（图9-3）。剥去环割圈内的树皮，经过一段时间，环割上部枝条正常生长，由于有机物向下运输受阻，在切口处上端积累许多有机物质，形成膨大的愈伤组织或瘤状物。如果环割不宽，过一段时间，愈伤组织可以使上下树皮连接起来，恢复物质运输能力。如果环割较宽，时间一长，根系就会死亡。“树怕剥皮”就是这个道理。

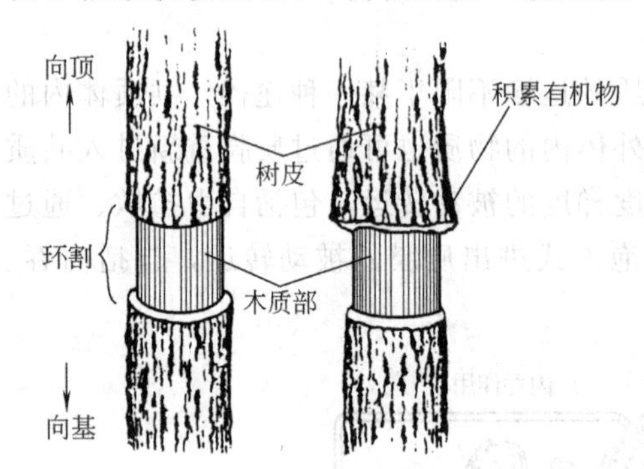

图 9-3　木本植物的环割

环割处理在生产实践中有许多应用。在果树生殖期适当进行环割，截流上部的同化物，可以提高花芽分化和坐果率。高空压条进行环割可使养分集中在切口处，而有利于发根。

三、有机物运输方向和速度

有机物在韧皮部筛管中可同时向上和向下运输，即“双向运输”。有机物除纵向运输之外，还可通过胞间连丝进行微弱的横向运输。借助放射性同位素示踪技术测得，有机物在筛管分子内运输速度一般约为100cm・h^{-1}。不同植物运输速度有差异，如大豆为84～100cm・h^{-1}，南瓜为40～60cm・h^{-1}。生育期不同，运输速度也不同，如南瓜幼苗时为72cm・h^{-1}，较老时为30～50cm・h^{-1}。有机物成分不同，运输速度也不同。例如，以生长20～24d的大豆试验指出，丙氨酸、丝氨酸、天冬氨酸较快，而甘氨酸、谷氨酸、天冬酰胺较慢。运输速度也受环境条件影响，白天温度高，运输速度快，夜间温度低，运输速度慢。

第二节　植物体内同化物的分配

一、源与库的相互关系

（一）代谢源与代谢库

人们在研究有机物分配时提出了代谢源与代谢库的概念。代谢源指能够制造或输出有机物的组织、器官或部位。在绿色植物中主要指叶片。种子萌发期间，代谢源主要是胚乳或子叶。代谢库则是指消耗、贮藏有机物质的组织、器官或部位，如幼叶、根、茎、花、果实、种子等。

库与源是相对的，在植物任何一个生育期内，总有一些器官是以制造养料和输出养料为主，而另一些器官则是以消耗养料和输入养料为主。前者具有源的特征，后者则具有库的特征。随着生育期的不同，库与源的地位也将因时而异。例如幼嫩的叶片与展开的叶片同样是叶片，前者是库，后者是源。对大豆的测定表明，幼叶面积不到全叶的30%时，只有同化物的输入；长到30%～50%时，同化物既有输出又有输入；随着叶片继续长大，输入停止而只有输出。

（二）库与源的关系

源是库的供应者，源对库的影响是显而易见的。例如水稻、小麦等作物，在抽穗后，如剪去部分叶片，穗重明显下降，剪去的叶片越多，穗重越小。这些试验明确地说明库对源的依赖作用。同时，库对源也有明显的影响，库的接纳能力对源的同化效率以及运输分配的能力都可产生重大的影响。当水稻去穗后，叶片的光合产物输出滞缓，并且光合速率也明显降低。小麦授粉两周后，旗叶中45%同化物运至幼穗，如剪去幼穗，在15h内旗叶光合速率降低50%。如果把其他叶遮光使其变为消耗养料的器官，旗叶内光合产物有了新的去处，旗叶的光合速率又会增高。

由上可见，源与库是相互依存、互有影响的统一整体。二者要相互适应，供求平衡，否则将妨碍生长，影响产量。库小源大则限制光合产物的输送分配，降低源的光合效率；反之，库大源小，超过了源的负荷能力，造成了强迫输送分配，也会引起库的部分空瘪和叶片早衰。在实际生产中，必须根据植物生长的特点以及人们对植物的要求，提出适宜的源、库量。栽培技术上采用去叶，提高二氧化碳浓度、调节光强等处理可以改变源强；采用去花、疏果、变温，使用呼吸控制剂等处理可以改变库强。

二、同化物的分配规律

植物体内同化物分配的总的原则是由源到库。同化物运输与分配存在着空间与时间上的调节与分工，在植物的不同部位与不同生育期，存在着不同的源-库单位。所谓库-源单位就是一个叶片的同化物质，主要供应某器官或组织。如菜豆某一复叶的同化物主要供给着生叶的茎及其腋芽。随着生育期的改变，源与库之间的对应关系也会发生相应的变化，构成新的源-库单位（图9-4）。

源-库单位的形成首先符合器官的同伸规律，其次还与维管束走向、距离远近有关。有机物运输的规律可以归纳为以下几点。

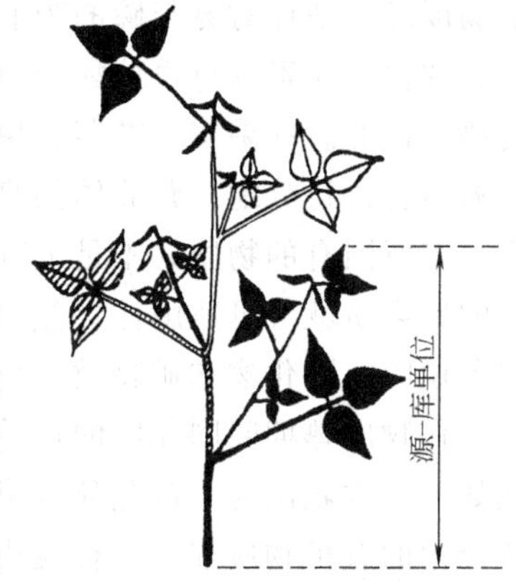

图9-4　菜豆的源-库单位模式图

（引自 Tanaka and Fujita，1979）

（一）优先供应生长中心

生长中心是指生长旺盛、代谢强的部位或器官。生长中心往往随着生育期的不同而改变，这些生长中心既是矿质元素的输入中心，也是同化物的分配中心。作物前期以营养生长为中心，因此根、茎、叶是生长中心，随着生殖器官的出现，植物的生长由营养生长转入生殖生长，这时生殖器官就成为生长中心。

不同器官对同化产物吸收能力不同，有机物分配中心也发生变化。在营养器官中，茎、叶对养分的吸收能力大于根，当光合产物较少时，有机物优先供应地上器官，很少供应根部，以致根的生长发育不良。生殖器官中，果实比花的吸收能力强，当营养不足时，出现同化物供应矛盾，花蕾脱落增多，此现象在棉花、大豆、果树上尤为突出。因此，人们在农业生产中，对棉花、番茄、果树进行摘心、剪枝等，就是为改善光合条件和调整有机物的分配，以提高坐果率和果实产量。

（二）就近供应，同侧运输

叶片制造的光合产物首先分配给距离近的生长中心，并且同侧分配得较多。一般来说，植物茎上部叶片同化产物主要供应顶端和上部嫩叶的生长，而下部的叶片同化产物主要供应根和分蘖的生长，处于中部的叶片其光合产物则上下都供应。当果实形成时，所需的养料主要靠和它最邻近的叶片供应。如大豆的叶腋处出现豆荚时，该节位叶片的同化产物主要供给这个豆荚，很少运至相邻的节。只有该节豆荚去掉或本节豆荚营养有余时，才运向其他的豆荚。如果这个叶片受伤或光合作用受阻，这个豆荚就容易脱落。棉花也有类似的现象。因此，保护果枝上的叶片正常地进行光合作用，是防止豆荚、蕾铃脱落的方法之一。

以同位素示踪研究表明，在一般情况下，经常是同一方位叶子的有机物主要供给相同方位的花序和根系，很少横向运输到对侧，这可能与维管束走向有关。

(三) 功能叶之间无同化物供应关系

就不同叶龄来说，幼嫩的叶片光合能力弱，光合产物较少，不但不向外运输，而且还需输入有机物，以供给自身生长需要。一旦叶片长成，成为功能叶，可向外输出光合产物，就不再接受外来的有机物质。已成为源的叶片之间不存在有机物的分配关系，直到最后衰老死亡。

三、同化物的再分配与再利用

植物体内的同化产物，除了构成像细胞壁这样的骨架物质外，其他的物质，不论是有机物，还是无机物，包括细胞的各种内含物，都可进行再分配与再利用。

同化物的再分配与再利用，也是器官之间营养物质内部调节的主要特征，例如当叶片衰老时，大量的糖以及氮、磷、钾等元素都要转移到就近新生器官中。尤其在生殖生长时，营养器官中的细胞内含物向生殖器官转移的现象尤为突出。例如，小麦籽粒达到25%的最终饱满度时，植株对氮与磷的吸收已达90%，故籽粒在最后的充实期中，完全靠营养器官中已有的营养元素进行再分配转让，小麦叶片衰老时，原有氮的85%与磷的90%，都从叶片转移到穗部。在果实、鳞茎、块茎、根茎等贮藏器官发育成熟时，营养体的许多物质都要向贮藏器官再行分配，营养体的衰老正是同化物转移的必然结果。有些器官在自身的作用完成后，其所固有的物质并不是废弃，而是被解体、转移而再次利用，如花瓣在授粉后，其细胞内的原生质就会迅速解体，氮、磷、钾等矿物质与有机物大部分撤离，而后花瓣凋谢。这些现象说明，同化物和矿物质在植物体器官之间的再分配、再利用是普遍现象。

作物成熟期间同化物的再分配对提高整体的适应能力、繁殖力以及增产都有一定意义。例如，北方农民为了避免秋季早霜危害或提前倒茬，将玉米连根带穗提前收获，竖立成垛，茎叶内的有机物质继续向籽粒中转移，可以提高产量5%～10%。水稻、小麦、芝麻、油菜等收割后堆在一起，适当延迟脱粒，对粒重的增加有明显效果。

研究植物体有机物的再分配的模式与途径，探寻促进和控制的有效途径，对理论研究与生产实践都有十分重要的意义。

四、同化物的分配与产量形成的关系

有机物质的分配到哪里，分配的多少，受源的供应能力、库的竞争能力和输导系统的运输能力三个因素的影响。

源的供应能力是指源的同化产物能否输出以及输出的速度。当同化产物较少，本身又需要时，基本不输出；同化产物形成超过自身需要时，才能输出。生产愈多，输出潜力愈大。

库的竞争能力与其需要相一致。生长旺盛，代谢强的部位，对养分竞争能力强，得到的同化产物则多。库对有机产物有一种“拉力”，“拉力”越大，竞争力越大。

输导系统的运输能力与源、库之间的输导系统的联系、通畅程度和距离远近有关。同时与输导组织的分布有关。

产量，一般是指经济产量而言，不管是哪种器官作为经济器官，但构成经济产量的物质都是由源器官输送而来的同化物质。其来源有三个方面：一是功能叶制造的光合产物输入的；二是某些经济器官（如穗）自身合成的；三是其他器官贮存物质的再利用。其中功能叶制造的光合产物是经济产量的主要来源。

根据源库关系，从作物品种特性角度分析，影响作物产量形成的因素有三种类型。

（1）源限制型　其特点是品种的源小而库大，源的供应能力是限制作物产量提高的主要因素，易造成结实率低，空壳率高。

（2）库限制型　特点是库小源大，库的接纳能力小是限制产量提高的主要因素。源的供应能力超过库的要求，结实率高且饱满，但由于粒数少或库容小，而产量不高。

（3）源库协作型　此类型的特点是源库协同调节，可塑性大。栽培措施适当，容易获得高产。

第三节　影响与调节同化物运输的因素

影响同化产物运输与分配的因素十分复杂，其中糖代谢状况、植物激素起着重要作用。另外，环境因素对运输与分配也有着重要的影响。

一、细胞内蔗糖浓度

蔗糖是许多植物中光合产物的主要运输形式，叶内蔗糖浓度对输出速率有明显的调节作用。因此绿色细胞中蔗糖合成酶与蔗糖-6-磷酸合成酶的活性对同化物输出有直接作用。运输率与蔗糖浓度存在某一阈值。高于这一阈值，输出率明显提高，低于这一阈值，叶内蔗糖处于非运态，输出率降低。

叶绿体内淀粉含量与细胞质内蔗糖浓度之比会影响细胞内可运蔗糖浓度，K与Na的比值影响和调节细胞内淀粉与蔗糖的比例。在菠菜和甜菜中发现，K与Na的比值低时，有利于淀粉向蔗糖转化，提高输出率，钾钠比值高时则相反。

二、能量代谢的调节

同化物的主动运输需要消耗能量，物质出膜、进膜都需要ATP。因此，膜ATP酶的活性与物质运输关系密切。

三、植物激素

植物激素对同化物的运输分配有重要影响。如用IAA处理未受精的胚珠或涂于棉花未受精的柱头上，有吸引有机物向这些器官分配的效应。正在发育的向日葵籽实的生长速率与IAA和ABA的含量成正比。用^{14}C和^{32}P进行示踪试验证明，这些激素均有调节同化物运输与分配的作用，并且有累加效应。

四、环境因素

（一）温度

温度显著影响同化产物的运输速度，在20～30℃范围内，糖的运输速度最快。高于或低于这个温度，运输速度均会下降。昼夜温差大小对同化物运输也有影响。我国北方小麦产量高于南方，主要原因就是北方昼夜温差大，植株衰老慢，灌浆期长。

（二）光照

光照可通过光合作用影响同化物的运输与分配。功能叶白天的输出率高于夜间，这可能是光下蔗糖浓度升高，运输加快所致。但光下有机物的运输并非一直处于平稳状态。

（三）水分

在水分亏缺情况下，随叶水势的降低，从叶输入到韧皮部内的同化物质减少。这一方面是由于光合速率降低，叶肉细胞内可运出蔗糖浓度降低，另一方面，是由于在缺水条件下，筛管内物质运动速度降低。

干旱对植物的影响，随植物种类的不同而不同。如马铃薯同化速度降低，但从叶中运出的同化产物的比例并不减少，这主要是干旱下促使多糖水解，水解产物向韧皮部输送的结果。但小麦对干旱的反应却与马铃薯相反，从旗叶输出的同化产物减少了40%，可是向穗内分配的同化物数量保持一样，但分配到植株基部与根系的同化物质数量明显下降（表9-1）。

表9-1 CO_2 喂旗叶24h后，^{14}C 标记同化物在缺水小麦植株中的分配状况

植株部分	对照植株/%	受旱植株/%	植株部分	对照植株/%	受旱植株/%
旗叶	26.4±3.8	57.4±4.3	下部节间	17.5±2.1	2.9±1.2
穗	34.7±3.9	33.7±3.5	根	16.3±2.7	3.1±0.6
上部节间	5.2±0.9	3.0±0.9			

（四）矿质元素

对有机物运输影响较大的矿质元素主要有氮、磷、钾、硼等。

氮肥过多，较多的碳水化合物用于形成植物营养体，不利于同化物向外输出，向籽粒分配减少；氮肥较少，则会引起功能叶早衰。所以，碳氮比必须适当。

磷肥有促进同化物运输的作用。在作物产量形成后期，适当追施磷肥有利于同化产物向经济器官内运输，提高产量。在棉花开花期喷施磷肥，也能达到减少蕾铃脱落的目的。

钾肥能促进库内糖分转化为淀粉。因此在禾谷类作物的灌浆期，薯类植物在块根膨大期施用钾肥，可以促进籽粒、块根内蔗糖转化为淀粉，造成源库两端的“压力差”，有利于有机物的运输。

硼和糖能结合成复合物，这种复合物易于通过质膜，促进糖的运输。硼还能促进蔗糖的合成，提高可运态糖的浓度。在棉花花铃期喷施0.01%～0.05%的硼酸溶液，能促进同化物向幼蕾、幼铃的运输，显著减少蕾、铃的脱落。

本章小结

高等植物个体都是由多种器官组成的，这些器官之间分工明确，相互依存。叶片的主要功能是制造或输出有机物，称为源，幼叶、根、茎、花、果实及种子是消耗、贮藏有机物的组织，称为库，两者相互依存、相互影响。蔗糖是同化物分配运输的主要形式，按照运输距离的长短可分为短距离运输和长距离运输，在运输过程中遵循“优先供应生长中心、就近供应，同侧运输”规律。同化物的运输与分配受到蔗糖浓度、能量、植物激素及外界环境因素（温度、光照、水分及矿质元素）的影响，对植物的生长发育、农作物的产量及品种都具有重要意义。

复习思考题

一、名词解释

代谢源；代谢库；源-库单位；生长中心

二、问答题

1. 同化物的运输途径、方向和形式有哪些？
2. 说明有机物运输的规律，举例说明在生产上的应用。
3. 影响有机物运输与分配的因素有哪些？怎样影响？

第十章　植物的生长物质

掌握植物生长物质的种类和作用。
了解植物激素间的相互关系。
了解常用植物生长调节剂的种类和作用。
了解植物生长物质在农业生产上的应用技术和注意事项。

植物的生长发育不但需要水分、矿质和有机物供应，而且还需要一类生理活性物质的调节与控制，这类生理活性物质称为植物生长物质。植物生长物质是指能调节植物生长发育的微量化学物质。它分为植物激素和植物生长调节剂两类。

第一节　植物激素

植物激素是指在植物体内合成的、通常从合成部位运往作用部位、对植物的生长发育产生显著调节作用的微量生理活性物质。到目前为止，公认的植物激素有五大类，即生长素类、赤霉素类、细胞分裂素类、脱落酸和乙烯。它们都具有以下特点。第一，内生性，它们是在植物生命活动过程中正常代谢产物。第二，可以转移，它们能从合成器官转移到作用部位。第三，植物生长物质是非营养物质，它们在体内含量很低，但对代谢过程起到极大的调节作用。此外，油菜素内酯、茉莉酸（酯）、寡糖素、水杨酸和多胺类等已经证明对植物的生长发育具有多方面的调节作用。

一、生长素类

（一）生长素的发现与种类

1. 生长素的发现

生长素是最早被发现的植物激素。1872 年，波兰园艺学家西斯勒克（Cieselski）在研究植物的根时发现，置于水平方向的根因重力影响而弯曲生长，根对重力的感应部分在根尖，而弯曲主要发生在伸长区。他认为可能有一种从根尖向基部传导的刺激性物质，使根的伸长区在上下两侧发生不均匀生长。英国科学家达尔文（Darwin）父子利用金丝雀虉草胚芽鞘进行向光性试验，发现在单方向光照射下，胚芽鞘向光弯曲；如果切去胚芽鞘的尖端或在胚芽鞘的尖端套以锡箔小帽，单侧光照便不会使胚芽鞘向光弯曲。如果单侧光线只照射胚芽鞘尖端而不照射胚芽鞘下部，胚芽鞘还是会向光弯曲（图 10-1）。他们认为胚芽鞘产生向光弯曲是由于幼苗在单侧光照下产生某种影响，并将这种影响从上部传到下部，造成背光面和向光面生长速度不同。1928 年荷兰的温特（F. W. Went）同样发现了类似的现象，他认为产生这种现象与某种促进生长的化学物质有关，温特将这种物质称为生长素。1934 年，荷兰的科戈（F. Kogl）等人从人尿、根霉、麦芽中分离和纯化了一种刺激生长的物质，经鉴定为吲哚乙酸（IAA）。从此，IAA 就成了生长素的代号。

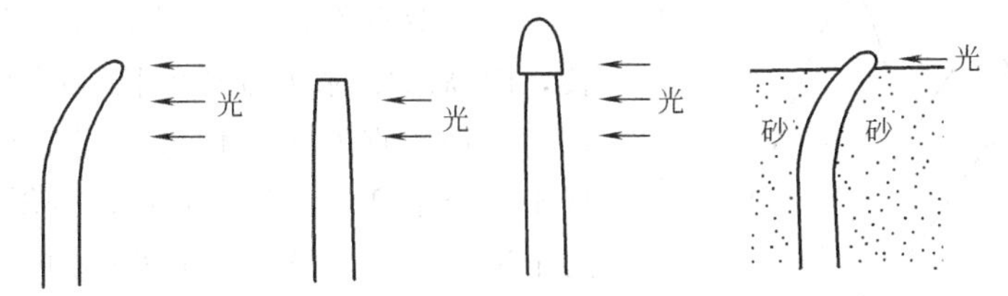

图 10-1　达尔文父子的向光性实验示意图

2. 生长素的种类

除 IAA 外，还在大麦、番茄、烟草及玉米等植物中先后发现苯乙酸、4-氯吲哚乙酸、吲哚丁酸、4-氯吲哚丁酸等天然化合物，它们都不同程度的具有类似于生长素的生理活性。后来又人工合成了多种植物生长调节剂，如 2,4-D、萘乙酸等，它们都具有生长素类物质的功能。

（二）生长素的分布与运输

1. 分布

植物体内生长素的含量很低，一般每克鲜重植物组织含生长素 10～100ng。各种器官中都有生长素分布，但较集中在生长旺盛的部位，如正在生长的茎尖和根尖（图 10-2），正在展开的叶片、胚、幼嫩的果实和种子，禾谷类的居间分生组织等。衰老组织或器官中生长素的含量很少。

2. 运输

生长素在植物体内具有极性运输的特点，即生长素只能从植物形态学上端向下端运输，而不能向相反方向运输，这种现象称为生长素的极性运输。用人工合成的生长素处理植物茎尖，其在植物体内的运输也是极性的，且活性越强，极性运输也越强。生长素是惟一具有极性运输特点的植物激素。

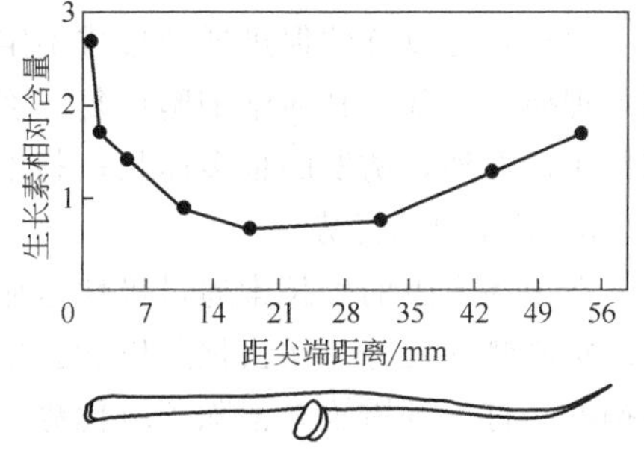

图 10-2　黄化燕麦幼苗中生长素的分布

生长素的极性运输与植物发育密切相关，如扦插枝条形成不定根、顶芽产生顶端优势等。但极性运输只局限于胚芽鞘、幼茎及幼根的薄壁细胞之间，运输距离短，运输速度较慢，约为 $2\sim20\text{mm}\cdot\text{h}^{-1}$。

除极性运输方式外，生长素在植物体中还存在非极性的远距离运输方式。如萌发的玉米幼苗中，生长素是通过维管组织从种子移动到正在生长的幼苗；成熟叶子合成的 IAA 也可能是通过韧皮部进行非极性运输的。

生长素的极性运输是一种可以逆浓度梯度的主动运输过程，需要消耗能量，因此，在缺氧条件下会严重阻碍生长素的运输。

（三）生长素类的生理作用

生长素类的生理作用十分广泛，包括对细胞分裂、伸长和分化，营养器官和生殖器官的生长、成熟和衰老的调控等方面。

1. 促进生长

生长素最明显的效应就是在外用时可促进茎切段和胚芽鞘切段的伸长生长，其原因主要是促进了细胞伸长。在一定浓度范围内，生长素对离体根、芽的生长也有促进作用。此外，生长素还可促进植物组织培养中愈伤组织的生长和马铃薯、菊芋等块茎的生长。生长素对生

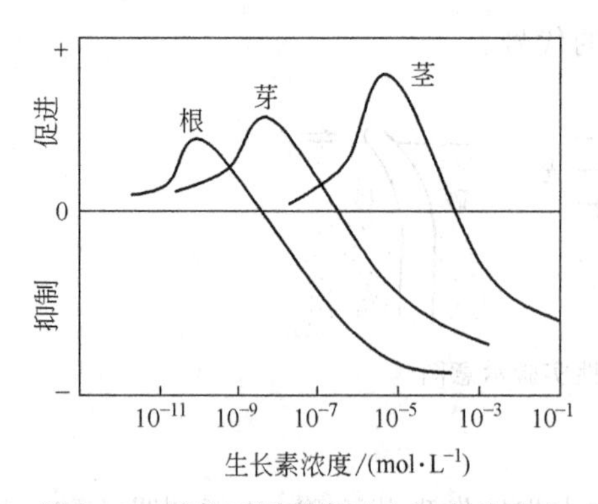

图 10-3　植物不同器官对生长素的反应

长的作用表现出以下三方面特点。

（1）双重作用　生长素在较低浓度下促进生长，而高浓度时则抑制生长（图 10-3）。生长素对任何一种器官的生长促进作用都有一个最适浓度，低于这个浓度时，生长随浓度的增加而加快；高于这个浓度时，促进生长的效应随浓度的增加而逐渐下降。当浓度高到一定值后则抑制生长。

（2）不同器官对生长素的敏感性不同　从图 10-3 可以看出，促进根生长的生长素最适浓度大约为 10^{-10} mol·L^{-1}，茎的最适浓度为 2×10^{-5} mol·L^{-1}，而芽则处于根与茎之间，最适浓度约为 10^{-8} mol·L^{-1}。由于根对生长素十分敏感，所以浓度稍高就会起抑制作用。

不同年龄的细胞对生长素反应也不同，幼嫩细胞对生长素反应灵敏，老细胞敏感性下降。高度木质化和其他分化程度很高的细胞对生长素都不敏感。

（3）对离体器官和整株植物效应有别　生长素对离体器官的生长具有明显的促进作用，而对整株植物往往效果不太明显。

2. 促进插枝生根

生长素可以有效促进插条形成不定根，这一方法已在苗木无性繁殖上广泛应用。用生长素处理插枝基部，其薄壁细胞恢复分裂能力，产生愈伤组织，然后长出不定根。其中吲哚丁酸作用最强烈，诱发的根多而长；萘乙酸诱发的根大而粗。

3. 引起顶端优势

在顶芽产生的生长素通过极性运输流向植株基部，使侧芽附近的生长素浓度升高，从而足以抑制侧芽发育。切去顶芽以除去生长素的来源，对侧芽的抑制效应就会消失。生产上通过摘心、打顶等措施来消除顶端优势，促进侧枝生长；也通过抹芽、修剪等手段以维持顶端优势，促进主茎生长。

4. 调控开花和结实

由于生长素能诱导产生乙烯，故在多数情况下，生长素抑制花的形成，但只有凤梨科植物例外，生长素能促进菠萝开花。生长素还能诱导黄瓜等瓜类作物的雌花分化，表现出增加雌花的效应。

生长素可诱导少数植物的单性结实，其中包括番茄、辣椒、黄瓜及柑橘属等。早春低温易引起番茄和辣椒等作物落花落果，施用生长素类调节剂可起到保花保果的作用。

发育中的种子是维持果实正常发育所需的生长素的来源。除去草莓种子就会阻止其果实继续发育，而在其果实上施用生长素则可恢复其正常的发育过程。

5. 调运养分

生长素具有很强的吸引与调运养分的效用，利用这一特性，用 IAA 处理，可促使未受精子房及其周围组织膨大而获得无籽果实。

6. 其他作用

生长素还广泛参与许多其他生理过程。如促进形成层细胞向木质部细胞分化、促进光合产物运输、叶片扩大和气孔开放等。此外，生长素还可抑制花果脱落、叶片老化和块根形成等。生长素的生理作用几乎贯穿了植物的整个生长发育过程。

二、赤霉素类

（一）赤霉素的发现与种类

1935年日本科学家数田从诱发水稻恶苗病的赤霉菌中分离到了能促进生长的非结晶固体，并称之为赤霉素。后来科学家们又发现了与赤霉素具有相同化学结构的系列物质，于是，把这一类具有赤霉烷骨架、并能刺激细胞分裂和伸长的一类化合物称为赤霉素（GA）。

赤霉素的种类很多，它们广泛分布于植物界，在被子植物、裸子植物、蕨类植物、藻类植物、真菌和细菌中都发现有赤霉素的存在。现已发现赤霉素136种，可以说，赤霉素是植物激素中种类最多的一种激素。赤霉素系列物质用缩写符号 GA_n 表示，n 是发现时间先后的顺序号。商品赤霉素产品主要有赤霉酸（GA_3）及 GA_4 和 GA_7 的混合物。

（二）赤霉素的合成与运输

赤霉素在植物顶端的幼嫩部分合成，如根尖和茎尖，也包括生长中的种子和果实，其中正在发育的种子是GA的丰富来源。一般生殖器官中所含的GA比营养器官的高。同一种植物往往含有多种GA，如在南瓜种子至少含有20种GA，菜豆种子至少含有16种GA。

GA在植物体内的运输没有极性，可以双向运输。根尖合成的GA通过木质部向上运输，而叶原基产生的GA则通过韧皮部向下运输。其运输速度与光合产物相同，为50～100cm·h^{-1}，不同植物间运输速度差异很大。

（三）赤霉素的生理作用

1. 促进茎的伸长生长

赤霉素最显著的生理效应就是促进植物的生长，这主要是它能促进细胞的伸长。GA促进生长具有以下特点。

（1）促进完整植株伸长生长　用GA处理，能显著促进植株茎的伸长生长，尤其是对矮生突变品种的效果特别明显（图10-4，图10-5）。但GA对离体茎切段的伸长没有明显的促进作用，而IAA对整株植物的生长影响较小，却对离体茎切段的伸长有明显的促进作用。

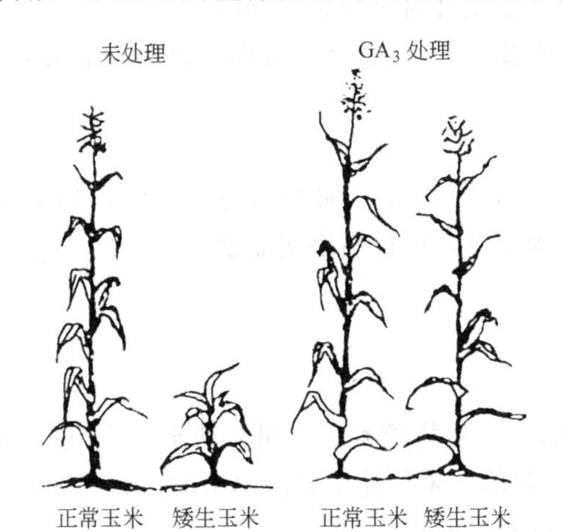

图10-4　GA_3 对矮生玉米的影响
GA_3 对正常植株效应较小，但可促进矮生植株长高，达到正常植株的高度
（引自P. O. Phinney，1963）

图10-5　GA_3 对矮生豌豆的效应
（左）矮生豌豆突变体；（右）施用外源 GA_3 5×10^{-10} mol·L^{-1}

（2）促进节间伸长　GA主要作用于已有节间的伸长，而不是促进节数的增加。

（3）不存在超最适浓度的抑制作用　即使GA浓度很高，仍可表现出最大的促进效应，这与生长素促进植物生长具有最适浓度的情况显著不同。

2. 促进抽薹，诱导开花

菠菜、甘蓝等莲座型植物在开花前必须经过节间迅速且大量伸长的过程，俗称“抽薹”，抽薹通常受低温和长日照等环境因子诱发，用GA处理能够代替上述环境因子而诱导抽薹，并能诱导产生超长茎（图10-6）。

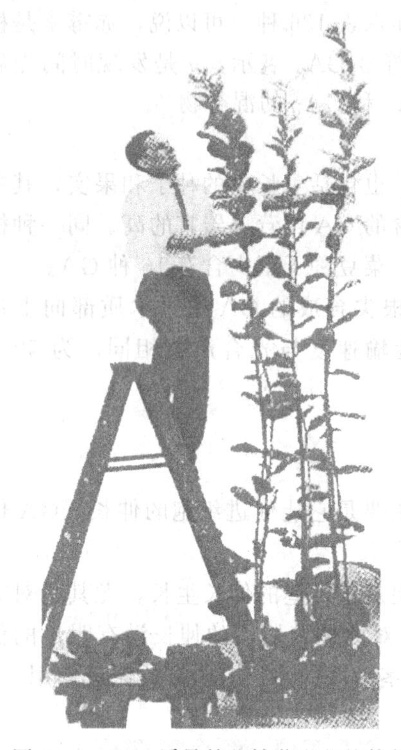

图10-6　GA_3诱导甘蓝抽薹和茎的伸长

施用GA能促进多种长日照植物或需低温植物在不适宜的环境下开花，但对短日照及中间性植物一般没有效果。GA_{4+7}处理可以诱导许多幼态的针叶植物进入成熟态。GA_5促进十字花科油菜花芽分化。对于花芽已经分化的植物，GA能显著促进花的开放，如GA能促进甜叶菊、铁树及柏科、杉科植物的开花。

3. 打破休眠促进萌发

生产上刚刚收获的马铃薯块茎处于休眠状态，用GA处理可打破休眠，满足一年多次种植马铃薯的需要。一些需光和需低温才能萌发的种子，如莴苣、烟草、紫苏、李、苹果等，GA可代替光照和低温打破休眠。赤霉素在种子萌发过程中有多方面的作用，如赤霉素可以刺激胚芽的营养生长，诱导水解酶的合成，如α-淀粉酶、蛋白酶等，分解种子储存的营养物质。

4. 促进雄花分化

对于雌雄同株异花的植物，用GA处理后，雄花的比例增加；对于雌雄异株植物的雌株，如用GA处理，也会开出雄花。GA在这方面的效应与生长素和乙烯相反。

5. 促进单性结实

GA用于诱导形成无籽果实，在葡萄生产上已广泛应用。如在葡萄开花1周后喷GA，可使果实的无籽率达60%～90%；收获前1～2周处理，可提高果实甜度。

三、细胞分裂素类

（一）细胞分裂素的发现与种类

细胞分裂素是以促进细胞分裂为主要作用的一类植物激素，又叫激动素（CTK）。最早发现的天然植物细胞分裂素为玉米素，是从未成熟的玉米籽粒中分离出来的。目前在高等植物中已鉴定出了30多种细胞分裂素，它们都是腺嘌呤的衍生物。

天然细胞分裂素可分为两类：一类是游离态细胞分裂素，如玉米素、玉米素核苷、二氢玉米素、异戊烯基腺嘌呤等；另一类为结合态细胞分裂素，如异戊烯基腺苷、甲硫基玉米素、甲硫基异戊烯基腺苷等。

常见人工合成的细胞分裂素有激动素（KT）、6-苄基氨基腺嘌呤（BA，6-BA）。这两种细胞分裂素在农业和园艺上广泛应用。

（二）细胞分裂素的合成与运输

细胞分裂素的主要合成部位是细胞分裂旺盛的根尖及生长中的种子和果实。细胞分裂素在植物体内的运输是非极性运输，根尖合成的细胞分裂素由木质部导管运输到地上部分。植物的伤流液中也含有细胞分裂素，说明细胞分裂素可能还有其他的运输通道。

（三）细胞分裂素的生理作用

1. 促进细胞分裂

细胞分裂素的主要生理功能就是促进细胞分裂。生长素、赤霉素和细胞分裂素都有促进细胞分裂的效应，但它们各自所起的作用不同，细胞分裂包括核分裂和胞质分裂两个过程，生长素只促进核分裂（因促进了 DNA 的合成），而与细胞质分裂无关。细胞分裂素主要对细胞质分裂起作用，所以，细胞分裂素促进细胞分裂的效应只有在生长素存在的前提下才能表现出来。而赤霉素促进细胞分裂主要是缩短了细胞周期的时间，从而加速了细胞的分裂。

2. 影响形态建成

细胞分裂素能影响植物组织培养中愈伤组织的形态建成。1957 年斯库格和米勒在进行烟草组织培养时发现，细胞分裂素（激动素）和生长素的相互作用控制着愈伤组织根、芽的形成。当两种激素浓度相等时，愈伤组织处于生长但不分化的状态；当 CTK/IAA 的比值高时，愈伤组织形成芽；当 CTK/IAA 的比值低时，愈伤组织形成根。所以，通过调控这两类激素的比值，可诱导愈伤组织形成完整的植株。

3. 促进细胞扩大

细胞分裂素可促进一些双子叶植物如菜豆、萝卜的子叶或叶圆片扩大，这种扩大主要是因为促进了细胞的横向增粗（图 10-7）。

4. 促进侧芽发育，消除顶端优势

CTK 能解除由生长素引起的顶端优势，刺激侧芽生长。如豌豆苗第一真叶叶腋内的侧芽，一般处于潜伏状态，但若以激动素溶液滴加于叶腋部位，腋芽则可生长发育。

图 10-7 细胞分裂素对萝卜子叶膨大的作用

左边子叶用合成的细胞分裂素 6-苄基氨基-9-（四氢吡喃 2-基）嘌呤（100mg·L^{-1}）处理（叶面涂施），右边是对照

（引自潘瑞炽，董愚得，1996）

5. 延缓叶片衰老

在离体叶片上局部涂以激动素，当叶片其余部位变黄衰老时，涂抹激动素的部位仍保持鲜绿，如图 10-8（a）、（b）所示。这不仅说明激动素有延缓叶片衰老的作用，同时也说明激动素在一般组织中不易移动。

由于细胞分裂素具有保绿及延缓衰老的作用，故可用来处理水果和鲜花，达到保鲜、保绿、防止落果的目的。如用细胞分裂素水溶液处理柑橘幼果，可显著减少生理落果，且果柄加粗，果实浓绿。

6. 打破种子休眠

需光种子，如莴苣和烟草等在黑暗中不能萌发，用细胞分裂素则可代替光照打破这类种子的休眠，促进其萌发。

四、脱落酸

（一）脱落酸的发现

脱落酸（ABA）是指能引起芽休眠、叶子脱落和抑制生长等生理作用的植物激素。它

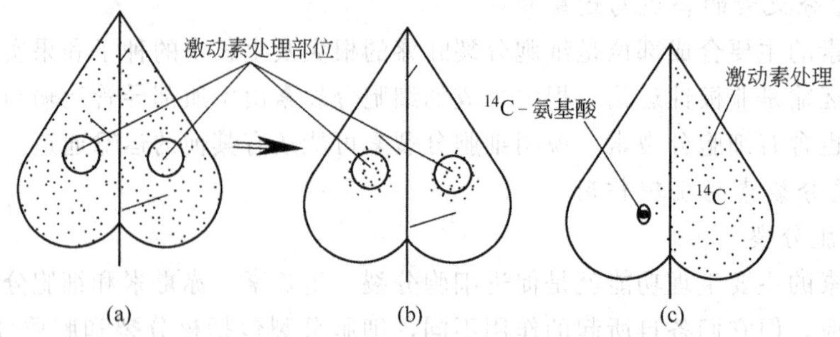

图 10-8 激动素的保绿作用及对物质运输的影响

(a) 离体绿色叶片，圆圈部位为激动素处理区；(b) 几天后叶片衰老变黄，但激动素处理区仍保持绿色，黑点表示绿色；(c) 放射性氨基酸被移动到激动素处理的一半叶片，黑点表示有^{14}C-氨基酸的部位

是人们在研究植物体内与休眠、脱落和种子萌发等生理过程有关的生长抑制物质时发现的。1963 年由美国科学家从棉铃中分离出来。1967 年在加拿大召开的第六届国际植物生长物质会议上将其命名为脱落酸。

（二）脱落酸的分布与运输

脱落酸存在于全部维管植物中，包括被子植物、裸子植物和蕨类植物。高等植物各器官和组织中都有脱落酸，其中以将要脱落或进入休眠的器官和组织较多，在逆境条件下 ABA 含量会迅速增多。一般情况下，水生植物的 ABA 含量很低，而陆生植物含量高些。

脱落酸主要以游离的形式运输，且运输不具有极性，运输速度很快，在茎或叶柄中的运输速率大约是 $20mm \cdot h^{-1}$。

（三）脱落酸的生理作用

1. 促进休眠

外用 ABA 时，可使旺盛生长的枝条停止生长而进入休眠。在秋天的短日条件下，叶子合成 ABA 的量不断增加，使芽进入休眠状态以便越冬。种子休眠与种子中存在脱落酸有关，如桃、蔷薇休眠种子的外种皮中存在脱落酸，只有通过层积处理，脱落酸水平降低后，种子才能正常发芽。

2. 促进脱落

ABA 是在研究棉花幼铃脱落时发现的。ABA 促进器官脱落主要是促进了离层的形成。将 ABA 溶液涂抹于去除叶片的棉花离体叶柄切口上，几天后叶柄就开始脱落（图 10-9），此效应十分明显，已被用于脱落酸的生物检定。

3. 促进气孔关闭

ABA 具有明显地促进气孔关闭、抑制气孔开放的效应，从而降低植物蒸腾。ABA 作为一种抗蒸腾剂，在农林生产和细胞工程上具有潜在的应用价值。

4. 抑制生长

ABA 能抑制整株植物或离体器官的生长，也能抑制种子的萌发。这种抑制效应是可逆的，一旦去除 ABA，枝条的生长或种子的萌发又会立即开始。

5. 增强抗逆性

在各种逆境下，植物内源 ABA 水平都会急剧上升，进而引起气孔关闭，减少水分散失，提高抗逆能力。因此，ABA 被称为应激激素或胁迫激素。

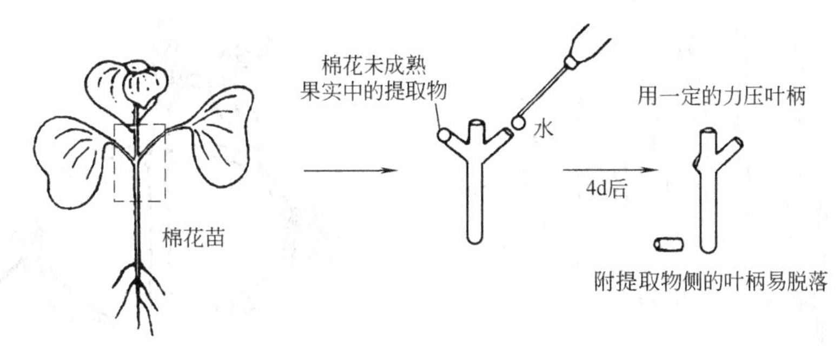

图 10-9　促进落叶物质的检定法

（引自 Addicott，1963）

五、乙烯

（一）乙烯作用的发现

早在 1864 年，就有关于燃气街灯漏气会促进附近树木落叶的报道，1901 年，俄国植物学家奈刘波（Neljubow）证实这是照明气中的乙烯在起作用。1910 年，卡曾斯（Cousins）发现橘子产生的气体能催熟同船混装的香蕉，这是第一次发现植物材料能产生一种气体并对邻近植物材料的生长产生影响。1934 年，甘恩（Gane）证实植物组织确实能产生乙烯。1959 年，伯格（S. P. Burg）等测出了未成熟果实中有极少量的乙烯产生，并随着果实成熟，产生的乙烯量不断增加。此后，研究不断发现，高等植物的各个部位都能产生乙烯，而且乙烯在从种子萌发到植物衰老的整个过程中都起重要的调节作用。1965 年，乙烯被公认为植物的天然激素。

（二）乙烯的合成与运输

乙烯是最简单的烯烃，是一种轻于空气的气体。它广泛存在于植物体的各部位，在植物所有活细胞中都能合成乙烯。在植物正常生长发育的某些时期，如种子萌发、果实后熟、叶的脱落和花的衰老等阶段会诱导乙烯的产生。在不良环境中，植物体各部位均大量合成乙烯。

乙烯在植物体内含量非常少，极易移动，可从合成部位通过扩散作用运向其他部位。但一般情况下，乙烯就在合成部位起作用。

（三）乙烯的生理作用

1. 改变植物的生长习性

乙烯改变植物的生长习性主要表现在三个方面：①茎伸长生长受抑制；②茎或根横向增粗；③茎的负向重力性消失，发生横向生长。这三种效应都很典型，称为乙烯的“三重反应”，如图 10-10（a）所示。

乙烯促使茎横向生长是由于它引起偏上生长所造成的。所谓偏上生长，是指器官的上部生长速度快于下部的现象。乙烯对茎与叶柄都有偏上生长的作用，从而造成了茎横生和叶下垂，如图 10-10（b）所示。

2. 促进成熟

乙烯最主要和最显著的生理效应就是催熟，因此也称为催熟激素。在实际生活中，一箱苹果里一旦出现一只烂果，如不立即除去，很快就会使整箱苹果都烂掉。又如柿子，即使在

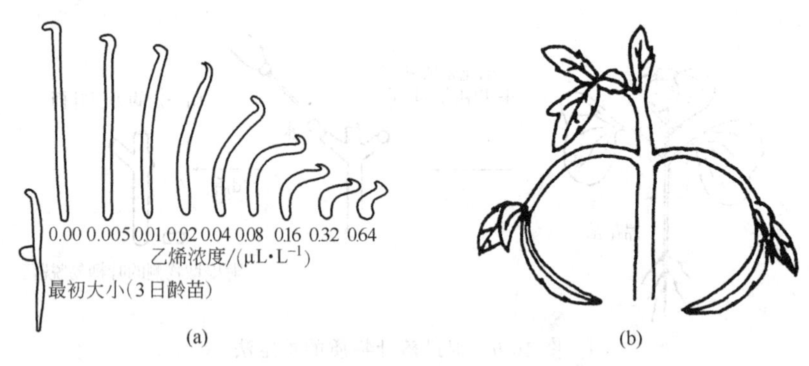

图 10-10　乙烯的“三重反应”和偏上生长

（a）不同乙烯浓度下黄化豌豆幼苗生长的状态；（b）用 $10\mu L \cdot L^{-1}$乙烯处理 4h 后番茄苗的形态，由于叶柄上侧的细胞伸长大于下侧，使叶片下垂

树上已成熟，仍很涩口，只有经过后熟才能食用。将柿子集中堆放或置于容器密闭（如用塑料袋封装），可加速后熟过程。南方采摘的青香蕉，用密封的塑料袋包装（使果实产生的乙烯不会扩散）可运往各地销售。有的还在密封袋内注入一定量的乙烯，从而加快催熟。

3. 促进脱落

乙烯对植物器官（叶片、花、果实）脱落有极显著的促进作用。

4. 促进开花和雌花分化

乙烯能诱导菠萝等凤梨科植物开花，并且开花提早，花期一致。还可改变花的性别，促进黄瓜雌花分化，增加雌花比率。乙烯在这方面的效应与 IAA 相似，而与 GA 相反，现在知道 IAA 增加雌花分化就是由于 IAA 诱导产生乙烯的结果。

5. 乙烯的其他效应

乙烯还可诱导插枝不定根的形成，促进根的生长和分化，打破种子和芽的休眠，促进植物体内次生物质（如橡胶树的胶乳，漆树的漆等）的排出，增加产量等。

六、其他植物生长物质

1. 油菜素甾体类物质

油菜素内酯（BR）广泛存在于植物中，植物体各部分都有分布。BR 含量极少，但生理活性很强。目前已经从植物中分离出天然甾类化合物 40 余种，因此被认为是在自然界广泛存在的一大类化合物。

BR 的主要生理效应是促进细胞的分裂和伸长、抑制根系生长、促进植物向地性反应、促进木质部导管分化以及抑制叶片脱落、调节育性、诱导逆境反应等。生产上，BR 主要应用于增加农作物产量、提高植物耐冷性和耐盐性以及减轻某些农药的药害等方面。一些科学家已经提议将油菜素甾体类正式列为植物的第六类激素。

2. 茉莉酸类

茉莉酸（JA）及其甲酯（MJ）广泛存在于植物中。茉莉酸结构类似物大约有 20 余种，统称为茉莉素。茉莉素是与抗性相关的植物生长物质。通常 JA 分布在植物的茎端、嫩叶、未成熟果实等部位，果实中的含量更为丰富。

大量研究发现，茉莉酸类化合物具有广谱的生理效应，即具有多效性，主要体现在这几个方面。

① 抑制作用。外源茉莉酸类化合物处理能够抑制水稻、小麦和莴苣等植物幼苗的生长；抑制叶绿素的合成和光合作用；抑制种子和花粉的萌发；抑制烟草等植物外植体的花芽分化等。

② 促进作用。促进绿豆下胚轴等插条生根；通过诱导 ACC 氧化酶而促进乙烯生物合成，从而促进果实的成熟、器官衰老与脱落；茉莉酸类化合物对马铃薯等块茎、甘薯等块根，以及洋葱等鳞茎的形成也具有显著的促进作用等。

③ 提高植物的抗逆性。当植物受到机械伤害、病虫害、干旱、低温等逆境时，植物内源茉莉酸类化合物含量会迅速增加。所以外源茉莉酸甲酯处理能提高水稻对低温（5～7℃，3d）和高温（46℃，24h）的抗性；MJ 处理还能提高花生幼苗抗热、抗旱和抗盐性。

3. 水杨酸

水杨酸（SA）即邻羟基苯甲酸，能溶于水，易溶于极性有机溶剂（如乙醇）。早在 20 世纪 60 年代，人类就发现 SA 具有多种生理调节作用，如诱导某些植物开花，诱导烟草和黄瓜对病毒、真菌和细菌等病害的抗性。1987 年，研究者发现天南星科植物佛焰花序生热效应的原因是由于 SA 能激活抗氰呼吸。SA 诱导的生热效应是植物对低温环境的一种适应。在寒冷条件下，花序产热，保持局部较高温度有利于开花结实；此外，高温有利于花序产生具有臭味的胺类和吲哚类等物质的蒸发，以吸引昆虫传粉。

水杨酸类（SAs）最受关注的效应是其与植物的抗病性相关。一些抗病植物受病原微生物浸染后，会诱发 SA 的形成，而 SA 诱导抗病基因的活化和病原相关蛋白的形成，从而增加抗病性。

水杨酸类还具有其他生理作用，如抑制 ACC 转变为乙烯，从而延长切花等的寿命；诱导长日照植物浮萍属在非诱导条件下开花；抑制雌花分化并促进较低节位上的雄花分化，显著影响黄瓜性别表达。

4. 多胺

多胺类化合物（PAs）是一类具有生物活性的低分子量脂肪族含氮碱，高等植物中主要包括腐胺、尸胺（二胺）、亚精胺（三胺）、精胺和鲱精胺（四胺）等，其以游离和结合形式存在，主要分布在植物的分生组织，有刺激细胞分裂、生长和防止衰老等方面的作用。在农业生产上，应用多胺可促进苹果花芽分化、受精和增加座果率等。由于多胺的生理效应浓度高于传统所接受的激素作用浓度，所以不应归属于植物激素，而可将其归为植物生长调节剂。

七、植物激素间的相互关系

植物体内同时存在数种植物激素（表 10-1）。它们之间可相互促进增效，也可相互拮抗抵消。

增效作用是指一种激素可加强另一种激素的效应。如生长素和赤霉素对于促进植物节间的伸长生长，表现为相互增效作用。IAA 促进细胞核的分裂，而 CTK 促进细胞质的分裂，二者共同作用，完成细胞的分裂。脱落酸促进脱落的效果可因乙烯而得到增强。拮抗作用亦称对抗作用，是指一种物质的作用被另一种物质所阻抑的现象。激素间存在拮抗作用，如赤霉素诱导 α-淀粉酶的合成和对种子萌发的促进作用，因脱落酸的存在而受到拮抗；生长素推迟器官脱落的效应，会被同时施用的脱落酸所抵消；而脱落酸强烈抑制生长和加速衰老的进程，又可能会被细胞分裂素所解除。又如细胞分裂素抑制叶片衰老，而脱落酸则促进叶片衰老；生长素能促进插枝生根而赤霉素则抑制不定根的形成；生长素抑制侧芽萌发，维持植株的顶端优势，而细胞分裂素却可消除顶端优势，促进侧芽生长等。

表 10-1　植物不同部位各种激素的相对浓度（非定量测定）

（引自孟繁静等，植物生理生化，1995）

部　位	相对浓度			
	生长素	赤霉素	细胞分裂素	脱落酸
茎尖	+++	+++	+++	−
幼叶	+++	+++	−	−
伸长茎	++	++	−	−
侧芽	+	++	−	−
成熟叶	+	+	−	+++
成熟茎	+	+	−	−
根	+	−	−	−
根尖	++	++	+++	−

注：+++表示含量高；++表示含量中等；+表示含量低；−表示无。

在植物生长发育进程中，任何一种生理过程往往不是某一激素的单独作用，而是多种激素相互作用的结果。如小麦籽粒发育过程中，各种激素的高峰值变化规律与籽粒发育进程是互相对应的（图 10-11）。

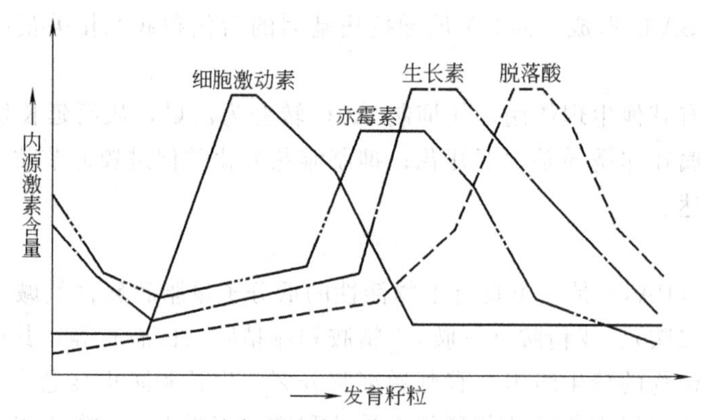

图 10-11　小麦籽粒发育过程中各类激素的动态变化

第二节　植物生长调节剂

一、常用的植物生长调节剂

植物体内激素含量甚微，难以提取，无法大规模在农业生产上应用，因此生产上只能用植物激素的代用品——植物生长调节剂。植物生长调节剂是指人工合成（或从微生物中提取）的、生理效应与植物激素相似的有机化合物，又称生长调节物质或生长刺激剂。

（一）植物生长调节剂的类型

根据对生长的效应，将植物生长调节剂分为以下几类。

1. 生长促进剂

生长促进剂可以促进细胞分裂、分化和伸长生长，也可促进营养器官生长和生殖器官发育。如吲哚丙酸、萘乙酸、激动素、6-苄基腺嘌呤等。

2. 生长抑制剂

生长抑制剂通常能抑制顶端分生组织细胞的伸长和分化，促进侧枝的分化和生长，从而破坏顶端优势，增加侧枝数目。有些生长抑制剂还能使叶片变小、生殖器官发育受影响。外施生长素可以逆转这种抑制效应，而外施赤霉素则无效。常见的生长抑制剂有三碘苯甲酸、青鲜素、水杨酸、整形素等。

3. 生长延缓剂

生长延缓剂是指抑制植物亚顶端分生组织生长的生长调节剂，包括矮壮素、多效唑、比久（B_9）等。这类物质不影响顶端分生组织的生长，也不影响叶片的发育和数目，一般也不影响花的发育。外施赤霉素往往可以逆转这种效应。

上述分类方法通常是以使用目的而定的。同一种调节剂由于浓度不同，对生长的作用也可能不同。如生长素类调节剂2,4-D，低浓度时促进植物生长，高浓度则会抑制生长，甚至杀死植物成为除草剂；即使是同一种浓度的生长调节剂施用于不同植物、不同器官或生长发育的不同时期，生理效应也可能不同。

（二）植物常用的生长调节剂

1. 生长素类

生长素类主要有三种类型：第一种是吲哚衍生物，如吲哚丙酸（IPA）、吲哚丁酸（IBA）；第二种是萘的衍生物，如 *α*-萘乙酸（NAA）、萘氧乙酸（NOA）、萘乙酰胺（NAD）；第三种是卤代苯的衍生物，如2,4-二氯苯氧乙酸（2,4-D）、2,4,5-三氯苯氧乙酸（2,4,5-T）、4-碘苯氧乙酸（增产灵）等。

2. 赤霉素类

生产上应用和研究最多的 GA_3，还有 GA_{4+7}（30%GA_4 和 70%GA_7 的混合物）和 GA_{1+2}（GA_1 和 GA_2 的混合物）。

GA 为固体粉末，难溶于水，易溶于醇、丙酮、冰醋酸等有机溶剂。配制时可先用少量乙醇溶解，再加水稀释到所需浓度。另外，GA_3 在低温和酸性条件下较稳定，遇碱失效，故不能与碱性农药混用。要随配随用，喷施时宜在早晨或傍晚湿度较大时进行。

3. 乙烯释放剂

生产上常用的乙烯释放剂为乙烯利，使用后可在植物体内释放乙烯。乙烯利是一种水溶性强酸性液体，在常温和 $pH<4.1$ 的条件下稳定。当 $pH>4.1$ 时，可以分解放出乙烯，pH 越高，产生的乙烯越多。

乙烯利易被茎、叶或果实吸收。由于植物细胞的 pH 一般大于 5，故乙烯利进入组织后可水解放出乙烯（不需要酶的参加）。

使用乙烯利时必须注意：①乙烯利酸性强，对皮肤、眼睛、黏膜有刺激作用，应避免与皮肤接触；②乙烯利遇碱、金属、盐类即发生分解，因此不能与碱性农药等混用；③稀释后的乙烯利溶液不宜长期保存，尽量随配随用；④施用时要针对喷施器官或部位，以免对其他部位或器官造成药害；⑤喷施器械要及时清洗，以免产生腐蚀作用。

4. 生长延缓剂

生长延缓剂主要有多效唑（PP_{333}）、烯效唑（S-3307）、矮壮素（CCC）、缩节胺（Pix）、比久（B_9）。

多效唑广泛用于果树、花卉、蔬菜和大田作物，可使植株根系发达，植株矮化，茎秆粗壮，并可以促进分枝，增穗增粒、增强抗逆性等；另外还可用于海桐、黄杨等绿篱植物的化学修剪。但多效唑的残效期长，影响后茬作物的生长，目前有被烯效唑取代的趋势。

烯效唑有矮化植株、抗倒伏、增产、除杂草和杀菌（黑粉菌、青霉菌）等作用。

矮壮素与赤霉素作用相反，可以使节间缩短，植株变矮、茎变粗，叶色加深。矮壮素在生产上较常用，可以防止小麦等作物倒伏，防止棉花徒长，减少蕾铃脱落，也可促进根系发育，增强作物抗寒、抗旱、抗盐碱能力。

缩节胺与矮壮素相似，生产上主要用于控制棉花徒长，使其节间缩短，叶片变小，并且减少蕾铃脱落，从而增加棉花产量。

比久可代替人工整枝，同时有利于花芽分化，增加开花数，提高座果率。也可防止花徒长，使株型紧凑，荚果增多。比久残效期长，影响后茬作物生长，有人还认为它有致癌的危险，因此不宜用在食用作物上，并不要在临近收获时施用。

5. 生长抑制剂

生长抑制剂主要有 2,3,5-三碘苯甲酸（TIBA）、整形素、青鲜素（MH）。

三碘苯甲酸可以使植物矮化，消除顶端优势，增加分枝。生产上多用于大豆，开花期喷施，能使豆梗矮化，分枝和花芽分化增加，结荚率提高，增产显著。

整形素能使植株矮化成灌木状，常用来塑造木本盆景。整形素还能消除植物的向地性和向光性。

青鲜素也叫马来酰肼，可用于控制烟草侧芽生长，抑制鳞茎和块茎在贮藏中发芽。有报道，较大剂量的青鲜素可以引起实验动物的染色体畸变，建议使用时注意适宜的剂量范围和安全间隔期，且不宜施用于食用作物。

二、植物生长调节剂在农业生产上的应用

植物生长调节剂在农业生产上的应用情况见表 10-2。

表 10-2　植物激素和植物生长调节剂在农业生产上的应用

（引自潘瑞炽等，1995，略有修改）

目　的	药　剂	对　　象	使用方法及效果
促进结实	2,4-D	番茄、茄子	局部喷施，$10\sim15mg\cdot L^{-1}$，防止落果，产生无籽果实
	GA	西瓜、葡萄	花期喷施，$10\sim20mg\cdot L^{-1}$，果粒增大
插条生根	NAA	熟锦黄杨	粉剂，$1000mg\cdot L^{-1}$
		桑、茶	$50\sim100mg\cdot L^{-1}$，浸基部 12～24h
		甘薯	粉剂，$500mg\cdot L^{-1}$，定植前蘸根 水剂，$50mg\cdot L^{-1}$，浸苗基部 12h
延长休眠	NAA 甲酯	马铃薯块茎	0.4%～1%粉剂
破除休眠	GA	马铃薯块茎	$0.5\sim1mg\cdot L^{-1}$，浸泡 10min
		桃种子	$100\sim200mg\cdot L^{-1}$，浸 24h
疏花疏果	NAA 钠盐	鸭梨	局部喷施，$40mg\cdot L^{-1}$
	乙烯利	梨	$240\sim480mg\cdot L^{-1}$，盛花、末花期喷施
		苹果	$250mg\cdot L^{-1}$，盛花前 20d、10d 各喷一次

续表

目　的	药　剂	对　　象	使用方法及效果
保花保果	NAA	棉花	$10mg \cdot L^{-1}$，开花盛期
	GA	棉花	$20 \sim 100mg \cdot L^{-1}$，开花盛期
	6-BA	柑橘	$400mg \cdot L^{-1}$，处理幼果
	2,4-D	番茄	$10 \sim 20mg \cdot L^{-1}$，开花后1～2d浸花1s
		辣椒	$20 \sim 25mg \cdot L^{-1}$，毛笔点花
保鲜保绿耐贮藏	2,4-D	萝卜、胡萝卜	$100mg \cdot L^{-1}$，采收前20d喷
	6-BA	莴苣、甘蓝	$200mg \cdot L^{-1}$，浸渍
促进开花	2,4-D	菠萝	$5 \sim 10mg \cdot L^{-1}$，$50mL \cdot 株^{-1}$，营养生长成熟后，从株心灌
	NAA	菠萝	$15 \sim 20mg \cdot L^{-1}$，$50mL \cdot 株^{-1}$，营养生长成熟后，从株心灌
	乙烯利	菠萝	$400 \sim 1000mg \cdot L^{-1}$，溶液喷洒
	GA	胡萝卜、甘蓝	$100 \sim 200\mu g \cdot 株^{-1}$
促进雌花发育	乙烯利	黄瓜、南瓜	1～4叶期喷施，$100 \sim 200mg \cdot L^{-1}$
促进雄花发育	GA	黄瓜	2～4叶期，$50 \sim 1500mg \cdot L^{-1}$
促进营养生长，增加产量	GA	芹菜	$50 \sim 100mg \cdot L^{-1}$，采前10～15d喷施
		菠菜、莴苣	$10 \sim 30mg \cdot L^{-1}$，喷施
		甘蔗	$200mg \cdot L^{-1}$，收获前3个月喷施
		茶	$1000mg \cdot L^{-1}$，芽叶刚伸展时喷
果实催熟	乙烯利	香蕉	$1000mg \cdot L^{-1}$，浸果一下
		柿子	$500mg \cdot L^{-1}$，浸果0.5～1min
		番茄	$1000mg \cdot L^{-1}$，浸果一下
		棉花	$800 \sim 1200mg \cdot L^{-1}$，喷施
促进橡胶分泌乳汁	乙烯利	橡胶树	涂于树干割线下，8%溶液
杀除杂草	2,4-D丁酯	双子叶杂草如荠菜等	$1000mg \cdot L^{-1}$，喷幼苗
植株矮化	TIBA	大豆	$125mg \cdot L^{-1}$，开花期喷施
	CCC	小麦、玉米	$3000mg \cdot L^{-1}$，喷施
		棉花	$10 \sim 50mg \cdot L^{-1}$，喷施
	B_9	花生	$500 \sim 1000mg \cdot L^{-1}$，始花后30d喷施
	PP_{333}	花生	$250 \sim 300mg \cdot L^{-1}$，始花后25～30d喷施
		水稻秧苗	$250 \sim 300mg \cdot L^{-1}$，一叶一心期喷施
		油菜	$100 \sim 200mg \cdot L^{-1}$，二叶一心期喷施
		菊花	$30mg \cdot L^{-1}$，土施
		大豆	$200 \sim 250mg \cdot L^{-1}$，4～6叶期喷施
提高抗性	PP_{333}	水稻	$100mg \cdot L^{-1}$，浸种；$300mg \cdot L^{-1}$，拔节期喷，抗倒伏
		油菜	$100 \sim 200mg \cdot L^{-1}$，三叶期喷施，抗倒伏
		桃	$1000 \sim 2000mg \cdot L^{-1}$，叶面喷施，抗寒
		辣椒	$10 \sim 20mg \cdot L^{-1}$，叶面喷施，抗寒抗病

应用植物生长调节剂的注意事项如下。

① 明确生长调节剂的性质。生长调节剂不是营养物质，也不是万灵药，更不能代替其他农业措施，只有配合水、肥等管理措施施用，方能发挥其效果。

② 根据对象（植物或器官）和目的选择合适的药剂。如促进插枝生根宜用 NAA 和 IBA，促进长侧芽则要用 KT 或 6-BA；促进茎、叶的生长用 GA；提高作物抗逆性用 BR（油菜素内酯）；打破休眠、诱导萌发用 GA；抑制生长时，草本植物宜用 CCC，木本植物则最好用 B_9；葡萄、柑橘的保花保果用 GA，鸭梨、苹果的疏花疏果则要用 NAA。两种或两种以上植物生长调节剂混合使用或先后使用，往往会产生比单独施用更佳的效果。此外，生长调节剂施用的时期也很重要，应注意把握。

③ 正确掌握药剂的浓度和剂量。生长调节剂的使用浓度范围极大，可从 $0.1\mu g \cdot L^{-1}$ 到 $5000\mu g \cdot L^{-1}$，必须正确掌握。剂量是指单株或单位面积上的施药量，实践中常发生只注意浓度而忽略剂量的偏向。正确的方法应是先确定剂量，再定浓度。

④ 先试验后推广。为了保险起见，应先做单株或小面积试验，再中试，最后才能大面积推广，不可盲目草率，否则一旦造成损失，将难以挽回。

目前，植物化学调控正在不断普及推广，即采用一系列植物生长调节剂来控制作物生长发育的栽培工程。也就是把生长调节剂的应用作为一项必备的常规措施，与栽培管理、良种推广结合为一体，调动肥水和品种等一切因素，以获得高产优质，并产生接近于有目标设计和可控生产流程的工程。化学调控工程具有省工、节本、优质高产的特点。在棉花、小麦、油菜、番茄等作物中，都有化学调控工程取得成功的实际例子。

本章小结

植物生长物质是指一些能够调节生长发育的生理活性物质。它包括植物激素和植物生长调节剂。

目前，在植物体内发现的五大类激素有生长素类、赤霉素类、细胞分裂素类、脱落酸、乙烯。

生长素类能促进细胞伸长生长，促进插条生根，促进凤梨科植物开花，促进雌花的增加，诱导单性结实。赤霉素最显著的生理功能是促进细胞的伸长，诱导开花和性别分化，增强坐果，打破种子休眠，诱导淀粉酶活性。细胞分裂素促进细胞分裂与扩大，促进芽的分化与发育，促进侧芽生长，消除顶端优势，延缓叶片衰老。脱落酸促进休眠和脱落，调节气孔关闭，抑制生长，增加抗逆性。乙烯能改变植物的生长习性即典型的“三重效应”、抑制茎的伸长生长、促进茎或根的横向增粗以及茎的横向生长、促进成熟、促进器官脱落、促进开花和雌花分化。

植物激素的生理功能是多样的，既能相互增效，也可相互拮抗，共同对植物生长发育起调控作用。

近年来还发现油菜素内酯类物质、茉莉酸类、水杨酸类、多胺等天然物质对植物的生长发育起作用。

植物生长调节剂在农业上也有着广泛的应用。生长素类调节剂 2,4-D 可诱导愈伤组织形成、促进生根、杀灭杂草等。α-萘乙酸可促进生根、提高产量、保花保果、提高抗性等。生长抑制剂三碘苯甲酸、整形素、青鲜素能消除植物的顶端优势；生长延缓剂矮壮素、B_9、PP_{333}则消除植物的顶端优势。乙烯利能促进菠萝开花、催熟等。

复习思考题

一、名词解释

植物激素；植物生长调节剂；极性运输；乙烯的“三重反应”；生长延缓剂；生长抑制剂

二、问答题

1. 五大类植物激素的主要生理作用是什么？
2. 为什么有的生长素类物质可用作除草剂？

3. 农业上常用的植物生长调节剂有哪些？在作物生产上有哪些应用？

4. 哪些激素与瓜类的性别分化有关？

5. 每株用 10μg GA_3 在不同时间处理豌豆幼苗，得到图 10-12 所示的结果，从这项研究中引出的结论是什么？

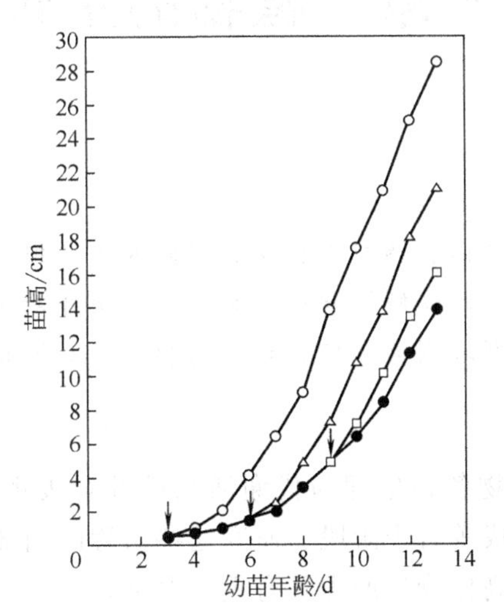

图 10-12　GA_3 对豌豆幼苗高度的影响

○、△、□和●分别表示在第 3、6、9 天用 GA_3 处理（箭头表示）和对照实验（引自李雄彪，1992）

第十一章　植物的生长生理

学习目的

掌握植物休眠的概念、原因、调控措施及其在农业生产中的应用。

了解种子萌发的三个阶段，理解影响种子萌发的因素并能应用到生产实践中。

掌握植物生长相关性及环境因素对植物生长的影响，利用相关知识解决生产实践中出现的问题。

植物的生长与发育是植物各种生理与代谢活动的综合表现，它包括种子萌发、幼苗生长、营养体形成、生殖体形成等各个阶段。研究这些历程的内部变化及其与环境的关系，对调节植物的生长与发育，提高作物生产力具有重要意义。

第一节　植物的休眠

一、植物休眠的概念与意义

多数植物的生长都要经历季节性的不良气候时期，如温带的四季在光照、温度和雨量上的差异就十分明显，植物如果不存在某些防御机制，便会受到伤害或致死。休眠是植物的整体或某一部分生长暂时停顿的现象，是植物抵制不良自然环境的一种自身保护性的生物学特性。

休眠有多种类型，温带地区的植物进行冬季休眠，而有些夏季高温干旱的地区，植物则进行夏季休眠，如橡胶草。通常把由于不利于生长的环境条件而引起的植物休眠称为强迫休眠。而把在适宜的环境条件下，因为植物本身内部的原因而造成的休眠称为生理休眠。一般所说的休眠主要是指生理休眠。休眠有多种形式，一二年生植物大多以种子为休眠器官；多年生落叶树木以休眠芽过冬；而多种二年生或多年生草本植物则以休眠的根系、鳞茎、球茎、块根、块茎等度过不良环境。

二、植物休眠的原因

引起植物休眠的原因是多方面的，现分别叙述如下。

（一）种子的休眠原因

种子休眠通常由以下三方面原因引起。

1. 胚未成熟

一种情况是胚尚未完全发育，必须要经过一段时间的继续发育，才达到可萌发状态。如银杏、人参、当归等。另一种情况是胚在形态上似发育完全，但生理上还未成熟，必须要通过后熟作用才能萌发。所谓后熟作用是指成熟种子离开母体后，需要经过一系列的生理生化变化后才能完成生理成熟，而具备发芽的能力。后熟期长短因植物而异，莎草种子的后熟期长达7年以上，某些大麦品种后熟期只有14d。油菜的后熟期较短，在田间已完成后熟作用。未通过后熟作用的种子不宜作种用，否则成苗率低。未通过后熟期的小麦磨成的面粉烘烤品质差，未通过后熟期的大麦发芽不整齐，不适于酿造啤酒。但种子在后熟期间对恶劣环境的抵抗力强，此时进行高温处理或化学药剂熏蒸对种子的影响较小。

2. 种皮（果皮）的限制

豆科、锦葵科、藜科、樟科、百合科等植物种子，有坚厚的种皮、果皮，或上附有致密的蜡质和角质，被称为硬实种子、石种子。这类种子往往由于种壳的机械压制或由于种（果）皮不透水、不透气而阻碍胚的生长，呈现休眠，如莲子、椰子、紫云英等。

3. 抑制萌发物质的存在

有些种子不能萌发是由于果实或种子内有萌发抑制物质的存在。这类抑制物质多数是一些相对分子质量低的有机物，如挥发油、生物碱、有机酸、酚、醛等。这些物质存在于果肉（苹果、梨、番茄、西瓜、甜瓜）、种皮（苍耳、甘蓝、大麦、燕麦）、果皮（酸橙）、胚乳（鸢尾、莴苣）、子叶（豆）等处，能使其内部的种子潜伏不动。萌发抑制物抑制种子萌发有重要的生物学意义。如生长在沙漠中的植物，种子里含有这类抑制物质，要经一定雨量的冲洗，种子才萌发。如果雨量不足，不能完全冲洗掉抑制物，种子就不萌发。这类植物就是依靠种子中的抑制剂使种子在外界雨量能满足植物生长时才萌发，巧妙地适应干旱的沙漠条件。

（二）芽休眠的原因

芽是很多植物的休眠器官。许多多年生木本植物形成冬芽越冬；二年生或多年生草本植物的各种储藏器官，如块茎、鳞茎、球茎等，也具有休眠的芽。在很多情况下休眠受日照长度控制。长日照促进营养生长，短日照抑制伸长生长而促进休眠芽的形成。但梨、苹果和樱桃等树木在休眠芽的形成方面对日照长短却不甚敏感。内源激素脱落酸（ABA）最早是作为芽的休眠物质发现的，如马铃薯块茎上的芽处于休眠时脱落酸含量增加。植物休眠往往是对低温的一种适应，但低温并不直接引起休眠，实验证明，低温甚至有破除休眠的作用。

三、植物休眠的调控

（一）种子休眠的调控

生产上有时需要解除种子的休眠，有时则需要延长种子的休眠。

1. 种子休眠的解除

（1）机械破损　适用于有坚硬种皮的种子。可用沙子与种子摩擦、划伤种皮或者去除种皮等方法来促进萌发。如紫云英种子加沙和石子各1倍进行摩擦处理，能有效促使萌发。

（2）清水漂洗　西瓜、甜瓜、番茄、辣椒和茄子等种子外壳含有萌发抑制物，播种前将种子浸泡在水中，反复漂洗，让抑制物渗透出来，能够提高发芽率。

（3）层积处理　已知有100多种植物，特别是一些木本植物的种子，如苹果、梨、山毛榉、白桦、赤杨等要求低温、湿润的条件来解除休眠。通常用层积处理，即将种子埋在湿沙中置于1～10℃温度中，经1～3个月的低温处理就能有效地解除休眠。在层积处理期间种子中的抑制物质含量下降，而GA和CTK的含量增加。一般说来，适当延长低温处理时间，能促进萌发。

（4）温水处理　某些种子（如棉花、小麦、黄瓜等）经日晒和用35～40℃温水处理，可促进萌发。

（5）化学处理　棉花、刺槐、皂荚、合欢、国槐等种子均可用浓硫酸处理（2min～2h后立即用水漂清）来增加种皮透性。用0.1%～2.0%过氧化氢溶液浸泡棉籽24h，能显著提高发芽率，这对玉米、大豆也同样有效。原因是过氧化氢的分解给种子提供氧气，促进呼吸作用。

（6）生长调节剂处理　多种植物生长物质能打破休眠，促进种子萌发。其中GA效果最为显著。

（7）光照处理　需光性种子种类很多，对照光的要求也很不一样。有些种子一次性感光就能萌发。如泡桐浸种后给予1000lx光照10min就能诱发30%种子萌发，8h光照萌发率达80%。有些则需经7～10d，每天5～10h的光周期诱导才能萌发，如八宝树、榕树等。

2. 种子休眠的延长

有些种子有胎萌现象。水稻、小麦、玉米、大麦、燕麦和油菜发生胎萌，往往造成较大程度的减产，并影响种子的耐贮性。因此防止种子胎萌，延长种子的休眠期，在实践上有重要意义。用0.01%～0.5%青鲜素（MH）水溶液在小麦收获前20d进行喷施，对抑制小麦穗发芽有显著作用。但经这样处理过的种子，发芽率剧降。

对于需光种子可用遮光来延长休眠。对于种（果）皮有抑制物的种子，如要延长休眠，收获时可不清洗种子。

（二）芽休眠的调控

1. 芽休眠的解除

（1）低温处理　许多木本植物的休眠芽需经历260～1000 h的0～5℃的低温才能解除休眠，将已解除芽休眠的植株转移到温暖的环境下便能发芽生长。少数休眠植物未经低温处理而给予长日照或连续光照也可以解除休眠；但北温带大部分木本植物一旦芽休眠被短日照充分诱发，再经转移到长日照条件下也不能恢复生长，一般只能靠低温来解决休眠。

（2）温浴法　把植物整个地上部分或枝条，浸入30～35℃温水12h，取出放入温室就能解除芽休眠。用这种办法，可使丁香和连翘提早开花。

（3）乙醚气熏法　把整株植物或离体枝条置于一定量乙醚蒸汽的密闭装置内，保持1～2d就能发芽。例如在11月份将紫丁香、铃兰根茎放在体积为1L的密闭容器中，容器内放有0.5～0.6mL乙醚，1～2天后取出，在15～20℃下保持3～4周就能长叶、开花。

（4）植物生长调节剂处理　使用GA打破芽休眠效果明显。用1000～4000μL/LGA溶液喷施桃树幼苗和葡萄枝条，或用100～200μL/L激动素喷施桃树苗，都可以打破芽的休眠。

2. 芽休眠的延长

在生产上，有时需要延长贮藏器官的休眠期，使之耐储藏，避免丧失市场价值。如马铃薯在贮藏期间易出芽，同时还产生一种叫龙葵素的有毒物质，不能食用。可在收获前2～3周，在田间喷施2000～3000μL/L青鲜素或1%奈乙酸钠盐溶液，也可萘乙酸甲酯的黏土粉均匀撒布在块茎上，从而防止在贮藏期间发芽，对洋葱、大蒜等鳞茎类蔬菜也可以用这种方法处理。

第二节　种子的萌发

种子是由受精胚珠发育而来的，是可脱离母体的延存器官。严格地说，生命周期是从受精卵分裂形成胚开始的，但人们习惯上还是以种子萌发作为个体发育的起点，因为农业生产是从播种开始的。播种后种子能否迅速萌发，达到早苗、全苗和壮苗，这关系到能否为作物的丰产打下良好的基础。

风干种子的生理活动极为微弱，处于相对静止状态，即休眠状态。在有足够的水分、适宜的温度和正常的空气条件下，种子开始萌发。从形态角度看，萌发是具有生活力的种子吸水后，胚生长突破种皮并形成幼苗的过程。通常以胚根突破种皮作为萌发的标志。从生理角度看，萌发是无休眠或已解除休眠的种子吸水后由相对静止状态转为生理活动状态，呼吸作用增强，贮藏物质被分解并转化为可供胚利用的物质，引起胚生长的过程。

一、种子萌发的过程与调节

（一）萌发过程与特点

根据萌发过程中种子吸水量，即种子鲜重增加量的“快-慢-快”的特点，可把种子萌发分为三个阶段（图 11-1）。

（1）阶段Ⅰ　吸胀吸水阶段，即依赖原生质胶体吸胀作用的物理吸水。此阶段的吸水与种子代谢无关。无论种子是否通过休眠，是否有生活力，同样都能吸水。通过吸胀吸水，活种子中的原生质胶体由凝胶状态转变为溶胶状态，使那些原在干种子中结构被破坏的细胞器和不活化的高分子得以伸展与修复，表现出原有的结构和功能。

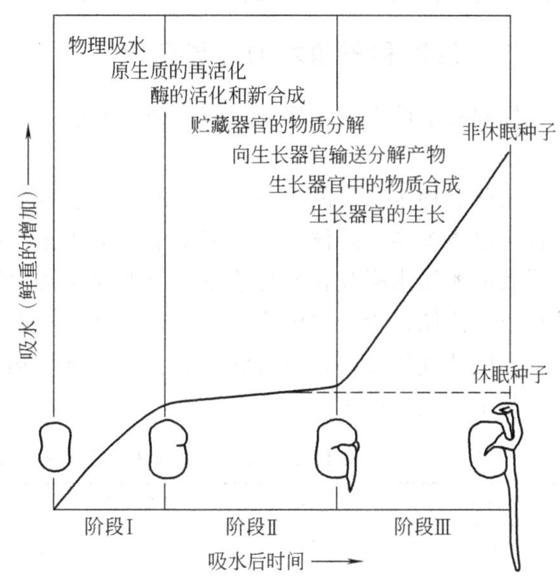

图 11-1　种子萌发的三个阶段和生理转变过程示意图

（2）阶段Ⅱ　缓慢吸水阶段，经阶段Ⅰ的快速吸水，原生质的水合程度趋向饱和；细胞膨压增加，阻碍了细胞的进一步吸水；再则，种子的体积膨胀受种皮的束缚，因而种子萌发在突破种皮前，有一个吸水暂停或速度变慢的阶段。随着细胞水合程度的增加，酶蛋白恢复活性，酶促反应与呼吸作用增强。子叶或胚乳中的贮藏物质开始分解，转变成简单的可溶性化合物，如淀粉被分解为葡萄糖；蛋白质被分解为氨基酸；核酸被分解为核苷酸和核苷；脂肪被分解为甘油和脂肪酸。氨基酸、葡萄糖、甘油和脂肪酸则进一步被转化为可运输的酰胺、蔗糖等化合物。这些可溶性的化合物运入胚后，一方面给胚的发育提供了营养，另一方面也降低胚细胞的水势，提高了胚细胞的吸水能力。

（3）阶段Ⅲ　生长吸水阶段，在贮藏物质转化转运的基础上，胚根、胚芽中的核酸、蛋白质等原生质的组成成分合成旺盛，细胞吸水加强。胚细胞的生长与分裂引起了种子外观可见的萌动。当胚根突破种皮后，有氧呼吸加强，新生器官生长加快，表现为种子的（渗透）吸水和鲜重的持续增加。

（二）萌发的调节

内源激素的变化对种子萌发起着重要的调节作用。以谷类种子为例，种子吸胀吸水后，首先导致胚细胞形成GA，GA扩散至糊粉层，诱导α-淀粉酶、蛋白酶、核酸酶等水解酶产生，使胚乳中贮藏物降解。其次，细胞分裂素和生长素在胚中形成，细胞分裂素刺激细胞分裂，促进胚根、胚芽的分化与生长；而生长素促进胚根、胚芽的伸长，以及控制幼苗的向重性生长。

在种子萌发过程中，子叶或胚乳贮藏器官与胚根、胚芽等生长器官间形成了源库关系。贮藏器官是生长器官的营养源，其内含物质的数量及降解速度影响着库的生长。然而，库中激素物质的形成以及库的生长速率对源中物质的降解又起着制约作用。以大麦胚乳淀粉水解为例，GA能诱导糊粉层中α-淀粉酶的合成，淀粉酶进入胚乳使淀粉水解成麦芽糖和葡萄糖，然而麦芽糖或葡萄糖等糖的积累，一方面降低淀粉分解的速度；另一方面还抑制α-淀粉酶在糊粉层中的合成。胚的生长既能降低胚乳中糖的浓度，又能解除糖对α-淀粉酶合成的抑制作用，因而，去除胚后，胚乳降解受阻。

幼胚（苗）生长所需的养分最初都是靠种子内贮藏物转化的，种子内贮藏物质的分解和转运可使幼苗从异养顺利地转入自养，因此在生产上应选粒大、粒重的种子播种。

二、影响种子萌发的外界条件

影响种子萌发的主要外因有水分、温度、氧气，有些种子的萌发还受光的影响。

（一）水分

水分是种子萌发的第一条件。风干种子虽然含有5%～13%的水分，但是这些水分都属于被蛋白质等亲水胶体吸附的束缚水，不能作为反应的介质。只有吸水后，种子细胞中的原生质胶体才能由凝胶转变为溶胶，使细胞器结构恢复。同时吸水能使种子呼吸上升，代谢活动加强，让储藏物质水解成可溶性物质供胚发育之所需。另外，吸水后种皮膨胀软化，有利于种子内外气体交换，也有利于胚根、胚芽突破种皮而继续生长。表11-1列举了几种主要作物种子萌发时的吸水量。

表11-1　几种主要作物种子萌发时最低吸水量占风干质量的比例

作物种类	吸水率/%	作物种类	吸水率/%	作物种类	吸水率/%
水稻	35	油菜	48	大豆	120
小麦	60	棉花	60	蚕豆	157
玉米	40	豌豆	186		

在一定温度范围内，温度高时，吸水快，萌发也快。土壤中有效水含量高时有利于种子的吸胀吸水。土壤干旱或在盐碱地中，种子不易吸水萌发。土壤水分过多，会使土壤温度下降、氧气缺乏，对种子萌发也不利，甚至引起烂种。一般种子在土壤中萌发所需要的水分条件以土壤饱和含水量的60%～70%为宜，这样的土壤，用手握可以成团，掉下来可以散开。

（二）温度

种子的萌发是由一系列酶催化的生化反应引起的，因而受温度的影响，并有温度三基点。在最低温度时，种子能萌发，但所需时间长，发芽不整齐，易烂种；种子萌发的最适温度是在最短的时间范围内萌发率最高的温度。高于最适温度，虽然萌发速率较快，但发芽率低。低于最低温度或高于最高温度时，种子就不能萌发。一般冬作物种子萌发的温度三基点较低，而夏作物较高。常见作物种子萌发的温度范围见表11-2。

表 11-2　常见作物种子萌发的温度范围

作物种类	最低温度/℃	最适温度/℃	最高温度/℃	作物种类	最低温度/℃	最适温度/℃	最高温度/℃
大麦	3～5	20～28	30～40	大豆	6～8	25～30	39～40
玉米	8～10	32～35	40～45	花生	12～15	25～37	41～46
水稻	10～12	30～37	40～42	黄瓜	15～18	31～37	38～40
棉花	10～12	25～32	38～40	番茄	15	25～30	35

虽然在最适温时萌发最快，但由于消耗较多，幼苗长得瘦弱。一般适宜播种期以稍高于最低温为宜。如为了提前播种，早稻可采用薄膜育秧，其他作物可利用温室、温床、阳畦、风障等设施育苗。

变温比恒温更有利于种子萌发，自然界中的种子都是在变温情况下萌发的。变温有利于发芽抑制物浓度的降低或清除（如低温下种子中的 ABA 含量降低），有利于种皮胀缩与气体的内外交换。变温处理除了可促进种子萌发外，还起抗寒锻炼的作用。

（三）氧气

休眠种子的呼吸作用很弱，需氧量很少，但种子萌发时，由于呼吸作用旺盛，就需要足够的氧气。一般作物种子氧浓度需要在 10%以上才能正常萌发，当氧浓度在 5%以下时，很多作物种子不能萌发。尤其是含脂肪较多的种子在萌发时需氧更多，如花生、大豆和棉花等种子。因此，这类种子宜浅播。若播后遇雨，要及时松土排水，改善土壤的通气条件，否则会引起烂种。

（四）光照

对多数农作物的种子来说，如水稻、小麦、大豆、棉花等，只要水、温、氧等条件满足了就能够萌发，萌发不受有无光照的影响，这类种子称为中光种子。种子的这一特性与人类在作物生产中长期选留种子有关。但有些植物，如紫苏、胡萝卜以及多种杂草种子，它们在有光条件下萌发良好，在黑暗中则不能发芽或发芽不好，这类种子称为需光种子。而另一类植物如葱、韭菜、苋菜、番茄、茄子、南瓜等，它们的种子在光下萌发不好，而在黑暗中反而发芽很好，这类种子称喜暗（或嫌光）种子。人们发现 GA 能代替光照使需光种子在暗中发芽，而光照也可提高种子中 GA 的含量。

光线对种子萌发的影响与光的波长有关。例如，吸水后的莴苣种子的萌发可被 560～690nm 的红光促进，其中最有效促进波长为 660nm，而抑制莴苣种子萌发的波长为 690～780nm 的远红光，其中最有效抑制波长为 730nm。当对莴苣种子用 R（600～660nm）和 FR（700～750nm）交替照射，且每次照射后取出一部分种子放在暗处发芽，发现其萌发情况决定于最后一次照射的光谱成分。如最后照射的是红光，则促进种子萌发；最后照射的是远红光则抑制种子萌发（表 11-3）。这一现象与光敏色素有关。光敏色素吸收了红光或远红光后，分子结构上就发生可逆变化，从而引起相应的生理生化反应。

表 11-3　红光（R）和远红光（FR）对莴苣种子萌发的控制（引自 Bothwick 等，1952）

照光处理	种子发芽率/%	照光处理	种子发芽率/%
R	98	R+FR+R+FR+R	99
R+FR	54	R+FR+R+FR+R+FR	54
R+FR+R	100	R+FR+R+FR+R+FR+R	98
R+FR+R+FR	43		

注：照红光 1min，照远红光 4min，26℃。

第三节 植物的生长、分化和发育

一、生长、分化和发育的概念

任何一种生物个体，总是要有序地经历发生、发展和死亡等时期，人们把一生物体从发生到死亡所经历的过程称为生命周期。种子植物的生命周期，要经过胚胎形成、种子萌发、幼苗生长、营养体形成、生殖体形成、开花结实、衰老和死亡等阶段。习惯上把生命周期中呈现的个体及其器官的形态结构的形成过程，称为形态发生或形态建成。在生命周期中，伴随形态建成，植物体发生着生长、分化和发育等变化。

（一）生长

在生命周期中，生物的细胞、组织和器官的数目、体积或干质量的不可逆增加过程称为生长。它通过原生质的增加、细胞分裂和细胞体积的扩大来实现。例如根、茎、叶、花、果实和种子的体积扩大或干质量增加都是典型的生长现象。通常将营养器官根、茎、叶的生长称为营养生长，生殖器官花、果实、种子的生长称为生殖生长。

（二）分化

从一种同质的细胞类型转变成形态结构和功能与原来不相同的异质细胞类型的过程称为分化。它可在细胞、组织、器官的不同水平上表现出来。例如，从受精卵细胞分裂转变成胚；从生长点转变成叶原基、花原基；从形成层转变成输导组织、机械组织、保护组织等。这些转变过程都是分化。正是由于这些不同水平上的分化，植物的各个部分才具有不同的形态结构与生理功能。

（三）发育

在生命周期中，生物的组织、器官或整体在形态结构和功能上的有序变化过程称为发育。例如，从叶原基的分化到长成一张成熟叶片的过程是叶的发育；从根原基的发生到形成完整根系的过程是根的发育；由茎尖的分生组织形成花原基，再由花原基转变成为花蕾，以及花蕾长大开花，这是花的发育；而受精的子房膨大，果实形成和成熟则是果实的发育。上述发育的概念是从广义上讲的，它泛指生物的发生与发展。狭义的发育概念，通常是指生物从营养生长向生殖生长的有序变化过程，其中包括性细胞的出现、受精、胚胎形成以及新的生殖器官的产生等。

（四）生长、分化和发育的相互关系

生长、分化和发育之间关系密切，有时交叉或重叠在一起。例如，在茎的分生组织转变为花原基的发育过程中，既有细胞的分化，又有细胞的生长，似乎这三者没有明确的界线，但根据它们的性质和表现是可以区别的：生长是量变，是基础；分化是质变；而发育则是器官或整体有序的量变与质变。一般认为，发育包含了生长和分化。如花的发育，包括花原基的分化和花器官各部分的生长；果实的发育包括了果实各部分的生长和分化等。这是因为发育只有在生长和分化的基础上才能进行，没有生长和分化，就不能进行发育。同样，没有营养物质的积累、细胞的增殖、营养体的分化和生长，就没有生殖器官的分化和生长，也就没有花和果实的发育。但同时，生长和分化又受发育的制约。植物某些部位的生长和分化往往要在通过一定的发育阶段后才能开始。如水稻必须生长到一定叶数以后，才能接受光周期诱导（这一特性对同一品种来说是较稳定的）；水稻幼穗的分化和生长必须在通过光周期的发

育阶段之后才能进行；菠菜、白菜、萝卜等在抽薹前后长出不同形态的叶片，这也表明不同的发育阶段有不同的生长量和分化类型。

二、植物营养生长的一般特征

（一）植物生长的周期性

植物的生长并不是持续、均匀地进行的，而是表现出一定的节奏性，这种现象称为生长的周期性。

1. 生长大周期

不管是植物整体还是某一部分的生长都经历着慢-快-慢的变化历程，这种周期性的规律称为生长大周期。如果以总生长量对时间作图，则呈“S”形曲线，称为S曲线或生长曲线（图11-2）。

一年生植物的生长速率表现出生长大周期，这是由于生长初期植株幼小，合成干物质的量少，因而生长缓慢；成株后枝繁叶茂，光合作用大大加强，合成大量有机物，干重急剧增加，因而生长加快；进入衰老期后，光合作用下降，合成有机物质的量减少，加上呼吸作用的消耗，干重不会增加，甚至会减少。植物生长大周期的规律表明，任何促进或抑制生长的措施都必须在生长速率达到最高前使用，否则任何补救措施都将失去意义。农业生产上要求做到“不误农时”，就是这个道理。在林业生产中，生长大周期是确定林业采伐期的重要依据。

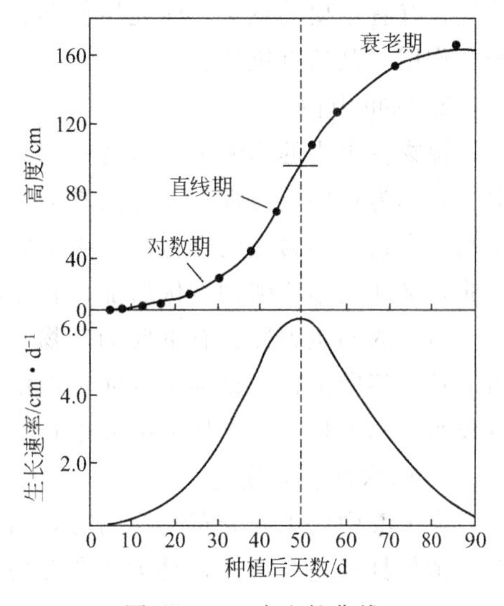

图11-2　玉米生长曲线

2. 生长的季节周期性

由于一年四季中光照、温度、水分等影响植物生长的外界因素周期性地变化，植物的生长在一年中也会发生规律性的变化，这种现象称为植物生长的季节周期。

在温带地区，春季温度回升，日照延长，植株上的休眠芽开始萌发生长；夏季，温度和日照进一步升高和延长，水分较为充足，植物旺盛生长；秋季，气温逐渐下降、日照逐渐缩短，植株的生长减慢以至停止，逐渐进入休眠状态；整个冬季，植株处于休眠状态。因此，植物生长的季节周期是植物对环境条件周期性变化的适应。当气温逐渐降低时，植物生长的速率逐渐下降以致停止，对低温的抵抗能力逐渐增强，不至于被冻死。

3. 生长的昼夜周期性

植物白天生长慢，夜晚生长快的现象，称为生长的昼夜周期。

植物生长昼夜周期的主要原因是：白天气温高、光照强、蒸腾量大、水分容易亏缺，抑制了细胞的分裂和伸长，使生长速率减慢；晚上温度降低、湿度增加，蒸腾减弱、植物体内的水分较充足，而且较低的温度还有利于根系合成细胞分裂素，有利于细胞分裂和伸长，植物表现出较快的生长。

（二）植物的向性生长

植物在外界环境中生长，感受到单方向的外界刺激后，植物体上的某些部位会发生运动。虽然这些运动的表现不像动物那么明显，只是在空间位置上有限度地移动，但有些还是能看到的。如向日葵顶盘随阳光的移动，合欢树叶、花的闭合等。这些运动实际上都是以不均匀的生长来实现的，这就是所谓的向光性生长（向性运动）。

1. 向光性

向光性是指植物的生长随光的方向发生弯曲的现象，如果把盆栽的植物放在室内的窗台上，这些植物的顶端就会全部（特别是叶片）朝向光源，这就是向光性的表现。

植物器官的向光性又可分为正向光性、负向光性和横向光性。正向光性是指器官向着光照的方向弯曲，如一般植物的茎向光弯曲；负向光性是指器官背着光照的方向弯曲，如芥菜根和常春藤的气生根的背光弯曲；横向光性是指器官保持与光照方向垂直的能力，如叶片通过叶柄的扭转使其处于光线适合的位置。

植物向光性产生的原因是单向光引起的器官内生长素不均匀分布造成的。向光性对植物的生长有着重要的意义，向光性使茎朝着光源的方向生长，可以让叶片充分地接受阳光进行光合作用，制造有机物。

2. 向重力性

植物在重力的影响下，保持一定方向生长的特性，称为向重力性。根顺着重力方向向下生长，称为正向重力性；茎背离重力方向生长，称为负向重力性；地下茎以垂直于重力的方向水平生长，称为横向重力性。例如将幼苗横放，一定时间后就会发现根向下弯曲而茎向上弯曲，又如禾本科植物倒伏后能再直立起来，就是茎秆负向重力性的缘故。

植物的向重力性具有重要的生物学意义。当种子播种到土中，不管胚方位如何，总是根向下长，茎向上长，这样一方面可以使根牢牢固定在土壤中，另一方面还可以使根从土壤中吸收水分和无机盐，供地上部分生长的需要。

3. 向水性和向化性

当土壤中的水分分布不均匀时，植物的根总是向着潮湿的方向生长，这一特性称为向水性。植物具有这个特性，是为了保证根系在土壤中获得较多的水分，维持整个植物体的生长。生产上常用控制水分供应的方法来促进根的生长，如“蹲苗”，就是利用根的向水性所采取的一项壮苗、壮根的措施。

植物根系具有总是朝着土壤中肥料较多的地方生长的特性，花粉管的伸长生长总是朝着胚珠的方向进行，是由于受到胚珠细胞分泌的化学物质的引导。这种由于化学物质分布不均匀而引起的向性生长，称为向化性。向化性在指导植物栽培中具有重要意义。生产上采用深耕施肥，就是为了使根向深处生长，吸收更多营养。在种植香蕉时，可以采用以肥引芽的措施，把香蕉引到人们希望它生长的地方出芽生长。

（三）极性

极性是指植物体或植物体的一部分（如器官、组织或细胞）在形态学的两端具有不同形态结构和生理生化特性的现象。

将柳树枝条悬挂在潮湿的空气中，会再生出根和芽，但是不管是正挂还是倒挂，总是在形态学的上端长芽，形态学的下端长根，而且越靠近形态学上端切口处的芽越长，越靠形态学下端切口处的根越长。对根的切段来说，也是形态学上端长芽，形态学下端长根。事实上，合子在第一次分裂形成基细胞和顶细胞时，就表现出了极性，并一直保留下来。

极性现象的产生，与生长素的极性运输有关。生长素在茎中极性运输，集中于形态学的下端，有利于根的发端，而生长素含量少的形态学上端则发生芽的分化。

极性在指导生产实践上有重要意义。在进行扦插繁殖时，应注意将形态学下端插入土中，不能颠倒。

（四）细胞全能性和组织培养

1. 细胞全能性

细胞全能性是指每一个活细胞都具有产生一个完整个体的全套基因以及在适宜的条件下发育成完整植株的潜在能力。从个体发育角度来说，受精卵携带着该种植物的全套遗传信息和功能，是全能的。高等植物所有不同类型的细胞乃至整个植物机体都是由受精卵分裂繁殖和分化而来的。当受精卵均等分裂时，染色体进行复制，这样分裂形成的两个子细胞里均含有和受精卵同样的遗传物质。它们在分化过程中只有5%～10%的小部分基因得到选择性表达，在结构与功能上都转化为专一的细胞，会形成根、茎、叶、韧皮部等不同器官或组织，执行着特定的功能。这些已完全分化的细胞由于所在环境的束缚，保持相对的稳定性，但是它们都具有和受精卵一样的全套基因。因此，当这些细胞脱离原来所在环境成为离体状态时，在适宜的营养物质、生长调节物质和外界诱导下，其遗传上的全能性就会表达出来，通过细胞分裂、分化，发育成一个完整的植株。细胞全能性的理论是细胞分化的理论基础和植物组织培养技术的理论依据。

2. 植物组织培养

植物组织培养是指在无菌条件下，将外植体（植物器官、组织、花药、花粉、体细胞甚至原生质体）接种在人工配制的培养基上培育成植株的技术。由于外植体只是植物体的一小部分，因而组织培养技术可以用来研究其在不受植物体其他部分干扰的条件下的生长和分化规律。另一方面人们可以通过改变外植体的培养条件（如培养基配方、光照、培养温度等），人为影响它们的生长与分化，这对研究器官、组织和细胞的生长、分化规律，解决植物形态建成中的一些理论问题很有帮助。

3. 器官再生

器官再生是指植物体失去某个部分后，在适宜的条件下，又再生出失去的部分，再次形成完整植株的潜在能力，也可以指植物体上的某一部分脱离母体后，经过一段时间的培养，再次发育成新的有机体的潜在能力。

器官再生现象也是由细胞的全能性决定的。这一点在生产实践中被广泛应用，如园林、园艺及林业生产上常用的扦插技术，就是根据器官再生的原理，利用植物的某一部分进行营养繁殖。这在保持植物的优良品种、提前成熟、增加产量以及塑造植物的新类型方面都有重要意义。

在植物体的营养器官中，茎是最适合扦插的材料，因为茎中储藏的营养物质多，而且由于生长素的极性运输，很容易在茎部积累有利于不定根生长的生长素，使枝条先形成不定根，进一步分化成整株植物。

三、植物生长的相关性

植物体是多细胞的有机体，构成植物体的各部分，存在着相互依赖和相互制约的相关性。这种相关性是通过植物体内的营养物质和信息物质在各部分之间的相互传递或竞争来实现的。

（一）地上部分与地下部分的相关性

植物的地上部分和地下部分处在不同的环境中，两者之间有维管束的联络，存在着营养物质与信息物质的大量交换。根部的活动和生长有赖于地上部分所提供的光合产物、生长素、维生素等；而地上部分的生长和活动则需要根系提供水分、矿质、氮素以及根中合成的植物激素（CTK、GA 与 ABA）、氨基酸等。通常所说的“根深叶茂”、“本固枝荣”就是指地上部分与地下部分的协调关系。一般地说，根系生长良好，其地上部分的枝叶也较茂盛；同样，地上部分生长良好，也会促进根系的生长。

对于地上部分与地下部分的相关性常用根冠比来衡量。所谓根冠比是指植物地下部分与地上部分干质量或鲜质量的比值，它能反映植物的生长状况，以及环境条件对地上部分与地下部分生长的不同影响。不同物种有不同的根冠比，同一物种在不同的生育期根冠比也有变化。例如，一般植物在开花结实后，同化物多用于生殖器官，加上根系逐渐衰老，使根冠比降低；而甘薯、甜菜等作物在生育后期，因大量养分向根部运输，贮藏根迅速膨大，根冠比反而增高；多年生植物的根冠比还有明显的季节变化。

（二）主茎与侧枝的相关性——顶端优势

植物的顶芽长出主茎，侧芽长出侧枝，通常主茎生长很快，而侧枝或侧芽则生长较慢或潜伏不长。这种由于植物的顶芽生长占优势而抑制侧芽生长的现象，称为顶端优势。除顶芽外，生长中的幼叶、节间、花序等都能抑制其下面侧芽的生长，根尖能抑制侧根的发生和生长，冠果也能抑制边果的生长。

关于顶端优势产生的原因，一般认为与内源激素的调控有关。

植物顶端形成的生长素，通过极性运输，下运到侧芽，侧芽对生长素比顶芽敏感，而使生长受抑制。其最有力的证据是，植物去顶以后，可导致侧芽的生长；使用外源的 IAA 可代替植物顶端的作用，抑制侧芽的生长。而且顶芽产生的生长素促使营养物质向顶端积累而加强顶芽生长。在整株植物上施用激动素，可解除顶端优势。

生产上有时需要利用和保持顶端优势，如麻类、向日葵、烟草、玉米、高粱等作物以及用材树木，需控制其侧枝生长，而使主茎强壮、挺直。有时则需消除顶端优势，以促进分枝生长。如水肥充足，植株生长健壮，则有利于侧芽发枝、分蘖成穗；棉花打顶和整枝、瓜类摘蔓、果树修剪等可调节营养生长，合理分配养分；花卉打顶去蕾，可控制花的数量和大小；苗木移栽时的伤根或断根，则可促进侧根生长。

（三）营养生长与生殖生长的相关性

营养生长与生殖生长是植物生长周期中的两个不同阶段，通常以花芽分化作为生殖生长开始的标志。种子植物的生殖生长可分为开花和结果两个阶段。根据开花结实次数的不同，可以把植物分为两大类：即一次开花植物和多次开花植物。一次开花植物，如水稻、玉米、竹子等一生只开一次花，一般是营养生长在前，生殖生长在后，开花后植株逐渐衰老死亡。多次开花植物如多年生的林木、果树、木本花卉等，营养生长与生殖生长交叉进行，开花并不导致植株死亡，只是引起营养生长速率的降低甚至停止。

营养生长与生殖生长的关系既相互依赖又相互对立。相互依赖表现为生殖生长需要以营养生长为基础。花芽必须在一定的营养生长的基础上才分化，生殖器官生长所需的养料，大部分是由营养器官供应的，营养器官生长不好时，生殖器官的发育自然也不会好。两者对立的关系表现在两个方面：一是营养器官生长过旺，会影响生殖器官的形成和发育。例如花卉、果树、大豆、棉花等，如果枝叶徒长，往往不能如期开花结实或者导致花果严重脱落。二是生殖生长抑制营养生长。一次开花植物开花后，营养生长基本结束；多次开花植物虽然营养生长与生殖生长并存，但在生殖生长期间，营养生长明显减弱，由于开花结果过多而影响营养生长的现象在生产上经常遇到，例如果树的“大小年”现象，即头年高产，次年低产，就是由于营养生长与生殖生长的相互制约造成的。生殖器官生长抑制营养器官生长的主要原因，可能是由于花、果是当时的生长中心，对营养物质的竞争力大的缘故。

在协调营养生长和生殖生长的关系方面，生产上积累了很多经验。例如，加强肥水管理，既可防止营养器官的早衰，又可不使营养器官生长过旺；在果树生产中，适当疏花、疏果以使营养上收支平衡，并有积余，以便年年丰产，消除大小年。对于以营养器官为收获物的植物，如茶树、桑树、麻类及叶菜类，则可通过供应充足的水分，增施氮肥，摘除花芽等措施来促进营养器官的生长，而抑制生殖器官的生长。

四、环境因素对生长的影响

（一）温度

由于温度能影响光合、呼吸、矿质与水分的吸收、物质合成与运输等代谢，所以也影响细胞的分裂、伸长、分化以及植物的生长。植物只有在一定的温度范围内才能生长，在一般情况下，低于0℃时，高等植物不能生长；高于0℃时，生长开始缓慢进行，随着温度的升高，生长逐渐加快，一直到20～30℃之间，生长最快；再高的温度生长反而缓慢下来；如果温度更高，生长将会停止。温度对植物生长也具有最低温度、最适温度和最高温度三基点（表11-4）。

表11-4　几种农作物生长温度的三基点

作　物	最低温度/℃	最适温度/℃	最高温度/℃	作　物	最低温度/℃	最适温度/℃	最高温度/℃
水稻	10～12	30～32	40～44	玉米	5～10	27～33	40～50
小麦	0～5	25～30	31～37	大豆	10～12	27～33	33～40
大麦	0～5	25～30	31～37	南瓜	10～15	37～40	44～50
向日葵	5～10	31～35	37～44	棉花	15～18	25～30	31～38

生长温度的最低点要高于生存温度最低点，生长温度最高点要低于生存温度的最高点。生长的最适温度一般是指生长最快时的温度，而不是生长最健壮的温度。能使植株生长最健壮的温度，叫协调最适温度，通常要比生长最适温度低。这是因为，细胞伸长过快时，物质消耗也快，其他代谢如细胞壁的纤维素沉积、细胞内含物的积累等就不能与细胞伸长相协调地进行。

（二）光

光对植物生长有两种作用，即间接作用和直接作用。间接作用即为光合作用。由于植物必须在较强的光照下生长一定的时间才能合成足够的光合产物供生长需要，所以说，光合作用对光能的需要是一种高能（摄入光能多）反应。直接作用是指光对植物形态建成的作用。如光促进需光种子的萌发，幼叶的展开，叶芽与花芽的分化等。由于光形态建成只需短时间、较弱的光照就能满足，因此，光形态建成对光的需要是一种低能（摄入光能少）反应。

就生长而言，只要条件适宜，并有足够的有机养分供应，植物在黑暗中也能生长。如豆芽发芽、愈伤组织在培养基上生长等。但与正常光照下生长的植株相比，其形态上存在着显著的差异，如茎叶淡黄、茎秆细长、叶小而不伸展、组织分化程度低、机械组织不发达、水分多而干物质少等。黄化植株每天只要在弱光下照光数十分钟就能使茎叶逐渐转绿，但组织的进一步分化又与光照的时间与强度有关，即只有在比较充足的光照下，各种组织和器官才能正常分化，叶片伸展加厚，叶色变绿，节间变短，植株变得矮壮。

（三）水分

植物的生长对水分供应最为敏感。原生质的代谢活动，细胞的分裂、生长与分化等都必须在细胞水分接近饱和的情况下才能顺利进行。由于细胞的扩大生长较细胞分裂更易受细胞含水量的影响，在相对含水量稍低于饱和时就不能进行。因此，供水不足，植株的体积增长会提早停止。在生产上，为使稻麦抗倒伏，最基本的措施就是控制第一、二节间伸长期的水分供应，以防止基部节间的过度伸长。水分亏缺还会影响呼吸作用、光合作用等。

本章小结

植物的生长与发育是植物各种生理与代谢活动的综合表现，植物以休眠方式抵御不良自然环境，但在生产实践中，可以通过机械破损、清水漂洗、层积处理、温水处理、化学处理及生长调节剂等方式解除种子休眠。种子在水分、温度、氧气、光照条件适宜时开始萌发，经过幼苗生长、营养生长和生殖生长等阶段。在植物生长过程中，植物的地上部分和地下部分之间、主茎与侧枝之间和营养生长与生殖生长之间表现为相关性。通常用根冠比来衡量植物地上部和地下部的相关性，主茎和侧枝间的相关性表现为顶端优势，顶端优势在生产实践中具有重要意义，有时需要利用和保护顶端优势，控制其侧枝生长；有时需要消弱顶端优势促进分枝生长。营养生长和生殖生长的相关性表现为既相互依赖，又相互独立，在生产实践中通过加强水肥管理、疏花疏果等措施协调营养生长与生殖生长之间的矛盾。

复习思考题

一、名词解释

休眠；后熟作用；生命周期；生长；分化；发育；根冠化；顶端优势

二、问答题

1. 举例说明植物休眠在农业生产中的实践意义。
2. 试述在生产实践中打破植物休眠的措施。
3. 简述种子萌发的三个阶段及其代谢特点。
4. 影响种子萌发的外因有哪些？生产上如何加快种子萌发的速度？
5. 试述生长、分化和发育三者之间的区别和联系。
6. 什么是植物生长相关性？在生产上有哪些应用？
7. 举例说明植物营养生长的特征及其在生产中的应用。

第十二章　植物的成花生理

学习目的

掌握春化作用的概念、机理及其在农业生产上的应用。

熟悉常见植物光周期类型，学会应用光周期相关知识进行合理引种育种，并能根据生产实践需求控制植物花期。

正确理解花芽分化影响因素及其在农业生产中的应用。

由营养生长转入生殖生长是植物生命周期中的一大转折，实现这一转折需要一些特殊的条件。不论是一年生、二年生或多年生植物都必须达到一定的生理状态后，才能感受所要求的外界条件而开花。植物具有的这种能感受环境条件而诱导开花的生理状态被称为花熟状态。花熟状态是植物从营养生长转入生殖生长的标志。在达到花熟状态之前的时期，称为幼年期（或花前成熟期）。处于幼年期的植株是不能接受自然条件的开花诱导的。因此通过幼年期的生长，是植物接受开花诱导的先决条件。在自然条件下，温度和昼夜长度随季节有规律地变化，植物在长期的环境适应和系统进化过程中，形成了对低温与昼夜长度的感应，以顺利完成生命周期。

第一节　春化作用

一、春化作用的概念和植物对低温反应类型

（一）春化作用的概念

作物的生长发育进程与季节的温度变化相适应。一些作物在秋季播种，冬前经过一定的营养生长，然后度过寒冷的冬季。在第二年春季重新旺盛生长，并于春末夏初开花结实。如将秋播作物春播，则不能开花或延迟开花。若将吸水萌动的冬小麦种子经低温处理后春播，即可在当年夏季抽穗开花。这种低温诱导促使植物开花的作用称春化作用。

（二）植物对低温反应的类型

植物开花对低温的要求大致有两种情况。一种情况是对低温的要求是绝对的，二年生和多年生草本植物多属于这一种情况。它们在头一年秋季长成莲座状的营养植株，并以这种状态过冬，经过低温的诱导，于第二年夏季抽薹开花。如果不经过一定天数的低温，就一直保持营养生长状态，绝对不开花。另一种情况是对低温的要求是相对的。如冬小麦等冬性植物，低温处理可促进它们开花，未经低温处理的植株虽然营养生长期延长，但是最终也能开花。它们对春化作用的反应表现出量的需要，随着低温处理时间的加长，到抽穗需要的天数逐渐减少，而未经低温处理的，达到抽穗的天数最长。各种植物在系统发育中形成了不同的特性，所要求的春化温度不同。根据原产地的不同，可将小麦分为冬性、半冬性和春性三种类型。中国华北地区的秋播小麦多为冬性品种，黄河流域一带多为半冬性品种，而华南一带

一般为春性品种。不同类型小麦所要求的低温范围和时间都有所不同，一般来说，冬性强的，要求的春化温度低、春化天数长（表 12-1）。

表 12-1　不同类型小麦通过春化需要的温度及天数

类　型	春化温度范围/℃	春化天数/d
冬　性	0～3	40～45
半冬性	3～6	10～15
春　性	8～15	5～8

二、春化作用的机理

（一）感受低温的时期和部位

一般植物在种子萌发后到植物营养体生长的苗期都可感受低温而通过春化。如冬小麦、冬黑麦等一年生冬性植物除了在营养体生长时期外，在种子吸胀萌动时就能进行春化。但胡萝卜、甘蓝和芹菜等植物只有在幼苗长到一定大小时才能感受低温而通过春化。

芹菜等幼苗感受低温的部位是茎尖生长点，所以栽培于温室中的芹菜，只要对茎尖生长点进行低温处理，就能通过春化；如果把芹菜栽培在低温条件下，而茎尖却给予 25℃左右的温度，植株则不能通过春化。由此可见，春化作用感受低温的部位是分生组织和某些能进行细胞分裂的部位。

（二）春化效应的传递

将菊花已春化植株和未春化植株嫁接，未春化植株不能开花，如将春化后的芽移植到未春化的植株上，则这个芽长出的枝梢将开花。但是将未春化的萝卜植株的顶芽嫁接到已春化的萝卜植株上，该顶芽长出的枝梢却不能开花。上述实验结果指出，植物完成了春化的感应状态只能随细胞分裂从一个细胞传递到另一个细胞，且传递时应有 DNA 的复制。然而，用天仙子实验得到与以上完全相反的结果。将已春化的二年生植物天仙子枝条或一片叶子嫁接到未春化的植株上，能诱导未被春化的植株开花。甚至将已春化的天仙子枝条嫁接到烟草或矮牵牛植株上，也使这两种植物都开了花。这说明通过低温处理的植株可能产生了某种可以传递的物质，并通过嫁接传递给未经春化的植株，而诱导其开花。但是，这种情况是少数的，而且至今还未分离出诱导开花的物质来。

（三）春化作用的生理变化

植物在完成春化作用的过程中，虽然在形态上没有发生明显的变化，但是在生理生化上却发生了深刻的变化，包括呼吸代谢、核酸、蛋白质代谢等。

春化作用可使植物的呼吸增强。经过春化处理后，植物体内许多酶（如氧化酶、过氧化物酶等）的活性增加。当用一些呼吸抑制剂（如 2,4-二-硝基苯酚等）处理种子时，可以抑制春化效果，说明春化作用和植物的呼吸密切相关。许多实验指出，在春化作用过程中核酸的含量和代谢都有所提高和增强。电泳分析表明，冬小麦和冬黑麦经过春化之后，有新的蛋白质组分出现。这些蛋白质可能和春化作用的生理机制有关。

三、春化作用在农业生产上的应用

（一）人工春化处理

农业生产上对萌动的种子进行人为的低温处理，使之完成春化作用的措施称为春化处理。中国农民创造了闷麦法，即将萌动的冬小麦种子闷在罐中，放在0～5℃低温下40～50d，就可用于在春天补种冬小麦；在育种工作中利用春化处理，可以在一年中培育3～4代冬性作物，加速育种过程；为了避免春季倒春寒对春小麦的低温伤害，可以对种子进行人工春化处理后，适当晚播，缩短生育期。

（二）调种引种

不同纬度地区的温度有明显的差异，中国北方纬度高而温度低，南方纬度低而温度高。在南北方地区之间引种时，必须了解品种对低温的要求，北方的品种引种到南方，就可能因当地温度较高而不能满足它对低温的要求，致使植物只进行营养生长而不开花结实，造成不可弥补的损失。

（三）控制花期

在园艺生产上可用低温处理促进石竹等花卉的花芽分化，低温处理还可使秋播的一二年生草本花卉改为春播，当年开花；利用解除春化控制某些植物开花，如越冬贮藏的洋葱鳞茎在春季种植前用高温处理以解除春化，可防止它在生长期抽薹开花而获得大的鳞茎，增加产量；中国四川省种植的当归为二年生药用植物，当年收获的块根质量差，不宜入药，需第二年栽培，但第二年栽种时又易抽薹开花而降低块根品质，如在第一年将其块根挖出，贮藏在高温下而使其不通过春化，就可减少第二年的抽薹率而获得较好的块根，提高产量和药用价值。

第二节　光周期现象

自然界一昼夜间的光暗交替称为光周期。植物对昼夜长度发生反应的现象称为光周期现象。植物的开花、休眠和落叶，以及鳞茎、块茎、球茎等地下贮藏器官的形成都受昼夜长度的调节，但是，在植物的光周期现象中最为重要且研究最多的是植物成花的光周期诱导。

一、植物光周期现象的发现

人们早就注意到许多植物的开花具有明显的季节性，同一植物品种在同一地区种植时，尽管在不同时间播种，但开花期都差不多；同一品种在不同纬度地区种植时，开花期表现有规律的变化。美国园艺学家在1920年观察到烟草的一个变种在华盛顿地区夏季生长时，株高达3～5m时仍不开花，但在冬季转入温室栽培后，其株高不足1m就可开花。他们试验了温度、光质、营养等各种条件，发现昼夜长度是影响烟草开花的关键因素。在夏季用黑布遮盖，人为缩短日照长度，烟草就能开花；冬季在温室内用人工光照延长日照长度，则烟草保持营养状态而不开花。由此他们得出结论，短日照是这种烟草开花的关键条件。后来的大量实验也证明，植物的开花与昼夜的相对长度即光周期有关，许多植物必须经过一定时间的适宜光周期后才能开花，否则就一直处于营养生长状态。光周期的发现，使人们认识到光不但为植物光合作用提供能量，而且还作为环境信号调节着植物的发育过程，尤其是对成花反应的诱导。

二、不同光周期反应的植物类型

人们广泛地研究了各种植物开花对昼夜长度的反应，发现植物开花对昼夜长度的反应有长日、短日、日中性等几种类型，由此可对相应的植物做如下划分。

(1) 长日植物　指在24h昼夜周期中，日照长度长于一定时数，才能成花的植物。对这些植物延长光照可促进开花或使其提早开花，相反，如延长黑暗则推迟开花或不能成花。属于长日植物的有小麦、大麦、黑麦、油菜、菠菜、萝卜、白菜、甘蓝、芹菜、甜菜、胡萝卜、天仙子等。

(2) 短日植物　指在24h昼夜周期中，日照长度短于一定时数才能成花的植物。对这些植物适当延长黑暗或缩短光照可促进开花或使其提早开花，相反，如延长日照则推迟开花或不能成花。属于短日植物的有水稻、玉米、大豆、高粱、苍耳、烟草、菊花等。

(3) 日中性植物　这类植物的成花对日照长度不敏感，只要其他条件满足，在任何长度的日照下均能开花。如月季、黄瓜、茄子、番茄、辣椒、菜豆、君子兰、向日葵、蒲公英等。

长日植物和短日植物的差别并不在于它们所需日照时数的绝对值大小，而只要长于或短于其临界日长时就能开花。长日植物的开花，需要长于某一临界日长；而短日植物则要求短于某一临界日长。表12-2列出了一些植物的临界日长。

表12-2　一些长日植物和短日植物的临界日长

长日植物	24h周期中的临界日长/h	短日植物	24h周期中的临界日长/h
冬小麦	12	大豆 早熟种	17
天仙子 28.5℃	11.5	大豆 中熟种	15
天仙子 15.5℃	8.5	大豆 晚熟种	13～14
白芥菜	14	美洲烟草	14
菠菜	13	草莓	10.5～11.5
甜菜	13～14	菊花	16
		苍耳	15.5

可以看出，长日植物的临界日长不一定都长于短日植物；而短日植物的临界日长也不一定短于长日植物。如一种短日植物大豆的临界日长为14h，若日照长度不超过此临界值就能开花。一种长日植物冬小麦的临界日长为12h，当日照长度超过此临界值时才开花。将此两种植物都放在13h的日照长度条件下，它们都开花。因此，重要的不是它们所受光照时数的绝对值，而是在于超过还是短于其临界日长。同种植物的不同品种对日照的要求可以不同，如烟草中有些品种为短日性的，有些为长日性的，还有些为日中性的。

三、光周期诱导的机理

(一) 光周期诱导的概念

对光周期敏感的植物只有在经过适宜的日照条件诱导后才能开花，但这种光周期处理并不需要一直持续到花芽分化。植物在达到一定的生理年龄时，经过足够天数的适宜光周期处理，以后即使处于不适宜的光周期下，仍然能保持这种刺激的效果而开花，这种诱导效应叫做光周期诱导。不同种类的植物通过光周期诱导的天数不同，如大豆要2～3d，大麻要4d，菊花要12d，天仙子2～3d，一年生甜菜13～15d，胡萝卜15～20d。短于其诱导周期的最低天数时，不能诱导植物开花，而增加光周期诱导的天数则可加速花原基的发育，花的数量也增多。

(二) 光周期诱导中光期与暗期的作用

自然条件下，一天24h中是光暗交替的，即光期长度和暗期长度互补。所以，有临界日长就会有相应的临界暗期，这是指在光暗周期中，短日植物能开花的最短暗期长度或长日植物能开花的最长暗期长度。那么，是光期还是暗期起决定作用？许多试验表明，在诱导植物成花中暗期比光期的作用更大。以后的许多中断暗期和光期的试验也进一步证明了临界暗期的决定作用，如果用短时间的黑暗打断光期，并不影响光周期成花诱导，但如果用闪光处理中断暗期，则使短日植物不能开花，而继续营养生长，相反，却诱导了长日植物开花。若在光期中插入一短暂的暗期，对长日植物和短日植物的开花反应都没有什么影响（图 12-1）。归纳起来，在植物的光周期诱导成花中，暗期的长度是植物成花的决定因素，尤其是短日植物，要求超过一个临界值的连续黑暗。

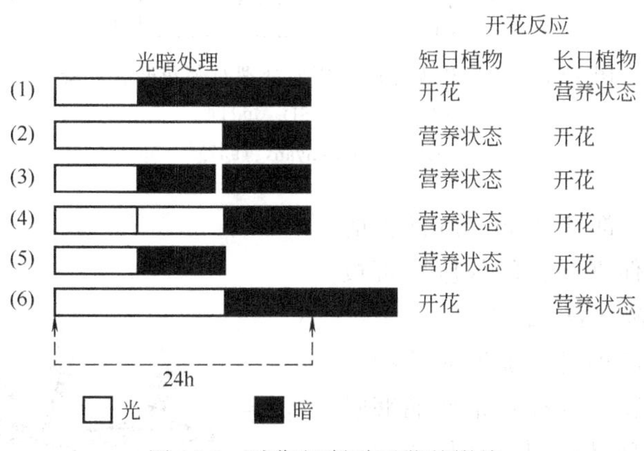

图 12-1　暗期间断对开花的影响

用不同波长的光来进行暗期间断试验，结果表明，无论是抑制短日植物开花或诱导长日植物开花都是红光最有效。

虽然对植物的成花诱导来说，暗期起决定性的作用，但光期也是必不可少的。短日植物的成花诱导要求长暗期，但光期太短也不能成花，只有在适当的光暗交替条件下，植物才能正常开花。这是因为花的发育需要光合作用提供足够的营养物质，光期的长度会影响植物成花的数量。

（三）光周期刺激的感受和传递

植物在适宜的光周期诱导后，发生开花反应的部位是茎顶端生长点，然而感受光周期的部位却是植物的叶片。若将短日植物菊花全株置于长日照条件下，则不开花而保持营养生长；置于短日照条件下，可开花；叶片处于短日照条件下而茎顶端给予长日照，可开花；叶片处于长日照条件下而茎顶端给予短日照，却不能开花（图 12-2）。这个试验充分说明植物感受光周期的部位是叶片。由于感受光周期的部位是叶片，而形成花的部位在茎顶端的分生组织，在最初的感受部位和发生成花反应的部位之间存在着叶柄和一段茎的距离，这使人们想到，必然有信息自感受了光周期的叶片传导至茎顶端。用嫁接试验来证实这种推测：将 5 株苍耳嫁接串连在一起，只要其中一株的一片叶接受了适宜的短日光周期诱导，即使其他植株都在长日照条件下，最后所有植株也都能开花（图 12-3），这证明确实有刺激开花的物质通过嫁接在植株间传递并发挥作用。

四、光敏色素在成花诱导中的作用

植物处于适宜的光照条件下诱导成花，并用各种单色光在暗期进行闪光间断处理，几天后观察花原基的发生。结果显示：阻止短日植物（大豆和苍耳）和促进长日植物（冬大麦）

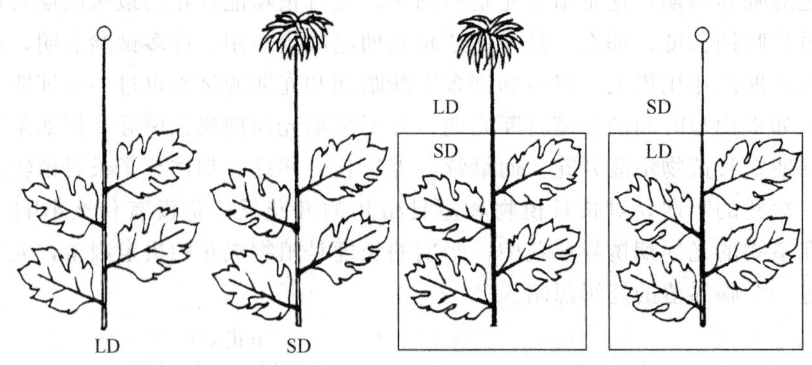

图 12-2　叶片和顶芽的光周期处理对菊花开花的影响

LD—长日照；SD—短日照

（引自 Chailakhyan，1937）

成花的作用光谱相似，都是以 660nm 波长的红光最有效；但红光促进开花的效应又可被远红光（730nm）逆转（表 12-3）。

红光和远红光这两种光波能够对植物产生生理效应，说明植物体内存在某些能够吸收这种光波的物质。现已证明，这种物质是一种蓝色的色素蛋白，称为光敏色素。光敏色素广泛存在于植物体的许多部位，如叶片、胚芽鞘、种子、根、茎、下胚轴、子叶、芽、花及发育中的果实等。光敏色素可以对红光及远红光进行可逆的吸收反应。

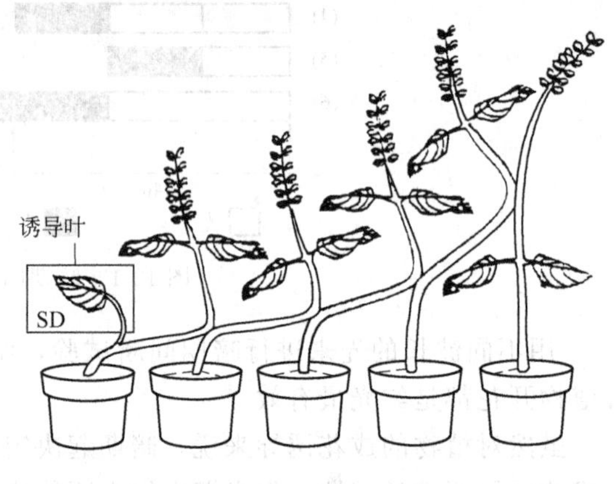

图 12-3　苍耳嫁接试验

苍耳开花刺激物的嫁接传递，第一株的叶片在短日照下，其余全部在长日下，所有的植株都开花了

光敏色素在植物体有两种存在状态：一种是红光吸收型，最大吸收波长 660nm，以 Pr 表示；另一种是远红光吸收型，最大吸收波长 730nm，以 Pfr 表示。两种状态可随光照条件的变化而相互转变。Pr 生理活性较弱，经红光或白光照射后可转变生理活性较强的 Pfr，Pfr 经远红光照射或在黑暗中转化为 Pr，转化速度很慢，称为暗转化。二者的转变关系可以下式表示。

$$\mathrm{Pr} \underset{\text{远红光（730nm）或黑暗}}{\overset{\text{红光（660nm）或白光}}{\rightleftharpoons}} \mathrm{Pfr} \longrightarrow \text{引起生理反应}$$

（暗转化：Pfr → Pr）

光敏色素虽不是成花激素，但影响成花过程。光的信号是由光敏色素接受的。光敏色素对成花的作用与 Pr 和 Pfr 的可逆转化有关，成花作用不是决定于 Pr 和 Pfr 的绝对量，而是受 Pfr 与 Pr 比值的影响。短日植物要求低的 Pfr 与 Pr 比值。在光期结束时，光敏色素主要呈 Pfr 型，这时 Pfr 与 Pr 的比值高。

进入暗期后，Pfr 逐渐逆转为 Pr，或 Pfr 因降解而减少，使 Pfr/Pr 值逐渐降低，当 Pfr/Pr 值随暗期延长而降到一定的阈值水平时，就可促进成花刺激物质形成而促进开花。对于长日植物成花刺激物质的形成，则要求相对高的 Pfr/Pr 值，因此长日植物需要短的暗期，甚至在连续光照下也能开花。如果暗期被红光间断，Pfr/Pr 值升高，则抑制短日植物成花，促进长日植物成花。

表 12-3　在诱导暗期中间给予红光和远红光交互照射对短日植物开花的影响

夜间断处理	苍耳成花阶段	菊花成花阶段
对照(无夜间断)	6.0	18.0
红光	0.0	0.0
红光—远红光	5.6	8.0
红光—远红光—红光	0.0	0.0
红光—远红光—红光—远红光	4.2	7.0
红光—远红光—红光—远红光—红光	0.0	0.0

注：对苍耳红光和远红光都持续 2min；对菊花红光和远红光都持续 3min。成花阶段为相对的成花数值。

五、光周期理论在农业生产上的应用

（一）植物的地理起源和分布与光周期特性

自然界的光周期决定了植物的地理分布与生长季节，植物对光周期反应的类型是对自然光周期长期适应的结果。低纬度地区不具备长日条件，所以一般分布短日植物，高纬度地区的生长季节是长日条件，因此多分布长日植物，中纬度地区则长短日植物共存。在同一纬度地区，长日植物多在日照较长的春末和夏季开花，如小麦等；而短日植物则多在日照较短的秋季开花，如菊花等。

事实上，由于自然选择和人工培育，同一种植物可以在不同纬度地区分布。例如短日植物大豆，从中国的东北到海南岛都有当地育成的品种，它们各自具有适应本地区日照长度的光周期特性。

（二）引种和育种

生产上常从外地引进优良品种，以获得优质高产。在同纬度地区间引种容易成功；但是在不同纬度地区间引种时，如果没有考虑品种的光周期特性，则可能会因提早或延迟开花而造成减产，甚至颗粒无收。对此，在引种时首先要了解被引品种的光周期特性，是属于长日植物、短日植物还是日中性植物；同时要了解作物原产地与引种地生长季节的日照条件的差异；还要根据被引进作物的经济利用价值来确定所引品种。在中国将短日植物从北方引种到南方，会提前开花，如果所引品种是为了收获果实或种子，则应选择晚熟品种；而从南方引种到北方，则应选择早熟品种。如将长日植物从北方引种到南方，会延迟开花，宜选择早熟品种；而从南方引种到北方时，应选择晚熟品种。通过人工光周期诱导，可以加速良种繁育、缩短育种年限。如在进行甘薯杂交育种时，可以人为地缩短光照，使甘薯开花整齐，以便进行有性杂交，培育新品种。根据中国气候多样的特点，可进行作物的南繁北育：短日植物水稻和玉米可在海南岛加快繁育种子；长日植物小麦夏季在黑龙江、冬季在云南种植，可以满足作物发育对光照和温度的要求，一年内可繁殖 2～3 代，加速了育种进程。具有优良性状的某些作物品种间有时花期不遇，无法进行有性杂交育种，通过人工控制光周期，可使两亲本同时开花，便于进行杂交。如早稻和晚稻杂交育种时，可在晚稻秧苗 4～7 叶期进行遮光处理，促使其提早开花以便和早稻进行杂交授粉，培育新品种。

（三）控制花期

在花卉栽培中，已经广泛地利用人工控制光周期的办法来提前或推迟花卉植物开花。例如，菊花是短日植物，在自然条件下秋季开花，倘若给予遮光缩短光照处理，则可提前至夏季开花。而对于杜鹃、茶花等长日的花卉植物，进行人工延长光照处理，则可提早开花。

（四）调节营养生长和生殖生长

对以收获营养体为主的作物，可通过控制光周期来抑制其开花。如短日植物烟草，原产热带或亚热带，引种至温带时，可提前至春季播种，利用夏季的长日照及高温多雨的气候条件，促进营养生长，提高烟叶产量。对于短日植物麻类，南种北引可推迟开花，使麻秆生长较长，提高纤维产量和质量，但种子不能及时成熟，可在留种地采用苗期短日处理方法，解决种子问题。此外，利用暗期光间断处理可抑制甘蔗开花，从而提高产量。

第三节　花芽分化

一、花芽分化的概念

植物经过营养生长后，在适宜的外界条件下，就能分化出生殖器官（花），最后结出果实。尽管植物有一年生、二年生和多年生之分，但它们的共同特点是在开花之前都要达到一定的生理状态，然后才可感受外界条件进行花芽分化。花原基形成、花芽各部分分化与成熟的过程，就称为花器官的形成或花芽分化。花芽分化是植物由营养生长过渡到生殖生长的标志。在花芽分化期间，茎端生长点的形态发生了显著变化，即生长锥伸长和表面积增大。图 12-4 是短日植物苍耳在接受短日诱导后生长锥由营养状态转变为生殖状态的变化过程。苍耳接受短日诱导后，首先是生长锥膨大，然后自基部周围形成球状突起并逐渐向上部推移，形成一朵朵小花。另外，花芽开始分化后，生理生化方面也变化显著，如细胞代谢水平增高，有机物剧烈转化等。

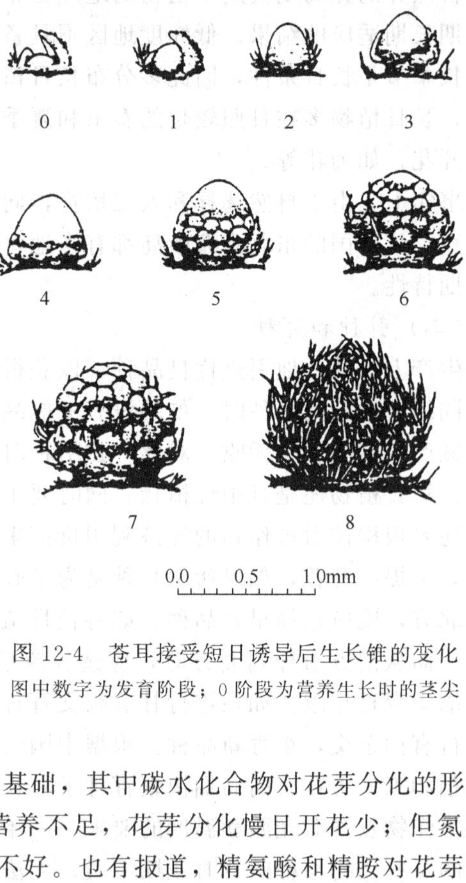

0　1　2　3　4　5　6　7　8

0.0　0.5　1.0mm

图 12-4　苍耳接受短日诱导后生长锥的变化
图中数字为发育阶段；0 阶段为营养生长时的茎尖

二、影响花芽分化的因素

（一）营养状况

营养是花芽分化及花器官形成与生长的物质基础，其中碳水化合物对花芽分化的形成尤为重要。花器官形成需要大量的蛋白质，氮素营养不足，花芽分化慢且开花少；但氮素过多，C、N 比失调，植株贪青徒长，花反而发育不好。也有报道，精氨酸和精胺对花芽分化有利，磷的化合物和核酸也参与了花芽分化的过程。

（二）内源激素对花芽分化的调控

CTK、ABA 和乙烯可促进果树的花芽分化。GA 则可抑制各种果树的花芽分化。IAA 的作用较复杂，低浓度的 IAA 对花芽分化起促进作用，而高浓度起抑制作用。GA 可提高淀粉酶活性，促进淀粉水解，而 ABA 和 GA 则有拮抗作用，有利于淀粉积累。在夏季对果树新梢进行摘心，GA 和 IAA 含量减少，CTK 含量增加，这样能促进营养物质的分配，促进花芽分化。

此外，花芽分化还受植物体内营养状况与激素间平衡状况的影响。在一定的营养水平条件下，内源激素的平衡对成花起主导作用。在营养缺乏时，花芽分化则要受营养状况影响。当植物体内营养物质丰富，CTK 和 ABA 含量高而 GA 含量低时，则有利于花芽分化。

（三）环境因素

主要包括光照、温度、水分和矿质营养等、其中光对花芽分化影响最大。光照充足时，有机物合成多有利于花芽分化；反之则花芽分化受阻。农业生产上对果树整形修剪、棉花整枝打杈即是改善光照条件，以利于花芽分化。

一般情况下，一定范围内，植物的花芽分化随温度升高而加快，温度主要通过影响光合作用、呼吸作用和物质转化运输等过程，间接影响花芽的分化。如水稻减数分裂期间，若遇上 17℃以下低温时就形成不育花粉，低于 10℃时，苹果的花芽分化则处于停滞状态。

不同植物的花芽分化对水分需求不同，稻、麦等作物孕穗期对缺水相当敏感。此时若水分不足会导致颖花退化。而夏季适度干旱可提高果树 C 与 N 比值，有利于花芽分化。氮肥过少不能形成花芽，氮肥过多枝叶旺长，花芽分化受阻；增施磷肥，可增加花数，缺磷则抑制花芽分化。因此，在施肥中应注意合理配施氮、磷、钾肥，并注意补充锰、钼等微量元素，以利于花芽的分化。

本章小结

由营养生长转向生殖生长，是高等植物生活周期中的一大转折。植物达到一定的生理状态后感受低温诱导才能开花，这种现象称为春化作用。植物在种子萌发后到营养生长的苗期可通过分生组织和某些能进行细胞分裂的部位感受春化作用。根据春化作用的原理，在农业生产上可进行人工春化处理、调种引种和控制花期。

植物的开花具有明显的季节性，根据植物开花对昼夜长度的反应将植物分为长日植物、短日植物和日中性植物三种类型。在诱导植物成花中，暗期比光期的作用更大。植物对光周期反应的类型是对自然光周期长期适应的结果，低纬度地区分布短日照植物，高纬度地区多分布长日照植物，这对生产实践中引种和育种具有重要指导意义。在引种时需要考虑被引品种的光周期特性、原产地与引种地生长季节日照条件的差异等因素，此外还可通过控制光周期的办法来提前或推迟花卉开花。花器官的形成过程中受到营养状况、内源激素及环境因素的影响。

复习思考题

一、名词解释

花熟状态；春化作用；光周期现象；光周期诱导；花芽分化

二、问答题

1. 设计一个简单的实验来证明植物感受低温的部位是茎生长点。
2. 试述春化作用在农业生产实践中的应用价值。
3. 举例说明常见植物的主要光周期类型。
4. 试述光敏色素在植物成花诱导中的作用。
5. 根据所学知识，说明从异地引种应考虑哪些因素？
6. 哪些因素影响花器官的形成？

第十三章 植物的生殖与成熟

学习目的

能正确理解植物授粉、受精的过程及外界影响因素。

掌握种子和果实成熟过程中所发生的物质变化及影响因素并能解决生产实践问题。

掌握植物衰老脱落时发生的物质变化及外界影响因素，并学会利用相关知识在生产实践中调控植物器官的衰老与脱落。

许多植物以种子和果实繁殖后代，多数作物的生产也以收获种子和果实为目的，因而了解植物生殖器官的发育特点、生殖和衰老的生理过程及其影响因素，采取相适应的农艺措施，促进生殖器官的建成和发育，无疑是十分重要的。

第一节 授粉与受精

一、花粉的生理特点

花粉是花粉粒的总称，花粉粒是由小孢子发育而成的雄配子体。经分析，花粉的化学组成极为丰富，含有碳水化合物、油脂、蛋白质、各类大量元素和微量元素。花粉中还含有各种氨基酸，其中游离脯氨酸含量特别高。脯氨酸的存在对维持花粉育性有重要作用，如不育的小麦中就不含脯氨酸。花粉中还含有丰富的维生素 E、维生素 C、维生素 B_1、维生素 B_2 等及生长素、赤霉素、细胞分裂素与乙烯等植物激素。这些激素对花粉的萌发、花粉管的伸长及受精、结实都起着重要调节作用。另外，有些植物成熟的花粉具有颜色，这是因为花粉外壁中含有色素，如类胡萝卜素和花色素苷等色素具有招引昆虫传粉的作用。

由于植物种类不同，成熟的花粉生活力差异较大。禾谷类作物的花粉生活力较弱，水稻花药裂开 5min 后，花粉生活力下降 50%以上；玉米花粉生活力较强，能维持 1d 之久；果树的花粉则可维持几周到几个月。所以如何延长花粉生活力，储藏花粉，是生产中的一个重要问题。花粉生活力也与外界条件有关，一般干燥、低温、二氧化碳浓度高和氧浓度低时，最有利于花粉的储藏。

二、雌蕊生理特点

雌蕊是由一个或多个包着胚珠的心皮连合而成的雌性生殖器官。虽然植物的雌蕊外部形态各异，但一般都位于花的中央，都由柱头、花柱和子房组成。

柱头是接受花粉的地方。柱头的表皮覆盖着一层亲水的蛋白质膜，这层膜不仅能黏着花粉粒，更是柱头与花粉相互识别的“感受器”。花柱中有引导组织，引导组织由平行于花柱的柱状细胞组成，具有活跃的分泌能力。这些分泌物不仅是花粉管生长的“润滑剂”和识别物，而且还是花粉管生长的物质与能量来源。

三、花粉的萌发与花粉管的伸长

成熟花粉从花药中散出，借助外力（风、昆虫等）落到柱头上的过程，称为授粉。具有生活力的花粉粒落到柱头上，被柱头表皮细胞吸附后，吸收表皮细胞分泌物中的水分。由于营养细胞的吸胀作用，使花粉内壁及营养细胞的质膜在萌发孔处外突，形成花粉管乳状顶端的过程称为花粉萌发（图 13-1）。

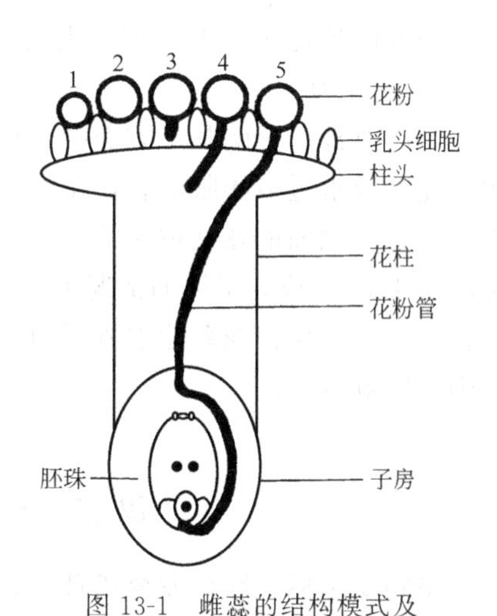

图 13-1 雌蕊的结构模式及花粉的萌发过程

1—花粉落在柱头上；2—吸水；3—萌发；4—侵入花柱细胞；5—花粉管伸长至胚囊

随后花粉管侵入柱头细胞间隙进入花柱的引导组织，花粉管在生长过程中，除消耗花粉粒本身的贮藏物质外，还要消耗花柱中的大量营养。

许多生长促进物质影响花粉管的生长。试验证明花粉中的生长素、赤霉素可促进花粉的萌发和花粉管的生长。硼对花粉的萌发有显著促进效应。子房中的钙有引导花粉管向着胚珠生长的作用。

花粉的萌发和花粉管的生长，表现出集体效应，即在一定的面积内，花粉的数量越多，萌发和生长的效果越好。人工辅助授粉增加了柱头上的花粉密度，有利于花粉萌发的集体效应的发挥，因而提高了受精率。花粉在柱头上吸水萌发，花粉管在花柱和子房壁中生长，完成双受精。在这些过程中，花粉与雌蕊之间不断进行信息与物质的交换，并对雌蕊的代谢产生强烈影响，主要表现在两方面：一是呼吸速率的变化。受精后雌蕊的呼吸速率一般比受精前高，并有起伏变化。例如棉花受精时雌蕊的呼吸速率提高 2 倍，此外，受精后雌蕊组织吸收水分和矿物质元素的能力增强，糖类和蛋白质的代谢加快。二是生长素含量显著增加。受精后雌蕊组织中的生长素含量显著增加，这是由于花粉中含有使色氨酸转变为吲哚乙酸（IAA）的酶系，这种酶系在花粉管生长过程中分泌到雌蕊组织中，引起花柱和子房合成大量的 IAA，使柱头到子房中的 IAA 含量顺次增加。

四、双受精过程

在花粉粒与柱头具有亲和力的情况下，花粉粒萌发穿入柱头，沿着花柱进入胚囊后花粉管的先端破裂，释放出两个精细胞，其中一个精细胞与卵细胞结合形成合子，合子将发育成胚，另一个精细胞与胚囊中部的两个极核融合形成初生胚乳核，被子植物的这种受精方式称为双受精。双受精具有重要的生物学意义：雌雄配子融合，形成具有二倍体的合子，恢复了植物原有的染色体数目，保持了物种的相对稳定性；受精的极核发育成三倍体的胚乳，作为营养物质被胚吸收，使子代的生活力更强，适应性更广。

五、外界条件对授粉的影响

授粉是受精的先决条件，如果不能正常授粉，就谈不上受精结实，因此，了解外界条件对授粉的影响，具有重要的意义。

（一）温度

温度对各种植物授粉的影响很大。一般来说，授粉的最适温度在20～30℃之间。如水稻抽穗开花期的最适温度为25～30℃，当温度低于15℃时，花药就不能开裂，授粉很难进行；当温度超过40～45℃时，花药开裂后会干枯死亡。

（二）湿度

湿度对授粉影响是多方面的。例如玉米开花时若遇上阴雨天气，雨水洗去柱头上的分泌物，花粉吸水过多膨胀破裂，花柱及柱头得不到花粉，将继续伸长，由于花柱向侧面下垂，以致雌穗下侧面的花柱被遮盖，不易得到花粉，造成穗轴下侧面整行不结实。另外，在相对湿度低于30%或有旱风的情况下，如果此时温度又超过32～35℃，则花粉在1～2h内就会失去生活力，雌穗花丝也会很快干枯不能接受花粉。水稻开花的最适湿度为70%～80%，否则将影响授粉。

第二节　果实与种子的成熟

植物受精后，胚珠发育成种子，子房壁发育成果皮，因而就形成了果实。果实和种子形成时，不仅在形态上发生了很大变化，而且在生理生化上也发生了剧烈变化。

一、种子与果实成熟时的物质转化

（一）种子成熟时的物质转化

在种子形成初期，呼吸作用旺盛，因而有足够的能量供应种子生长和有机物的转化与运输。随着种子的成熟，呼吸作用逐渐降低，代谢过程也随之减弱（图13-2）。

种子成熟时，随着种子体积增大，其他部位运来的简单可溶性有机物，如葡萄糖、蔗糖和氨基酸等在种子内逐渐转化为复杂的有机物，如淀粉、脂肪和蛋白质等。

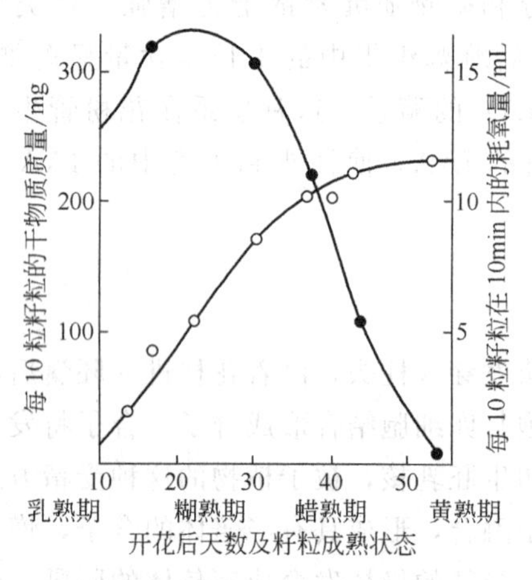

图13-2　水稻籽粒成熟过程中干物质及呼吸作用的变化

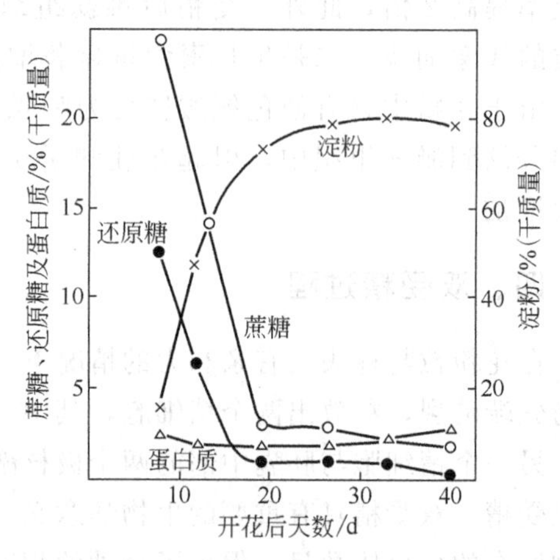

图13-3　正在发育的小麦籽粒胚乳中几种有机物的变化

淀粉种子在成熟时，其他部位运来的可溶性糖主要转化为淀粉，因而种子可积累大量淀粉，同时也可积累少量的蛋白质和脂肪（图13-3）。另外，种子中也能积累各种矿质元素，如磷、钙、钾、镁、硫及微量元素，其中以磷为主。例如当水稻籽粒成熟时，植株中

80%的P转移到籽粒中去。

脂肪种子在成熟时，先在种子内积累碳水化合物，包括可溶性糖及淀粉，然后再转化成脂肪（图13-4）。碳水化合物转化为脂肪时先形成游离的饱和脂肪酸，然后再形成不饱和脂肪酸。油料种子只有充分成熟，才能完成这些转化过程。若种子未完全成熟就收获，种子不仅含油量低，而且油脂的质量也差。在油料作物的种子中也含有一定量的蛋白质。

蛋白质种子中积累的蛋白质是由氨基酸及酰胺合成的。豆科种子成熟时，先在荚中合成蛋白质，处于暂时储存状态，然后再以酰胺态运到种子中，转变成氨基酸合成蛋白质（图13-5）。

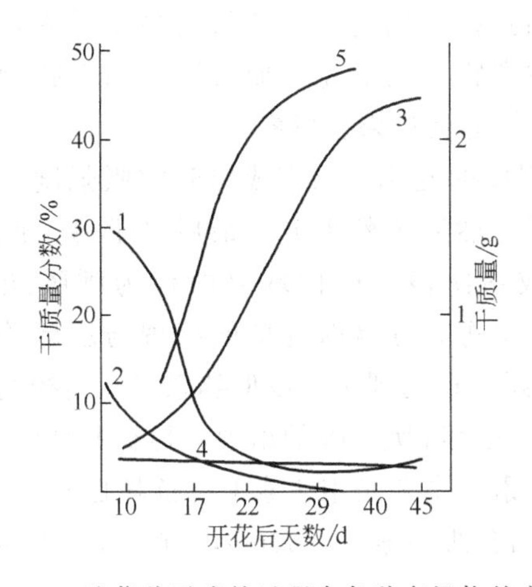

图13-4　油菜种子成熟过程中各种有机物的变化

1—可溶性糖；2—淀粉；3—千粒质量；

4—含N物质；5—粗脂肪

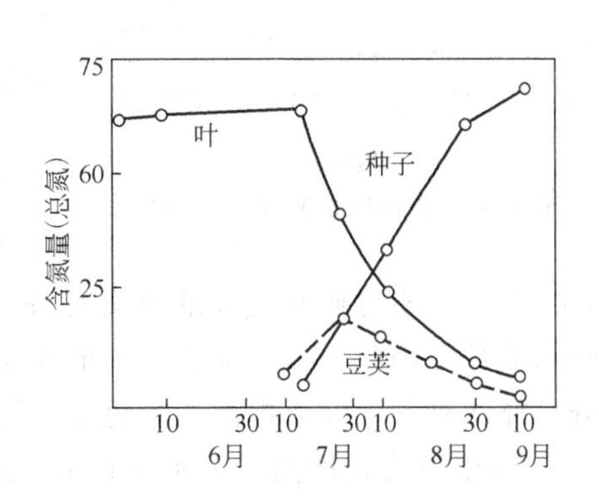

图13-5　蚕豆中含氮物质由叶运到豆荚，

然后又由豆荚运到种子的情况

禾谷类种子中积累的有机物约有2/3或更多来自开花后植株各部分的光合产物，其中主要是叶的光合产物，少部分是茎和穗的光合产物，其余一小部分来自茎、叶和鞘在生育前期所积累的有机物。由此可见，促进开花以后植株的光合作用，对水稻获得高产是十分重要的。

（二）果实成熟时的物质转化

在成熟过程中，果实从外观到内部发生了一系列变化，如呼吸速率的变化、乙烯的产生、贮藏物质的转化、色泽和风味的变化等，表现出特有的色、香、味，使果实达到最适食用的状态。

① 果实由酸变甜，由硬变软，涩味消失。在果实形成初期，从茎、叶运来的可溶性糖转变为淀粉贮存在果肉细胞中。果实中还有单宁和各种有机酸，这些有机酸包括苹果酸、酒石酸等，同时细胞壁和胞间层含有很多不溶性的果胶物质，故未成熟的果实往往生硬、酸、涩而无甜味。随着果实的成熟，淀粉再转化为可溶性糖，有机酸一部分由于呼吸作用而氧化，另一部分也转变为糖，故有机酸含量降低，糖含量增加，单宁则被氧化，或凝结成不溶性物质使涩味消失。果胶物质则转化成可溶性物质果胶酸等，使果肉细胞易于彼此分离。因此，果实成熟时，具甜味，而酸味减少，涩味消失，同时由硬变软。

② 色泽变化。随着果实成熟，多数果色由绿色逐渐变黄、橙、红、紫或褐色。果色变化常作为果实成熟度的直观标准。成熟时，果色的形成一方面是由于叶绿素的破坏，使类胡

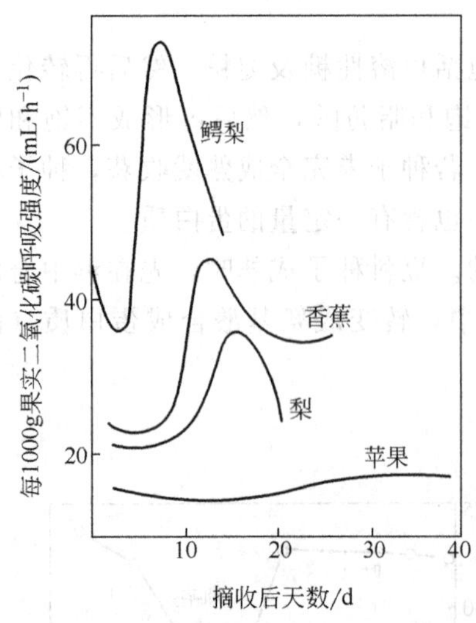

图 13-6　几种果实的呼吸跃变期

萝卜素的颜色显现出来，另一方面是由于花色素苷形成的结果。光有利于花色素苷的形成，因而向阳面的果实常常着色较好。

③ 挥发性物质的产生。果实成熟时产生微量的挥发性物质，如乙酸乙酯和乙酸戊酯等，使果实变香。未成熟果实则没有或很少有这些香气挥发物，如果过早收获，果实香味就差。

④ 乙烯的产生。在果实成熟过程中还产生乙烯气体，乙烯能加强果皮的透性，使氧气易于进入，加速单宁、有机酸类物质的氧化，加快淀粉和果胶物质的分解。因而乙烯能促进果实成熟。

⑤ 呼吸强度的变化。果实成熟时呼吸强度最初有一个时期下降，然后突然上升，最后又下降，此时果实进入完全成熟阶段，这种现象即称为呼吸跃变期（图 13-6）。具有呼吸跃变期的果实有香蕉、梨、苹果等。呼吸跃变期的出现与乙烯的产生有密切关系。因此生产上常施用乙烯利来诱导呼吸跃变期的到来，以催熟果实。而控制气体成分（降低氧气浓度或提高二氧化碳或氮浓度），可延缓呼吸高峰的出现，延长贮藏期。

⑥ 维生素含量增高。果实含有丰富的各类维生素，主要是维生素 C（抗坏血酸）。不同果实维生素含量差异很大，以 100g 鲜重计算，番茄含维生素 8～33mg，香蕉 1～9mg，红辣椒 128mg。

二、外界条件对种子与果实成熟的影响

虽然植物种子与果实的生物学特性是由植物的遗传所决定的，但外界条件仍能影响种子与果实的成熟过程，影响农产品的品质和产量。

（一）水分

种子在成熟过程中，如果早期因缺水干缩，可溶性糖来不及转变为淀粉，被糊精胶结而相互黏结起来，形成玻璃状而不是粉状的籽粒，此时有利于蛋白质的积累。因此，干热风造成风旱不实时的种子蛋白质的相对含量较高，这就是我国北方小麦的蛋白质含量显著高于南方的原因。

（二）温度

油料作物种子成熟过程中，温度对含油量和油分性质的影响也很大。成熟期适当的低温有利于油脂的积累。亚麻种子成熟时低温且昼夜温差大有利于不饱和脂肪酸的形成。因此，优质的油往往来自纬度较高或海拔较高地区。

（三）光照

在阴凉多雨的条件下，果实中往往含酸量较多，而糖分相对较少。但如果阳光充足，气温较高及昼夜温差较大的条件下，果实中含酸量减少而糖分增多。新疆吐鲁番的葡萄和哈密瓜之所以特别甜，就是这个原因。

（四）营养条件

营养条件对种子成熟过程也有显著影响。如对淀粉种子而言，氮肥可提高种子蛋白质含量；钾肥能加速糖类由叶、茎向籽粒或其他贮存器官（如块根、块茎）的运输而转化为淀

粉。对油料种子而言，磷肥和钾肥对脂肪的形成也有积极的影响；但氮肥过多，会使植物体内大部分糖类和氮化合物结合成蛋白质，此时糖分的减少会影响脂肪的合成及其在种子中的含量。

第三节　衰老与脱落

植物的衰老通常是指植物的器官或整个植株个体的生理功能的衰退。植物衰老总是先于器官或整株的死亡，是植物生长发育的正常过程。植物因生长习性的不同而衰老的方式不同，一二年生植物在开花结实后，整株植物衰老死亡。多年生草本植物地上部分每年死亡，而地下根系仍可生活多年。多年生落叶木本植物则发生季节性的叶片同步衰老脱落。多年生常绿木本植物的茎和根能生活多年，而叶片和繁殖器官则渐次衰老脱落。衰老有其积极的生物学意义，不仅能使植物适应不良环境条件，而且对物种进化起重要作用。

一、衰老的生理生化变化

（一）生长速度下降

生长速度下降是植物开始衰老的一个普遍现象，当叶子长到它的最后大小时，实际上叶内就已经开始走向衰退。

（二）光合速率降低

叶绿素逐渐丧失，光合速率降低是叶片衰老最明显的特点。

（三）呼吸速率

叶片衰老时呼吸速率下降，但其下降速率比光合速率下降的要慢。有些植物叶片在开始衰老时呼吸速率保持平衡，但在后期出现一个呼吸跃变期，以后呼吸速率则迅速下降。

（四）核酸的变化

叶片衰老时，核酸总含量下降，且 DNA 下降速率较 RNA 小。与此同时，降解核酸的核酸酶如 DNA 酶和 RNA 酶活性都有所增加，因而加速了衰老过程。

（五）蛋白质的变化

植物衰老的第一步是蛋白质水解，离体衰老叶片中蛋白质的降解发生在叶绿素分解之前。衰老过程中蛋白质含量的下降是因为蛋白质的代谢失去平衡，分解速率超过合成速率所致。

（六）其他变化

植物衰老时，植物激素也在变化。促进生长的植物激素如细胞分裂素、生长素含量减少。而诱导衰老和成熟的激素如脱落酸和乙烯等含量增加。此外，衰老细胞不仅在生化上发生变化，而且在结构上也有明显衰退，如叶绿体解体、细胞膜结构破坏引起细胞透性增大，最后导致细胞解体和死亡等。

二、衰老的激素调节

有人认为植物体内或器官内各种激素的相对水平不平衡是引起衰老的原因。某些植物激素如细胞分裂素、生长素和赤霉素等具有抗衰老的作用，而乙烯和脱落酸等则有促进衰老的作用，它们之间通过相互作用来调控衰老过程。如吲哚乙酸在低浓度下可延缓衰老，但当浓度升高到一定程度时则又可诱导乙烯的合成，从而促进衰老。

有些不良环境可加速衰老，如高温干旱、营养物质缺乏、病原体侵染等。这些外界因素条件都可能影响激素的水平而导致器官的衰老。比如干旱时，随着叶片中脱落酸含量增加，叶片发生衰老，高温下随着根合成的细胞分裂素的减少，叶片开始衰老。

生产实践上已运用各种生长调节剂配合其他环境条件，来促进或延缓植物衰老。如乙烯利可用于香蕉、柿子和梨等的催熟，6-苄基氨基腺嘌呤（6-BA）可用来延缓蔬菜水果和食用菌的衰老，硝酸银则用于延长插花的寿命。

三、脱落

脱落是指植物细胞、组织或器官脱离母体的过程。由于衰老或成熟引起的脱落叫正常脱落，如果实和种子的成熟脱落。因植物自身的生理活动而引起的脱落为生理脱落，如营养生长和生殖生长竞争引起的脱落。而逆境条件（如水涝、干旱、高温、病虫害等）引起的脱落为胁迫脱落。生理脱落和胁迫脱落都属于异常脱落。脱落的生物学意义在于植物物种的保存，尤其是在不适于生长的条件下，部分器官的脱落有益于留存下来的器官发育成熟。然而异常脱落现象也常给农业生产带来损失，如棉花蕾铃的脱落率一般都在70%左右，大豆的花荚脱落率也很高。此外，果树和番茄等也都有花果脱落问题的存在。

器官的脱落发生在离层，离层是指分布在叶柄、花柄和果柄等基部一段区域经横向分裂而成的几层细胞。如落叶时叶柄细胞的分离就发生在离层的细胞之间。离层细胞的分离是由于胞间层的分解。离层细胞解离之后，叶柄仅靠维管束与枝条连接，在重力或风的压力下，维管束折断，叶片因而脱落。

一般形成离层之后植物器官才脱落。但也有例外，花瓣不形成离层即可脱落。禾本科植物叶片不产生离层，因而不脱落。

（一）影响脱落的外界因素

（1）光照　光强度减弱时，脱落增加。作物种植过密时，行间过分荫蔽，易使下部叶片提早脱落。不同光质对脱落影响不同，远红光促进脱落，而红光延缓脱落。短日照促进落叶而长日照延迟落叶。

（2）温度　高温促进脱落，如四季豆叶片在25℃下脱落最快，棉花在30℃下脱落最快。在田间条件下，高温常引起土壤干旱而加速脱落。低温也导致脱落，如霜冻引起棉花落叶。

（3）湿度　干旱促进器官脱落，这主要是由于干旱影响内源激素水平造成的。植物根系受到水淹时，也会出现叶、花、果的脱落现象。涝淹主要通过降低土壤中氧气浓度影响植物生长发育，淹涝反应也与植物激素有关。

（4）矿质营养　缺乏氮、磷、钾、硫、钙、镁、锌、硼、钼和铁都可导致脱落，缺氮和锌会影响生长素合成，缺硼常使花粉败育，引起不孕或果实退化。钙是胞间层的组成成分，因而缺钙会引起严重脱落。

（5）氧气　高氧促进脱落。如氧气浓度在10%～30%范围内，增加氧浓度会增加脱落率。高氧增加脱落的原因可能是促进了乙烯的合成。此外大气污染、盐害、紫外辐射、病虫害等对脱落也都有影响。

（二）营养因素

一般碳水化合物和蛋白质等有机营养不足是造成花果脱落的主要原因之一。受精的子房在发育期间一方面需要大量的氮素来构成种子的蛋白质，另一方面也需要大量的碳水化合物用于呼吸消耗。如果此时不能满足有机营养对植物的供应，就会引起脱落。遮光试验表明，光线不足、碳水化合物减少，棉铃脱落增多。而人为增加蔗糖，可减少棉铃脱落。在果树枝条上环割会增加坐果，就是因为改善了有机营养的供应。所以改善有机营养的供应可以延长叶片年龄，延缓衰老和脱落。

（三）植物激素作用

植物器官的脱落受到体内各种激素的影响。

(1) 生长素类　叶中产生的生长素有抑制叶子脱落的作用。研究进一步指出，脱落受离层两侧的生长素浓度梯度所控制，即当远轴端的生长素含量高于近轴端时，则抑制或延缓脱落；反之，当远轴端的生长素含量低于近轴端时，会加速脱落。

(2) 乙烯　乙烯是与脱落有关的重要激素。内源乙烯水平与脱落率成正相关，乙烯可以诱导离层区纤维素酶和果胶酶的形成而促进脱落。乙烯对脱落的影响还受离层生长素水平的控制。即只有当其生长素含量降低到一定的临界值时，才会促进乙烯合成和器官脱落。而在高浓度生长素作用下，虽然乙烯增加，却反而抑制脱落。

(3) 脱落酸　脱落酸可促进脱落，这是由于脱落酸抑制了叶柄内生长素的传导，促进了分解细胞壁的酶类分泌和乙烯的合成。脱落酸含量与脱落相关，在生长叶片中脱落酸含量极低，而在衰老叶片中却含有大量脱落酸。秋天短日照促进了脱落酸的合成，所以导致季节性落叶。但脱落酸促进脱落的效应低于乙烯。

(4) 赤霉素和细胞分裂素　赤霉素能延缓植物器官脱落，因而已被广泛应用于棉花、番茄、苹果等植物上。在玫瑰和香石竹中，细胞分裂素也能延缓植株衰老脱落。

当然，各种激素的作用并不是彼此孤立的，器官的脱落也并非仅受某一种激素的单独控制，而是各种激素相互协调与相互平衡作用的结果。

（四）脱落的调控

器官脱落在农业生产上影响较大，因而农业生产上常常采用各种措施来调控脱落。例如给叶片施用生长素类化合物可延缓果实脱落。采用乙烯合成抑制剂，如氨基乙氧基乙烯基甘氨酸（AVG）能有效防止果实脱落，乙烯作用抑制剂硫代硫酸银能抑制花的脱落。棉花结铃盛期喷施一定浓度的赤霉素溶液，可防止和减少棉铃脱落。生产上也常采用一些促进脱落的措施，如应用脱叶剂乙烯利、2,3-二氯异丁酸等促进叶片脱落，有利于机械收获棉花、豆科植物等。为了机械收获葡萄或柑橘等果实，需先用氟代乙酸、亚胺环己酮等先使果实脱落。此外，也可用萘乙酸或萘乙酰胺使梨、苹果等疏花疏果，以避免坐果过多而影响果实品质。此外增加水肥供应和适当修剪，也可使花、果得到充足养分，减少脱落。

本章小结

成熟的花粉粒借助外力落在柱头上，花粉管开始萌发，沿着花柱进入胚囊完成双受精，受精卵发育成胚，胚珠发育成种子，子房发育成果实，这就形成了幼果。幼果继续生长而成为成熟的果实，在种子和果实成熟的过程中，生理上发生了一系列的变化。在种子形成初期，呼吸作用旺盛，随着种子的成熟，呼吸作用降低；内源激素交替发生变化，调节有机物的合成、运输、积累等生理活动。果实成熟过程中出现呼吸速率的变化、乙烯的产生、贮藏物质的转化及色泽风味的变化等，表现出特有的色、香、味，使果实达到最适食用状态。种子和果实的成熟受到水分、温度、光照及营养条件的影响。

当植物的细胞、组织或器官脱离母体时产生脱落，脱落受到植物体内各种激素的调节，器官脱落对农业生产影响较大。常采用各种措施调控脱落，如给叶片施用生长素类化合物延缓果实脱落，反之，生产上也采用一些促进脱落的措施进行疏花疏果，以免坐果太多而影响果实品质。

复习思考题

一、名词解释

衰老；脱落；生理脱落；胁迫脱落。

二、问答题

1. 试述种子内的主要贮藏物质。其合成与积累有何特点？
2. 果实在成熟过程中有哪些生理生化变化？
3. 植物衰老时的生理变化如何？引起衰老主要有哪些原因？
4. 实践中如何调控植物器官的衰老与脱落？

第十四章　植物的逆境生理

学习目的

了解植物逆境的概念、种类及抗逆境的方式。

理解逆境对植物造成的伤害及植物抗逆的机理。

掌握提高植物抗逆性的途径。

逆境是指对植物生存与生长不利的各种环境因素的总称。逆境的种类很多，包括高温、低温、干旱、盐碱、水涝、病虫害、环境污染等。不同植物或同一植物在不同生育期对逆境的反应不同，有的可能不适应而死亡，有的可能适应而生存，植物的这种适应性是在长期的系统发育中形成的。这种适应性，实质上是植物对不良环境条件的抵抗和忍受能力，这种抵抗和忍受能力称之为抗逆性。

植物的抗性方式主要有避逆性、御逆性和耐逆性等三种。其中植物通过对生育周期的调整而避开逆境的干扰，在相对适宜的环境中完成其生活史的方式称为避逆性。御逆性则指植物体通过营造适宜生活的内环境，来免除逆境对它的危害。避逆性和御逆性总称为逆境逃避。植物通过代谢反应来阻止、降低或修复不良环境造成的伤害，使其仍保持正常的生理活动的抗性方式叫逆境忍耐（耐逆性）。植物对逆境的抵抗往往具有双重性，在某一逆境范围内植物通过逆境逃避抵抗，而超出某一范围又表现出耐性抵抗。

植物的固生特性决定了其在生长过程中会受到各种各样的逆境胁迫，经济作物在各种胁迫下会产生重大损失，所以提高作物的抗逆性一直是作物育种领域的焦点。在进化过程中，植物也已经产生一些防御机制，但是还有一定的局限性。随着分子生物学与转基因技术的发展，人们开始从分子水平上深入认识植物与逆境之间的关系。利用基因工程可以把抗逆目的基因经体外重组后，导入受体细胞，使其在受体内表达，按人们预先设计的要求改变受体细胞的遗传特性，这为作物抗逆性能的提高开辟了新的途径。

第一节　低温与高温对植物的影响

一、低温对植物的影响

由低温对植物的伤害，可分为冷害（0℃以上）和冻害（0℃以下）两种。

（一）冷害和抗冷性

1. 冷害

原产于热带和亚热带植物不能经受0～10℃低温，这种冰点以上低温对植物所造成的危害叫冷害。植物对冰点以上低温的适应叫抗冷性。我国冷害经常发生于早春和晚秋，对作物的危害主要是苗期与籽粒或果实成熟期。种子萌发期受冷害影响，常造成死苗或僵苗不发。

晚稻开花灌浆期遇到低温造成籽粒空瘪。10℃以下低温会影响多种果树的花芽分化，降低其结实率。果蔬贮藏期遇低温会破坏其品质。

2. 冷害时植物体内的生理生化变化

植物受冷害后不仅表现在叶片变褐、干枯和果皮变色等外部形态上，而且表现为细胞的生理生化也发生剧烈变化。如细胞膜选择透性减弱，膜内溶质大量外渗；原生质流动减慢甚至停止；吸水能力和蒸腾速率下降，水分代谢失调；叶绿体分解加速，叶绿素含量下降，光合速率减弱，呼吸速率大起大落；蛋白质分解加剧以及有害物质如乙醛和乙醇的积累等。

3. 冷害机理

冷害的主要机理是由于在低温下，构成膜的脂类由液相转变为固相，即膜脂相变，引起与膜相结合的酶失活。膜脂相变的温度随脂肪酸链长度的增长而增加，而随不饱和脂肪酸含量的增加而降低。温带植物之所以比热带植物更耐低温，就是因为构成膜脂的不饱和脂肪酸含量更高的原因。另外，寒流时造成细胞膜透性改变，影响细胞内的代谢活动，造成植物体内新陈代谢紊乱。植物冷害的可能机制见图 14-1。

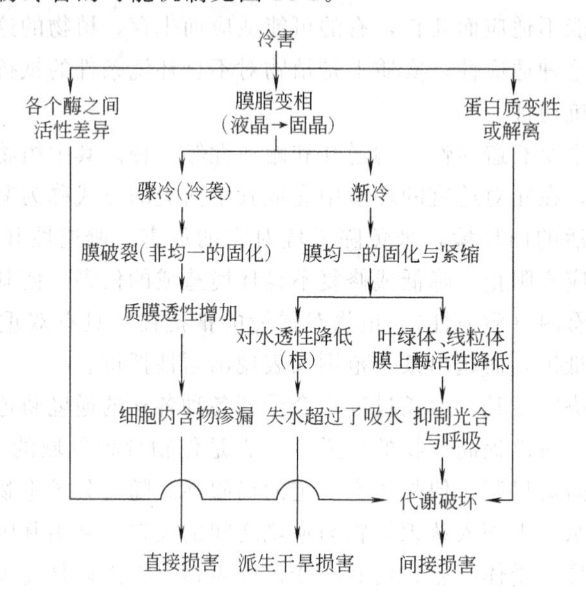

图 14-1　植物冷害的可能机制

4. 提高植物抗冷性的措施

低温锻炼是很有效的措施，因为这样能使植物对低温有一个适应过程。例如，春季温室和温床育苗时，在露天移栽前应先降低室温或床温，这样锻炼后的幼苗抗冷性较强。如番茄苗移出温室前先经 1～2d 10℃左右的低温处理，移栽后即可抗 5℃左右低温；黄瓜苗经 10℃低温锻炼后可抗 3～5℃低温。

细胞分裂素、脱落酸和其他一些植物生长调节剂及化学药物也可提高植物抗冷性。如玉米、棉花种子播种前用福美双处理，可提高植株抗冷性。PP_{333}、抗坏血酸、油菜素内酯等用于苗期喷施或浸种，可提高水稻幼苗抗冷性。

此外，调节氮、磷、钾肥的施用比例，增加磷、钾比重能明显提高植物抗冷性。

培育抗寒早熟品种是提高植物抗冷性的根本办法，通过遗传育种，选育出具有抗寒特性或开花期能够避开冷害季节的作物品种，可减轻冷害对植物的伤害。

（二）冻害和抗冻性

1. 冻害

冰点以下低温对植物的危害叫冻害。植物对冰点以下低温的适应性叫抗冻性。冻害也是农业生产的一种自然灾害。冻害的温度界限因植物种类、生育时期、生理状态及组织器官及其经受低温的时间长短而有很大差异。小麦、大麦、燕麦、苜蓿等越冬作物一般可忍受－12～7℃的严寒；白桦等可以经受－45℃低温不死。种子在短期内可经受－100℃以下冷冻仍保持发芽能力。

2. 冻害的机理

冻害主要是冰晶对细胞的伤害，冰晶的形成包括细胞间结冰和细胞内结冰。胞间结冰引起植物受害的主要原因：一是原生质严重脱水，使蛋白质变性或原生质发生不可逆的凝胶化；二是冰晶体对细胞的机械压力造成损伤，破坏原生质；三是结冰植物如果此时遇到温度骤然回升，冰晶迅速融化，原生质来不及吸水膨胀而被撕裂损伤。胞内结冰则对质膜、细胞器以及整个细胞产生破坏作用，给植物带来致命损伤。也有人认为冰冻的伤害是由于蛋白质分子间二硫键（—S—S）的形成，从而破坏蛋白质的空间结构所造成的。另外，冰冻会使膜透性增大，溶质大量外流，还可使与膜结合的酶游离而失活，光合磷酸化和氧化磷酸化解偶联，ATP 形成下降，引起代谢失调。

3. 提高植物抗冻性的措施

抗冻锻炼能有效提高植物的抗冻能力。通过抗冻锻炼后的植物体内会发生一系列适应低温的生理生化变化。如降低细胞自由水含量，相对增多束缚水，减少胞内外结冰危害，膜不饱和脂肪酸增多，膜相变的温度降低；同化物质特别是糖的积累增多；激素比例发生变化，如脱落酸增多等。

一些植物生长调节物质可用来提高植物的抗冻性。如用生长延缓剂 Amo-1618 与 B_9 处理，可提高槭树的抗冻力。用矮壮素与其他生长延缓剂来提高小麦抗冻性已用于农业生产。另外，脱落酸、细胞分裂素等也都具有增强玉米、梨树和甘蓝等作物的抗冻能力。

作物抗冻性的形成是对各种环境条件的综合反应。因此，环境条件如日照长短、雨水状况、湿度变幅等都可以决定抗冻性强弱。所以应当采取有效的农业措施，加强田间管理来防止冻害发生。例如，及时播种、培土、控肥与通气来促苗健壮，提高抗冻能力；冬灌、烟熏、盖草可以抵御强寒流袭击；合理施肥，提高钾肥比例，用厩肥与绿肥压青，提高越冬或早春作物御寒能力等。此外，早春育秧采用薄膜苗床与地膜覆盖等也可有效防止冻害。

二、高温对植物的影响

（一）热害与抗热性

高温对植物引起的伤害现象称为热害。植物对高温胁迫的适应称为抗热性。不同种类植物对高温的忍耐程度有很大差异，仅就高等植物而言，水生和阴生植物热害界限约在 35℃左右，而一般陆生植物的热害界限可高于 35℃。此外，致病高温与暴露时间成反比，时间越短，植物可忍耐的温度就越高。

高温的直接伤害是使蛋白质变性与凝固，但伴随发生的是高温引起蒸腾加强与细胞脱水。因此，抗热性与抗旱性的机理常常不易划分。实际上抗旱机理中就包括抗热性，同时抗热性机理也可以说明抗旱性。我国许多地区发生的干热风就是热害与干旱同时发生的典型例证。

（二）高温伤害

高温对植物的伤害可分为直接伤害和间接伤害两种。

1. 直接伤害

主要指高温直接影响细胞质的组成结构，在短期内（几秒到几十秒内）出现症状，并从受热部位向非受热部位传递蔓延。直接伤害的机理可以由以下两方面说明。

① 蛋白质变性。高温破坏维持蛋白质空间构型的氢键和疏水键，使蛋白质发生变性；蛋白质变性最初是可逆的，在持续高温下，很快转变为不可逆的凝聚状态。

② 脂类液化。高温促进生物膜中脂类的释放，形成液化小囊泡，从而破坏膜结构，使膜失去半透性和主动吸收的特性，即脂类液化。

2. 间接伤害

间接伤害是指高温导致细胞代谢异常，使植物受害。高温常引起类似旱害产生的植物过度蒸腾失水，导致细胞失水造成代谢失调，而使植物生长不良。①高温下呼吸作用大于光合作用，即物质消耗多于物质合成，若高温持续时间继续延长，造成植物出现饥饿甚至死亡；②高温可抑制植物的有氧呼吸，同时积累无氧呼吸所产生的有毒物质，如乙醇、乙醛和氨等产生毒害；③高温使某些生化环节发生障碍，如降低蛋白质的合成能力，致使植物缺乏某些必需的代谢物质，如维生素、核苷酸缺乏，从而引起植物生长不良或出现伤害；④高温促使细胞产生水解酶，使蛋白质分解，又使氧化磷酸化解偶联，丧失为蛋白质合成的提供能量的能力，引起蛋白质合成下降。

综上所述，高温对植物的伤害可用图 14-2 归纳总结。

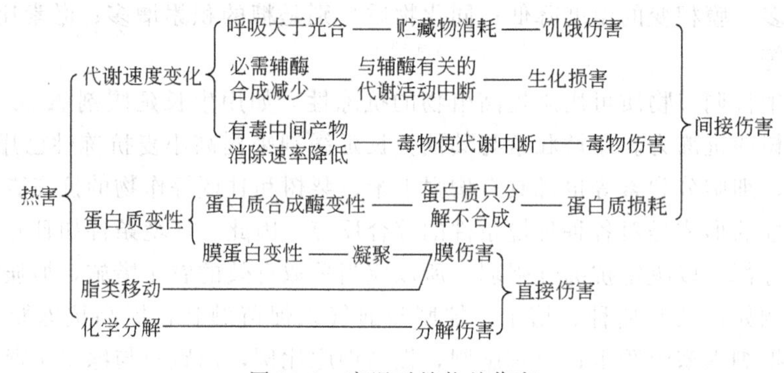

图 14-2　高温对植物的伤害

3. 耐热性机理与提高耐热性的措施

植物对高温的适应能力取决于生态习性，一般生长在干燥炎热环境下的植物，其耐热性高于生长在潮湿和冷凉环境下的植物。如 C_4 植物起源于热带或亚热带地区，其耐热性一般高于 C_3 植物。

耐热性植物在代谢上的基本特点是构成原生质的蛋白质对热稳定。这种热稳定性主要是决定于蛋白质分子的牢固程度与键能大小。凡疏水键与二硫键越多的蛋白质，抗热性越强。同时耐热植物体内合成蛋白质速度很快，可以及时补充因伤害造成的蛋白质的损耗。另外，耐热植株可产生较多的有机酸与 NH_4^+ 结合消除 NH_3 的毒害。

高温锻炼也可提高植物耐热性，因为高温处理会诱导植物形成热击蛋白，热击蛋白的种类与数量可以作为植物抗热性的一个重要指标。其次，湿度和矿质营养与植物耐热性也相关。

第二节　干旱和水涝对植物的影响

一、旱害与抗旱性

（一）旱害

环境缺水，植物耗水大于吸水时，使组织水分亏缺，过度水分亏缺的现象，称为干旱。

旱害是指土壤水分缺乏或大气相对湿度过低对植物造成的危害。植物对旱害的抵抗能力叫抗旱性。旱害发生的原因主要有两个方面：一是由于高温与干风造成大气相对湿度过低，植物因过度蒸腾而破坏了体内的水分平衡，即大气干旱，大气干旱常表现为干热风，在我国西北、华北地区时有发生，对小麦收成造成很大威胁；二是由于土壤中没有或只有少量有效水而影响植物对水分的吸收，称为土壤干旱。

（二）旱害的机理

干旱对植物的损害首先是由于植物失水超过了根系吸水，造成叶片和幼茎的萎蔫，萎蔫分暂时萎蔫和永久萎蔫两种。前者是夏季中午蒸腾剧烈，一时根系吸水不能加以补偿，叶片临时萎蔫，但降低蒸腾量或浅水灌溉时，植物即可恢复正常。暂时萎蔫只是叶肉细胞暂时水分失调，并未造成原生质严重脱水，对植物不产生破坏性的影响。后者是植物萎蔫后，降低蒸腾仍不能恢复正常，必须灌溉或雨后才逐渐恢复正常，甚至不能完全恢复正常。它对植物造成严重危害。

1. 破坏膜上脂层分子的排列

像冻害一样，当植物细胞脱水时，细胞膜透性增加，细胞内电解质和氨基酸、糖分子等有机物外渗。外渗的原因是脱水破坏了原生质膜脂类双分子的排列。因为正常状态下膜内脂类分子呈双分子层排列，这种排列主要靠磷脂极性同水分子相互连接，而把它们包含在水分子之间（图 14-3）。所以膜内必须束缚一定量水分才能保持膜中脂类分子的双层排列，当干旱使细胞严重脱水直至不能保持膜内必需水分时，膜结构即发生变化。

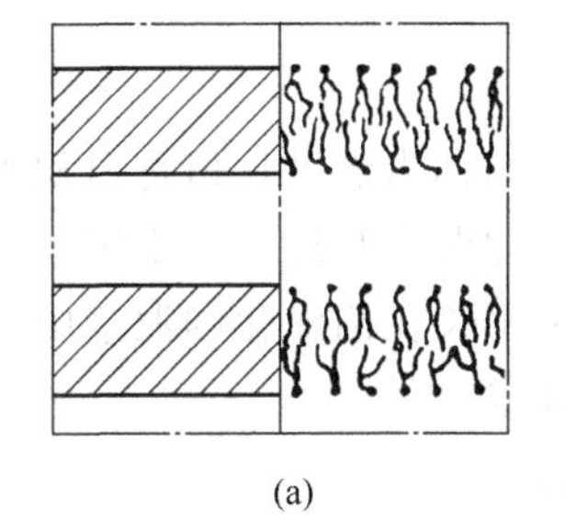
(a)

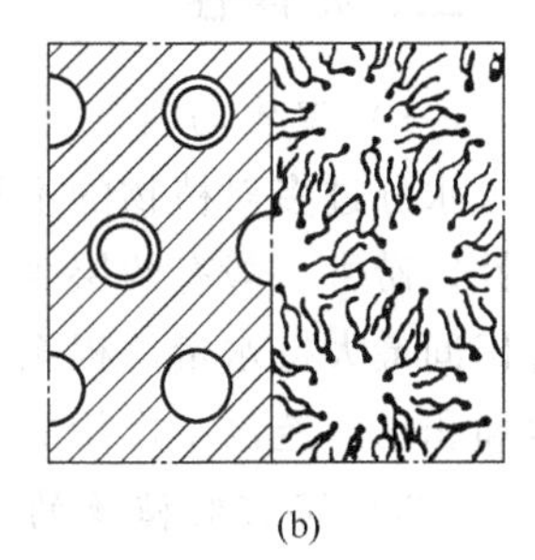
(b)

图 14-3　膜内脂类分子排列

(a) 在细胞正常水分状况下双分子分层排列；

(b) 脱水膜内脂类分子呈放射状的星状排列

2. 破坏正常代谢过程

细胞脱水对代谢破坏的特点是抑制合成代谢，加强分解代谢。如水分不足可使光合作用显著下降，直至趋于停止。干旱对呼吸作用的影响较复杂，但一般呼吸强度随水势降低而下降。除了破坏正常代谢外，干旱还对细胞产生机械损伤，甚至造成植株死亡。

（三）抗旱性机理及提高抗旱性的途径

1. 抗旱性机理

植物抗旱性主要表现在形态结构与生理两方面。

抗旱性强的植物往往根系发达，根冠比大，叶片细胞体积小，维管束发达，叶脉致密，单位面积气孔数目多，这不仅有利于根系吸水，还可加强蒸腾作用与水分传导。

抗旱性有三个主要的生理生化特征：一是细胞能保持较高的亲水能力，防止细胞严重脱水，这是生理抗旱的基础；二是在干旱时，植物体内的水解酶如 RNA 酶、蛋白酶等活性稳定，减少了生物大分子物质的降解，这样既保持了质膜结构不受破坏，又可使细胞内有较高的黏性与弹性，提高细胞保水能力和抗机械损伤能力，使细胞代谢稳定；三是脯氨酸、脱落酸等物质积累变化也是衡量植物抗旱能力的重要标准。

2. 提高抗旱性的途径

与抗冻锻炼相类似，将植物处在一种致死量以下的干旱条件中，让植物经受干旱锻炼，可提高其对干旱的适应能力。农业生产上有很多锻炼方法，如玉米、棉花、烟草、大麦等在苗期适当控制水分，抑制生长以锻炼其适应干旱的能力，即蹲苗。蔬菜移栽前拔起让其萎蔫一段时间后再栽，即搁苗。甘薯剪下的藤苗，一般放置阴凉处 1～3d 甚至更长时间后再扦插，即饿苗。“双芽法”是对播前的种子进行抗旱锻炼，即先用一定量水，如小麦风干质量的 40%，分三次拌入种子，每次加水后，经吸收，再风干到原来种子的质量，如此反复干干湿湿，而后播种。上述这些措施均可提高植物抗旱性。

合理施肥可提高作物抗旱性。磷钾肥能促进根系生长，提高保水能力。而氮素过多则由于枝叶徒长，蒸腾量增加，因而作物易受旱害。硼与铜等微量元素也有助于作物抗旱。利用矮壮素适当抑制地上部的生长，增大根冠比，以减少蒸腾量，有利于作物抗旱。此外，还可利用蒸腾抑制剂来减少蒸腾失水，从而增加作物的抗旱能力。

除了上述提高抗旱性的途径以外，通过系统育种、杂交、诱导、转基因等方法，选育新的抗旱品种是提高作物抗旱性的根本途径。

另外，脱落酸、矮壮素、B_9 与抗蒸腾剂等也可减少蒸腾失水，从而增强作物抗旱性。

二、抗涝性

（一）湿害与涝害

水分过多对植物的不利影响称为涝害，植物对积水或土壤过湿的适应力和抵抗力称为抗涝性。涝害一般有两层含义，即湿害和涝害。土壤过湿，水分处于饱和状态，土壤含水量超过田间最大持水量，根系完全生长在沼泽化的泥浆中，这种涝害叫湿害。而典型的涝害是指地面积水，淹没了作物的全部或一部分。

（二）涝害对植物的影响

涝害的核心问题是缺氧，缺氧给植物的形态、生长和代谢带来一系列不良影响。

1. 抑制生长

受涝缺氧的植株往往生长矮小，叶片黄化，根尖变黑，叶柄偏上生长。淹水也会抑制水稻种子萌发，使之产生芽鞘伸长，不长根，叶片黄化，有时仅有芽鞘伸长而其他器官不生长的现象。

2. 代谢紊乱

水涝缺氧抑制光合作用和有氧呼吸，促进无氧呼吸，产生和积累大量有毒产物如乙醇、乳酸等，从而使代谢紊乱。无氧呼吸还会使根系缺乏能量，阻碍矿质营养的正常吸收。

3. 营养失调

水涝缺氧抑制土壤中的好气性细菌（如氨化细菌、硝化细菌等）的正常生长活动，从而使有机物质和腐殖质的矿质化过程受到抑制，影响矿质营养供应；相反，使土壤中厌气性细菌（如丁酸细菌）等代谢活跃，产生大量有毒的还原性物质（如 H_2S、Fe^{2+}、Mn^{2+} 等），同时锌、锰和铁元素等也易被还原流失，引起植物营养缺乏。

（三）植物的抗涝性

不同作物的抗涝能力有别。如陆生喜湿作物中芋头比甘薯抗涝，旱生作物中油菜比马铃薯和番茄抗涝。同一作物不同生育期抗涝程度不同，如水稻一生中以幼穗形成期到孕穗中期最不抗涝，其次是开花期，其他生育时期抗涝性较强。

作物抗涝性的强弱取决于对缺氧的适应能力，一般抗涝性强的植物往往具有发达的通气系统来增强对缺氧的忍耐力。缺氧引起的无氧呼吸使体内积累有毒物质，而耐氧的植物则能够通过某种生理生化代谢来消除有毒物质，或本身对有毒物质具有忍耐力，因而具有较强的耐涝性。

第三节　盐碱对植物的影响

一、盐害

土壤中可溶性盐过多对植物的不利影响叫盐害，植物对盐分过多的适应能力称为抗盐性。

盐的种类决定土壤的性质，若土壤中盐类以碳酸钠和碳酸氢钠为主时，则称其为碱土；若以氯化钠和硫酸钠为主时，则称其为盐土。因盐土和碱土常混合在一起，盐土中常有一定量的碱土，故习惯上把这种土壤称为盐碱土。盐碱土由于土壤中盐分过多使土壤水势下降，严重阻碍植物的生长发育，这已成为限制盐碱地区作物生产的主要制约因素。

盐分过多对植物的影响是多种多样的，主要体现在以下三方面。

(1) 渗透胁迫　由于高浓度的盐分降低了土壤水势，使植物不能吸水，甚至体内水分外渗，因而盐害通常表现为生理干旱。盐土中生长的植物一般植株矮小，叶片小而蒸腾弱。

(2) 离子毒害　盐土中 Na^+、Cl^-、Mg^{2+}、SO_4^{2-} 等含量过高，会引起 K^+、HPO_4^{2-}、NO_3^- 等缺乏，由此造成植物对离子的不平衡吸收，使植物生长发生营养失调及单盐毒害作用。

(3) 破坏生理代谢紊乱　盐分胁迫抑制植物的生长和发育，并引起一系列的代谢失调，如盐分过多使 PEP 羧化酶和 RuBP 羧化酶活性降低，叶绿体降解，叶绿素和类胡萝卜素合成受到干扰，气孔关闭，抑制光合作用；高盐时植物呼吸作用受到抑制，氧化磷酸化解偶联；盐分过多促进蛋白质分解，降低蛋白质合成。另外，盐胁迫还使植物体内积累有毒代谢产物，如小麦和玉米等在盐胁迫下产生的氨害等。试验表明，NaCl 浓度的增高还会造成植物细胞膜渗漏率的增加。

二、提高作物抗盐性的途径

种子在一定浓度的盐溶液中吸水膨胀后再播种，可提高作物的抗盐能力，如棉花和玉米种子可用 3%NaCl 溶液预浸 1h，以增强耐盐力。

用植物激素如 IAA 喷施植株或用 IAA 溶液直接浸种，均可促进作物生长与吸水能力，提高抗盐性，ABA 能诱导气孔关闭，减小蒸腾作用和盐的被动吸收，因而也可用于提高作物的抗盐能力。

另外，改良土壤、培养耐盐性品种、采用洗盐灌溉法等都是农业生产上抵抗盐害的重要措施。

第四节　病原微生物对植物的影响

许多微生物如细菌、真菌和病毒等都可以寄生在植物体内，对寄主产生危害，称为病害。植物抵抗病原菌侵袭的能力称抗病性。使植物致病的微生物叫病原物，被寄生的植物称为寄主。

一、植物的抗病性

寄主对病原物侵染的反应可分为以下几种类型。

1. 感病型

即寄主受病原物侵染后产生病害，生长发育受阻，甚至造成局部或整株死亡，影响产量和品质。

2. 耐病型

即寄主对病原物的侵染比较敏感，侵染后同样有发病症状，但对产量及品质无很大的影响。

3. 抗病型

由于寄主自我保护反应而使侵入的病原物被局限化，不能继续扩展，寄主发病症状轻，对产量和品质影响不大。

4. 免疫型

即寄主排斥或破坏病原物入侵，不被感染或不发生任何病症。这在植物中较少见。

二、病害对植物生理生化的影响

（一）破坏水分平衡

萎蔫或猝倒是许多病害株的最普遍病症，表明病原菌侵入后破坏了植株的水分平衡。病菌干扰水分代谢的原因主要有三种：一是根系被病原菌侵染后损坏，不能正常吸水；二是维管束被病菌或因病菌侵染后引起的寄主代谢产物堵塞，水流阻力增大；三是病原菌破坏原生质结构，使膜透性加大，蒸腾失水过多。

（二）呼吸作用加强

病株的呼吸速率往往比健康株高 10 倍。这是因为一方面病原微生物进行强烈的呼吸，另一方面是寄主自身的呼吸也加快。

（三）光合作用减弱

病株由于叶绿体受到破坏，叶绿素合成减少，故光合速率下降。随着感染程度的加重，病株光合作用逐渐减弱，甚至完全失去同化二氧化碳的能力。

（四）同化物运输受到干扰

由于感病后，同化产物较多地运往病区，这与病区组织呼吸作用增强是一致的。例如，水稻、小麦的功能叶感病后，严重阻碍光合产物的输出，影响籽粒的充实。

（五）内源激素发生变化

植物组织受到病原菌感染后会大量合成各种激素。如锈病能使小麦植株中吲哚乙酸含量增加；水稻恶苗病则由于赤霉菌侵染后，产生大量赤霉素使植株徒长；而小麦丛矮病则是由于病毒侵染后使赤霉素含量下降，促使植株矮化。

三、植物抗病机理

植物抗病的途径很多，主要有如下几种。

（一）形态结构屏障

许多植株外部有坚硬的角质层，能阻挡病原菌的侵入，如苹果和李的果实由于具备角质层的防护而抵抗各种腐烂真菌的侵染。

（二）组织局部坏死

抗病品种与病原物接触时，在侵染部位形成枯斑，受侵染的细胞或组织坏死。使病原物得不到生长发育的适宜环境而死亡，这样病害就被局限在某个范围内而不能扩展。

（三）病菌抑制物的存在

植物体原本就含有一些对病原菌有抑制作用的物质。如儿茶酚对洋葱鳞茎炭疽病菌具有抑制作用，绿原酸对马铃薯的疮痂病、晚疫病和黄萎病的抑制等。生物碱和单宁也都有一定的抗病作用。亚麻根分泌的一种含氰化合物，可抑制微生物的呼吸。

（四）植保素

植保素是指由于受病原物或其他非生物因子刺激后，寄主产生的一类对其有抑制作用的物质，它通常是指出现在侵染点附近的低分子化合物。

此外，植物还可通过各种方式来产生抗病的效果，如产生一些对病原菌菌丝具有酶解作用而抑制病原菌进一步侵染的水解酶等。

当然，改善植物的生存环境和营养状况也是提高植物抗病能力的重要农艺措施。

第五节　污染对植物的影响

近代工业的发展，使得废渣、废气和废水越来越多，现代农业因大量使用农药与化肥等化学物质，引起有害物质残留量的增加，因而环境污染日趋严重。环境污染不仅直接危害人类健康与安全，而且给植物生长发育带来了很大危害。环境污染可分为大气、水体、土壤和生物污染，其中以大气污染和水体污染对植物的影响最大。

一、大气污染的影响

（一）大气污染物

对植物有毒的大气污染物多种多样，主要有二氧化硫（SO_2）、氟化氢（HF）、氯气（Cl_2）以及各种矿物质燃烧产生的废气等。乙烯、乙炔等对某些敏感植物也可产生毒害作用。臭氧、二氧化氮等对植物是有毒物质，其他如一氧化碳（CO）、二氧化碳（CO_2）超过一定浓度时也会对植物有毒害作用。

（二）大气污染的侵入途径与伤害方式

1. 侵入部位与途径

植物与大气接触的主要部位是叶，所以叶最易受到大气污染物的伤害。花的组织如柱头也很易受到污染物伤害而造成受精不良和空秕率提高。植物其他暴露部分，如芽、嫩梢等也会受到侵染。

气体进入植物的主要途径是气孔。白天气孔张开，有利于有毒气体的进入。SO_2 可促进气孔张开，因而增加了叶片对它的吸收。另外，角质层对 HF 和 HCl 有相对较高的透性，它是二者进入叶肉的主要通道。

2. 伤害症状

污染物进入细胞后积累的浓度超过了植物敏感阈值时产生伤害。伤害一般分急性、慢性和隐性危害三种。所谓急性伤害是指在较高浓度有害气体短时间（几分钟到几小时）的作用下所发生的组织坏死。叶组织受害时最初呈灰绿色，接着质膜与细胞壁解体，细胞内容物进入细胞间隙，转变为暗绿色的油渍或水渍斑，叶片变软，坏组织最终脱水变干，且呈现白色或象牙色到红色或暗棕色。慢性伤害是指由于长期接触亚致死浓度的污染空气，而逐步破坏了叶绿素的合成，使叶片缺绿、变小、畸形或加速衰老，有时在芽、花、果和树梢上也有伤害症状。而隐性伤害则看不出明显症状，但会导致作物品质和产量下降。

二、水体污染和土壤污染的影响

（一）水体污染物和土壤污染物

水体污染物种类繁多，如各种重金属盐类、洗涤剂、酚类化合物、氰化物、有机酸、含氮化合物、油脂、漂白粉和染料等。另外，城市下水道含有病菌的污水也会污染植物。

土壤污染物主要来自水体和大气。以污水灌田，有毒物质会沉积于土壤，大气污染物受重力作用随雨雪落于地表渗入土壤内，都可造成土壤污染。施用某些残留量较高的化学农药，也会污染土壤，如六六六农药在土壤里分解95%需六年半之久。

（二）水体和土壤污染物对植物的伤害

污染水源中的各种金属，有些是植物的必需元素，但在水中含量太高，会对植物造成严重危害，主要是这些重金属可抑制酶的活性，或与蛋白质结合，破坏质膜选择透性，阻碍植物的正常发育。水中酚类化合物含量过高，会抑制植物生长，并使叶色变黄；当含量再高时，叶片会失水、内卷、根系变为褐色而逐渐腐烂。氰化物浓度过高则强烈抑制呼吸作用。其他如三氯乙醛、甲醛、洗涤剂、石油等污染物对植物的生长发育也都有不良影响。酸雨或酸雾也会对植物造成非常严重的伤害。

三、提高植物抗污染力的措施

（一）抗性锻炼

用较低浓度的污染物预先处理种子或幼苗，可提高植物的抗污染物能力。

（二）改善土壤营养条件

通过改善土壤条件，提高植物的生活力，可增强对污染的抵抗力。如当土壤 pH 过低时，施入石灰可中和酸性，改变植物吸收阳离子的成分，可增强对酸性气体的抗性。

（三）化学调控

有人用维生素和植物生长调节物质喷施柑橘幼苗，或加入营养液让根系吸收，提高了植物对 O_3 的抗性。有人喷施能固定或中和有害气体的物质，如石灰溶液，结果减轻了氟害。

此外，利用常规或生物技术方法选育出抗污染强的品种，也是提高植物抗污染力的有效措施。

本章小结

逆境是指对植物生存与生长不利的各种环境因素的总称。逆境的种类很多，包括高温、低温、干旱、盐碱、水涝、病虫害、环境污染等。植物在遭遇逆境时，除生长发育受到抑制外，植物生物膜的透性、光合速率、呼吸速率、植物内源激素含量、蛋白质含量及组分等方面都发生相应的改变，有些植物可以适应而生存，有些植物不能适应而死亡。植物对逆境的适应性是在长期的系统发育中形成的，因此在农业生产中可采用基因工程培育抗性强的优良品种、加强抗性锻炼、喷施相应的植物生长调节剂及加强田间管理等措施提高植物的抗逆性，确保农业生产损失减少到最低水平。

一、名词解释

逆境；逆境逃避；逆境忍耐；抗性；生理干旱

二、问答题

1. 简述植物的抗逆方式。
2. 抗性锻炼为什么可提高植物抗逆性？
3. 植物受害后，生物膜结构成分如何变化？
4. 植物抗旱与耐盐的生理基础各主要表现在哪些方面？
5. 简述哪些方式可较好地提高作物抵抗不良环境的能力。
6. 简述植物感病后生理生化的变化。
7. 大气污染的主要污染物有哪些？有哪几种伤害植物的方式？

实 训

实训一 使用光学显微镜和观察细胞结构

一、目的

1. 了解光学显微镜的结构，掌握光学显微镜的规范操作程序。
2. 认识植物细胞的基本结构。
3. 初步学习生物的绘图方法。

二、用品与材料

显微镜、擦镜纸、软布、洋葱鳞茎、载玻片、盖玻片、吸水纸、培养皿、碘液、蒸馏水等。

三、方法与步骤

（一）显微镜的使用技术

1. 显微镜的结构

通常使用的生物显微镜，可分为机械装置和光学系统两大部分（实训图 1-1）。

① 机械装置。包括镜座、镜柱、镜臂、倾斜关节、载物台、镜筒、物镜转换盘、粗调节轮、细调节轮等。

② 光学系统。目镜、物镜、反光镜、聚光器、光圈等。

2. 显微镜的使用方法

① 取镜。拿显微镜时，必须一手紧握镜臂，一手托镜座，使镜体保持直立。放置显微镜时要轻，避免震动。应放在身体的左前方，离桌沿 6～7cm。

检查显微镜的各个部分是否完好。镜体上的灰尘可用软布擦拭，镜头只能用擦镜纸擦拭，不能用他物接触镜头。

② 对光。先将镜筒向后适当倾斜，倾斜角度不可过大。升起镜筒，然后将低倍物镜头（4×或 10×）转到载物台中央，正对载物台中央的通光孔。用左眼接近目镜观察，同时用手调节反光镜和集光器，把视

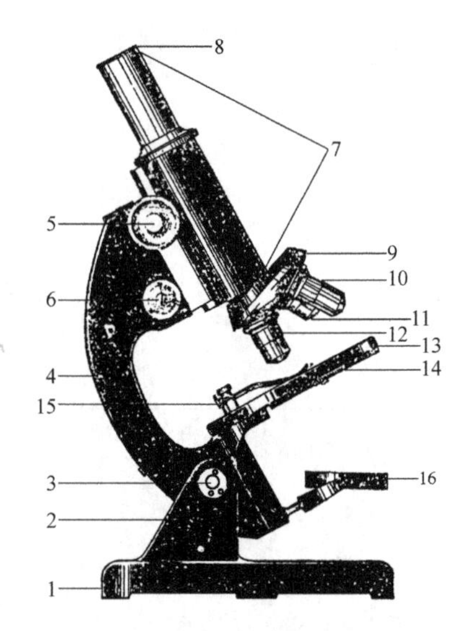

实训图 1-1 显微镜的构造

1—镜座；2—镜柱；3—倾斜关节；4—镜臂；5—粗调节轮；6—细调节轮；7—镜筒；8—接目镜；9—转换盘；10—油接物镜；11—低倍接物镜；12—高倍接物镜；13—载物台；14—光圈盘；15—压夹；16—反光镜

野调至适当亮度。

③ 放片。把切片放在载物台上，并夹好，用肉眼观察，将切片中的材料对准通光孔的中央位置。

④ 低倍物镜的使用。用眼侧视，将镜筒下降使物镜距切片 2～3mm。然后用左眼从目镜向内观察，并转动粗调节轮缓慢上升镜筒，直至看到影像为止，再转动细调节轮，即将物像调节至最清晰。移动切片，上下、左右观察材料的各个部分。

⑤ 高倍物镜的使用。若需要更换高倍物镜观察，先将观察区域移至视野中央，然后直接旋转物镜转换器，将高一级的物镜转至载物台中央，正对通光孔。一般可粗略观察到物像，然后，再用细调节轮调至物像最清晰。如镜内亮度不够，应通过改变光圈口径，增加光强。

⑥ 还镜。观察完毕，应将物镜移开，再取下切片，各部位恢复原位。将低倍物镜转至中央通光孔，并下降镜筒，使物镜接近载物台。然后把反光镜转直，放回镜箱并锁上。还镜时，拿显微镜的方法与取镜一样，即一手紧握镜臂，一手托镜座，使镜体保持直立。

3. 显微镜的保养

① 使用显微镜时，必须严格按照操作规程进行。

② 显微镜的零部件不得随意拆卸，也不能在显微镜之间随意调换镜头或其他零部件。

③ 放置显微镜的工作台要稳定，不能震动。

④ 镜头上沾有不易擦去的污物，可用棉签蘸少许二甲苯擦拭，再用干净的擦镜纸擦净。

（二）简易装片法——洋葱表皮细胞观察

1. 擦拭载玻片并在其中央位置滴一滴蒸馏水，备用。

2. 用手或镊子将洋葱内表皮撕下，剪成 3～5mm 的小片。或将内表皮留在鳞叶内，直接用刀片纵横划成 3～5mm 的小格。

3. 用镊子取小片表皮浸入水滴中，并用解剖针挑平，再加盖玻片。加盖玻片的方法是：左手持载玻片使其保持水平状态，右手持盖玻片斜向轻轻放下，使盖玻片的一边先接触水滴，同时使载玻片稍稍倾斜，使水汇至载玻片与盖玻片的夹角内，然后慢慢地将盖玻片放下，以免产生气泡。如盖玻片内的水未充满，可在盖玻片的一侧再滴水，如果水过多，可用吸水纸将多余的水吸去。

4. 将做好的简易装片进行镜检，观察细胞的结构。观察时，可在盖玻片的边缘加一滴 4%I-IK 溶液，细胞核被染成黄色，若用 0.1%中性红染液，可见液泡染成红色，使细胞各部分更加清楚。

（三）生物绘图

在进行植物形态、结构观察时，常需绘图。所绘图形要能够正常地反映出观察材料的形态、结构特征。尤其是局部结构的放大图，更适宜手工绘制。绘图时应注意以下几个方面。

1. 布局要合理。首先安排好图的位置，留出标题和图注空间，从宏观上把握整张纸的内容安排，力求平衡、稳定、美观。

2. 先画草图。用细铅笔勾画出轮廓，线条要轻细，注意比例恰当，详细结构不必勾划。一般选用的铅笔以 2H 为宜。

3. 在草图的框架上进行绘图。下笔要均匀流畅，线条要光滑无分叉，粗细均匀，两笔结合处要圆滑，不要重复描绘。

4. 用细圆点表示图的明暗和颜色深浅，千万不能涂抹阴影。

5. 注重科学性和准确性。生物绘图不能夸张，严格按照显微镜下的影像绘画。要把混杂物、破损、重叠等现象区别清楚，不要把这些现象绘上。

四、实训作业

1. 绘制显微镜的结构图，并标明各部位名称。
2. 绘几个洋葱表皮细胞结构图，并标明各部位名称。

实训二　观察植物叶绿体、有色体及淀粉粒

一、目的

1. 学会徒手切片。
2. 识别叶绿体、有色体、白色体及淀粉粒。

二、用品与材料

显微镜、镊子、双面刀片、载玻片、盖玻片、培养皿、吸水纸、蒸馏水、碘液、10%糖液、菠菜叶、红辣椒、西红柿、白萝卜肥大直根、马铃薯块茎。

三、实训内容

1. 叶绿体的观察。在载玻片上滴一滴10%的糖液，再取菠菜叶片，撕去下表皮，再用刀刮取少量叶肉组织置于载玻片糖液中，用镊子尖部将材料捣散，分布均匀，盖上盖玻片，用显微镜进行镜检。先用低倍镜观察，可见叶肉细胞内许多绿色的颗粒，这就是叶绿体，再转换高倍镜观察。

2. 白色体的观察。白色体观察需要用徒手切片法，其方法如下。

将白萝卜切成0.5cm见方、2～3cm长的长方条，用左手的拇指和食指夹着，使长方条上端露出1～2mm，并以无名指顶住材料，用右手持刀片。把材料的上端和刀刃先蘸水，并使材料成直立方向，自外向内把材料上端切去少许，使切口呈光滑的断面，并在切口蘸水，接着按照同样方法把材料切成极薄的薄片，切时注意使用臂力，不要使用腕力和指力，刀片移动方向由左前方向右后方拉切。拉切的速度宜较快，不要中途停顿。把切下的材料用小镊子或解剖刀拨入培养皿中的清水中，选择薄而透明的材料做水装片进行观察。可观察到在细胞中有许多无色圆形的白色体颗粒。

3. 有色体观察。取红辣椒，依照白萝卜徒手切片方法进行切片，选取透明薄片做水装片进行观察，可见到细胞内含有橙红色的颗粒。用胡萝卜肥大直根作材料，可见到其皮层细胞内的有色体为橙红色的结晶体。用西红柿观察时，可将西红柿的汁液涂在载玻片上，并加盖盖玻片，然后进行镜检。

4. 淀粉粒观察。可用涂片的方法做简易切片。先在载玻片上滴一滴蒸馏水，然后用刀片将马铃薯块茎切开，用另一载玻片或刀片在断面上刮下一些汁液，将汁液涂在载玻片上的蒸馏水中，然后盖上盖玻片，用吸水纸吸取多余的水分，进行镜检。可见到许多卵圆形的淀粉粒。将光线调暗，可见到淀粉粒上的轮纹。如加碘液，淀粉粒则都变成蓝色。

四、实训作业

1. 绘几个含叶绿体、白色体、有色体的细胞图。
2. 绘几个马铃薯的淀粉粒图。

实训三 观察细胞有丝分裂

一、目的

识别植物细胞有丝分裂各期的主要特征。

二、用品与材料

洋葱根尖纵切片。

三、方法与步骤

取洋葱根尖纵切片用显微镜观察。先用低倍镜观察，找出靠近尖端的分生区部分，细胞小而等径，排列整齐。换用高倍镜观察，可见处于不同分裂时期的细胞。认真对照挂图，分辨出各个时期的细胞。

如无洋葱根尖纵切片，可制作简易切片进行观察。方法如下。

1. 幼根培养。于试训前3～4d，将洋葱鳞茎置于广口瓶上，瓶内盛满清水，使洋葱底部进入水中，置于温暖处，每天换水，3～4d后可长出嫩根。

2. 材料固定和离析。剪取根尖0.5cm，立即投入浓盐酸与95%酒精等量混合液中，10min后，用镊子将材料取出置于蒸馏水中。

3. 压片。取洗净的根尖，切取根顶端1～2mm，置于载玻片上，加一滴醋酸洋红溶液，染色5～10min，盖上盖玻片，以一小块吸水纸放在盖玻片上，左手按住载玻片，用右手拇指在吸水纸上对准根尖部分轻轻挤压，将根压成均匀的薄层。用力要适当，不能将根尖压烂，并且在用力过程中不要移动盖玻片。用吸水纸吸取溢出的染液，置于显微镜上镜检。

附：醋酸洋红溶液的配制

先将50mL 45%的醋酸水溶液放在150mL的三角瓶中煮沸约30s，徐徐加入0.5g洋红粉，再煮1～2min，冷却后加入氢氧化铁溶液1～2滴，过滤，保存在玻璃塞的棕色玻璃瓶中。

四、实训作业

绘制细胞有丝分裂各个时期的一个细胞图，并注明各个分裂时期。

实训四 观察植物组织类型

一、目的

识别植物各种组织，了解其主要特征。

二、用品与材料

显微镜、放大镜、培养皿、滤纸、盖玻片、载玻片、镊子、刀片、各种植物组织切片、芹菜叶柄、菠菜叶片、小麦叶片等。

三、方法与步骤

1. 双子叶植物的表皮与气孔观察　用镊子撕取菠菜叶的表皮，做成水装片，置显微镜下观察，可看到很多无色的、边缘成波状紧密结合的细胞，细胞中还可见明显的细胞核，即为表皮细胞。此外，在表皮细胞之间，还可以看到由较小的、绿色的、成对存在的、半月形的保卫细胞构成的气孔。然后，转换高倍镜头仔细观察。

2. 禾本科植物的表皮与气孔观察。取小麦叶片，置载玻片上，再用一块玻璃片在小麦叶片上来回地刮几下后，将刮下的材料放到清水中，选择透明的材料做成水装片，置显微镜下观察。除可见到比较规则的小麦叶表皮细胞外，还可看到由两个哑铃形的保卫细胞所组成的气孔，每一个保卫细胞的外侧还有一个到两个副卫细胞。

3. 茸毛及表皮毛观察。取南瓜叶和茎上的表皮也做成水装片，分别置于显微镜下观察，可观察到表皮毛。

4. 厚角组织观察。取芹菜叶柄，做徒手切片，切面与叶柄伸展方向垂直，将切下的材料置于培养皿中的水中，选取透明的薄片，做成水装片，置于显微镜下观察，可见到叶柄边棱处的厚角组织。

5. 南瓜茎导管的观察。将用5%的铬酸溶液分离的南瓜茎材料，用水冲洗后，小心地取出一点放在载玻片上，用镊子将材料分离开，滴上间苯三酚和盐酸各一滴。经2～3min后，先在低倍镜下观察，可见到有许多导管，再转换在高倍镜下，见到管壁上有各种花纹。观察后绘一个导管图形，注明其为哪一种导管。

再取南瓜茎的纵切片，在显微镜下观察，可见导管。注意其加厚方式。

6. 管胞的观察。取松茎横切面切片和松茎木质部离散材料装片，置显微镜下观察管胞的形状构造。

7. 筛管和伴胞的观察。取南瓜茎纵切片置显微镜下观察，先找到导管，在导管两侧可看到染有蓝紫色或绿色的长形管状物，即是筛管。在筛管细胞相接处，可以看到明显的筛板和筛孔。筛管旁边有细长的细胞，其细胞质很浓，着色很深，此即伴胞。

四、实训作业

绘制各种植物组织图，表明各个部位名称。

实训五　观察根的解剖结构

一、目的

区别根尖各部分的结构，认识单子叶植物和双子叶植物根的初生结构特征和双子叶植物根的次生结构特征。

二、用品与材料

显微镜、放大镜、培养皿、滤纸、盖玻片、载玻片、镊子、刀片、1%番红溶液、间苯三酚溶液、盐酸溶液。

玉米（或小麦、水稻）籽粒、鸢尾、小麦的幼根横切片、向日葵幼根横切片、向日葵老根横切片。

三、方法与步骤

（一）根尖及其分区

1. 幼根的培养。在试训前5～7d，用几个培养皿（或搪瓷盘），内铺滤纸，将玉米籽粒浸入水后，均匀排在潮湿的滤纸上，并加盖。然后放入恒温箱中，保持温度15～25℃，使根长到1～2cm，即可观察。

2. 根尖及其分区的观察。选择生长良好的幼根，用刀片从根毛处切下，放在载玻片上（下面垫一黑纸），用肉眼或放大镜观察其外形和分区。

（二）根的结构观察

1. 单子叶植物根的初生结构。取鸢尾（或小麦）幼根横切片，先在低倍镜下观察各个结构所在的部位，然后转换高倍镜仔细观察各个部分的结构：表皮、皮层、中柱。注意观察其中柱、内皮层的特殊结构。

2. 双子叶植物根的初生结构。取向日葵幼根横切片，先在低倍镜下观察各个结构所在的部位，然后转换高倍镜仔细观察各个部分的结构：表皮、皮层、中柱。

3. 双子叶植物根的次生结构。取向日葵老根横切片，先在低倍镜下观察各个结构所在的部位，然后转换高倍镜仔细观察各个部分的结构：周皮、韧皮部、形成层、次生木质部、初生木质部、髓等。

四、实训作业

1. 绘根尖分区图，并表明各个部位的名称。

2. 绘单子叶植物（鸢尾或小麦）幼根、双子叶植物（向日葵）幼根和老根横切面图（约1/6扇形图），并注明各部分结构名称。

实训六　观察芽和茎的解剖结构

一、目的

了解芽的内部结构，识别芽的类型；掌握植物茎的解剖特点。

二、用品与材料

显微镜、放大镜、丁香（或胡桃）的叶芽、棉花（或桃）的花芽，苹果（或梨）的混合芽。玉米（或水稻）的幼茎（或制片）。向日葵（或棉花）幼苗及其幼茎横切片、老茎横切片。

三、方法与步骤

（一）芽的结构观察

取丁香叶芽用刀片纵切后，在放大镜下观察，可看到其生长锥、叶原基、幼叶和腋芽原基，最外面是芽鳞。取苹果混合芽用刀片纵切，将芽的鳞片剥去，里面是毛茸茸的幼叶，用镊子将幼叶去掉，用放大镜观察，可见到大小不等的突起，即为各个花的各部位。

（二）单子叶植物茎的结构观察

取玉米茎做一横切片（或用制片）置显微镜下观察。

1. 表皮。茎最外一层，细胞小，排列紧密，细胞壁上有发亮的硅质。

2. 薄壁细胞。在靠近表皮处，有1～3层的厚壁细胞。它们排列成一保护环。厚壁组织里面是薄壁组织。

3. 维管束。在薄壁组织中，有许多散生的维管束。每一维管束由初生木质部、初生韧皮部、维管束鞘组成。

（三）双子叶植物茎的初生结构观察

取向日葵幼茎作一横切片（或制片）置于显微镜下观察。

1. 表皮。表皮细胞较小，只有一层，细胞外壁可见有角质层，有的表皮细胞转化成表皮毛（单细胞或多细胞）。用高倍镜可观察茎表皮上有保卫细胞和气孔。

2. 皮层。皮层由厚角组织及薄壁组织组成，若用新鲜的向日葵幼茎做徒手切片，可观察到厚角细胞内有叶绿体；厚角组织内侧是数层薄壁细胞。

3. 维管柱。包括维管束、髓射线和髓三部分。

维管束多呈束状，在横切片上许多维管束排成一环。每个维管束都是由初生韧皮部、束内形成层和初生木质部组成。

髓位于茎的中心，由薄壁细胞组成。髓射线是位于两个维管束之间的薄壁组织。

（四）双子叶植物的次生结构观察

取有加粗生长的向日葵茎横切制片，置显微镜下观察，分清周皮、皮层、韧皮部、形成层、木质部、髓及髓射线各部分，并加以描述。

四、实训作业

1. 绘玉米茎一个维管束图并注明各部分结构。

2. 绘双子叶植物茎初生结构、次生结构的一部分，注明各部分名称。

实训七　观察叶的解剖结构

一、目的

了解双子叶植物和单子叶植物叶的结构。

二、仪器及用品

显微镜、水稻、小麦、玉米叶片横切片，大豆、海桐叶片横切片。

三、方法与步骤

（一）双子叶植物叶片的结构观察

选用大豆或海桐叶片横切片，置于显微镜下观察。

1. 表皮。有上下表皮之分，通常各由一层排列紧密的细胞组成，下表皮分布有较多的气孔器。

2. 叶肉。是由薄壁细胞组成，可分栅栏组织和海绵组织，内含叶绿体。

3. 叶脉。由木质部（在上）和韧皮部（在下）组成，在主脉中可能有形成层。

（二）单子叶植物叶片的结构观察

用水稻、小麦、玉米叶片横切片，在显微镜下观察，与双子叶植物叶的结构对比。

1. 表皮。气孔器主要分布在上表皮还是下表皮？注意运动细胞的排列状况。

2. 叶肉。栅栏组织和海绵组织的分化程度是否明显？再看一下叶子上下的颜色深浅。

3. 叶脉。木质部与韧皮部所处的位置，有无形成层？

四、实训作业

1. 绘制大豆或海桐叶片的横切面图，注明各部分。

2. 绘制玉米或小麦叶片的横切面图，注明各部分。

实训八 观察花药、子房结构

一、目的

了解花药和子房的结构特征。

二、仪器及用品

显微镜、百合花药和子房横切片。

三、方法与步骤

（一）花药结构的观察

取百合花药横切片，先在低倍镜下观察。可见花药呈蝶状，其中有四个花粉囊，分左右对称两部分，中间有药隔相连，在药隔处可见到自花丝通入的维管束。换高倍镜仔细观察一个花粉囊的结构，由外至内分别为表皮、纤维层、中层与绒毡层。

（二）子房结构的观察

取百合子房横切片，在低倍镜观察，可见到有 3 个心皮围合成 3 个子房室，胎座为中轴胎座，在每个子房室里有 2 个倒生胚珠，它们背靠生在中轴上。

移动载玻片，选择一个完整而清晰的胚珠，进行观察，可以看到胚珠具有内外两层胚珠、珠孔、珠柄及珠心等部分，珠心内为胚囊，胚囊内可见到 1 或 2 个核或 4 个核或 8 个核（成熟的胚囊有 8 个核，由于 8 个核不是分布在一个平面上，所以在切片中，不易全部看到）。

四、实训作业

1. 绘百合花药横切图，注明各部分。

2. 绘百合子房横切面图，注明各部分。

实训九　质壁分离法测定渗透势

一、目的

通过实训学会用质壁分离测定植物细胞或组织的渗透势。

二、原理

植物细胞是一个渗透系统，如果将其放入高渗溶液中，细胞内水分因外流而失水，细胞会发生质壁分离现象，若细胞在等渗或低渗溶液中则无此现象。细胞处在等渗溶液中，此时细胞的压力势为零，那么细胞的渗透势就等于溶液的渗透势，即为细胞的水势。

当用一系列浓度梯度的糖液观察细胞质壁分离时，细胞的等渗浓度介于刚刚引起初始质壁分离的浓度和与其相邻的尚不能引起质壁分离的浓度之间，代入公式 $\Psi_W=-iCRT$，即可算出其渗透势，即水势（见实训十）。

三、用品与材料

显微镜、载玻片、盖玻片、培养皿（或试管）、镊子、刀片、表面皿、试管架、小玻棒、吸水纸、0.2～0.6mol·L^{-1}的蔗糖配制方法见实验实训十、0.03%中性红、小麦叶片（最好为含有色素的植物材料，如洋葱鳞茎内表皮）。

四、方法与步骤

1. 取干燥洁净的培养皿5套，贴上标签编号，依次倒入不同浓度的糖液(0.2～0.6mol·L^{-1})，使其成一薄层，盖好皿盖。

2. 以镊子撕取叶表皮或洋葱鳞茎内表皮放入中性红皿内染色5～10min（有色材料不染色），取出后用水冲洗，并吸干植物材料表面的水分，分为若干份，然后依次放入不同浓度糖液中，经过20～40min后（如温度低，适当延长），依次取出放在载玻片上，用玻棒加一滴原来浓度的糖液，盖上玻片，在显微镜下一一观察质壁分离情况，确定引起50%左右细胞初始质壁分离时的那个浓度（即原生质从细胞角隅分离的浓度）作为等渗浓度。

3. 实验结果记录

蔗糖溶液浓度/mol·L^{-1}	0.2	0.3	0.4	0.5	0.6
质壁分离细胞比例					

五、实训作业

记录实验结果，算出所测植物组织的渗透势，完成实训报告。

实训十 测定植物组织水势（小液流法）

一、目的

学会用小液流法来测定植物组织水势。

二、原理

当植物组织浸入外界溶液中时，若植物组织的水势小于外液的水势，则细胞吸水，使外液浓度变大，反之，植物细胞失水，外液浓度变小，若细胞和外液的浓度相等，则外液浓度不发生变化。溶液浓度不同其相对密度也不同，不同浓度的两溶液相遇，稀溶液相对密度小而会升，浓溶液相对密度大而会下降。根据此理，把浸过植物组织的各浓度溶液滴回原相应浓度的各溶液中，液滴会发生上升、下降或基本不动的现象。如果液滴不动，说明外液在浸过组织后浓度未变，那么就可根据该溶液的浓度计算出其水势。此水势值也就是待测植物组织水势。小液流法就根据这个原理，把植物组织浸入一系列不同浓度梯度的蔗糖液中，由于相对密度发生了变化，通过观察滴出的小液滴在原相应浓度溶液中的反应而找出等渗浓度，从而就可算出溶液的水势。

三、用品与材料

指管水架、指形管（带软木塞）、弯头毛细吸管（带橡皮头）、小镊子、移液管。温度计、穿孔器、不同浓度的蔗糖液（0.2～0.6mol・L^{-1}）、甲烯蓝、叶片。

四、方法与步骤

1. 蔗糖溶液的配制：先配制 1mol・L^{-1}的蔗糖溶液 100mL，称取烘干的蔗糖 34.2g 溶于少量蒸馏水中，再用容量瓶定容至 100mL。再按照 $c_1V_1=c_2V_2$ 计算，用 1mol・L^{-1}的蔗糖溶液逐个配制 0.2～0.6mol・L^{-1}的蔗糖溶液各 20mL。

2. 取洗净烘干的指形管 10 个，分成两组，各按蔗糖液浓度编记号 2、3、4、5、6，插在指形管架上，排成两排，使同号相对。在一排指形管中，分别注入 0.2～0.6mol・L^{-1}的蔗糖液各 5mL；另一排管内分别注入对应浓度糖液各 1mL，两者管口均塞上软木塞。

3. 选取有代表性的植物叶子数片，用打孔器打取叶圆片 40 片。用小镊子把圆片放入 1mL 糖液指形管中，每管 8 片，再塞上软木塞。每隔数分钟轻轻摇动，使叶片要全部浸入糖液中，使叶内外水分更好地移动。

4. 30～60min 后，打开软木塞，向装叶的每一管中投入甲烯蓝小结晶 1～2 粒，要求每管用量大致相等，摇动均匀，使糖液呈蓝色。

5. 用干净毛细管吸取有色糖液少许，轻轻插入同浓度 5mL 糖液内，在糖液中部轻轻挤出有色糖液一小滴，小心抽出毛细吸管，不能搅动溶液，并观察有色糖液的升降情况，分别记录。毛细吸管不能乱用，一个浓度只能用一只，既要干净，又要干燥。找出有色糖液不动的浓度，即为等渗浓度。如果找不到静止不动的浓度，则可找液滴上升和下降交界的两个浓度，取其平均值，即可按公式计算出该植物的水势。

6. 根据找到的溶液浓度换算成溶液渗透压，可按下式计算。

$$\Psi_S = -p \qquad p = icRT$$

式中 Ψ_S——溶质势；

p——渗透压；

i——渗透系数（表示电解质溶液的渗透压为非电解质溶液渗透压的倍数，如蔗糖 $i=1$；NaCl $i=1.8$；KNO_3；$i=1.69$）；

c——溶液的物质的量浓度（即所求的等渗浓度）；

R——气体常数＝0.082；

T——热力学温度，即实训时液体温度＋273。

所求得的 p 值，即为该溶液的渗透压，用大气压表示，换算成 Pa（1 大气压＝1.013×10^5Pa），其负值即为该溶液的溶质势，也就是被测植物组织的水势（因植物组织处于等渗溶液中，组织的水势等于外液的溶质势）。

五、实训作业

1. 记录实验结果。
2. 将记录结果代入公式，算出植物组织水势。

实训十一　提取、分离叶绿体色素与观察理化性质

Ⅰ　提取与分离叶绿体色素

一、目的

明确叶绿体色素的种类，掌握提取和分离的方法。

二、原理

高等植物的叶绿体中含有叶绿素（叶绿素 a 和叶绿素 b）和类胡萝卜素（胡萝卜素和叶黄素）。这两类色素均不溶于水，而溶于有机溶剂，故常用酒精或丙酮提取。提取液中的叶绿体色素可用层析法加以分离，因吸附剂对不同物质的吸附力不同，当用适当溶剂推动时，不同物质的移动速度不同，便可将色素分离。

三、用品与材料

天平、培养皿、滤纸、玻璃棒、烧杯、漏斗、研钵、滴管、漏斗架、坩埚、锥形瓶、剪刀、95%酒精、汽油、碳酸钙、无水碳酸钠、石英砂等。

四、实训步骤

1. 色素的提取。将剪碎的鲜叶 8～10g 放入研钵中，加少量石英砂和碳酸钙粉及 95%酒精 5～10mL 研磨成糊状，再加入 20mL 左右的酒精，充分混匀，以提取匀浆中的色素，3～5min 后，过滤入锥形瓶中，加 10g 左右无水碳酸钠以除去提取液中的水分，将提取液转入另一锥形瓶中，加塞待用。

干叶提取，可先取植物新鲜叶片在 105℃下杀青，再在 70～80℃下烘干，研成粉末（如

不及时用，可避光密闭贮存)。称取叶粉2g，放入小烧杯中，加入95%酒精20～30mL，进行浸提，浸泡中需要用玻璃棒经常搅动，如气温过低亦可在水浴中适当加热。待浸液至深绿色时，将溶液过滤到另一烧杯或锥形瓶中待用。

2. 色素的分离。取一圆形滤纸，在其中心戳一圆形小孔。另取一张滤纸，剪成长5cm、宽1.5cm的纸条，将它捻成纸芯。将纸芯一端蘸取少量提取液使色素扩散的高度限制在0.5cm以内，风干后再蘸，反复操作数次。然后将纸芯蘸有提取液的一端插入圆形滤纸的小孔中，使与滤纸刚刚平齐（勿突出)。坩埚内加适量无色汽油，把插有纸芯的圆形滤纸平放在坩埚沿上，使纸芯下端浸入汽油中，进行层析。这时纸芯不断吸上汽油，并把其上的色素一起沿滤纸向四周扩散，不久就可看到被分离的各种色素的同心圆环，叶绿素b为黄绿色，叶绿素a为蓝绿色，叶黄素是鲜黄色，胡萝卜素是橙黄色。用铅笔标出滤纸上各种色素的位置并注明其名称。

五、注意事项

1. 用于色素分离的提取液浓度应高些，蘸取提取液的速度不宜太快，风干后再蘸，浓度不高时分离效果较差。

2. 分离图可在暗中保存，以免色素被光氧化。

六、实训作业

记录以上各项结果，并加以解释。

Ⅱ　观察叶绿体色素的理化性质

一、目的

从光合色素的结构出发，了解叶绿体色素的主要理化性质及观察方法。

二、原理

叶绿素是一种二羧酸的酯，可与碱起皂化作用，产生的盐能溶于水中。以此法将叶绿素和类胡萝卜素分开。叶绿素与类胡萝卜素都具有共轭双键，在可见光区表现出一定的吸收光谱，可用分光镜检查或用分光光度计精确测定。叶绿素吸收光量子而转变为激发态的叶绿素分子很不稳定，当它回到基态时，可以发射出红色荧光。叶绿素分子中的镁可被H^+所取代而成为褐色的去镁叶绿素，后者遇到Cu^{2+}可形成绿色的铜代叶绿素，这种铜代叶绿素在光照下不易受到破坏，故常用此法制作绿色多汁植物的浸渍标本。

三、用品与材料

分光镜、铁三脚架、研钵、分液漏斗、酒精灯、石棉网、滴管、小烧杯、试管、试管架、玻棒、移液管、95%酒精、石油醚、醋酸铜粉、氢氧化钾片、50%醋酸等。

四、方法与步骤

将本实验第一项中提取的叶绿体色素溶液用95%酒精稀释1倍，进行以下实验。

1. 皂化作用。吸取叶绿体色素提取液5mL放入试管内，再加入少量氢氧化钾片，充分摇匀，片刻后，加入5mL石油醚，摇匀，再沿试管壁慢慢加入1～1.5mL蒸馏水，轻轻摇匀，静置试管架上。随即可看到溶液逐渐分为两层，下层是酒精溶液，其中溶有皂化叶绿素a和叶绿素b（还有少量叶黄素）；上层是石油醚溶液，其中溶有黄色的胡萝卜素和叶黄素。

将上下两层溶液用分液漏斗分离，分别盛入试管内，加塞放于暗处，以供观察吸收光谱用。

2. H^+和Cu^{2+}对叶绿素分子中镁的取代作用。吸取叶绿体色素提取液约5mL放入试管中，加入50%醋酸数滴，摇匀后，观察溶液的颜色有何变化。

当试管中溶液变成褐色后，倾出一半于另一试管中，投入醋酸铜粉末少许，微微加热，然后与未加醋酸铜的试管比较，观察颜色有何变化。

3. 叶绿素的荧光现象。取较浓的叶绿体色素提取液5mL，放入试管中，观察光线透过叶绿素提取液和叶绿素提取液在暗背景下的反射光的颜色有何不同。

4. 叶绿体色素的吸收光谱。先调试分光镜，伸缩分光镜的望远镜筒，使彩色光谱清晰可见，然后把叶绿体色素提取液（盛于试管内）置于光源和分光镜的光门之间，观察光谱有何变化？再把经过皂化作用后分离出的绿色溶液和黄色溶液分别置于光源和分光镜之间，观察光谱有何变化。试说明其原因。

五、注意事项

1. 皂化反应中，必须待氢氧化钾充分溶解后才能加入石油醚，反复用石油醚萃取，待上层黄色完全去除，下层才为叶绿素钾盐。

2. 吸收光谱观察的光合色素浓度应适中。

3. 取代反应时如遇温度低可以在酒精灯上加热，以加快反应。

六、实训作业

记录以上各项结果，并加以解释。

实训十二　定量测定叶绿素

一、目的

植物叶绿素的含量与光合作用和氮素营养有密切关系，因此测定植物叶绿素的含量对合理施肥、育种及植物病理研究有着重要意义。本实验要求掌握用分光光度法测定叶绿素含量的方法。

二、原理

分光光度法是根据叶绿素对某一特定波长的可见光的吸收，用公式计算出叶绿素含量。此法精确度高，还能在未经分离的情况下分别测出叶绿素a和叶绿素b的含量。

根据比尔定律，某有色溶液的光密度D与其浓度C成正比，即$D=KCL$，L为液层厚度。

当溶液浓度以质量分数表示，且液层厚度为1cm时，K称为该物质的比吸收系数。

欲测定叶绿体色素混合提取液中叶绿素a和叶绿素b的含量，只需测定该提取液在某一

定波长下的光密度 D，并根据叶绿素 a、叶绿素 b 在该波长下的吸收系数即可求出叶绿素的浓度。为了排除类胡萝卜素的干扰，所用的单色光应选择叶绿素在红光区的最大峰。

已知叶绿素 a 和叶绿素 b 在红光区的最大吸收峰分别位于 663nm 和 645nm，又知在波长 663nm 下，叶绿素 a 和叶绿素 b 的 80%丙酮溶液的比吸收数分别为 82.04 和 9.27；而在波长 645nm 下，分别为 16.75 和 45.6。据此可列出下列关系式。

$$D_{663}=82.04C_a+9.27C_b \quad \text{（实训式 12-1）}$$

$$D_{645}=16.75C_a+45.60C_b \quad \text{（实训式 12-2）}$$

实训式（12-1)、实训式（12-2）中的 D_{663}、D_{645} 分别为叶绿素溶液在波长 663nm 和 645nm 时的光密度，C_a、C_b 分别为叶绿素 a 和叶绿素 b 的浓度，以 $mg \cdot L^{-1}$ 为单位。

解由实训式（12-1)、实训式（12-2）构成的方程组得

$$C_a=12.7D_{663}-2.69D_{645} \quad \text{（实训式 12-3）}$$

$$C_b=22.9D_{645}-4.68D_{663} \quad \text{（实训式 12-4）}$$

将 C_a 和 C_b 相加，即得叶绿素总量 C_T，即

$$C_T=C_a+C_b=20.2D_{645}+8.02D_{663} \quad \text{（实训式 12-5）}$$

另外，由于叶绿素 a、叶绿素 b 在 652nm 处有相同的比吸收系数（均为 34.5)，也可通过测定此波长下的光密度（D_{652}）而求得叶绿素 a 和叶绿素 b 的总量，即

$$C_T=D_{652}\times1000/34.5 \quad \text{（实训式 12-6）}$$

三、用品与材料

分光光度计、烧杯、滤纸、移液管、天平、剪刀、试管、漏斗、研钵、容量瓶、80%丙酮、石英砂、碳酸钙粉。

四、实训步骤

1. 提取叶绿素。从植株上选取有代表性的叶片若干，剪碎，称取 0.1g 置于研钵中（室温高时，研钵应置于冰浴中)，加少量石英砂和碳酸钙粉，并加入少量 80%丙酮先研磨成匀浆，再定容至 25ml，摇匀并放在避光处，待残渣发白后过滤，滤液供测定。

2. 测定光密度。取一口径为 1cm 的比色杯，注入上述叶绿素丙酮溶液；另以 80%丙酮注入同样比色杯中，作为空白对照。在 663nm 和 645nm 波长下读取光密度 D_{663} 和 D_{645}，或在 652nm 波长下读取光密度 D_{652}。

3. 结果计算。根据测得的光密度 D_{663}、D_{645} 代入实训式（12-3)、实训式（12-4）和实训式（12-5)，分别计算出叶绿素 a、叶绿素 b 的浓度和叶绿素总浓度；也可根据 D_{652} 代入实训式（12-6）计算出。求得叶绿素浓度后，再计算出所测样品中叶绿素的含量，单位为 $mg \cdot g^{-1}$。

$$\text{叶绿素 a 含量}=C_a\times(25/1000)\times(1/0.1)=0.25C_a$$

$$\text{叶绿素 b 含量}=0.25C_b$$

$$\text{叶绿素总含量}=0.25C_T$$

五、注意事项

1. 测定叶绿素的分光光度计波长和精度必须符合要求，否则测定结果不佳，导致在 652nm 测得的总量与在 663nm、645nm 测定计算的总量差异明显。

2. 提取叶绿素时应避直射光，操作要迅速；提取出的叶绿素应立即测定，以免光氧化使含量下降。

六、实训作业

记录实验数据，计算叶绿素含量。

实训十三　测定植物光合强度（改良半叶法）

一、目的

掌握改良半叶法测定叶片净光合速率、总光合速率的原理和方法。

二、原理

叶片中脉两侧的对称部位，其生长发育基本一致，功能接近。如果让一侧的叶片照光，另一侧不照光，一定时间后，照光的半叶与未照光的半叶在相对部位的单位面积干质量之差值，就是该时间内照光半叶光合作用所生成的干物质量。

在进行光合作用时，同时会有部分光合产物输出，所以有必要阻止光合产物的运出。由于光合产物是靠韧皮部运输，而水分等是靠木质部运输的，因此如果破坏其韧皮部运输，但仍使叶片有足够的水分供应，就可以较准确地用干重法测定叶片的光合强度。

三、用品与材料

打孔器、分析天平、称量皿、烘箱、脱脂棉、锡纸、毛巾、毛笔、5%三氯乙酸、90℃以上的开水、剪刀、标签等。

四、方法与步骤

1. 选择测定样品。在田间选定有代表性的叶片若干，用标签编号。选择时应注意叶片着生的部位、受光条件、叶片发育是否对称等。

2. 叶子基部处理。棉花等双子叶植物的叶片，可用5%三氯乙酸涂于叶柄周围；小麦、水稻等单子叶植物，可用在90℃以上开水浸过的棉花夹烫叶片下部的一大段叶鞘20s。如玉米等叶片中脉较粗壮，开水烫不彻底的，可用毛笔蘸烧至110～120℃的石蜡烫其叶基部。为使烫伤后的叶片不致下垂，可用锡纸或塑料包围之，使叶片保持原来着生的角度。

3. 剪取样品。叶子基部处理完毕后，即可剪取样品，一般按编号次序分别剪下叶片的一半（不要伤及主脉），包在湿润毛巾里，贮于暗处，也可用黑纸包住半边叶片，待测定前再剪下。过4～5h后，再按原来次序依次剪下照光另半边叶，也按编号包在湿润的毛巾中。

4. 称重比较。用打孔器在两组同号的半叶的对称部位打若干圆片（有叶面积仪的，也可直接测出两半叶的叶面积），分别放入两个称量皿中，在110℃下杀青15min，再置于70℃烘箱至恒重，冷却后用分析天平称重。

5. 结果计算。两组叶圆片干质量之差值，除以叶面积及照光时间，得到光合强度，即

$$光合强度=(w_1-w_2)/(S\times t)$$

式中　w_2——照光圆片干质量，mg；

w_1——未照光圆片干质量，mg；

S——圆片总面积，dm^2；

t——照光时间，h。

五、注意事项

1. 选择外观对称的植物叶片，以免两侧叶生长不一致，导致误差。

2. 选择的叶片应光照充足，防止因太阳高度角的变化而造成叶片遮阳。

3. 涂抹三氯乙酸的量或开水烫叶柄的时间应适度，过轻达不到阻止同化物运转的目的，过重则会导致叶片萎蔫降低光合。

4. 应有若干张叶片为一组进行重复。

六、实训作业

记录实验结果，计算叶片光合强度。

实训十四　滴定法测定呼吸速率

一、目的

掌握用广口瓶法测定植物的呼吸速率，并比较不同萌发阶段小麦种子及幼芽的呼吸速率。

二、原理

在密闭容器中加入一定量碱液[一般用 $Ba(OH)_2$]，并悬挂植物材料，则植物材料呼吸放出的二氧化碳可为容器中 $Ba(OH)_2$ 吸收，然后用草酸滴定剩余的碱，从空白和样品二者消耗草酸溶液之差，可计算出呼吸释放的二氧化碳量。其反应如下。

$$Ba(OH)_2 + CO_2 = BaCO_3\downarrow + H_2O \quad \text{（实训式 14-1）}$$

$$Ba(OH)_2\text{（剩余）} + H_2C_2O_4 = BaC_2O_4\downarrow + 2H_2O \quad \text{（实训式 14-2）}$$

三、用品与材料

广口瓶测呼吸装置（实训图 14-1）、电子天平、酸式和碱式滴定管、滴定管架、温度计、尼龙网制小篮、1/44mol·L^{-1} 草酸溶液（准确称取重结晶 $H_2C_2O_4 \cdot 2H_2O$ 2.865g 溶于蒸馏水中，定容至 1000ml，每毫升相当于 1mg 二氧化碳）、0.05mol·L^{-1} 氢氧化钡溶液[$Ba(OH)_2$ 8.6g 或 $Ba(OH)_2 \cdot 8H_2O$ 15.78g 溶于 1000ml 蒸馏水中。如有浑浊，待溶液澄清后使用]、酚酞指示剂（称取 1g 酚酞，溶于 100ml 95％乙醇中，贮于滴瓶中）。

吸胀或萌动的小麦种子。

四、方法与步骤

1. 广口瓶测呼吸装置。取 500ml 广口瓶 1 个，加一个三孔橡皮塞。一孔插入一装有碱石灰的干燥管，使吸收空气中的二氧化碳，保证在测定呼吸时进入呼吸瓶的空气中无二氧化碳；一孔插入温度计；另一孔直径约1cm，供滴定用。平时用一小橡皮塞塞紧。在瓶塞下面装一小钩，以便悬挂用尼龙窗纱制作的小筐，供装植物材料用。整个装置如实训图14-1所示。

2. 空白滴定。拔出滴定孔上的小橡皮塞，用碱滴定管向瓶内准确加入0.05mol·L^{-1} $Ba(OH)_2$溶液20ml，再把滴定孔塞紧，充分摇动广口瓶几分钟，待瓶内二氧化碳全部被吸收后，拔出小橡皮塞加入酚酞三滴，把酸滴定管插入孔中，用1/44mol·L^{-1}草酸进行空白滴定，至红色刚刚消失为止，记下草酸溶液用量(mL)，即为空白液滴定值。

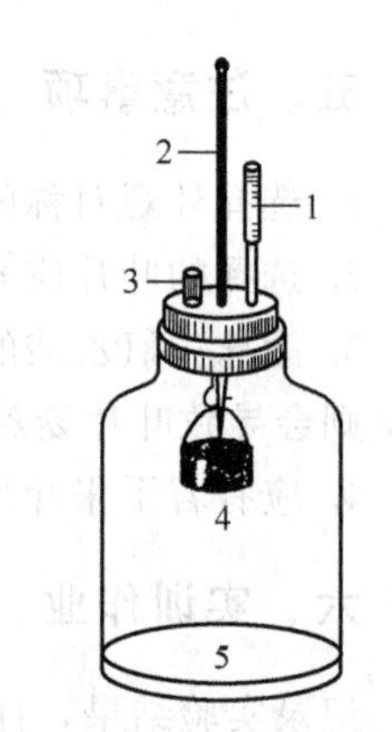

实训图14-1　广口瓶测呼吸装置

1—碱石灰；2—温度计；3—小橡皮塞；4—尼龙网筐；5—碱液

3. 材料滴定值的测定。取另一广口瓶测呼吸装置，加20ml $Ba(OH)_2$溶液于瓶内，取待测小麦吸胀或萌动种子100粒，同时称出重量，装入小筐中，打开橡皮塞，迅速挂于橡皮塞的小钩上，塞好塞子（加样操作时，应严格防止室内空气和口中呼出的气体进入瓶内），开始记录时间。经30min，其间轻轻摇动数次，使溶液表面的$BaCO_3$薄膜破碎，有利于二氧化碳的充分吸收。到预定时间后，轻轻打开瓶塞，迅速取出小筐，立即重新塞紧。充分摇动2min，使瓶中二氧化碳完全被吸收，拔出小橡皮塞，加入酚酞3滴，用草酸滴定如前。记下草酸用量，即为样品滴定值。

4. 取出广口瓶中的小麦种子，放于烘箱中于80℃下烘干，并称取干质量。

5. 计算呼吸速率

$$\text{呼吸速率}=\frac{\text{空白滴定值}-\text{样品滴定值}}{\text{植物鲜质量或干质量}\times\text{时间}}\times\frac{m_{CO_2}}{V_{H_2C_2O_4}} \qquad \text{（实训式 14-3）}$$

呼吸速率的单位一般采用mg·g^{-1}·h^{-1}，式中滴定值以毫升计，已知m_{CO_2}/mg：$V_{H_2C_2O_4}$/mL=1，即换算因素为1。

五、注意事项

实训课中由于人数多，室内空气中二氧化碳浓度不断升高，是本实训最大的误差来源。若先做样本测定，后做空白滴定，测定结果甚至出现负值。克服的办法可将广口瓶装满水，在室外迎风处将水倒净，换上室外空气（若用自来水，还应用无二氧化碳蒸馏水或煮沸过的冷开水洗涤广口瓶），塞好橡皮塞，带回室内进行加液、滴定等操作。进行样本测定时也可在室外将装有萌发种子的小筐挂入瓶中，并开始计时。操作要注意到勿使口中呼出的气体进入瓶中。

六、实训作业

记录整理试验数据，计算小麦种子的呼吸速率。

实训十五　测定种子生活力

目的

掌握种子生活力的快速测定。

Ⅰ　氯化三苯基四氮唑法（TTC法）

一、原理

有生命活力的种胚在呼吸作用过程中都有氧化还原反应，而无生命活力的种胚则无此反应。当TTC溶液渗入种胚的活细胞内，并作为氢受体被脱氢辅酶（NADH或$NADPH_2$）上的氢还原时，便由无色的TTC变为红色的TTF从而使种胚着色。当种胚生活力下降时，呼吸作用明显减弱，脱氢酶的活性亦大大下降，胚的颜色变化不明显，故可由颜色的程度推知种子生活力强弱。

二、用品与材料

恒温箱、培养皿、刀片、烧杯、镊子、天平、0.5%TTC溶液。

称取0.5gTTC放在烧杯中，加入少许95%乙醇使其溶解，然后用蒸馏水稀释至100mL。溶液避光保存，若溶液变红色，即不能再用。

三、方法与步骤

1. 浸种。将待测种子在30～35℃温水中浸泡（大麦、小麦6～8h，玉米5h左右），以增强种胚的呼吸强度，使显色迅速。

2. 显色。取吸胀的种子200粒，用刀片沿种胚中央纵切为两半，取其中的一半置于两只培养皿中，每皿100个半粒，加适量TTC溶液，以浸没种子为度。然后放入30～35℃的恒温箱中保温0.5～1h。倒去TTC溶液，用水冲洗多次，至冲洗液无色为止。观察结果，凡胚为红色的为活种子。

将另一半在沸水中煮5min杀死种胚，作同样处理，作为对照观察。

3. 计算活种子的百分率，如果可能的话与实际发芽率作一比较，看二者是否一致？

Ⅱ　红墨水染色法

一、原理

凡生活细胞的原生质膜具有选择性吸收物质能力，某些染料如红墨水中的酸性大红G不能进入细胞内，胚部不染色。而死的种胚细胞原生质膜丧失了选择吸收的能力，于是染料便能进入死细胞而使胚着色。故可根据种胚是否染色来判断种子的生活力。

二、用品与材料

恒温箱、培养皿、刀片、烧杯、镊子、天平、红墨水溶液（市售红墨水稀释20倍）。

三、方法与步骤

1. 浸种。同TTC法。

2. 染色。取已吸胀的种子200粒，沿种胚的中线切为两半，将其中一半置于培养皿中，加入稀释后的红墨水，以浸没种子为度，染色10～20min。倒去红墨水溶液，用水冲洗多次，至冲洗液无色为止。观察染色情况：凡种胚不着色或着色很浅的为活种子；凡种胚与胚乳着色程度相同的为死种子。可用沸水杀死另一半种子作对照观察。

3. 计数种胚不着色或着色浅的种子数，算出活种子率。

四、实训作业

1. 试验结果与实际情况是否相符？为什么？

2. TTC法和红墨水法测定种子生活力结果是否相同？为什么？

实训十六　观察花粉生活力

目的

掌握鉴定花粉生活力的几种常用方法。

Ⅰ　花粉萌发测定法

一、原理

正常成熟花粉粒具有较强的活力，在适宜的培养条件下能萌发和生长，在显微镜下可直接观察与计数萌发个数，计算其萌发率，以确定其活力。

二、用品与材料

显微镜、恒温箱、培养皿、载玻片、玻棒、滤纸等。

刚开放或将要开放的成熟花朵。

三、方法与步骤

1. 制片。采集丝瓜、南瓜或其他葫芦科植物刚开放或将要开放的成熟花朵，将花粉洒落在滴有清水的载玻片上，制成简易片。

2. 培养。然后将载玻片放置于垫有湿滤纸的培养皿中，在25℃左右的恒温箱（或室温20℃）下培养5～10min。

3. 观察。用显微镜检查5个视野，统计萌发花粉个数，计算萌发率。

Ⅱ　碘-碘化钾染色测定法

一、原理

大多数植物正常成熟的花粉呈圆球形，积累着较多的淀粉，用碘-碘化钾溶液染色时呈深蓝色。发育不良的花粉往往由于不含淀粉或积累淀粉较少，碘-碘化钾溶液染色时呈黄褐色。故可用碘-碘化钾溶液染色法来测定花粉活力。

二、用品与材料

显微镜、天平、载玻片与盖玻片、镊子、烧杯、量筒、棕色试剂瓶。

碘-碘化钾溶液：取2g碘化钾溶于5～10mL蒸馏水中。

水稻、小麦或玉米可育和不育植株的成熟花药。

三、方法与步骤

1. 制片与染色。采集水稻、小麦或玉米可育和不育植株的成熟花药，取一花药于载玻片，加1滴蒸馏水，用镊子将花药捣碎，使花粉粒释放。再加1～2滴碘-碘化钾溶液，盖上盖玻片。

2. 观察。将制好的片置于显微镜下观察，每片取5个视野，统计花粉的染色率，以染色率表示花粉的育性。

Ⅲ　氯化三苯基四氮唑法（TTC法）

一、原理

具有活力的花粉呼吸作用较强，其产生的NADH或$NADPH_2$能将无色的TTC还原成红色的TTF而使花粉本身着色。无活力的花粉呼吸作用较弱，TTC颜色变化不明显，故可根据花粉着色变化来判断花粉的活力。

二、用品与材料

显微镜、恒温箱、烧杯、量筒、天平、镊子、载玻片与盖玻片、棕色试剂瓶。

0.5%TTC溶液。

刚开放或将要开放的成熟花朵。

三、方法与步骤

1. 制片与染色。采集植物花粉，取少许放在载玻片上，加1～2滴0.5%TTC溶液，盖上盖玻片，置35℃恒温箱中，10～15min后镜检。

2. 观察。将制好的片置于显微镜下观察，每片取5个视野镜检，凡被染成红色的花粉活力强，淡红色的次之，无色者为没有活力或是不育花粉，统计花粉的染色率，以染色率表示花粉活力的百分率。

四、实训作业

1. 上述每一种方法是否适合于所有植物花粉活力的测定？

2. 哪一种方法更能准确反映花粉的活力？

实训十七　观察春化处理及其效应

一、目的

掌握冬小麦等作物的春化处理方法，并对其春化效应进行观察。

二、原理

冬性作物（如冬小麦）在生长发育过程中，必须经过一段时间的低温，生长锥才开始分化，幼苗才能正常发育，因此可以通过检查生长锥分化（以及对植株拔节、抽穗的观察）来确定作物是否已通过春化。

三、用品与材料

冰箱、解剖镜、载玻片、解剖针、镊子、培养皿。

冬小麦种子。

四、方法与步骤

1. 种子春化处理。选取一定数量的冬小麦种子（最好是强冬性小麦品种），分别于播种前50d、40d、30d、20d和10d吸水萌动，置培养皿内，放入0～5℃的冰箱中进行春化处理。

2. 播种与管理。将冰箱中不同春化处理的小麦种子和未经低温处理但已吸水萌动的种子，于春季（3月下旬或4月上旬）同时播种于盆钵或试验地中。麦苗生长期间，进行同样的肥水管理，并随时观察植株生长情况。

3. 春化效应观察。当春化处理天数最多的麦苗出现拔节时，在各春化处理的麦苗中分别取1株麦苗，用解剖针剥出生长锥，并将其切下，放在载玻片上，加1滴水，然后在解剖镜下观察，并作简图。比较不同处理的生长锥有何区别。

继续观察麦苗生长情况，直至春化处理时间最长的麦苗开花，并记载各不同处理的开花时间。将开花情况记入下表。

春化处理植物生长情况记载表

材料名称：　　　　品种：　　　　春化温度：　　　　播种时间：

观察日期	春化天数及植株生育情况记载					
	50d	40d	30d	20d	10d	对照(未春化)

五、实训作业

1. 春化处理时间长短与冬小麦抽穗时间是否相关？为什么？
2. 举例说明春化现象的研究在农业生产中的意义。

实训十八　观察长、短日照处理及其效应

一、目的

观察苍耳等短日植物的长短日照处理效应。

二、原理

许多植物需经过一定的光周期才能开花，并已知叶是感受光周期影响的器官。在一定的

光周期条件下，叶内形成某些特殊的代谢产物，传递到生长点，导致生长点形成花芽。苍耳是短日照植物，短的光周期诱导能促使其性器官分化，从而提早开花结实。

三、用品与材料

供短日处理的暗箱或暗室、日光灯或红色灯泡（60～100W）、光照自控装置、小花盆、双筒解剖镜等。

苍耳幼苗。

四、方法与步骤

1. 培育苍耳幼苗。将苍耳按常规方法播种在小花盆里（4 盆/组），并在长日条件下（每天日照时数>18）培养。

2. 长、短日照处理。当苍耳幼苗长出 5～6 片叶后，即按下表方案进行长、短日照处理。

苍耳幼苗长、短日照处理方案

处理号	处 理 方 案	处理号	处 理 方 案
对照	在原培养长日下，不进行短日诱导	处理 2	每天 8h 光照诱导 2d
处理 1	每天 8h 光照诱导 1d	处理 3	每天 8h 光照诱导 3d

3. 观察。记录各处理的现蕾期，并按实验实训十七中介绍的方法剥出生长锥观察顶芽分化情况（实训图 18-1），同时与对照作比较。

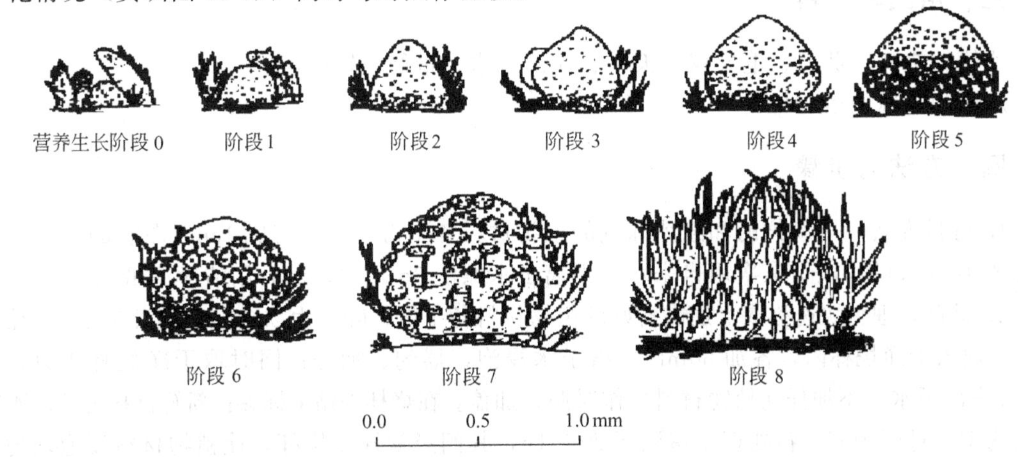

实训图 18-1　苍耳顶芽原基发育图

各阶段标准：阶段 0　营养生长，茎端相对扁平和小

阶段 1　清楚地看到茎端的膨胀

阶段 2　花原端至少高与宽相等，但基部还没有收缩

阶段 3　花原端基部收缩，但还看不到花原基

阶段 4　看到花原基，盖住花原端下部 1/4 处

阶段 5　花原基盖住花原端从 1/4 至 3/4

阶段 6　花原基盖住所有的部位，除花原端的顶部外

阶段 7　花原端完全被花原基盖住，有一点短柔毛

阶段 8　有许多短柔毛，并表现出花各部的某种分化；至少 1cm 基本直径

五、实训作业

1. 苍耳幼苗经不同日照处理后，花期有何变化？并解释其现象。
2. 根据植物对日照的要求，引种工作中应注意哪些问题？

实训十九　鉴定不良环境对植物的影响（电导法）

一、目的

了解不良环境对植物细胞的伤害与电导率的关系。

二、原理

植物细胞膜对维持细胞的微环境和正常代谢起着重要作用。在正常情况下，细胞膜对物质具有选择透性。但当植物受到逆境影响时，如高温、低温、干旱、盐渍、病原菌侵染等，细胞膜遭到破坏，膜透性增大，从而使细胞内的电解质外渗，以致植物细胞浸提液的电导率增大，可以很容易用电导仪测出。膜透性增大的程度与逆境胁迫强度有关，也与植物抗逆性的强弱有关。这样，比较不同作物或同一作物不同品种在相同胁迫温度下膜透性的增大程度，即可比较作物间或品种间的抗逆性强弱，因此，电导法目前已成为作物抗性栽培、育种上鉴定植物抗逆性强弱的一个精确而实用的方法。

三、用品与材料

冰箱、烧杯、剪刀、电导仪、天平、无离子水、量筒、镊子等。

新鲜和冰冻的植物材料。

四、方法与步骤

1. 材料准备。取新鲜的和经冰冻过的植物材料各 1 份，叶片剪成 $1cm^2$ 左右的方块，枝条剪成 1cm 长的小段，依次用自来水、无离子水漂洗 3～4 次，最后用洁净滤纸吸干。

2. 材料处理。快速称取上述准备好的植物材料各 1 份，叶子为 2.0g（不含粗叶脉），枝条 3.0g，放入干净烧杯内，各加 50mL 去离子水浸泡，摇匀、加盖；同时取干净烧杯 1 只，加 50mL 去离子水（不加任何植物材料）作对照，加盖。在烧杯外贴上标签：新鲜材料为 A，冰冻材料为 B，对照为 C。各处理于室温下放置 1h，其间经常摇动烧杯，使植物材料浸泡均匀。

3. 测浸泡液的电导值。各浸泡液均于室温下放置 1h 后，用电导仪分别测定各浸泡液的电导值，记录测定结果，填入下表。

4. 煮沸浸泡液，再测电导值。将测过电导值之后的浸泡液，放入 100℃沸水浴中 15min，以杀死植物组织，取出冷却至室温，再测定一次电导值，记录测定结果，填入下表。

植物组织电导值测定记录表

处理	煮前电导值			煮后电导值		
	新鲜材料 A	冰冻材料 B	对照 C	新鲜材料 A′	冰冻材料 B′	对照 C′
电导值						

五、结果计算与分析

$$新鲜植物材料的相对电导率(\%)=[(A-C)/(A'-C')]\times 100$$

$$受冻植物材料的相对电导率(\%)=[(B-C)/(B'-C')]\times 100$$

$$植物受伤的百分率=[(A-B)/(A'-B')]\times 100$$

比较受冻材料与未受冻材料的相对电导率的大小，相对电导率越大，受害程度越大，看看与植物受伤的百分率结果是否相符。

综合实训　采集与制作植物标本

一、目的

1. 学会使用检索表。
2. 学会植物标本的采集和制作方法。

二、用品与材料

《中国植物志》各卷或其他的地方植物志。

标本夹、采集箱、采集铲、枝剪、吸水纸、标本记录册、标签、铅笔、台纸、标本签、盖纸、针线、玻璃纸、镊子、放大镜、胶水、标本瓶或广口瓶。

试剂：甲醛、乙醇、冰醋酸、硫酸铜、醋酸铜、甘油、硼酸、亚硫酸。

三、方法与步骤

（一）学习使用检索表

检索和鉴定植物的关键，是首先要学会用科学的形态术语来描述植物的特征，只有对植物的营养器官和生殖器官进行观察和解剖后，才能使用检索表去逐项检索，直到鉴定到物种。目前，关于鉴定植物的书籍有很多，最便利的是地方植物志。采到植物以后，先进行观察解剖，并做好记录，然后查分科检索表，再依次查分属和分种检索表。

在检索过程中，对每项特征都要认真核对。同一编码有两个，其性状是相反的，位置是相对的。必须将两个款项都加以核对，以确定哪一个是正确的。一旦查错一步，后面将越查越远离正确答案。在查到结果后，最好与插图仔细比较，或请分类学教师加以核准。如果标本不完整，缺少某些关键特征参数，就不能主观臆测或采用倒查办法去检索，最好去请教植物分类学专家。在熟练地掌握了检索表的使用方法后，如果标本材料又很完整，那么检索的结果是可靠的，应该相信自己的能力。

利用《中国植物志》和地方植物志，在教师的带领下，分别检索草本植物和木本植物各3～5种，初步学习检索方法。然后分组，由大家在一起共同检索其他植物。通过多次检索练习后，要达到每个同学能独立地进行检索鉴定。对于被子植物来说，鉴定到科是非常重要的一步。一旦查到科以后，再翻阅书后的图谱找到底名，或查阅其他植物志，就可很容易地鉴定到种。

（二）观察一些植物重要科的关键特征

对于有重要经济价值，世界性的大科（菊科、兰科、豆科、禾本科、茜草科等）或当地处于重要地位的科，以及常见的观赏植物，掌握其识别特征。

植物形态的描述有一定的格式，具体的描述可参见《中国植物志》各卷。描述的顺序如下：

习性……根……茎……叶……叶片……叶柄……花序……花梗……花萼……花冠……雄蕊……雌蕊……果实……种子……花果期……

（三）蜡叶标本的制作

将采集来的植物压平压干，装订在台纸上（38cm×27cm），贴上采集记录卡和标本签，就成了一份蜡叶标本。

1. 标本的选取。采集标本时，草本植物必须具有根、茎、叶、花或果，木本植物必须是具有花或果的标本。标本的长和宽，不应超过35cm×25cm。为了应用和交换，每种植物至少要采集3～5份。然后填好号牌，尽快放入采集箱或袋内。

2. 特征的记录。标本编号以后，认真进行观察，将特征记录在采集记录卡上，记录时应注意下列事项。

（1）填写的采集号数必须与号牌同号。

植物标本

采集号数______________ 采集人______________

科　名____________________________

学　名____________________________

中　名____________________________

定名人____________ 年　月　日

（2）性状填写乔木、灌木、草本或藤本等。

（3）胸高直径指从树干基部向上1.3m处的树干直径，一般草本和小灌木不填。

（4）栖地指路边、林下、林缘、岸边、水里等。

（5）叶主要记载背腹面的颜色，毛的有无和类型，是否具乳汁等项。

（6）花主要记载颜色和形状，花被和雌、雄蕊的数目。

（7）果实主要记载颜色和类型。

（8）树皮记载颜色和裂开的状态。

土名、科名、学名如当时难以确定，可在返回后经鉴定后填写。

3. 标本的整理和压制。把野外采来的植物标本，压入带有吸水纸的标本夹里，每天至少换纸一次，每次都要仔细整理标本。特别是第一次换纸整理很重要。要用镊子把每一朵花、每一片叶展平，凡有折叠的部分，都要展开，多余的叶片，可从叶基上面剪掉，留下叶柄和叶基，用以表示叶序类型和叶基的形态。去掉多余的花，也应留下花柄。叶片既要压正面，也要压反面，有利于展现植物的全部特征。

对景天一类肉质多浆植物，采集后可用开水烫一下，杀死它的细胞（花不能）。这种处理方法对云杉、冷杉等裸子植物都适用，因裸子植物如果不烫，叶子干了以后，常会脱落。

对于标本上鳞茎、球茎、块根等，可先用开水烫死细胞，再纵向切去1/2后进行压制。

4. 上台纸。标本压干后，放在台纸上，摆好位置（要留出左上角和右下角贴标本签和记录卡的复写单），然后，用刀片沿标本的各部在适当的位置，在台纸上切出数对小纵口，把已准备好的大约2mm宽的玻璃纸，从纵口部位穿入，再将玻璃纸的两端呈相反方向，轻轻拉紧，用胶水粘在台纸背面，这种方法固定的标本美观又牢固。也可用针线进行固定。

植物采集记录卡

采集号数＿＿＿＿＿＿＿＿＿＿ 年 月 日
地 点＿＿＿＿＿＿＿＿ 海拔高度＿＿＿＿＿＿＿＿米
性 状＿＿＿＿＿＿＿＿＿＿＿＿＿＿＿＿
高 度＿＿＿＿＿＿＿＿米 胸高直径＿＿＿＿＿＿＿＿米
茎＿＿＿＿＿＿＿＿＿＿＿＿＿＿＿＿
叶＿＿＿＿＿＿＿＿＿＿＿＿＿＿＿＿
花＿＿＿＿＿＿＿＿＿＿＿＿＿＿＿＿
果 实＿＿＿＿＿＿＿＿＿＿＿＿＿＿＿＿
备 注＿＿＿＿＿＿＿＿＿＿＿＿＿＿＿＿
中 名＿＿＿＿＿＿＿＿ 科 名＿＿＿＿＿＿＿＿
学 名＿＿＿＿＿＿＿＿＿＿＿＿＿＿＿＿
采 集 人＿＿＿＿＿＿＿＿＿＿＿＿＿＿＿＿

5. 鉴定。标本固定后，要进行种类的鉴定，鉴定时主要应根据花果的形态特征。如果自己鉴定不了，可请有关人员帮忙，然后把鉴定结果写入标本签，再把它贴在台纸右下角处，最后把这种植物野外记录卡的复写单贴在台纸的左上角。为了防止标本磨损，应该在台纸最上面贴上盖纸。这样，一份完整的蜡叶标本就制成了。附植物标本签（卡）和植物记录签（卡）。

（四）浸渍标本的制作

1. 绿色标本保存法

（1）母液制备。在50％的冰醋酸中加入醋酸铜结晶，直到饱和不溶为止，将上部的清液作为母液。

（2）处理液配制。将母液与水按照1∶4的比例配制成处理液。将处理液加热到85℃后，将绿色植物放入，并翻动，经过10～30min，可见到植物颜色由绿变褐，再又变绿。

（3）将再次变绿的植物取出，用清水冲洗，然后保存在10％甲醛或70％酒精液中。

对于较大的未成熟的绿色果实，可放入硫酸铜饱和溶液中2～5d，待颜色稳定后，取出洗净，再放入0.5％亚硫酸水溶液中巩固1～3d，最后放入1％亚硫酸水溶液中加适量甘油，便可长期存放。

2. 红色标本的保存

先将红色标本放入10％～15％硫酸铜水溶液中，或放入由4mL甲醛、3g硼酸和400mL水的混合液中，浸泡24h。如果药液不混浊，则可转入保存液中。保存液的配制有很多种方法，常用的有：①25mL甲醛、25mL甘油和1000mL水；②30g硼酸、20mL甲醛、130mL 75％乙醇和1350mL水；③20mL亚硫酸、2g硼酸和1000mL水。

3. 黄色标本的保存

用6％亚硫酸268mL、85％乙醇568mL和水450mL配成混合液，直接将黄色果实等标本放入长期保存。

4. 黑色和紫色标本的保存

将材料浸入5％硫酸铜水溶液中24h，然后保存在由45mL甲醛、280mL的95％乙醇和200mL水配制的混合液中。若发现有沉淀，过滤后再使用。

5. 标本瓶封口法

(1) 暂时封口法。用蜂蜡和松香各 1 份，分别熔化并混合，加入少量凡士林调成胶物状，涂于瓶盖边缘，将盖压紧。或将石蜡熔化，用毛笔涂于瓶口相接的缝上，再用线或纱布将瓶盖与瓶口接紧，倒转标本瓶，把瓶盖部分浸入熔化的石蜡中，达到严密封口。

(2) 永久封口法。以酪胶及消石灰各 1 份混合，加入水调成糊状进行封盖，干燥后由于酪酸钙硬化而密封。

6. 贴标签

将植物标本签填写后，贴于标本瓶瓶身适当位置。

四、实训作业

1. 选择不同科的 4～5 个植物，描述其形态特征。
2. 制作蜡叶标本时应注意哪些事项？
3. 制作浸渍标本时应注意哪些事项？

参 考 文 献

[1] 白宝璋，田纪春，王清连．植物生理学．北京：中国农业科技出版社，1996.
[2] 曹仪植，宋占午．植物生理学．兰州：兰州大学出版社，1998.
[3] 江苏农学院．植物生理学．北京：中国农业出版社，1984.
[4] 余叔文，汤章城．植物生理与分子生物学．北京：科学出版社，1992.
[5] 荆家海．植物生理学．西安：陕西科技出版社，1994.
[6] 孟繁静，刘道宏，苏业瑜．植物生理生化．北京：中国农业出版社，1995.
[7] 潘瑞炽，董愚得．植物生理学．第三版．北京：高等教育出版社，1995.
[8] 陈忠辉．植物与植物生理学．北京：中国农业出版社，2001.
[9] 王忠．植物生理学．北京：中国农业出版社，2000.
[10] 李合生．现代植物生理学．北京：高等教育出版社，2002.
[11] 杨世杰．植物生物学．北京：科学出版社，2002.
[12] 王全喜，张小平．植物学．北京：科学出版社，2004.
[13] Raven P. H. et al. Biology of plants (sixth edition). New York：Worth Publishers Inc. 2000.
[14] 武维华．植物生理学．第 2 版．北京：科学出版社，2008.
[15] 王宝山．植物生理学．第 2 版．北京：科学出版社，2007.